全国医学高职高专精编教材

(供临床医学类、护理类、药学类、医学技术类及卫生管理类相关专业使用)

生 理 学

第2版

主　编　孔繁之　要瑞莉
副主编　罗　力　马晓飞　任传忠
米正荣　周弘建

上海科学技术出版社

全国医学高职高专精编教材

图书在版编目（CIP）数据

生理学／孔繁之，要瑞莉主编．—2版．—上海：上海科学技术出版社，2010.2（2014.1重印）
全国医学高职高专精编教材
ISBN 978-7-5478-0136-9

Ⅰ.生… Ⅱ.①孔…②要… Ⅲ.生理学-高等学校：技术学校-教材 Ⅳ.Q4

中国版本图书馆CIP数据核字（2010）第003619号

上海世纪出版股份有限公司
上海科学技术出版社 出版、发行
（上海钦州南路71号 邮政编码200235）
新华书店上海发行所经销
常熟市华顺印刷有限公司印刷
开本 787×1092 1/16 印张 17.75
字数 448千字
2010年2月第2版 2014年1月第9次印刷
ISBN 978-7-5478-0136-9/R·36
定价：28.00元

编审委员会名单

生　理　学

编委会名单

主　编

孔繁之　要瑞莉

副主编

罗　力　马晓飞　任传忠　米正荣　周弘建

编　委

（按姓氏笔画为序）

马晓飞（宝鸡职业技术学院）

孔繁之（唐山职业技术学院）

艾卫敏（湘潭职业技术学院）

任传忠（信阳职业技术学院）

刘　丽（唐山职业技术学院）

米正荣（张家口教育学院）

杨　静（河北滦县卫生职业中等专业学校）

肖　猛（信阳职业技术学院）

张文利（济宁市卫生学校）

陈　才（信阳职业技术学院）

罗　力（唐山职业技术学院）

周弘建（长沙市卫生学校）

要瑞莉（唐山职业技术学院）

韩树林（河北滦县卫生职业中等专业学校）

黎让绪（宝鸡职业技术学院）

前　言

“全国医学高职高专‘十一五’规范教材”出版发行已三年余，该套教材在全国医学教育中发挥了巨大作用。为了不断完善和提升教材的质量和水平，使本套教材更臻成熟和完善，成为精品教材，教材编审委员会决定对其进行修订，更名为“全国医学高职高专精编教材”。

本套教材修订的指导思想依然是坚持“五性”（思想性、科学性、先进性、启发性和适用性）和“四新”（新知识、新技术、新工艺和新方法），以适应21世纪培养全科医护人员的需要。在修订过程中，保持了原教材的优点，删去了一些叙述偏多的和各学科交叉的内容，充实和更新了一些理论和技能知识，充分体现高职高专教育的特色，使之具备“内容精湛、知识新颖、必须够用、质量上乘”的特点。

本套教材编排新颖，版式紧凑，图文形式多样，主体层次清晰，篇章节安排合理、有序，每章节开始的“导学”与结尾处的“小结”均采用提示性小图标，使教材的形式生动有趣，充分体现了清晰性、易读性和趣味性。“导学”主要介绍本章或本节的内容主旨和要求学生“了解、熟悉及应用”的内容，以方便教师教学和学生轻松愉快地获得有关内容的重要信息。“小结”则是对本章或本节中心内容的凝练和概括，便于教师课后总结和学生课后复习。

本次修订除各教材的原编者外，还聘请了全国各地部分高职高专医学院校教学经验丰富的教师参与编写。对于这些学校领导的大力支持和教师的辛勤工作，谨致深切的谢意。

由于时间仓促及限于我们的水平，教材中难免存在某些缺点，甚至错误，尚希广大同仁和读者指正。

全国医学高职高专精编教材
编审委员会
2009年12月

第二版编写说明

本书自2006年出版以来，通过三年的教学实践，得到了广大师生的欢迎。对本教材给予充分肯定的同时，也对存在的问题提出了宝贵意见和建议。为了不断完善和提升教材的质量和水平，使之成为精品教材。教材编审委员会召开了修订会议。根据本学科的新进展和适用专业的需要，本教材在保留原书诸多优点的基础上，又充实和更新了一些理论和技能知识。以适合临床医学类教学的需要。对于护理类等专业也可适当选用，或作为自学内容。

本次修订第一章增加了实验动物的操作技术，以增强学生的动手能力；第二章增加了继发性主动转运的知识，用以学习后续知识做铺垫；第三章增加了血型遗传知识；第六章增加了盐酸分泌的机制；第八章增加了血浆清除率；第九章增加了躯体感觉，为学习后续临床课程打基础。另外还对第四章、第五章、第七章及第十二章进行了改写，以增强其逻辑性和启发性。本教材各章开头的“导学”主要按教学大纲的知识点和“了解”、“熟悉”、“应用”的三级能力要求撰写的，为学生指出了明确具体的学习方向。各章后的“小结”作为课后复习的纲领性内容，可使学生有一个明晰的概念。

由于编者水平所限，时间仓促，不足和疏漏之处在所难免，尚希同仁和读者指正。

《生理学》编委会

2009年12月

目　录

第一章　绪　论

第一节　生理学研究的内容和方法 …… 1
一、生理学研究的对象、任务及其与医学的关系 …… 1
二、生理学研究的三个水平 …… 1
三、生理学的研究方法 …… 2
第二节　生命活动的基本特征 …… 2
一、新陈代谢 …… 3
二、兴奋性 …… 3
三、适应性 …… 4
四、生殖 …… 4
第三节　机体与环境 …… 4
一、人体与外环境 …… 4
二、内环境及其稳态的概念 …… 5
三、生物节律 …… 5
第四节　机体功能活动的调节 …… 6
一、神经调节 …… 6
二、体液调节 …… 7
三、自身调节 …… 7
四、人体功能调节的自动控制——反馈作用 …… 8
实验一　实验总论 …… 9
实验二　反射弧分析 …… 19

第二章　细胞的基本功能

第一节　细胞膜的物质转运功能 …… 21
一、单纯扩散 …… 21
二、易化扩散 …… 21
三、主动转运 …… 23
四、继发性主动转运 …… 24
五、入胞和出胞 …… 24
第二节　细胞的生物电现象 …… 25
一、静息电位及其产生机制 …… 25
二、动作电位及其产生机制 …… 27
三、动作电位的引起和传导 …… 28
四、细胞在兴奋过程中兴奋性的周期性变化 …… 30
第三节　细胞的信息传递功能 …… 31
一、化学传递 …… 31
二、缝隙连接处的电传递 …… 31
第四节　肌细胞的收缩功能 …… 32

一、神经肌肉接头处的兴奋传递 …… 32
二、骨骼肌的结构概要与收缩机制 …… 34
三、骨骼肌收缩的外部表现及其影响因素 …… 37
四、平滑肌细胞的结构和功能特点 …… 38
实验　神经干动作电位观察 …… 40

第三章 血液

第一节　血液的组成和理化特性 …… 43
一、血液的组成 …… 43
二、血液的理化特性 …… 44
第二节　血液的功能 …… 45
一、血浆的主要成分及功能 …… 45
二、红细胞及其功能 …… 46
三、白细胞及其功能 …… 47
四、血小板及其功能 …… 48
第三节　血液凝固与纤维蛋白溶解 …… 49
一、血液凝固 …… 49
二、纤维蛋白溶解 …… 52
第四节　血量、血型和输血 …… 53
一、血量 …… 53
二、血型 …… 53
三、输血 …… 55
实验一　红细胞的渗透脆性 …… 57
实验二　红细胞沉降率测定 …… 58
实验三　血液凝固及其影响因素 …… 59
实验四　出血时间和凝血时间的测定 …… 60
实验五　ABO 血型鉴定及交叉配血试验 …… 61

第四章 血液循环

第一节　心的泵血功能 …… 64
一、心动周期与心率 …… 64
二、心的泵血过程 …… 65
三、心泵血功能的评定 …… 67
四、影响心泵血功能的因素 …… 68
五、心力储备 …… 70
六、心音 …… 71
第二节　心肌细胞的生物电和生理特性 …… 72
一、心肌细胞的分类 …… 72
二、心肌细胞的跨膜电位 …… 73
三、心肌细胞的生理特性 …… 75
四、体表心电图 …… 78
第三节　血管生理 …… 79
一、各类血管的结构和功能特点 …… 79
二、血流量、血流阻力和血压 …… 80
三、动脉血压与动脉脉搏 …… 81
四、静脉血压和血流 …… 85
五、微循环 …… 86
六、组织液的生成、回流与淋巴循环 …… 88
第四节　心血管活动的调节 …… 90
一、神经调节 …… 90
二、体液调节 …… 93
第五节　心、肺、脑循环特点 …… 95
一、冠脉循环的特点 …… 95
二、肺循环的特点 …… 96
三、脑循环的特点 …… 96
实验一　人体心音听取 …… 98
实验二　人体心电图描记 …… 99
实验三　人体动脉血压的测量 …… 100
实验四　人体无创性左心功能评定 …… 101
实验五　蛙肠系膜微循环观察 …… 102
实验六　哺乳动物心血管活动的调节 …… 103

第五章

呼　吸

第一节　肺通气 …… 107
一、呼吸道的主要功能 …… 107
二、肺通气的动力 …… 107
三、肺通气的阻力 …… 109
四、肺通气功能的指标 …… 111
五、肺通气量 …… 113
第二节　气体的交换和运输 …… 114
一、气体交换 …… 114
二、血液气体运输 …… 116
第三节　呼吸运动的调节 …… 118
一、呼吸中枢 …… 118
二、呼吸的反射性调节 …… 120
三、防御性呼吸反射 …… 122
第四节　特殊情况下的呼吸及肺的非呼吸功能 …… 123
一、特殊情况下的呼吸 …… 123
二、肺的非呼吸功能 …… 125
实验一　人体肺通气功能测定 …… 126
实验二　哺乳动物呼吸运动的调节 …… 127
实验三　胸膜腔内压和气胸的观察 …… 129

第六章

消化和吸收

第一节　消化管平滑肌的生理特性 …… 131
第二节　口腔内消化 …… 132
一、唾液及其作用 …… 132
二、咀嚼和吞咽 …… 132
第三节　胃内消化 …… 133
一、胃液及其作用 …… 133
二、胃的运动 …… 135
第四节　小肠内消化 …… 136
、胰液及其作用 …… 136
二、胆汁及其作用 …… 137
三、小肠液及其作用 …… 138
四、小肠的运动 …… 138
第五节　大肠内消化 …… 139
一、大肠液及其作用 …… 139
二、大肠内细菌的活动 …… 139
三、大肠的运动和排便反射 …… 139
第六节　吸收 …… 140
一、小肠作为主要吸收部位的有利条件 …… 140
二、小肠内主要营养物质的吸收 …… 141
第七节　消化器官活动的调节 …… 143
一、神经调节 …… 143
二、体液调节 …… 145
三、社会心理性因素对消化功能的影响 …… 146
实验　胃肠运动的观察 …… 147

第七章

能量代谢与体温

第一节　能量代谢 …… 149
一、能量的来源和去路 …… 149
二、能量代谢的测定 …… 151
三、影响能量代谢的主要因素 …… 153
四、基础代谢 …… 154
第二节　体温 …… 155
一、人体的正常体温及其生理变动 …… 155
二、机体产热与散热的平衡——体热平衡 …… 156
三、体温调节 …… 159
四、对冷热环境的习服 …… 161
五、体温的异常变化 …… 161

第八章 肾的排泄

第一节 肾的结构和血液循环特点 …… 163
一、肾单位和集合管 …… 163
二、球旁器 …… 164
三、肾血液循环特点 …… 164
四、肾血流量的调节 …… 165
第二节 尿的生成过程 …… 165
一、肾小球的滤过作用 …… 165
二、肾小管与集合管的重吸收作用 …… 167
三、肾小管与集合管的分泌作用 …… 169
第三节 影响和调节尿生成的因素 …… 170
一、影响原尿生成的因素 …… 170
二、影响和调节终尿生成的因素 …… 171
第四节 尿的浓缩与稀释 …… 173
一、尿液浓缩与稀释的过程 …… 174
二、肾髓质渗透梯度的形成与保持 …… 174
三、影响尿浓缩与稀释的因素 …… 175
第五节 尿液及其排放 …… 176
一、尿液 …… 176
二、尿的排放 …… 176
第六节 血浆清除率 …… 178
一、血浆清除率的概念和计算方法 …… 178
二、测定血浆清除率的意义 …… 178
实验 影响尿生成的因素 …… 179

第九章 感觉器官

第一节 感受器及其一般生理特性 …… 181
一、感受器的分类 …… 181
二、感受器的一般生理特性 …… 182
第二节 视觉器官 …… 182
一、眼的折光功能 …… 182
二、眼的感光功能 …… 185
三、与视觉有关的几种生理现象 …… 186
第三节 位、听觉器官 …… 188
一、外耳与中耳的传音功能 …… 188
二、内耳耳蜗的感音功能 …… 189
三、听阈和听域 …… 190
四、双耳听觉与声源方向的判定 …… 191
五、前庭器官的功能 …… 191
第四节 其他感觉功能 …… 193
一、躯体感觉 …… 193
二、嗅觉 …… 194
三、味觉 …… 194
实验一 视力测定 …… 195
实验二 视野测定 …… 196
实验三 声波的传导途径 …… 197
实验四 人体前庭功能简易检查法 …… 198

第十章 神经系统

第一节 组成神经系统的细胞及其功能活动的一般规律 …… 200
一、神经元和突触 …… 200
二、神经递质 …… 203
三、反射活动的一般规律 …… 204
四、胶质细胞的特征和主要功能 …… 207
第二节 神经系统的感觉功能 …… 208
一、脊髓的感觉传导功能 …… 208
二、丘脑及其感觉投射系统 …… 208
三、大脑皮质的感觉分析功能 …… 209
四、痛觉 …… 211
第三节 神经系统对躯体运动的调节 …… 212

一、脊髓对躯体运动的调节 …… 212
二、脑干网状结构对肌紧张的调节 …… 214
三、基底核对躯体运动的调节 …… 215
四、小脑对躯体运动的调节 …… 216
五、大脑皮质对躯体运动的调节 …… 217
第四节 神经系统对内脏活动的调节 …… 218
一、自主神经的结构、主要功能及其意义 …… 218
二、自主神经的外周递质和受体 …… 221
三、各级中枢对内脏活动的调节 …… 222
第五节 脑的高级功能 …… 224
一、条件反射 …… 224
二、学习与记忆 …… 225
三、大脑皮质的语言中枢和一侧优势 …… 226
第六节 脑的电活动与觉醒、睡眠 …… 227
一、正常脑电图波形 …… 227
二、脑电波形成的机制 …… 228
三、觉醒与睡眠 …… 228
实验一 人体腱反射 …… 230
实验二 破坏一侧小脑观察 …… 231
实验三 大脑皮质的功能定位 …… 232
实验四 去大脑僵直 …… 233

第十一章 内分泌系统

第一节 激素 …… 235
一、激素作用的一般特征 …… 235
二、激素的分类 …… 236
三、激素的作用机制 …… 236
第二节 下丘脑和垂体 …… 237
一、下丘脑-腺垂体系统 …… 239
二、下丘脑-神经垂体系统 …… 241
第三节 甲状腺 …… 242
一、甲状腺激素的合成、贮存与释放 …… 242
二、甲状腺激素的生理作用 …… 244
三、甲状腺功能的调节 …… 245
第四节 肾上腺 …… 246
一、肾上腺皮质 …… 246
二、肾上腺髓质 …… 248
第五节 调节钙、磷代谢的激素 …… 249
一、甲状旁腺素及其生理作用 …… 249
二、1,25-二羟维生素 D_3 的生理作用 …… 249
三、降钙素 …… 250
第六节 胰岛 …… 250
一、胰岛素 …… 250
二、胰高血糖素 …… 251
第七节 其他激素 …… 252
一、前列腺素 …… 252
二、松果体激素 …… 252
三、胸腺激素 …… 252
实验 胰岛素低血糖休克 …… 253

第十二章 生殖

第一节 男性生殖 …… 255
一、睾丸的生精功能 …… 255
二、睾丸的内分泌功能 …… 256
三、睾丸功能的调节 …… 256
第二节 女性生殖 …… 257
一、卵巢的生卵功能和卵巢周期 …… 257
二、卵巢的内分泌功能 …… 258
三、月经周期 …… 259
第三节 妊娠、分娩和避孕 …… 261
一、妊娠 …… 261
二、避孕 …… 263
实验 妊娠实验 …… 264
一、青蛙妊娠实验法 …… 264
二、免疫妊娠实验法 …… 264

第一章 绪 论

了解：生理学的概念、研究对象、任务及其与医学的关系；人体与外环境的关系。

熟悉：新陈代谢、兴奋性、适应性和生殖等生命活动的基本特征；内环境与稳态；人体功能活动的调节方式及自动控制。

应用：在教师指导下认识常用动物及人体实验仪器，并完成反射弧分析实验。

生理学是生物科学的一个分支，是研究机体正常生命活动规律的科学。机体是指从单细胞生物到复杂人体在内的一切有生命物体的总称。生命活动是指机体内进行的各种各样的生理过程，如消化、呼吸、血液循环、排泄、生殖以及视、听感觉等。医学生所学的生理学是人体生理学。学习生理学的目的是为进一步学习其他医学科学打下良好的基础，为在临床医疗和护理实践以及预防医学的工作中有效地防治各种疾病，促进人类健康长寿提供必要的理论知识。

第一节 生理学研究的内容和方法

人体生理学的研究内容是人体生理功能活动的规律和机制以及内、外环境发生变化时对这些生命活动的影响。因此，要用科学的方法，从不同的结构基础出发，对人体的生理功能活动进行不同层次的研究。

一、生理学研究的对象、任务及其与医学的关系

人体生理学是医学科学的重要学科之一。它是以人体的正常生命活动为研究对象，且与医学实践有着密切的联系。它的主要任务是阐明正常人体生命现象或功能活动发生的机制、产生的条件以及体内、外环境的各种变化对它的影响，从而认识和掌握生命活动的规律，为医疗实践和卫生保健服务。因此，医学生必须在了解正常人体各个组成部分功能的基础上，才能理解患各种疾病时某些部位发生的变化，以及一个器官发生病变时，如何影响其他器官的功能等。故生理学对医学生来说是一门重要的基础理论课程。

二、生理学研究的三个水平

生理学的知识是人们通过长期医疗实践和实验研究逐渐积累起来的。生理学的研究内容非常广泛，并且日益深入。因此，必须从不同的角度或水平进行研究，才能全面、完整地认识人体。生

理学的研究一般可分为以下三个水平。

(一) 整体水平

机体的正常生命活动,首先在于机体本身是以完整的统一体而存在的,具体表现在机体各部分活动之间保持着密切的相互关系。周围环境发生的变化影响着机体,而机体则不断改变其自身的生命活动作出反应,以适应周围环境的变化。例如,在劳动、运动、高温、低温及高原等生活条件下,人体的血液循环系统、呼吸系统、神经系统和内分泌系统等方面都会发生相应的变化,以适应这种环境的改变。

(二) 器官水平

器官、系统水平的研究,主要是研究机体内各器官、系统的功能活动有什么特点,它们的活动受到哪些因素控制以及它们在整体生命活动中起什么作用等。例如,研究心为什么能够射血,怎样射血,影响射血的因素有哪些,心的射血对人体功能活动有什么意义等。

(三) 细胞及分子水平

人体各器官、系统的功能在很大程度上决定于组织细胞的生理特性。归根到底,又决定于其化学组成的物理、化学的变化。例如,心是由心肌细胞组成的,心肌细胞为什么能收缩和舒张?通过细胞、分子水平的研究,了解到心肌细胞中含有特殊的蛋白质分子,它们具有一定的排列方式,在某些离子浓度和酶的作用下,排列方式发生变化,因而形成了收缩和舒张。可见,细胞、分子水平的研究,主要是研究细胞内各超微结构的功能和生物分子的特殊物理、化学变化过程。

对细胞、分子、器官和系统的研究,其目的都是为了更深入、更全面地掌握完整机体生命活动的规律,为医学和有关的生产实践服务。

三、生理学的研究方法

生理学是一门实验性科学。生理学的知识和理论大多来自实验研究和临床实践。在实验研究中,多以动物的机体、器官、组织或细胞为研究对象。只有在不影响人体健康的前提下,才能进行人体观察实验,如体温、血压、心电图检查或血、尿的检验等无损伤性检查。

在动物实验研究中有急性实验和慢性实验两种方法。急性实验是将动物麻醉或毁坏其脑组织后,进行活体解剖,直接观察某一器官的活动。例如,将蛙心摘出,通过插管灌流不同离子的液体来研究心肌的生理特性。慢性实验是在正常完整的动物身上或经过适当手术恢复健康的动物身上,在一定条件下,对某一生理现象进行观察研究。例如,在兔脑中埋藏电极,研究中枢神经系统的功能等。

不同的实验方法,各有其特殊的意义,在进行生理学研究时,应根据所研究的任务和课题性质,选择最合适的方法。必须指出,不论采用哪种方法,在解释研究结果时,都必须坚持实事求是的态度,既不能局限于某种特定条件下所获得的资料,引申为普遍规律;更不能把动物实验结果不加区别地移用于人体。

作为一门实验科学,生理学的发展与其他自然科学的发展有密切关系。近几十年来,由于生物电子技术、超微量检测技术、同位素示踪技术以及电子显微镜技术等方面的应用,使生理学的研究日益深入,生理学的知识不断得到发展。

第二节　生命活动的基本特征

生物和非生物的根本区别是生物具有生命活动,非生物不能表现出生命活动。通过对各种生物体的观察和研究证实，生命活动的基本特征至少有新陈代谢、兴奋性、适应性和生殖四个方面。

一、新陈代谢

新陈代谢是生命活动的最基本表现。它包括同化作用和异化作用两个过程。

在生命活动过程中，机体不断从外界摄取营养物质，使其合成、转化为机体自身的物质，并伴有能量的贮备，这个过程称为同化作用。与此同时，机体也不断分解自身结构，释放能量，并把分解产物排出体外，这个过程称为异化作用。故新陈代谢是机体与外环境间进行的物质交换和能量转换以达到自我更新的过程。

在新陈代谢过程中，物质代谢和能量转换是同时进行的，它包括机体与外环境间物质和能量的交换以及机体内部的物质和能量的转变。

物质代谢和能量代谢是新陈代谢同一过程的两个方面。任何物质都蕴藏着一定的能量，所以物质交换本身就意味着能量的交换；任何能量的转变也必然伴有物质的合成和分解。同化作用和异化作用是同时进行和相互依存的两个生理过程。同化是异化过程的前提，没有同化就没有异化；异化是同化过程的条件，它为同化过程提供了必需的能量。由此可见，同化和异化两者是矛盾的统一过程，生物体通过同化和异化过程可以不断地自我更新。生物体内的同化和异化过程是一系列十分复杂的化学变化，它们的顺利进行有赖于酶的存在和作用。因此，酶是新陈代谢过程中不可缺少的一种具有催化作用的物质。

新陈代谢是生命活动的最基本特征，新陈代谢一旦停止，生物体的生命也就结束。

二、兴奋性

机体与周围环境的关系不仅表现在物质交换方面，还表现在环境情况改变时能引起机体活动的改变，如机体内部理化过程和外部表现的变化。在生理学上将环境变化引起的机体活动状态的改变称为反应；能够引起机体发生反应的各种环境变化，称为刺激。

能够对机体产生刺激作用的因素很多，按其性质不同可分为：物理的、化学的、温度的、光的、电的、生物的、心理的等。在医学上，光的、电的和心理的刺激常被用来诊断和治疗某些疾病。

机体接受刺激后是否发生反应，以及发生何种反应，主要取决于两个方面：一是刺激的有效量和刺激性质；二是机体的功能状态。

刺激的有效量是由刺激强度、刺激作用时间和强度/时间变化率三方面因素决定的。生理学实验研究中，所用的电刺激，强度/时间变化率以及刺激作用时间均已固定，通过改变刺激强度来观察组织反应的变化。生理学上把刺激强度/时间变化率和刺激作用时间不变时，能够引起组织发生反应的最小刺激强度，称为阈值或阈强度。组织的兴奋性与阈值在一定范围内成反变关系，即阈值愈小，组织的兴奋性愈高，故阈值是评价兴奋性的指标。刺激强度等于阈值的刺激，称为阈刺激；小于阈值的刺激称为阈下刺激；大于阈值的刺激，称为阈上刺激。

机体或器官的功能状态不同，对同样的刺激发生的反应也不同。例如，刺激交感神经可引起怀孕子宫收缩，但对非孕子宫则引起舒张。

机体接受刺激后发生反应时，有两种表现形式：一是由安静转入活动，或活动由弱变强，称为兴奋；二是活动变弱或变为相对静止，称为抑制。人体的生理活动，既有兴奋过程，也有抑制过程，两者对立又协调，并可互相转化。故兴奋和抑制是对立统一的生理活动过程。

一切具有生命活动的细胞、组织或机体，对刺激具有发生反应的能力或特征，称为兴奋性。神经、肌肉和腺体的兴奋性较高，称为可兴奋组织。人体各种组织兴奋时的具体表现各不相同，如肌肉的兴奋表现为收缩，腺体的兴奋是分泌，神经的兴奋反应是发放神经冲动。

刺激与反应的关系是因果关系。刺激是原因，反应是结果。

任何组织、细胞或器官对刺激发生的反应，都必须以兴奋性为前提，丧失了兴奋性，机体与环境间的关系中断，生命也就终止。

三、适应性

机体不仅能感受外界环境因素的变化而发生一定的反应，还能随着环境因素的变化，不断调整自身各部分的关系，从而有利于在不断变化着的环境中进行正常的生理活动。机体这种能够随着外界情况变化而调整其内部关系的生理特性，称为适应性。

适应性是机体在其种属进化过程中和个体生活过程中逐渐形成而臻于完善的。

两栖类动物可以通过垂体分泌促黑激素来控制自己的皮肤颜色，使其肤色与周围生存环境相适应，以保护自己免遭敌对动物的伤害。又如长期居住在高原地区的居民，其血液中的红细胞数量远超过平原居民。这种适应性反应对高原居民是十分必要的，因为血液中红细胞数量的增多大大提高了血氧的运载能力，从而有效地克服了高原缺氧给人体带来的不良影响，给自己创造了适应客观环境而生存的条件。

应当指出，人类不但对他所生存的环境具有被动适应的能力，也就是说，除了能随着所处环境的变化而产生相应的功能变化，使自己能与周围环境保持动态平衡之外；而且还能主动地应用科学技术改造自然环境，使之适合于自己的生存条件而达到主动适应环境的目的。

四、生殖

生物体生长发育成熟后，能够产生与自己相似的子代个体，使生物体得到绵延，称为生殖（详见第十二章生殖）。

第三节　机 体 与 环 境

机体是生活在周围环境中的，而环境经常发生变动，随时作用于机体，影响机体；机体的生理过程必须发生相应的改变，保持与环境的统一，方能维持正常的生命活动。实际上机体就是能在一定范围内摆脱环境变动的影响，保持机体内部环境的相对稳定，使生命活动仍能正常进行，这种状态称为“自稳态”。但是，这并不意味着机体内部是处于固定不变的状态，而是一种可变的动态平衡。

一、人体与外环境

外环境包括自然环境和社会环境两个方面，它们对人体的各种功能活动都具有重要意义。

自然环境随着一年四季的气温、气压、光照和湿度的变化，都会作用于人体，影响人的功能活动。但是正常人能够适应这种变化，正常生存。例如，在炎热的环境中，汗腺分泌大量汗液，通过水分蒸发降温，不至于使体温升高；在强光下，瞳孔缩小，减少进入眼内的光线，从而保护视网膜免遭损害。然而，人体对自然环境的适应能力是有一定限度的，例如气温过高或过低，人体都无法适应。又如目前世界各地对森林的过度砍伐、大气的污染、臭氧层的空洞、生态平衡的失调等，将日益严重地威胁人类的健康和生存。

社会环境是影响人体功能的另一个重要方面，社会环境的影响包括社会因素和心理因素两个方面。最常见的社会环境刺激是环境紧张。过度紧张将会引起心理状态失去平衡，造成心理上的波动，影响神经系统、内分泌系统和免疫系统。社会因素和心理因素对人体健康的影响日益受到人们的重视。如何通过改善社会环境，提高人们的心理素质，以增进人类健康，将是21世纪医学的重要课题。

二、内环境及其稳态的概念

人体结构和功能的最小单位是细胞，它可以单独进行新陈代谢而生存。但绝大多数细胞不与外界环境接触，而是生活在细胞外液中。细胞外液是体液的一部分。体液是体内液体的总称，它包括体内水分和其中溶解的物质。体液在成人约占体重的60%。体液可分为两大部分：存在于细胞内的称为细胞内液，约占2/3；存在于细胞外的称为细胞外液，包括组织液、血浆、淋巴液和脑脊液等，约占1/3。在细胞内液与细胞外液之间有细胞膜相隔；在组织液与血浆或淋巴液之间有毛细血管壁或毛细淋巴管壁相隔。由于细胞膜、毛细血管壁和淋巴管壁均有一定的通透性，因而各部分体液既彼此分开，又互相沟通（图1-1）。细胞在新陈代谢过程中，所需的营养物质由细胞外液获得，代谢产物则排到细胞外液中。因此，细胞外液是细胞直接生存的体内环境，称为内环境。内环境是相对人体所处的外环境而言，它是生理学中的一个重要概念。

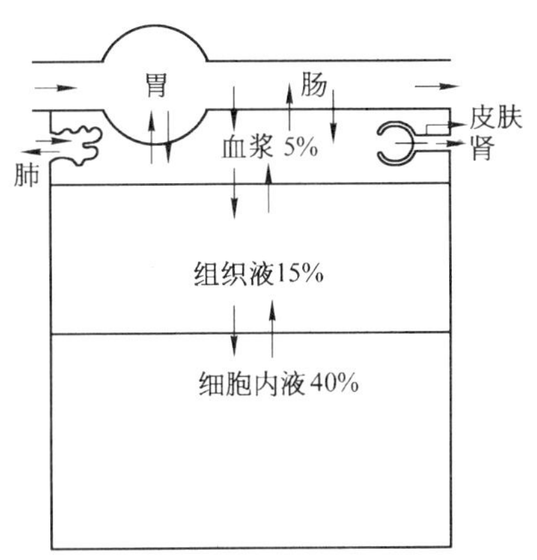

图1-1 体液分布及其物质交换示意图

内环境的化学成分及理化性质，如各种离子的浓度、温度、酸碱度及渗透压等，在正常情况下，变动范围较小，保持着相对稳定状态。这种内环境的化学组成和理化性质保持相对稳定的状态，称为稳态。例如，人体每日产生大量的酸，但正常人血液的pH值仅变动在7.35～7.45之间。这是因为机体有一系列的缓冲功能，并通过血液循环将多余的酸运至肾、肺等器官排出体外的缘故。

稳态是细胞进行正常生命活动的必要条件，这是因为机体的新陈代谢过程是复杂的酶促反应，而酶的活性则要求一定的温度等理化条件。另外，组织细胞的兴奋性等生理特性，也只有在一定的理化条件下，才能维持正常。

稳态是在多种功能系统相互配合下实现的一种动态平衡。即一方面是代谢过程使相对恒定遭到破坏，如营养物质和氧的消耗而减少，酸性代谢产物和二氧化碳的增加；另一方面，又通过机体各种调节机制下的功能活动，使破坏的平衡得以恢复。

稳态的破坏或失衡将会引起机体功能的紊乱而产生疾病。从某种意义上讲，临床治疗就是通过物理、化学等手段将失衡的内环境调整至正常水平，重新实现稳态。

三、生物节律

生物体内的各种生理功能，经常按一定的时间程序发生周期性的变化，重复出现，周而复始。这种生物体内生理功能活动周期性变化的节律，称为生物节律。人和动物的生物节律可按其发生的频率高低分为高、中、低三种节律。高频节律的节律周期短于一天，如呼吸周期、心动周期等。中频节律为日周期，如体温、血压、血细胞数、尿成分和各种代谢过程的周期性变化。低频节律有年周期、月周期和周周期，如人类女性的月经周期是月周期性变化；候鸟的迁徙栖息，蛙和蛇的冬眠等就是年周期变化。

生物节律既决定于生物体本身具有的内在节律，即“生物固有节律”，同时也可能与自然环境变化同步。据研究，生物节律的调控中枢可能与下丘脑中的视交叉上核的活动有关，但其机制尚待阐明。

生物节律的重要生理意义：一是由于生物节律的存在，使生物体对内、外环境的变化，产生更加完善的适应过程，以维持机体生命活动的完整统一性；二是临床医疗和护理工作中，可利用生理功能活动的生物节律周期性变化特征，以及机体对药物反应强度的周期性差异，来提高防治疾病的效果；三是生物节律的存在，有助于促进人类社会生活中的工作、学习与生活的效率和质量，从而为人类社会的卫生和保健，人民的健康和长寿，提供生理学的理论依据。

第四节　机体功能活动的调节

人体能感受内、外环境的变化，并相应地调整各种功能活动，使其相互配合，保持稳态，这种功能活动被称之为调节。机体功能活动调节的方式有三种，即神经调节、体液调节和自身调节。

一、神经调节

神经调节是指神经系统的活动，通过神经纤维的联系对机体各部分功能发挥的调节作用。完整机体对任何刺激的反应，都不单单是局部的，而主要是通过神经系统实现的整体性反应。神经调节的基本方式是反射。反射是指在中枢神经参与下，机体对刺激产生的规律性反应。例如，食物入口引起唾液分泌，疼痛刺激引起局部肢体回缩，气温升高时皮肤血管扩张和出汗等。

反射活动的结构基础是反射弧。它包括感受器、传入神经、反射中枢、传出神经和效应器五部分(图 1－2)。感受器接受外界和机体内部的刺激后，将刺激信息转换成神经信息，由感觉神经将信息传至脊髓或脑的特定部位，引起有关中枢神经的分析、综合，然后将整合后的信息沿传出神经传至效应器，改变效应器的活动。反射弧任何一部分受到损害，都会使相应的反射消失。

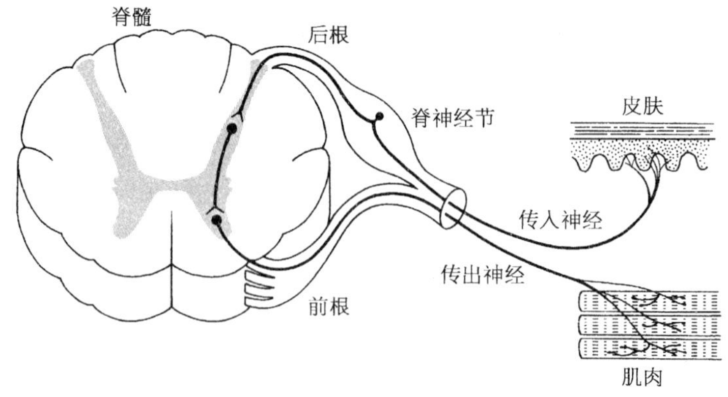

图 1－2　反射弧的结构示意图

人类和动物具有多种反射，大致可分为两大类，即条件反射和非条件反射。

非条件反射是先天遗传的、比较固定的、结构比较简单的反射，是一种较低级的神经活动。如吸吮反射、吞咽反射、瞳孔对光反射等。非条件反射是机体适应环境的基本手段。

另一类是后天经过学习训练获得的反射，称为条件反射。它是一种高级神经活动，其数量是无限的，如“望梅止渴”“谈虎色变”一类例子，属于条件反射。它使机体对环境的适应更加机动灵活，具有预见性，极大地提高了机体的生存能力。

神经调节的特点是作用迅速、准确和表现自动化。这是因为反射弧的传导速度很快，传出神经所支配的效应器都是固定的，如某一肌肉或腺体；作用效果也是明确的，如肌肉收缩和腺体分泌。

二、体液调节

体液调节是指由内分泌腺和内分泌细胞所分泌的激素及组织细胞所产生的一些化学物质或代谢产物，随血液循环到达全身各处，调节人体的新陈代谢、生长发育、生殖等生理功能活动。例如，甲状腺分泌的甲状腺激素，经过血液运输到各组织器官，促进组织代谢，增加产热量，促进生长发育，提高中枢神经系统的兴奋性等。激素由血液运输到远端组织器官发挥其调节作用，称为全身性体液调节；有一些激素可以在组织中扩散至邻近的组织细胞，调节其活动，称为局部性体液调节，也称为旁分泌调节；一些组织细胞在代谢时产生的二氧化碳、H^+、组胺等，通过在局部组织液中扩散，调节附近组织细胞的活动，也可称为局部性体液调节。参与体液调节的化学物质统称为体液因素。

体液调节的特点是反应速度较慢，作用广泛、持久。

在机体内，神经调节与体液调节是密切联系的。不少内分泌腺或内分泌细胞，直接或间接受神经系统支配，因此，机体在发挥神经调节的同时，往往还通过传出神经动员相关的内分泌活动参与反射活动。这种神经调节与体液调节的联合调节方式，称为神经-体液调节(图 1-3)。这两种调节的联合，使机体调节的效果更准确、合理、相辅相成。例如，在紧急时，交感神经兴奋，除通过其传出神经直接作用于心、血管和支气管外，还可引起肾上腺髓质分泌肾上腺素和去甲肾上腺素，通过血液循环作用于心、血管和支气管。

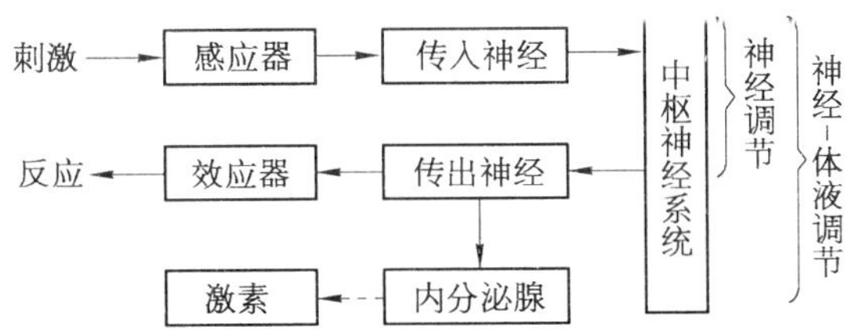

图 1-3 神经调节与体液调节关系示意图

三、自身调节

许多组织、细胞自身也能对周围环境变化发生适应性的反应，这种反应是组织、细胞本身的生理特性，并不依赖于神经或体液因素的作用，故称为自身调节。例如，用离体心进行实验时，当输入心的液体增加时，心肌的收缩力加强，心室的输出量相应地增加，于是心排血量得以和输入量保持平衡。由于离体心既不受神经支配，又不受激素作用，所以，这种调节是心肌自身活动的结果。又如，脑血管在动脉血压波动不大时，可通过血管自身的舒缩活动以改变血流阻力，使脑的血流量保持相对恒定。

自身调节是一种原始的简单的调节方式，调节的幅度、范围都不会太大，对刺激的敏感性也较低，但对人体功能活动的调控仍有一定生理意义。

四、人体功能调节的自动控制——反馈作用

机体通过上述三种调节方式，把许多不同的生理反应统一起来，组成完整的、互相配合的生理过程，使机体内部保持相对稳定并与环境取得平衡。

那么，三种不同的调节过程是通过什么形式，达到上述共同的目的呢？后来，人们从迅速发展起来的自动控制理论中得到启发，发现自动控制中的一些基本机制，也适用于机体内的调节过程。因此，有人将调节称为控制。

在用控制论机制分析人体的调节活动时，人体的各种功能调节系统被认为是“自动控制”系统，并可将神经、体液或自身调节中的调节部分（如反射中枢或内分泌腺等）看作是控制部分；将效应器和靶器官看作是受控部分，而后者的状态或所产生的效应称为输出变量。在控制部分和受控部分之间，通过不同形式的信号（神经冲动或化学物质等形式）进行信息传递。

一个自动控制系统，必然是一个闭合回路，即控制部分和受控部分之间存在着双向的信息联系。控制部分发送控制信息，改变受控部分的功能活动。受控部分则发出反馈信息，返回到控制部分，使控制部分根据反馈信息来改变自己的活动，从而对受控部分的活动进行调节。由受控部分向控制部分发送反馈信息，对控制部分的功能状态施加的影响，称为反馈（图 1－4）。

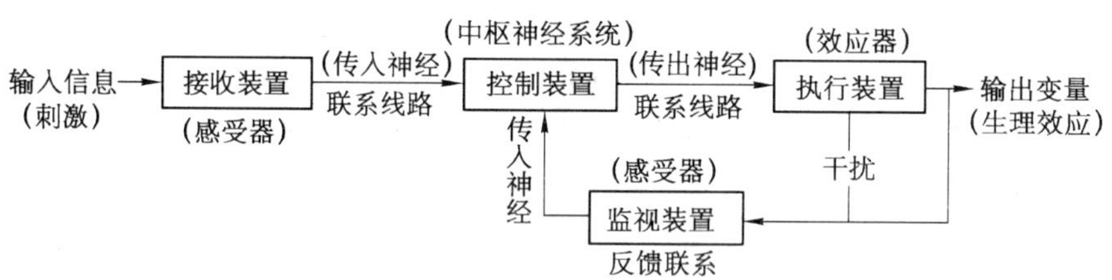

图 1－4　人体功能调节的自动控制示意图

根据反馈信息作用的不同，将反馈分为正反馈和负反馈两类。

在少数情况下，反馈信息能加强受控部分活动的，称为正反馈。正反馈的意义是使某种生理功能不断加强，并迅速完成。例如：在正常分娩过程中，子宫肌收缩导致胎儿头部下降，并牵张子宫颈，子宫颈受牵张时可进一步加强子宫肌收缩，再使胎儿头部进一步牵张子宫颈，子宫颈牵张再加强子宫肌收缩，直至胎儿娩出。其他例子如排粪、排尿反射和血液凝固的过程都属于正反馈。

大多数情况下，反馈信息能减低控制部分的活动，称为负反馈，负反馈的作用是可逆的，是维持机体稳态的重要方式。例如，下丘脑分泌促甲状腺激素释放激素，经垂体门脉至腺垂体，使其促甲状腺激素分泌增多，经血液循环最终导致甲状腺活动的加强，血液中甲状腺激素含量增多；当血液中增多的甲状腺激素过高时，则可通过负反馈抑制腺垂体的活动，使促甲状腺激素分泌受到抑制，甲状腺活动减弱，血液中甲状腺素水平下降，这是一个典型的负反馈控制作用。同样，当血液中甲状腺素过低时，由于上述负反馈的抑制作用的减弱或消除，则下丘脑分泌的促甲状腺激素释放激素对腺垂体的作用又会加强，使血液中甲状腺素水平回升，从而使血液中甲状腺激素维持相对稳定的水平（见第十一章甲状腺素分泌的调节）。

生理学是研究机体正常生命活动规律的科学。生理学要从以下三个方面进行研究，即整体水平、器官水平和细胞分子水平，才能更深入、全面地掌握生命活动的规律。

生命活动的基本特征有新陈代谢、兴奋性、适应性和生殖。新陈代谢离不开环境，机体所处的生存环境，称为外环境；体内细胞所处的环境，称为内环境。内环境稳态是细胞和机体生存的基本条件。内外环境中发生的能使机体发生反应的一切变化，称为反应。反应有兴奋和抑制两种形式。细胞或机体接受刺激发生反应的能力或特性，称兴奋性。兴奋性的高低可用阈强度（阈值）来衡量。

机体能够随着外界情况的变化而调整其内部关系的生理特性，称为适应性。

机体功能调节可在不同水平上进行。神经调节是指神经系统的活动，通过神经纤维的联系对机体各部分功能活动发生的调节作用。神经调节的基本方式是反射。反射活动的结构基础是反射弧。体液调节主要指内分泌腺或内分泌细胞所分泌的激素，随血液循环到达全身各处，调节人体的新陈代谢、生长发育和生殖等生理功能活动。自身调节是指组织细胞本身对周围环境变化发生的适应性反应。机体功能调节中最普遍的联系方式是反馈。反馈可分为两类：调节信息与反馈信息相反的反馈，称为负反馈，其意义是维持机体稳态；调节信息与反馈信息相同的反馈，称为正反馈，其意义是使某种生理过程不断加强，直至完成。

实验一 实验总论

【实验课目的和基本要求】

（一）实验课目的

通过实验（试验）课的学习，使学生初步掌握生理实验（试验）的基本操作技术和人体功能活动测试技能，特别是临床上常用的一些测试技能，如ABO血型鉴定、交叉配血试验、心音听取、动脉血压测量、人体肺通气功能测定、视力和视野检查、人体腱反射检查等。此外，通过生理实验（试验）验证生理学基本理论知识、培养学生理论联系实际的能力和提高观察事物、分析问题和独立思考解决问题的能力。

（二）实验课要求

1. 实验前要求　实验前要做到以下几点。

(1) 仔细、认真阅读实验指导　由课代表或实验小组负责人提前与带教老师联系，了解实验课的项目、要求、实验步骤和操作方法。

(2) 复习有关理论知识　结合实验项目的内容，复习有关理论知识，以便理解有关实验结果。

(3) 做好物质准备　配合教师做好本次实验所需仪器、器械及动物方面的准备。

(4) 预测实验结果，估计可能出现的误差　对本次实验的各个步骤，应出现的结果，要有所估计，并预测可能出现的误差。

2. 实验中的要求　实验中要做到以下几点。

(1) 按实验组站在实验台前　穿好白大衣并按带教老师的安排进入指定实验室的实验台前。

(2) 查对实验器材和药品　仔细查对实验器材是否齐全、完好，并注意器材的合理使用，维护和节省消耗性物品。注意保护实验动物和标本。

（3）对人体实验的要求　做人体实验要注意保暖，动作要轻柔，尽量减少伤害性刺激和不适。

（4）实验操作要求　要按照实验指导和带教老师的要求，以严肃认真的态度按步骤进行操作。在操作中不得大声喧哗和做与本实验无关的事情。

（5）观察和记录实验结果　认真观察、如实记录实验出现的现象。联系有关理论进行思考：为什么会出现此种现象？这些现象是否正常？

3. 实验后的要求　实验后要做到以下几点。

（1）整理、清点实验器材　将实验器材清点整理就绪，擦洗干净。如有损坏、缺失，要报告带教老师。实验动物的处死和处理按老师指示去做，不得随意丢弃。

（2）整理实验数据，填写实验报告　认真整理实验记录，分析、讨论实验结果，填写好实验报告，按时交老师评审。

（3）打扫实验室卫生　对实验室地面、实验台及有关部位要打扫干净，并切断电源，经老师检查合格后方可离开实验室。

【实验报告的书写】

每次实验结束后，均要写出实验报告，交任课教师评阅，并在期末汇集一起评定成绩。实验报告的填写要认真，注意文字要简练、通顺、整洁。首先注明班级、姓名、实验日期以及实验项目等，具体要求如下。

1. 实验目的和要求　要简明扼要地写出本次实验所涉及的主要理论依据及实验目的、要求。

2. 实验方法　本次实验方法与教科书上的方法有无不同，可简要说明其可靠性。

3. 实验结果　将观察到的现象如实记录，不可单凭记忆或臆造一些数据。要科学地、实事求是地对待实验中出现的结果。如果不理想，可重复进行实验。

4. 结论和讨论　对实验结果进行讨论，解释和分析实验结果是否为预期的。若出现非预期结果时，要分析其可能的原因。实验的结论和讨论的书写是富有创造性的工作，要严肃认真对待，不应盲目抄袭书本或他人的报告。

【哺乳动物实验常用手术器械】

哺乳动物实验常用的手术器械一般有以下几种。

1. 手术刀　常用手术刀如图 1－5 所示。它由手术刀柄和刀片两部分组成，使用时将刀片安装在刀柄上。手术刀主要用来切开皮肤和脏器。

2. 剪刀　常用剪刀有手术剪刀和家用粗剪刀两种。其中粗剪刀主要用于剪兔毛、兔皮、皮下组织和肌肉；手术剪刀主要用于剪血管、神经、肌肉和结缔组织等。

3. 镊子　图 1－5 中的镊子为眼科镊子，主要用于夹镊细软组织，如血管、神经等；一般手术镊子夹持皮肤、肌肉等。

4. 止血钳　一般分为弯形和直形止血钳两种。止血钳除用于止血外，有齿的止血钳还可以用来提起皮肤；无齿的用于分离皮下组织。此外，还有一种较细小的止血钳称为蚊式止血钳，适用于分离小血管及神经周围的结缔组织。

5. 动脉夹　用于短时间内阻断动脉血流，以便做动脉插管。

6. 血管插管　有动脉插管和静脉插管两种。前者用于在急性动物实验时插入动脉，另一端连接一胶管，接水银检压计，以记录血压；后者用于插入静脉后固定，以便在实验过程中，随时用注射器通过插管向动物体内注射各种药物和溶液。

7. 气管插管　在急性动物实验时插入气管，以保证动物的呼吸畅通。

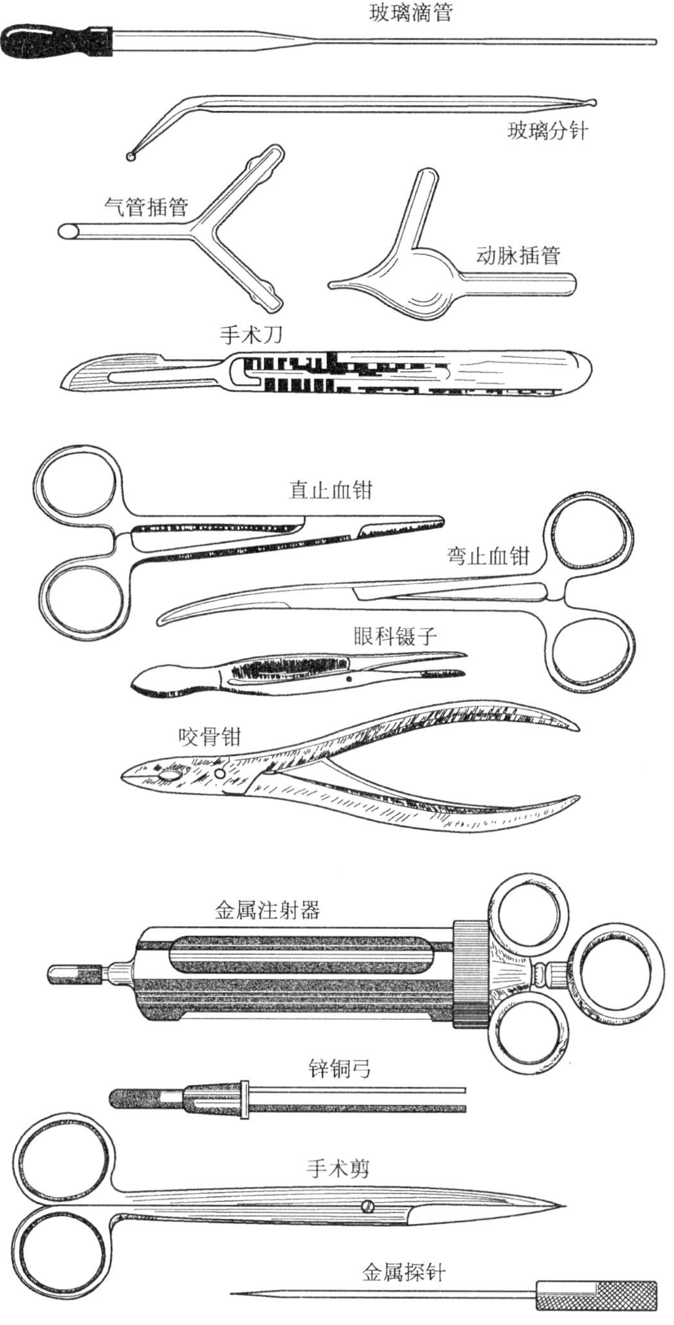

图 1-5 常用动物手术器械

【常用实验仪器】

(一) 常用动物实验仪器

1. 刺激装置 刺激装置一般有电极和电子刺激器两种。

(1) 电极 有刺激电极和引导电极两种。前者的作用是对组织器官施加刺激;后者的作用是将器官、组织产生的生物电引导出来,输入显示记录系统进行观察分析。实际上是同一电极即可作为刺激电极,又可作为引导电极用。生理学实验中常用的电极有普通电极、保护电极和微电极等。

(2) 电子刺激器　是一种可生产一定波形电脉冲的仪器。常用的波形是方波，其强度、作用时间和频率可以调控。输出的形式有单个输出和连续输出两种。

2. 传动装置　传动装置一般有检压计和换能器两种。

(1) 检压计　是一U形玻璃管，内装液体，利用管内液体移动或带浮标插杆上端的横置描笔，以描记或显示被测液体或气体的压力变化。检压计有水检压计和水银检压计两种。前者用于低压和胸膜腔内压、静脉血压的观测描记；后者用于较高压力，如动脉血压的观测描记。

(2) 换能器　换能器可将非电能转变成电能信号，并输入记录装置。换能器的种类有机械换能器(又称张力换能器)和压力换能器，如血压换能器。

3. 记录装置　一般有示波器、记纹器和生理记录仪等。

(1) 示波器　是观察和记录微弱而迅速变化的生物电现象的仪器。如记录、观察神经干动作电位，神经肌肉及细胞的生物电变化。并可借助照相机将荧光屏上显示的图像波形拍摄下来。

(2) 记纹器　记纹器过去又称为记纹鼓。它是记录伴有机械变化的仪器。根据动力不同，分为弹簧记纹器和电动记纹器两种。后者又有单鼓和双鼓之分。记纹器的速度根据需要可进行调节。使用时描笔尖要与鼓面呈相切的接触。

(3) 生理记录仪　是比较常用的生理学实验记录仪器，几乎取代了记纹器。它能将各种生理变化或生物电变化的曲线，描记在记录纸上，直接而方便。目前常用的生理记录仪是LMS-2A和LMS-2B二道生理记录仪。它配合适当的换能器和电极，可将多种生理功能，如肌肉收缩、呼吸运动、血压变化、尿量变化等描记在记录纸上，灵敏、精确、直接而方便。

(二) 常用人体功能检查仪器

1. 血压计　血压计有汞柱式、弹簧式和电子血压表多种。但常用的是汞柱式血压计。

汞柱式血压计由三部分组成(图1-6)：①检压计是一个有刻度的玻璃管，上端与大气相通，下端与水银槽相通。备用时水银柱液面应与0刻度平齐；②袖带是一个外面包有布套的长方形橡皮囊，借橡皮管与水银槽及打气球相通；③打气球是一个带有螺帽的橡皮球，内有活门。螺帽拧紧后向橡皮囊内充气，拧松时可放气。

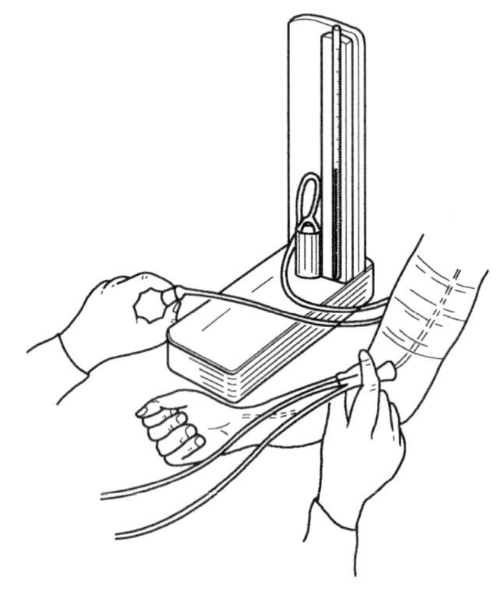

图1-6　血压计的结构模式图

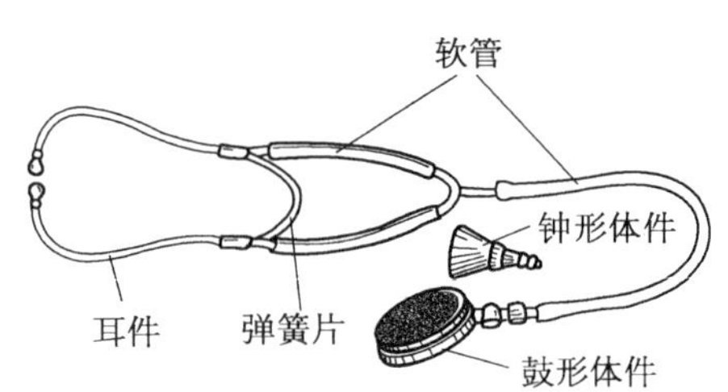

图1-7　听诊器的结构模式图

2. 听诊器　由耳件、体件和软管三部分组成。体件类型有钟形和鼓形。前者通常用于听取低音调的声音；后者适用于听取音调高的声音及测量血压时听取血管音。听诊器的结构见图1-7。

3. 心电图机 是用于测量和描记心肌生物电变化的仪器。它主要由精密的电流计和导联线等组成。如果在体表放置两个电极，分别用导线连接到心电图机的两端，它就会按照心肌兴奋的时间顺序，将体表两点间的电位差记录下来，形成一条连续的曲线，即心电图波形。心电图机面板示意图见图 1-8。

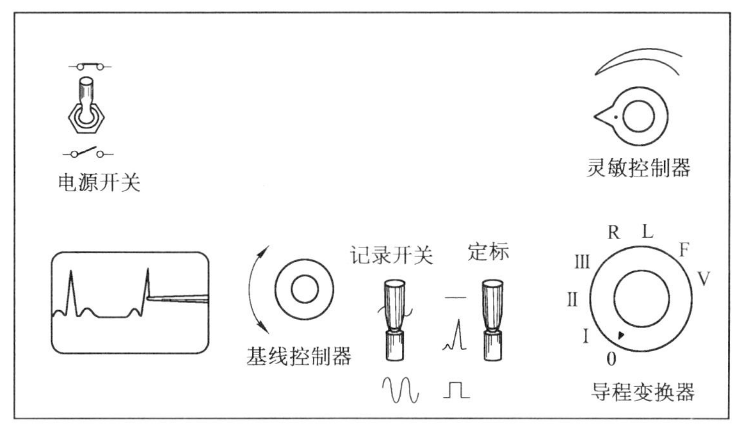

图 1-8 心电图机面板示意图

4. 肺量计 肺量计的种类较多，但其基本结构大致相同。以单筒肺量计为例，介绍如下(图 1-9)。

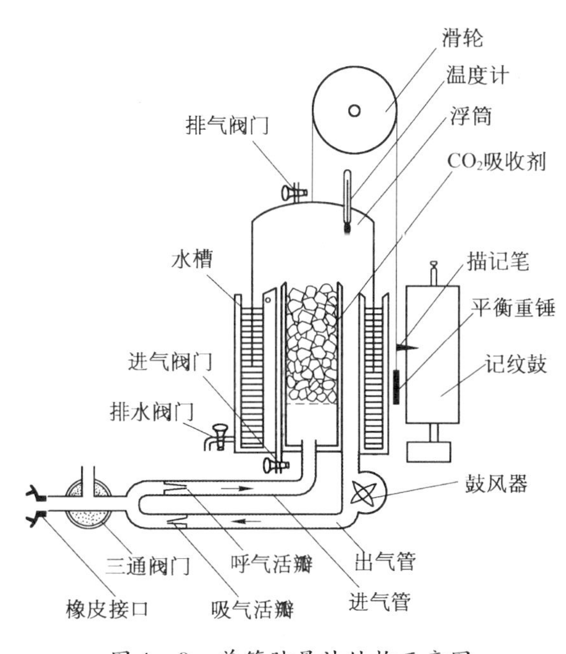

图 1-9 单筒肺量计结构示意图

肺量计外筒是盛水的圆筒，筒底有排水阀可放水。另一只浮筒倒扣在盛水圆筒中，于是在浮筒内形成一个密闭的空间，仅有两个管道分别经呼气管和吸气管与外界相通。在呼气管道上安装一个钠石灰筒，以吸收呼出的二氧化碳。吸气导管上有充氧气导管开口，并装有开关，用于向筒内

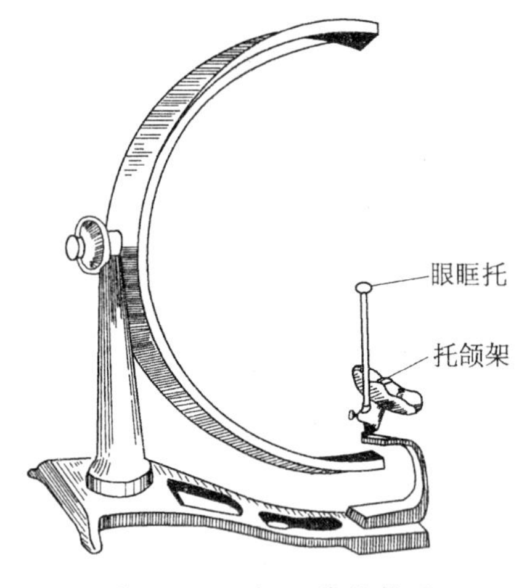

图 1－10 视野计结构图

灌注氧气。呼气和吸气导管一端连接三通阀门，经接口与被试者口腔连接。浮筒顶部缆索通过滑轮传递与平衡锤连接，并保持重量平衡。这样，随着呼吸运动，浮筒因内部容积发生变化而相应地上下移动，并带动描笔左右运动，描记肺通气量。在变速器带动的滚筒记录纸上，描记出肺通气功能曲线。

5. 视野计 视野计的结构如图 1－10 所示。它由底盘、立轴、弧架、分度盘、托颌架和眼眶托等部分组成。弧架上有经纬刻度，可旋转在所需任意经纬度的位置上。视野计的后方附有随着视标移动的针尖，它能准确地指着安放在对面的视野图纸的相应经纬度。当每找到一个能看见的视标点时，只要将放视野图纸的盘向前一推，就能在视野图纸的相应经纬度上扎出一个记号。具体操作方法见第九章视野测定。

【实验动物的基本操作技术】

(一) 实验动物的选择

生理实验效果的好坏，与实验动物的选择有着密切关系。在选择动物时，应以健康动物为前提，按照实验内容和要求，结合动物的生物习性和解剖、生理特点，以及经济成本等，进行动物选择。据此，生理学实验常用动物以蟾蜍（或蛙）和家兔为多，其他动物还有鼠类、猫等。下面就以上常用动物的基本知识及与实验有关的特点，分别介绍如下。

1. 两栖类 蟾蜍或蛙属两栖类动物。两栖类动物的生命活动与温血动物相近似，而且离体组织所需的生理条件较简单和容易控制，再加上野外很容易捕捉，故在生理学实验和科学研究中被广泛应用。如蟾蜍的离体“坐骨神经-腓肠肌标本”常用来观察神经冲动、神经肌肉兴奋性及肌肉的收缩功能；其离体心则用来研究心的生理特性。此外，反射弧的分析、脊髓反射以及微循环观察等实验也常用蟾蜍或蛙来做。

2. 家兔 家兔属食草动物。由于家兔体型不大，性情温顺，容易固定，方便实验操作和观察，因而被广泛用于生理实验和科学研究。家兔颈部的减压神经与迷走神经、交感神经分开走行而单独成为一束，故常用于减压神经放电或降压反射实验。另外，心血管反射调节、呼吸运动调节和泌尿功能调节实验也常用家兔。

3. 鼠类 鼠类包括大、小白鼠及豚鼠。它们均属啮齿类动物。鼠类体型较小，性情温顺，易于捕捉，饲养费低廉，实验结果的科学性、重复性和可靠性较高，也被广泛应用。主要用小白鼠实验的项目有能量代谢测定，小脑功能障碍及肾上腺摘除等。大鼠的应用同小白鼠。豚鼠由于其耳蜗发达，乳突部骨质薄弱，听觉灵敏，故常用于耳蜗微音器电位的观察实验。

4. 猫 猫属哺乳类动物。其神经系统较敏感，颅骨和脑的形状固定，是较理想的脑神经生理实验动物，也是去大脑僵直实验的常选动物。

(二) 动物的捉拿、固定及处死方法

1. 动物的捉拿、固定

(1) 两栖类动物的捉拿、固定

1) 捉拿：用右手拇指和示指分别放在蟾蜍或蛙的腰背部脊柱两侧，捏住皮肤和脊柱将其提起，移至左手。用左手食指和中指夹住蟾蜍或蛙的前端，使其前俯，可见头部背面正中线上有一凹陷

处，即为枕骨大孔。可用右手触摸核实后，用右手持探针从该孔刺入，并左右搅动，破坏其脑和脊髓。

2）固定：用蛙钉或大头针将其四肢钉在蛙板或蜡盘上。

（2）家兔的捉拿、固定

1）捉拿：家兔捉拿时，用右手抓住颈部皮肤，轻轻向上提起，左手托住其臀部，使其呈坐位姿势。实验中，常用兔耳血管，捉拿兔耳容易造成损伤，故不宜捉拿兔耳。

2）固定：分头部的固定和四肢的固定。

头部的固定分为仰卧位固定和俯卧位固定两种方法。

仰卧位固定又分为两种方法。第一种方法：将麻醉好的家兔取仰卧位，将其颈部挂在固定夹的半圆形铁钩上，再把兔嘴套入铁圈内，然后将兔头夹的铁柄固定在手术台上。第二种方法：用一根粗丝线，一端打活结套在兔的两只上门齿上，另一端拴在兔手术台前端的铁柱上。此法简便易行，既可使兔头颈部保持平直，又可避免兔受到机械损伤，因此，是实验中常用的头部固定方法。

俯卧位固定法：当做头颅手术时，则需用马蹄形兔头固定器将兔头固定。在家兔两侧眼眶下剪下一小块皮毛，暴露颧骨突，用 1 mm 直径的钻头在颧骨突上各钻一孔，然后将尖头铁棒插入小孔内，再分别固定在马蹄形固定器的两侧。调节固定器中间的铁棒，使其尖端嵌在家兔的两只上门齿缝里，并加以固定。可上下调节固定器上的垂直铁柱，使兔的头部向上仰或下俯。

四肢的固定：头部固定后，用四条窄布带捆绑四肢固定。布带的一端分别绑在前肢的腕关节上部和后肢的踝关节上部，布带的另一端分别绑在手术台同侧的固定钩上。

（3）猫的捉拿和固定

1）捉拿：猫的齿、爪锋利，捉拿时要戴手套，以防被抓伤。捉拿时可先将猫关在特别的玻璃容器中，投入乙醚棉团或纱布块，对其进行快速麻醉，然后乘其未醒时立即捉拿并麻醉固定。

2）固定：猫的固定方法同兔的固定。

（4）鼠类的捉拿和固定

1）捉拿：为防止被鼠咬伤，捉拿时可戴手套。一手抓住鼠尾，另一手抓紧鼠颈背部皮肤，将其翻转，使腹部向上，由另一人进行腹腔注射麻醉，然后固定。也可保持背部向上，由另一人做尾部静脉注射。或将鼠类关进特制的鼠笼，露出尾做尾部静脉注射。麻醉后固定。

2）固定：仰卧固定时可用棉线一端牵拉鼠的两只上门牙，另一端固定在实验台前端的铁钉上。俯卧固定可用 U 形机夹住鼠的颈部。四肢的固定与兔相同。

2. *实验动物的处死方法*　急性动物实验后，有的动物会立即死亡，但也有的动物却要经过一段时间慢慢死去，而有的动物并不死亡。因此，在抛弃动物前，必须将动物处死。这样既可使动物在最短时间获得最小痛苦的死亡，又可避免动物对环境的污染和破坏。

动物的处死方法有物理方法和化学方法两种。其中化学方法多采用过量麻醉药使动物死亡。但因麻醉药也会造成环境污染，影响实验人员健康等原因，现已较少采用。在实验中，物理处死方法较常用。下面介绍几种物理处死方法。

（1）放血处死法　通常切断两侧颈总动脉，将血放尽，使其死亡。也可切开股动脉或股静脉，将导管插入血管中，放血致死。此法多用于兔、猫等动物的处死。

（2）窒息处死法　可用手握棉球或纱布紧紧捂住动物的口鼻，使其窒息而死。此法多适用于鼠类动物的处死。也可将鼠关进密闭箱中，一次处死多只鼠。

（3）开胸处死法　切开实验动物胸腔，使肺萎缩，可迅速处死。

(4) 穿颅处死法　用特制工具"穿颅枪"的枪口紧抵动物头顶或颞部，扣动扳机，钢杆立即插入颅腔，动物即被震昏，然后立即放血或切开胸腔。

(5) 电击处死法　利用电击设备将实验动物击昏，然后再放血或开胸处死。

(6) 断头处死法　用咬骨钳或粗剪刀将蟾蜍或蛙切断头颅。也可经枕骨大孔破坏脑和脊髓处死。

(三) 实验动物的麻醉

在动物实验前，必须将动物进行麻醉，使其处于无痛苦和安静状态下，才能进行各种手术操作及实验项目的观察，使实验得以顺利完成。

麻醉药品种类繁多，且不同种类的麻醉药品作用特点也不相同，故需选择合适的麻醉药品。选择麻醉药品时，可根据动物的种类、实验要求，选择那些对动物的毒性最小，对其生理功能干扰最小的麻醉药品。

1. 常用麻醉药及其使用方法

(1) 巴比妥类

1) 戊巴比妥钠：为短效麻醉类药。适用于大多数动物的麻醉。常用其3%的溶液进行静脉注射或腹腔注射，剂量为30 mg/kg左右，一次给药后可维持麻醉3 h。

2) 硫喷妥钠：为超短效麻醉药。由于此药的水溶液不稳定，故需临时配用。此药适用于家兔、狗等动物的麻醉。常用2.5%的溶液进行静脉注射，剂量为15～20 mg/kg，维持麻醉时间在0.5～1.0 h。必要时可重复给药。但此药对动物的呼吸及循环功能均有抑制作用，使用时要注意观察呼吸及循环情况。

(2) 氨基甲酸乙酯(乌拉坦)　此药麻醉过程平稳，对动物的呼吸循环功能影响较小。对兔、猫的麻醉效果好。常用于兔、猫、鼠、蟾蜍以及狗的麻醉。对兔、狗多采用静脉注射或腹腔注射，常用浓度为20%，剂量为0.75～1.0 g/kg。蟾蜍则采用皮下淋巴囊注射，剂量为2.0 g/kg。一次给药可维持4 h。

(3) 氯醛糖　通常在用时临时配制。常用1%的溶液进行静脉注射或腹腔注射，剂量为60～100 mg/kg。适用于兔、猫等动物的麻醉。氯醛糖单独使用效果不佳，若与乌拉坦合用，效果较佳。混合液配制方法为：取氯醛糖1 g，乌拉坦10 g，分别加入少量生理盐水溶解，然后再混合一起，再加入生理盐水至100 ml处，即为1%的氯醛糖和10%的乌拉坦混合麻醉液。

(4) 乙醚　是挥发性麻醉药。具有特殊臭味，易燃、易爆，故在放置和使用时要避开火源。乙醚可用于各种动物的麻醉，尤其适用于短时间的手术操作或实验，通常采用吸入麻醉法。大型动物如狗也可用面罩吸入法麻醉；家兔等中等大小的动物可将其放入透明的麻醉箱内吸入麻醉；鼠类小动物可扣在玻璃钟罩或烧杯内做吸入麻醉。乙醚的特殊臭味可刺激呼吸道黏膜，使其分泌大量分泌物，可引起呼吸道阻塞，为此，麻醉前可给予阿托品，抑制分泌物的产生。

以上麻醉药及使用方法可归纳为下表。

表1-1　实验动物常用麻醉药及使用方法

药物名称	给药途径	常用浓度(%)	常用剂量(mg/kg)					
			兔	猫	大鼠	小鼠	豚鼠	蟾蜍
戊巴比妥钠	静脉注射	3	25～35	25～35	25～35	25～50	25～30	
	腹腔注射	3	25～50	25～35	40～50	40～70	15～30	
硫喷妥钠	静脉注射	2.5	15～20	15～20				

（续表）

药物名称	给药途径	常用浓度(%)	常用剂量(mg/kg)					
			兔	猫	大鼠	小鼠	豚鼠	蟾蜍
氨基甲酸乙酯(乌拉坦)	静脉注射	20	750～1 000	750～1 000				
	腹腔注射	20	1 000	1 000	1 000	1 000	1 500	
	皮下淋巴囊注射	20						2 000
氯醛糖	静脉注射	1	80～100	60～80				
	腹腔注射	1	80～100	60～90				
乙醚	吸入	—	—	—	—	—	—	—

2. 麻醉注意事项

(1) 给药剂量及方法　麻醉给药时，先将总药量的 1/3 快速注入，使动物快速度过镇痛期和兴奋期，余下 2/3 的药则要缓慢注入，边注射边观察动物的麻醉状态及反应，以判断麻醉深度。进入最佳麻醉状态的标志为：动物四肢及腹部肌肉松弛并卧倒，呼吸深、慢、平稳，皮肤的夹捏反射消失，角膜反射迟钝或消失，瞳孔缩小。

(2) 麻醉意外的处理　麻醉过程中如动物出现四肢肌肉较紧张、挣扎或呼吸急促等，说明麻醉过浅，应适当补充麻醉药。但一次补药量不应超过原用药量的 1/5。相反，如果麻醉过深，应暂停给药和操作，并予以处理。当呼吸慢而不规则时，可进行人工通气；若呼吸已停止且伴有心跳慢而弱时，除进行人工通气外，还要注射呼吸和循环兴奋剂，如洛贝林(可拉明)或肾上腺素。

(3) 对麻醉动物的护理　在整个麻醉和实验过程中，均应注意对动物的护理。如保暖、保持呼吸道通畅等。

(四) 实验动物基本操作技术

1. 腹腔注射和静脉注射

(1) 腹腔注射　常用于鼠类和猫的麻醉。此法简单易行，但药物吸收较慢，故麻醉效果出现也晚。鼠类进行腹腔注射麻醉时，先捉拿使其腹部向上，然后将注射器针头在腹正中线与皮肤成 45°角斜行刺入腹腔，当针头通过腹肌后感到阻力消失时，说明针头已进入腹腔，轻轻回抽注射器筒芯，若无任何物体抽出，便可缓慢注入麻醉药。

(2) 静脉注射　常用于兔、猫等动物。兔的注射部位通常选用耳背部外缘的耳缘静脉。猫的注射部位则常选用前肢小腿内侧的头静脉或后肢小腿外侧皮下的小隐静脉。鼠类则选用尾静脉。以兔为例，先捉拿将其放入兔箱或由另一人按在实验台上，兔耳放在箱盖面上。将兔耳部位剪毛后用水湿润，并轻揉局部血管，使其扩张。用左手食指和中指夹住耳缘静脉的近心端，以阻断静脉血回流，使血管充盈；同时左手拇指和无名指固定耳郭远端。右手持注射器，沿静脉回流方向刺入静脉内，然后松开左手食指和中指，并固定针头，右手推动注射器筒芯，将麻醉药缓慢注入。若实验中需要多次静脉注射，应注意保护血管，有次序地由耳缘静脉的远心端向近心端进行静脉穿刺注射。

2. 切口与止血　手术切口的位置和长度，要根据实验要求来确定。切口前，应先将切口皮肤处的毛剪去。剪毛用具一般用家用粗剪刀。剪毛面积宜大于切口长度的范围。切皮时，术者左手拇指和食指将预定切口处的皮肤绷紧，另一手持手术刀，一次切开皮肤和皮下组织，然后用手术剪刀剪开肌膜，再用止血钳钝性分离肌肉。

整个手术过程中，要注意解剖结构特点，避免损伤血管和神经。如有出血，要及时止血，以保持手术视野的清晰，利于手术操作和实验观察。止血方法要根据血管损伤情况而定。微血管出血，可用温热盐水纱布压迫出血点止血；较大血管出血，先用止血钳将出血点及周围少量组织夹住，再用丝线结扎止血；肌肉组织内的血管出血，可用丝线将血管与肌肉一起结扎。使用止血钳时，应避免夹持过多组织，以免加重组织损伤。

3. 肌肉、神经和血管分离术　神经和血管往往位于肌肉深部或穿行于肌肉之中，故在分离神经和血管前，先要了解其解剖位置，将肌肉分离。一般在切口打开后即分离肌肉。如果肌纤维走行与切口方向一致，可用止血钳顺肌纤维方向钝性拉开，分离肌肉。若肌纤维方向与切口方向不一致，则可结扎两端肌肉(肌腱)，在中间将其剪断。肌肉分离完毕，即可进行神经和血管的分离。

由于神经和血管容易损伤，所以，在分离过程中要特别小心，动作宜轻柔。血管、神经的分离一般只用玻璃分针，而不能用镊子、止血钳，以免损伤其结构和功能。分离的原则是先神经后血管、先细后粗。如分离兔的颈部血管、神经时，先分离出减压神经，再分离出交感神经，最后分离出较粗的迷走神经和颈总动脉。分离时，用玻璃分针先将神经或血管周围的结缔组织稍稍分开，再用玻璃分针插入已被分开的结缔组织中，顺神经和血管走行，逐步扩大，使神经和血管从其周围组织中分离出来。有时需要切断血管的小分支，则可结扎血管两端，在中间切断。

颈部颈总动脉和神经的分离方法如下：用左手拇指和食指捏住一侧切开的皮肤和肌肉，稍向外牵拉，其余手指从皮肤外面略向上顶，便可暴露出与气管平行的颈总动脉鞘。将颈总动脉鞘固定在左手向上顶的几个手指上，右手用温盐水纱布顺血管方向小心擦拭、分开鞘膜，暴露出颈总动脉及与其平行排列的三条粗细不等的神经。三条神经分别穿上不同颜色的线，以便在实验时辨认。

4. 插管术

(1) 气管插管术　是将气管套管插入实验动物气管的一种手术，以使动物在整个实验过程中保持呼吸通畅。因此，它已成为哺乳动物急性实验的常规手术。具体操作如下：捉拿动物(兔)，将兔麻醉后仰卧位固定于手术台上。剪去颈部前区的毛，在喉头下缘颈前正中线做一切口，长 5～7 cm，纵向切开皮肤。用止血钳分离皮下组织，沿正中线钝性分离肌肉，即暴露出气管，用止血钳分离皮下组织，游离出气管。在气管下方穿一根较粗的丝线。然后用手术剪刀在喉头下方的气管上剪一倒 T 字形切口，其中横切口不要超过气管口径的一半，纵切口朝向头端约 0.5 cm，整个切口呈倒 T 字形。气管内如有血液或黏液，可用温盐水纱布轻轻擦去，以免堵塞呼吸道。然后左手提起气管下方的备用丝线，右手将气管插管朝肺方向插入气管内，用丝线在切口下方将插管和气管扎紧，结扎线的剩余部分固定于气管分叉处，以防插管滑脱。要注意，气管插管不可插入过深，以免堵塞左、右支气管，造成动物窒息。手术完毕，用温生理盐水纱布覆盖颈部切口。

(2) 血管插管术　在循环功能观察实验中，常需进行血管插管术，进行血压和血量观察及抽取血液或静脉给药等。血管插管术可分为动脉插管术和静脉插管术。生理实验中，最常进行插管的血管是颈总动脉和股静脉。

1) 颈总动脉插管术：在颈总动脉插管前要先进行气管插管术，然后分离出颈部神经和血管。

动脉插管前对套管应先有所选择，使套管前端的管径与血管直径粗细相适应，再检查套管有无破裂，管口是否光滑。然后在套管内加入抗凝剂(肝素)，并排净套管中的空气待用。先在动脉下方穿两根丝线，其中一根移至远心端，并结扎颈总动脉。在结扎处下方 3～4 cm 处用动脉夹夹住颈总动脉近心端，并使另一根丝线位于动脉夹与上结线之间，并打上一活结备用。用左手持眼科镊在靠近结扎处的稍下方捏住颈总动脉一小部分，将动脉提起稍放松。同时右手持眼科剪刀在提起的颈总动脉上方剪一小斜口，长约是管径的一半(要特别小心，不要超过一半否则颈总动脉易断裂)，然后将备好的动脉插管向心的方向插入颈总动脉内，用已打好活结的丝线将动脉插管与血管扎紧，结扎线的剩余部分缚于插管的侧管上，并打结固定，以防滑脱。其后要注意动脉插管与动脉的走向要一致，以防血管壁被动脉插管口刺破。松开动脉夹后，即可进行实验操作及观察。家兔颈部血管、神经的解剖及动脉插管插入法见图 1-11、图 1-12。

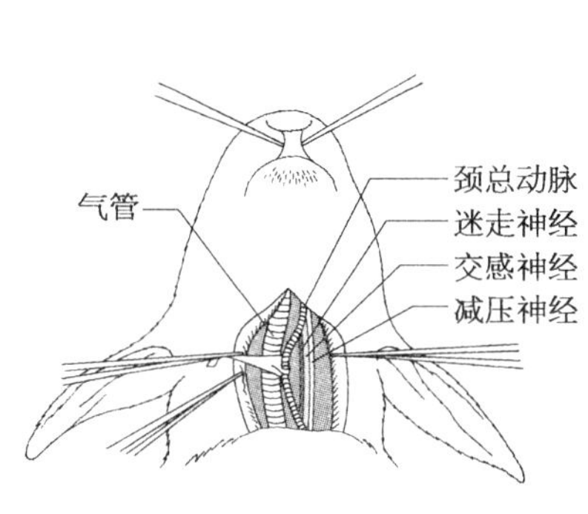

图 1-11 家兔颈部血管、神经的解剖部位示意图

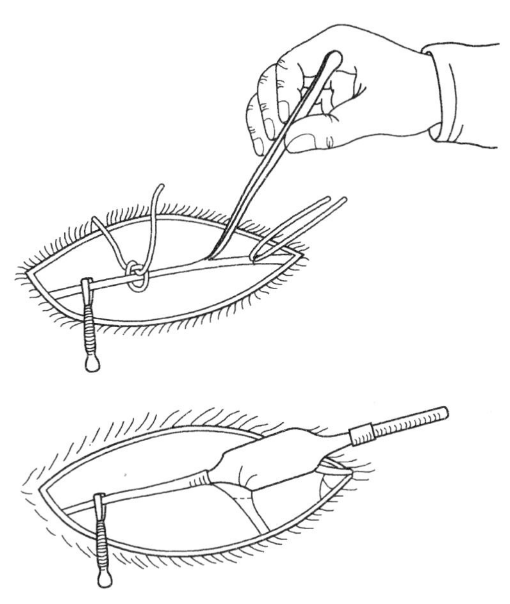

图 1-12 动脉插管插入法示意图

2) 股静脉插管术：在腹股沟处用手指轻摸到股动脉搏动处，剪去兔毛，顺血管方向做 4～5 cm 的皮肤切口，用止血钳钝性分离肌肉和筋膜，暴露出股神经和血管，一般内侧的血管为股静脉，外侧的为股动脉。用玻璃分针小心分离出股静脉。静脉与动脉相比，管壁薄，弹性小，故分离时要特别注意，避免损伤而引起出血。分离出股静脉后进行插管，除不需要使用动脉夹外，静脉插管术和动脉插管术方法相似。

实验二 反射弧分析

【实验理论依据和目的要求】

反射弧是反射活动的结构基础。它包括感受器、传入神经、神经中枢、传出神经和效应器五部分，其中任何部分遭到破坏，反射活动将不能进行。

通过本实验的学习，要求学生说明反射弧的完整性与反射活动的关系，并学会用蛙做反射弧分析。

【实验对象】

蛙或蟾蜍。

【实验器材和药品】

铁支架、双凹夹、肌夹、蛙类解剖器械、小烧杯、培养皿、滤纸片、0.5%和 1%的硫酸溶液。

【实验步骤和观察项目】

1. 制备脊蛙 用左手握蛙(蛙背朝上)，用拇指压住背部，示指下压头部前端，使头前倾(图

1－13)。右手持探针由吻端沿中线向尾端方向划触，触及凹陷处，将探针由此垂直刺入，深度1～2 mm，即进入枕骨大孔。然后将针放平，针尖折向头方刺入颅腔，左右搅动，捣毁脑组织，保留脊髓。用肌夹夹住蛙下颌，悬挂在铁支架上(图1－14)。

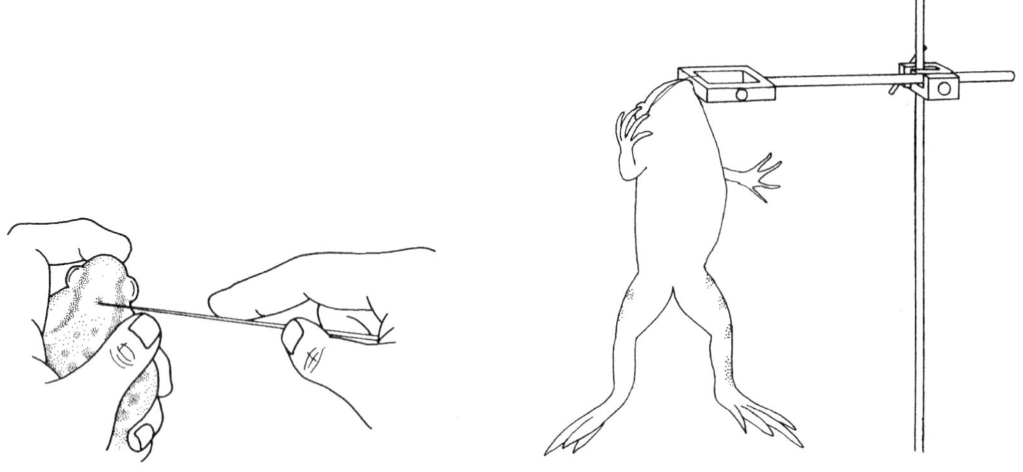

图1－13　破坏蛙脑组织的方法　　　图1－14　反射弧分析装置

2. 检查屈腿反射　用培养皿盛0.5%的硫酸溶液，将蛙的左、右后肢的脚趾尖先后浸于硫酸溶液中，观察有无屈腿反射发生。然后用清水洗去皮肤上的硫酸溶液。

3. 剥去一小腿皮肤再做屈腿实验　将一后肢膝关节以下的皮肤划一环形切口，剥去切口以下皮肤，再用0.5%的硫酸溶液刺激该后肢足趾，观察有无屈腿反射。

4. 剪断另一侧(未剥皮侧)坐骨神经　取下脊蛙，使其仰卧于蛙板上。在大腿背面做一纵形切口，用玻璃分针在肱二头肌与半膜肌之间找出坐骨神经，并勾起剪断之。再将蛙悬挂于铁支架上。用0.5%的硫酸溶液刺激该腿皮肤，观察有无屈腿反射。

5. 检查搔扒反射　用浸有1%的硫酸溶液滤纸片贴在蛙的腹部皮肤上，观察有无搔扒反射发生。

6. 捣毁脊髓　用探针插入脊蛙椎管，捣毁脊髓。再用浸有1%硫酸溶液的滤纸片贴在蛙的腹部皮肤上，观察有无反射发生。

【注意事项】

(1) 剥皮时必须剥干净，包括足趾皮肤。

(2) 刺激足趾皮肤时每次浸入的硫酸溶液的面积要一致，且足趾勿触及器皿。

(3) 每次用硫酸刺激出现反应后，必须用清水洗净并擦干。

【思考题】

运用本实验，你能否证明坐骨神经是传入和传出神经的混合神经？

第二章
细胞的基本功能

导学

了解：细胞的生物电现象与兴奋性的周期性变化；细胞的信息传递功能；平滑肌的功能特点。

熟悉：细胞膜的物质转运功能；被动转运和主动转运的概念及区别；静息电位、动作电位的概念及其形成机制；动作电位的引起和传导。

应用：神经肌肉接头兴奋传递。

细胞是有机体的结构和生命活动的基本单位。体内所有的生理功能及生化反应都是在细胞活动的基础上进行的。关于细胞结构和功能的研究在生物科学和医学领域内已占重要地位。要了解有机体生命活动的规律，就必须从它的基本单位——细胞的研究开始。本章主要讨论细胞膜的物质转运功能、细胞的生物电现象、细胞的信息传递及肌细胞的收缩功能。

第一节　细胞膜的物质转运功能

细胞生活在细胞外液的环境中，细胞与它的环境之间进行着活跃的物质交换。其新陈代谢所需的营养物质和氧等，需从细胞外液中获得；细胞的代谢产物和二氧化碳（CO_2）等，要从细胞内排到细胞外液中，这些过程都要通过细胞膜。细胞膜对于细胞内、外物质的通过是有选择性的，并能准确控制各种物质的通透，这种功能是通过以下方式进行的。

一、单纯扩散

扩散是一种物理现象。在两种不同浓度的溶液之间，虽然隔着一层膜，但允许溶质分子通过。由于分子运动，溶质分子将从高浓度向低浓度侧移动，这种现象称为扩散。

在生物体内，细胞内液和细胞外液都是水溶液，如果溶于其中的溶质分子又是脂溶性的，就可以根据扩散机制进行跨膜转运，这称为单纯扩散。单纯扩散是一种最简单的物质转运方式。O_2（氧气）、CO_2、NH_3（氨气）和醇类等，它们既溶于水，也溶于脂类，因而可以靠各自的浓度差通过细胞膜进行跨膜转运。物质的扩散量不仅取决于膜两侧该物质的浓度差大小，还取决于细胞膜对该物质的通透性。膜两侧溶质分子浓度差越大，物质扩散量就越多；反之则少。膜的通透性越大，物质的扩散量越多；反之则少。

二、易化扩散

非脂溶性物质或脂溶性小的物质，在膜上特殊蛋白质的帮助下，由高浓度一侧通过细胞膜向低浓度一侧扩散的现象称易化扩散。

易化扩散与单纯扩散一样，所消耗的能量均来自溶质的浓度梯度和电位梯度本身所蕴藏的势能，无需消耗细胞代谢产生的能量，因此，它们均属于被动转运。易化扩散根据所参与帮助转运的膜蛋白质的不同又可分为以下两类。

（一）以载体为中介的易化扩散（或称载体转运）

细胞膜上的某些蛋白质具有载体功能，能与某些物质结合，并发生结构变异，将某物质由高浓度一侧运向低浓度一侧，再与该物质分离。如葡萄糖和氨基酸通过细胞膜转运的过程就是属于这种类型（图 2－1）。

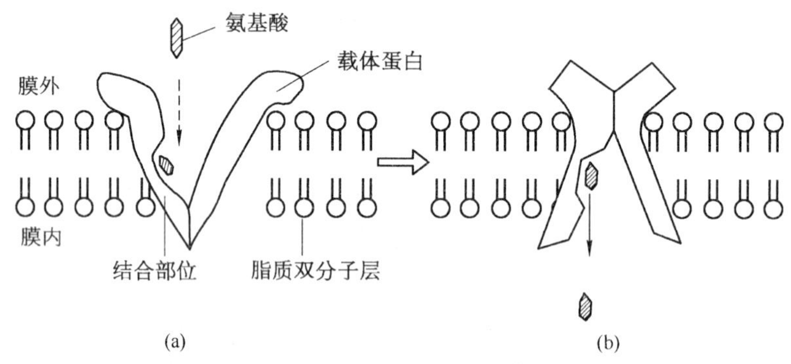

图 2－1　载体转运示意图

（a）载体蛋白在膜的一侧与被转运物结合　（b）载体蛋白在膜的另一侧与被转运物分离

载体转运有以下特点。

1. 相对特异性　膜的载体蛋白与它所转运的物质之间，有结构的特异性，即每一种载体一般只能选择性地与某种特定结构或相似结构的物质作特异性结合，对于分子组成不同和结构不同的其他物质，没有结合能力或不易结合。如葡萄糖载体，除了能转运葡萄糖外，还可以转运与葡萄糖结构类似的 6－脱氧葡萄糖，但不能转运甘露醇。

2. 饱和现象　载体转运有一定限度，当膜一侧物质浓度增加到一定限度时，转运量就不再随浓度差的增加而增大。这是因为膜载体蛋白质数量有一定限度或载体上能与该物质结合的位点数目是相对固定的缘故。

3. 竞争性抑制　一个载体蛋白同时对 A 和 B 两种结构相似的物质都有转运能力，那么，增加 A 物质的浓度，将会使该载体对 B 物质的转运减少，这是因为一定数量的结合位点竞争性地被 A 物质所占据的结果。

（二）以通道为中介的易化扩散（或称通道转运）

通道转运是在膜上的通道蛋白质的帮助下完成的。一些离子如 Na^+、K^+、Ca^{2+} 等顺浓度差转运就属于通道转运。通道蛋白质贯穿整个细胞膜，其中具有亲水性通道，它对离子具有高度的亲和力，当通道开放时，允许适当大小和带有适当电荷的离子通过，关闭时，离子物质转运停止。

通道也有特异性，但不像载体那样严格，通常一种通道只允许一种离子通过，因而有钾通道、钠通道和钙通道之分。离子通道的开和关与通道蛋白质的构型变化有关。通道的开放是有条件的、暂时的。根据通道开放的条件不同，大致可分为电压依从性通道（亦称电压门控通道）和化学依从性通道（亦称化学门控通道）两大类。电压依从性通道的开放和关闭决定于膜两侧的电位差；化学依从性通道的开放和关闭决定于膜两侧特定的化学信号如激素、递质或药物（图 2－2）。

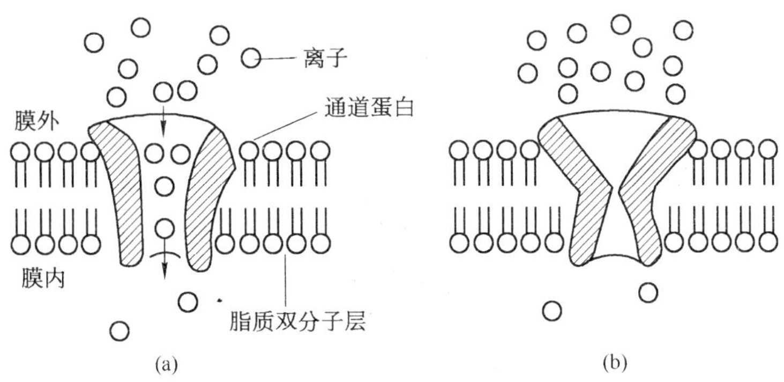

图 2-2　通道转运示意图

(a) 通道开放　(b) 通道关闭

离子通道可被某些药物或毒物选择性阻断，这些物质被称为通道阻断剂。如河豚毒素可阻断钠通道，四乙胺可阻断钾通道。

离子通道的研究是以可兴奋细胞如神经、肌肉开始的。神经和肌细胞膜上 Na^+、K^+、Ca^{2+} 等通道与生物电的产生、兴奋的传导等生理活动有密切关系（见第二节细胞的生物电现象）。

三、主动转运

细胞膜通过本身的耗能过程，将某种物质的分子或离子由膜的低浓度一侧向高浓度一侧转运的过程，称为主动转运。这种逆浓度差发生的转运，就像由低处向高处泵水，必须有水泵一样，故主动转运也称为"泵"转运。在膜的主动转运中，能量只能由膜或膜所属的细胞来供给，这就是"主动"的含义。"泵"是镶嵌在膜上的特殊蛋白质。泵蛋白具有特异性，按其所转运的物质不同分为钠-钾泵、钙泵、碘泵等。

钠-钾泵具有 ATP 酶的作用，当细胞外 K^+ 浓度增高，或细胞内 Na^+ 浓度增高时钠-钾泵被激活，故又称为 Na^+-K^+ 依赖式 ATP 酶。钠-钾泵被激活后，分解 ATP 释放能量，于是钠-钾泵就会逆浓度差或电位差，把膜内的 Na^+ 泵出，把膜外的 K^+ 泵入，从而恢复膜内外 Na^+、K^+ 的不均匀分布（图 2-3）。钠-钾泵简称为钠泵，在一般情况下，每分解一个 ATP 分子可以使 3 个 Na^+ 移出膜外，同时有 2 个 K^+ 移入膜内。目前已用生物学的方法，可以把提纯并保留生物学活性的钠泵蛋白质分子"组装"到人工膜上，在有 ATP 存在的情况下，可以使这种人工膜获得同生物膜一样的主动转运 Na^+、K^+ 的能力。以神经和肌细胞为例，正常时膜内 K^+ 浓度约为膜外的 30 倍，膜外的 Na^+

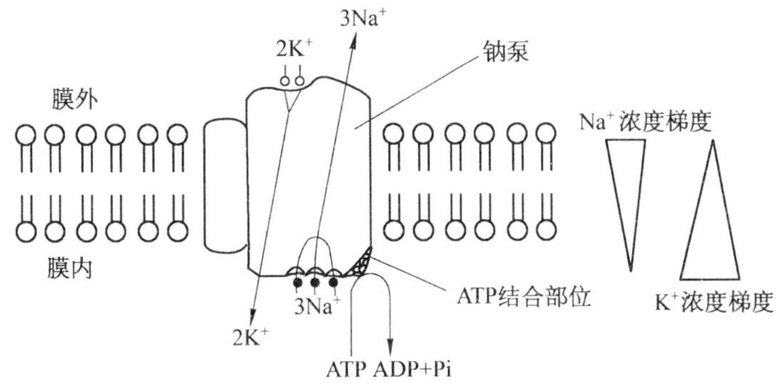

图 2-3　钠泵主动转运示意图

图示钠泵将 ATP 分解为 ADP，释放能量，将 Na^+ 逆浓度差移出膜外，同时将 K^+ 逆浓度差移入膜内

浓度约为膜内的12倍，就是钠泵作用的结果。据估计，细胞代谢产生的能量有20%～30%用于钠泵活动。

钠泵活动的生理意义有：①维持膜内外 Na^+、K^+ 的不均匀分布。这是神经、肌肉等组织兴奋性的基础。上面所说的易化扩散就是一个例子。只有在钠泵造成的细胞内高 K^+ 和细胞外高 Na^+ 的情况下，K^+ 通道开放时，K^+ 才会外流；Na^+ 通道开放时，Na^+ 才会内流。Na^+ 内流和 K^+ 外流正是细胞产生生物电的基础；②建立势能储备。这是肠管吸收葡萄糖、氨基酸等营养物质和肾小管重吸收上述物质的能量来源；③细胞内高 K^+ 是许多细胞代谢反应进行的必要条件，细胞外高 Na^+ 对维持细胞内、外渗透压平衡具有重要作用。

四、继发性主动转运

许多物质在进行逆浓度梯度或电位梯度的跨膜转运时，所需能量并不直接来自ATP的分解，而是来自 Na^+ 在膜两侧的浓度势能差。但造成这种势能差的钠泵活动是需要分解ATP的，因此，某些物质的主动转运所需的能量还是间接来自ATP，故将这种类型的物质转运，称为继发性主动转运。小肠上皮细胞、肾小管上皮细胞等对葡萄糖、氨基酸等营养物质的吸收，就属于继发性主动转运(图2-4)。继发性主动转运中，溶质与 Na^+ 向同一方向的转运，称为同性转运；溶质与 Na^+ 向相反方向的转运，称为逆向转运。小肠腔内葡萄糖的继发性主动转运属于同向转运，其过程如下：由于小肠上皮细胞的基侧膜上有钠泵存在，钠泵可将细胞内的 Na^+ 排入组织液中，造成细胞内 Na^+ 浓度低于肠腔液中的 Na^+ 浓度，于是 Na^+ 能够不断地由肠腔顺浓度梯度进入细胞内，在 Na^+ 进入细胞内的同时，由此释放的势能则用于葡萄糖分子逆浓度梯度进入细胞内。若用药物抑制钠泵的活动后，葡萄糖的继发性主动转运则减弱或消失。进入上皮细胞内的葡萄糖分子可经基底膜上的葡萄糖载体扩散至组织液，完成肠腔中的吸收过程。氨基酸在小肠也是以同样的模式被吸收的。

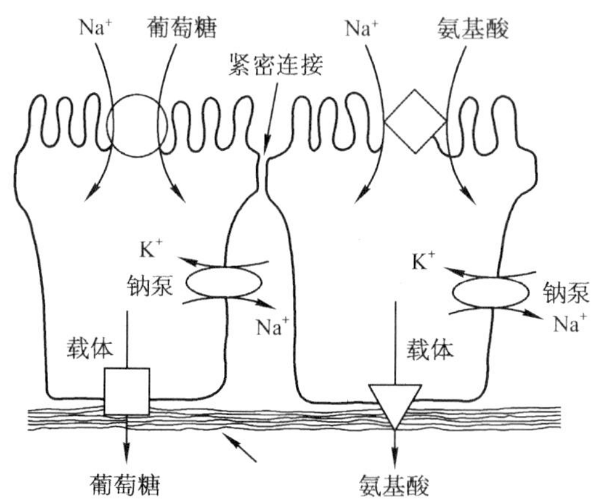

图2-4 葡萄糖和一些氨基酸的继发性主动转运模式图

上方位于顶端膜区的圆和方块分别代表 Na^+-葡萄糖同向转运体和 Na^+-氨基酸同向转运体

心肌细胞的 Na^+-Ca^{2+} 交换，由于是 Na^+ 入细胞，Ca^{2+} 出细胞，故也属于逆向转运。

五、入胞和出胞

大分子物质或物质团块不能通过上述三种方式进行转运，而是由细胞膜本身的结构和功能变化来进行细胞内、外物质交换的。根据被转运的物质进出细胞的方向不同，可分为入胞和出胞两种方式。

(一) 入胞

大分子物质或物质团块经过膜的结构和功能变化，由细胞外进入细胞内的过程，称为入胞。入胞又分为吞噬和吞饮两种方式。吞噬是指细胞通过膜的结构和功能变化，对固体物质，如细菌、病毒、异物或血液中大分子营养物质转运入细胞内的过程。当细胞进行吞噬时，首先是细胞膜与环境中的某些物质相接触，细胞膜先识别这些物质，并与之相结合，随后该处膜发生内陷或伸出伪足，把被吞噬物包裹，最后相邻的细胞膜融合断裂，被吞噬物连同包裹它的细胞膜一起进入细胞内，形成吞噬体。吞饮与吞噬的过程相似，不过被吞饮的物质是液态物质。由细胞膜包围液态物质，而内陷的小泡称为吞饮泡(图 2－5)。

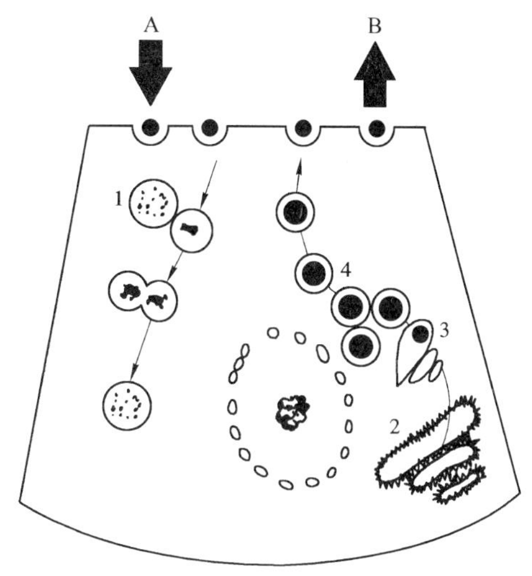

图 2－5　入胞和出胞示意图

A. 入胞　B. 出胞　1. 溶酶体　2. 粗面内质网　3. 高尔基复合体　4. 分泌颗粒

(二) 出胞

大分子物质或物质团块经过膜的结构和功能变化，从膜内排出膜外的过程，称为出胞。腺细胞分泌物以及神经递质的释放，均属于出胞过程。腺细胞的各种分泌物大多在内质网合成，在由内质网向高尔基复合体的运输过程中，被一层膜性结构包围形成分泌小泡，贮存在细胞内。当细胞受到膜外某些特殊化学信号或膜电位改变的刺激时，小泡逐渐向细胞膜移动，小泡膜与细胞膜逐渐接触，相互融合，并在融合处出现裂口，将小泡内容物一次全部排出，然后小泡膜就成为细胞膜的组成成分(图 2－5)。

入胞和出胞过程均需要消耗能量。能量来自细胞内的 ATP。

第二节　细胞的生物电现象

一切活的细胞，不论在安静状态还是在活动状态均伴有电现象，这种电现象伴随着生命活动过程的始终，称为生物电。可兴奋组织如神经、肌肉、腺体在受到刺激后，一般先产生生物电变化，随后才出现肌肉收缩和腺体分泌等表现。借助于仪器可以客观地将这些电变化记录出来。目前，临床上对健康人和患者在体表无创伤性进行的心电图、脑电图、肌电图等检查，已经成为发现、诊断和评估疾病进程与治疗效果的重要手段。人体和各器官表现的电现象，是以细胞水平的生物电现象为基础的。

一、静息电位及其产生机制

(一) 静息电位的概念

静息电位是指细胞在未受刺激时(静息状态下)存在于细胞膜内、外两侧的电位差。

20 世纪 30 年代末英国科学家霍奇金等用枪乌贼的巨大神经纤维为材料，将玻璃微电极插入神经纤维内部，参考电极置于膜外(细胞内电位记录法)，测得膜内电位为－50 mV(图 2－6)。图(b)中置于细胞外的电极是接地的，一次记录到的电位是以细胞外为零电位的膜内电位。绝大多数细胞的静息电位都是稳定的、分布均匀的负电位，范围在－10～－100 mV 之间，例如骨骼肌细胞的静息电位约－90 mV，神经细胞约－70 mV，平滑肌细胞约－55 mV，红细胞约－10 mV等。人们通常把静息电位存在时细胞膜电位内负外正的状态称为极化。如果在静息电位基础上膜内电位减小（绝对值减小），如由－90 mV减小为－70 mV，直到膜内负电位消失，均称为去极化。如果膜内电位由负值变为正值时，称为反极化。如果膜电位由去极化或反极化，向原来静息电位时的极化状态恢复，称为复极化。如果膜内负电位加大（绝对值加大），如由－70 mV增大至－90 mV，称为超极化。

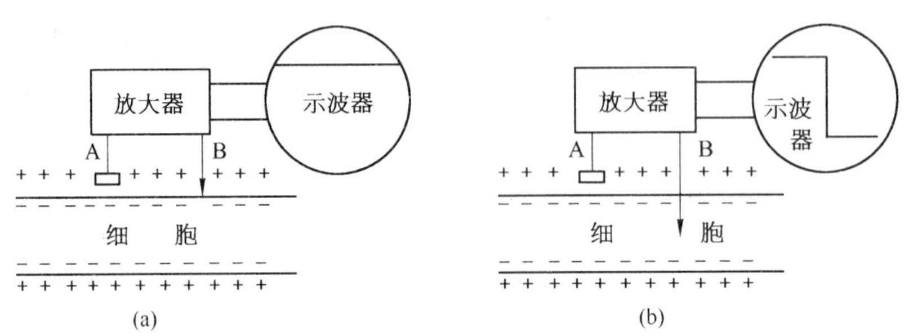

图 2-6 证明静息电位存在的实验示意图

(a) 电极A、B均置于细胞外表面 (b) 电极A在细胞外表面，电极B插入细胞膜内，细胞膜呈外正内负的极化状态

生物电现象的记录方法可归纳为两种：细胞外记录法和细胞内微电极记录法。

1. 细胞外记录法 将连有记录指示装置（电位计或示波器）的仪器的两个记录电极放在被测细胞的表面，测定的可以是单个细胞，也可以是组织，当细胞表面两电极中的一个电极发生电位改变时，就可在记录装置中显示出来，并将其记录下来。

2. 细胞内微电极记录法 细胞外记录法在神经干或整块肌肉组织上记录到的生物电现象是许多细胞的复合反应，在单个细胞上也只能记录细胞膜表面两点的电位变化，不利于从细胞水平对电变化的数值和产生机制进行分析、研究。采用细胞内微电极记录法对单一细胞内电变化的传递和记录，能从分子水平对生物电产生机制进行较合理的阐述。细胞内微电极记录法是将连有记录指示装置的仪器上的一个电极放在细胞膜表面，而另一个则由毛细玻璃管加热拉制而成的，管内充有KCl溶液，尖端直径通常小于0.5 μm的微型记录电极刺入细胞膜内，测量细胞在不同功能状态时膜内与膜外电极之间的电位差。因为微型记录电极只有尖端导电，用此法记录到的电变化只与该细胞有关而几乎不受其他细胞电变化的影响。

（二）静息电位产生的机制

静息电位的产生机制，用离子学说来解释。该学说主要有两点：一是细胞膜两侧各种带电离子分布不均匀，形成膜内外离子浓度差；二是安静时细胞膜对各种离子具有选择性通透。神经纤维膜内外两侧离子分布及浓度如表2-1所示。在静息状态下，细胞膜对K^+有较高的通透性，对Na^+通透性很小，对蛋白质负离子（A^-）无通透性。而膜内K^+又高于膜外，K^+就顺着浓度梯度向膜外扩散（经通道易化扩散）。膜内A^-由于电荷异性相吸作用，有随K^+向膜外扩散的趋势，但由于膜对A^-无通透性，被阻止在膜内侧面，因此，扩散出去的K^+只能分布于膜外侧面。致使膜外电位变正，膜内电位变负。然而，K^+不能无限度地外流，这是因为建立起来的内负外正的电位梯度，可对抗K^+继续外流。当促使K^+外流的浓度梯度与对抗K^+外流的电位梯度平衡时，K^+的净外流停止，膜内外电位差保持在一个相对稳定的数值。因此，静息电位主要是K^+外流产生的电-化学平衡电位。静息电位实测值略小于K^+平衡电位理论值，这是因为静息时，膜对Na^+也有较小的通透性，有少量Na^+内流，抵消了一部分K^+外流所造成的膜内负电位的缘故。

表 2-1 哺乳动物神经轴突膜内外离子浓度(mmol/L)和流动趋势

项　目	K^+	Na^+	Cl^-
细胞内	140	10	4
细胞外	5	130	120
细胞内外浓度比	28∶1	1∶13	1∶30
离子流动趋势	外向流	内向流	内向流

静息电位数值的大小主要受细胞内外 K^+ 浓度的影响。细胞内 K^+ 浓度一般变化不大，若细胞外 K^+ 增高，可使膜内外 K^+ 浓度差减小，因而使 K^+ 向外扩散的动力减小，K^+ 外流减少，静息电位随之减小；相反，细胞外 K^+ 浓度降低，将使静息电位数值增大。这与实验室在细胞浸液中增、减 K^+ 所测得的结果很接近。此实验也进一步说明，静息电位产生的机制主要是 K^+ 外流所形成的电-化学平衡电位。

二、动作电位及其产生机制

(一) 动作电位的概念

动作电位是指可兴奋细胞受刺激时，在静息电位基础上产生的一次快速的、可扩布性的电位变化。动作电位是细胞兴奋的标志。

采用细胞内微电极记录法记录单一神经纤维动作电位，将一个电极放在细胞膜表面，而另一个电极插入细胞膜内，在测出静息电位的基础上，给予神经纤维一个有效刺激，此时在示波器屏幕上可显示出一个动作电位波形(图 2-7)。

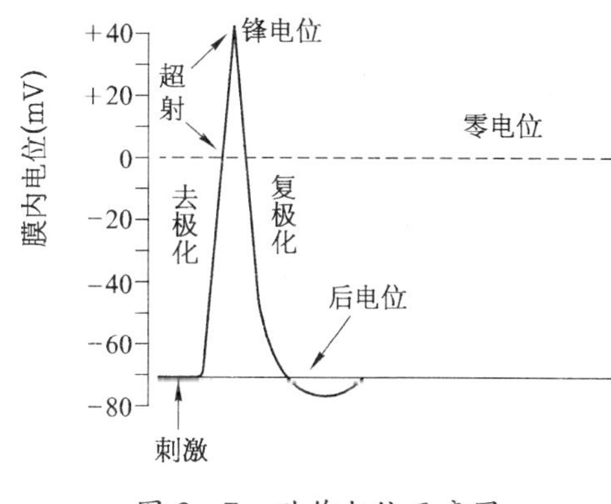

图 2-7 动作电位示意图

动作电位是一个连续的膜电位变化过程，波形分为上升相和下降相。上升相是膜电位去极化过程，上升相超过零电位的部分称为超射。如果静息电位为－70 mV，超射为＋40 mV，则动作电位上升相的幅度为 110 mV。下降相是膜电位的复极化过程。下降相往往不是立即下降到静息水平，而是在后段明显变慢，经历微小缓慢的电位变化，称为后电位。在哺乳动物最粗大的 A 类神经纤维，后电位还可分为两部分，即先出现负后电位，接着出现正后电位。神经纤维的动作电位进展迅速，上升相和下降相持续的时间很短，历时不超过 2 ms，波形尖锐，称为锋电位。

(二) 动作电位产生的机制

细胞膜接受刺激而兴奋时，膜上 Na^+ 通道开放，膜对 Na^+ 的通透性增大，超过对 K^+ 的通透性，由于膜外 Na^+ 浓度比膜内高，且电位比膜内为正，所以，Na^+ 便顺浓度差和电位差内流(通道易化扩散)，Na^+ 内流的结果，抵消了原来静息时膜内的负电位，进而出现正电位。这种膜内为正、膜外为负的电位梯度，阻止 Na^+ 继续内流。当促使 Na^+ 内流的浓度梯度和阻止 Na^+ 内流的电位梯度两种对抗的力量达到平衡时，Na^+ 内流终止。因此，动作电位的上升相是 Na^+ 内流形成的，其超射值是 Na^+ 内流形成的电-化学平衡电位。

膜对 Na^+ 的通透性增加达到最大值所维持的时间很短，随后 Na^+ 通道关闭，膜对 Na^+ 的通透性迅速下降，Na^+内流终止；但此时膜对K^+的通透性增大，由于膜内K^+浓度高于膜外，加上膜内电位较高，于是K^+外流，使膜内电位又由正值向负值转变，直至达到原来静息时的电位水平，形成动作电位的下降相。因此，动作电位的下降相是K^+外流形成的电-化学平衡电位。

骨骼肌细胞和神经细胞动作电位产生的机制是相似的，只是动作电位持续的时间稍长。它们每发生一次动作电位，都会有少量Na^+进入膜内，K^+逸出膜外，使膜内外的Na^+、K^+比例发生变化。于是钠-钾泵转运加速，把进入膜内的Na^+泵出，同时把逸出膜外的K^+泵入，恢复静息时膜内外Na^+、K^+的水平，以维持细胞的兴奋性。

以上是以神经细胞和骨骼肌细胞为例，主要以膜对Na^+和K^+通透性改变说明锋电位的产生机制。但在体内，细胞的种类繁多，其锋电位的发生和发展亦不尽相同，某些可兴奋细胞除了有Na^+、K^+的移动外，还有其他的一些离子参与，如Ca^{2+}在心肌细胞动作电位的形成中有重要作用（见第四章第一节）。

（三）动作电位的特点

动作电位是细胞产生兴奋的标志。单一细胞动作电位具有显著特点。

1. “全或无”现象　细胞要产生动作电位，刺激强度和刺激持续时间必须达到一定值，任何性质的刺激一旦刺激强度达到了这个数值，动作电位就会立刻产生，一旦产生动作电位，其幅值就达到最大，增加刺激强度，动作电位的幅值不再增大。也就是说，动作电位可因刺激过弱而不产生（无），一旦产生，其幅值达到最大（全），始终保持它的固有的大小和形态，除非其环境因素发生改变。

2. 不衰减性传导　动作电位在细胞膜的某一处产生，可沿着细胞膜进行传导，使整个细胞膜都经历一次电变化。动作电位在细胞膜的传导过程中，不会随传导距离的增加而衰减。

3. 脉冲式　由于不应期的存在，连续的多个动作电位不可能融合在一起，因此两动作电位间总是具有一定的间隔，形成脉冲式。

三、动作电位的引起和传导

（一）阈电位

当细胞或组织受到刺激时，使膜电位减小，产生去极化，达到某一临界值时就爆发动作电位，这一能触发动作电位产生的临界膜电位值称为阈电位。静息电位去极化达到阈电位是产生动作电位的必要条件。因此动作电位的产生是“全或无”的。

阈电位的数值一般比静息电位绝对值小10～20 mV。细胞的兴奋性高低与细胞的静息电位和阈电位之间的差值有关。它们之间成反比关系，即差值愈大，细胞的兴奋性愈低；差值愈小，细胞的兴奋性愈高。

（二）局部电位

可兴奋细胞如神经纤维受到阈下刺激时，虽不能产生动作电位，但可使受刺激部位细胞膜的Na^+通道少量开放，少量Na^+内流，产生一个小于阈电位的局部电位，也称为局部反应或局部兴奋。细胞在发生局部电位时，由于此时膜电位与阈电位之间的距离变近，所以兴奋性升高。局部电位的特点有：①不是“全或无”式的，即局部电位的大小与刺激强度成正比。刺激强度大，局部反应就大；②不能在膜上作远距离传播，即成衰减性传导，传播很短距离即消失；③没有不应期，具有总和效应。不应期是指细胞不产生反应的时期，此期兴奋性为零或兴奋性极低。因为局部反应没有不应期，所以具有总和效应，即一次阈下刺激引起一个局部反应固然不能引发动作电位，但是多个阈下刺激引起的多个局部反应如果在时间上（多个刺激在同一部位连续给予）或空间上（多个刺激同时在相邻部位给予)叠加起来,就有可能导致膜去极化达阈电位,从而爆发动作电位,这就是总和现象(图2-8)。总之,要引起组织或细胞的兴奋,局部兴奋是不可缺少的,一旦局部兴奋达到阈电位便可产生动作电位。因此,亦可将局部反应看作细胞兴奋的一个组成部分,只是在距离刺激电极较远处,采用一般记录方法不易记录到。

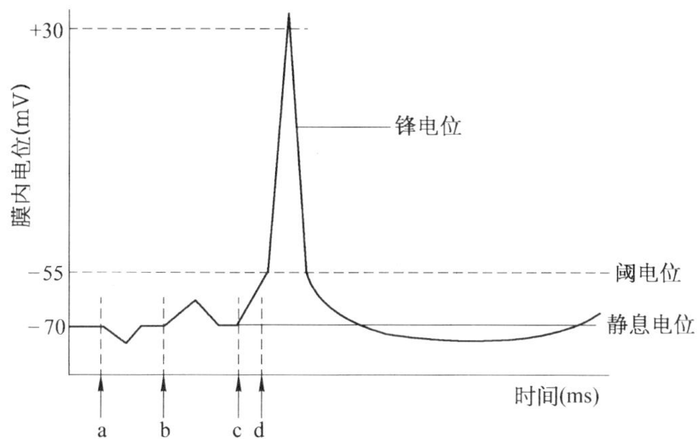

图2-8　刺激引起膜超极化、局部反应及其时间总和效应

a. 刺激引起膜超极化,与阈电位的距离加大　b. 阈下刺激引起的局部反应,达不到阈电位,不能产生动作电位　c和d均为阈下刺激,但d在c引起的局部反应的基础上给予,产生总和效应,引发动作电位

因此,动作电位的引起有两条途径:一是可以由一次阈刺激或阈上刺激引起;二是由多个阈下刺激的总和引发。

(三)动作电位的传导

动作电位一旦发生,就会沿膜自动向邻旁部位连续扩布。因此,当细胞膜某处受刺激产生动作电位后,便迅速使整个细胞膜都发生一次动作电位。在神经纤维上传导的动作电位,称为神经冲动。

当一条无髓神经纤维的某一点受到有效刺激而产生动作电位时,该处的膜两侧出现了电位的暂时倒转,即兴奋部位膜为外负内正,而邻旁未兴奋膜仍处于外正内负的极化状态。由于膜两侧的细胞外液和细胞内液都是导电的,于是在神经纤维的兴奋段与未兴奋段之间出现了电位差,从而导致电荷的流动。这种电荷流动,称为局部电流。由于局部电流的作用,使邻旁未兴奋部位膜去极化而达到阈电位时,该处的 Na^+ 通道大量开放,大量 Na^+ 内流,便爆发动作电位。于是动作电位便由兴奋部位传到邻旁未兴奋部位,这样的过程在膜表面连续进行下去,就表现为动作电位在整个神经纤维的传导[图2-9(a)]。无髓神经纤维动作电位的传导是逐点进行的,直到纤维末端[图2-9(b)]。有髓神经纤维,由于髓鞘具有电的绝缘性,动作电位的传布,只能在郎飞结之间形成于局部电流,进行传导,称为跳跃式传导[图2-9(c)],因此,传导速度比无髓纤维快得多。

(a)

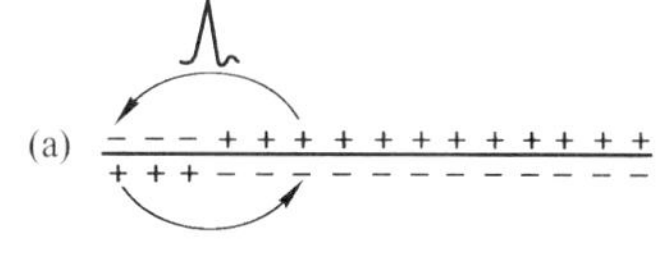

(b)

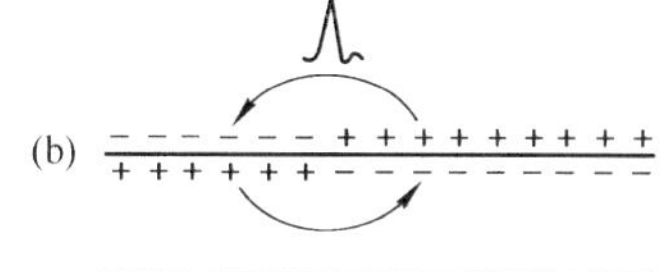

(c)

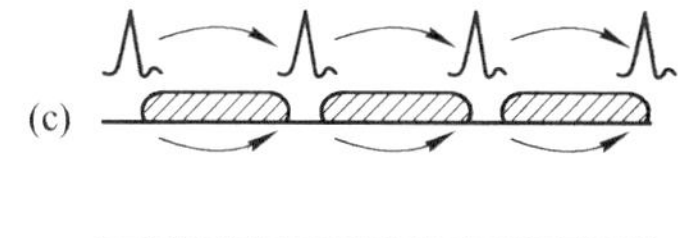

图2-9　动作电位传导示意图

(a)、(b)动作电位在无髓神经纤维上依次传导　(c)动作电位在有髓神经纤维上的跳跃式传导

四、细胞在兴奋过程中兴奋性的周期性变化

神经纤维和其他可兴奋细胞在接受一次有效刺激产生兴奋(动作电位)的过程中,以及随后的一段时间内,其兴奋性将发生一系列有规律的变化,然后才恢复正常。现以神经纤维为例,测定可兴奋细胞在受到一次有效刺激后而发生兴奋和兴奋后一段时间内的兴奋性变化,一般可分为以下几个期(图 2-10)。

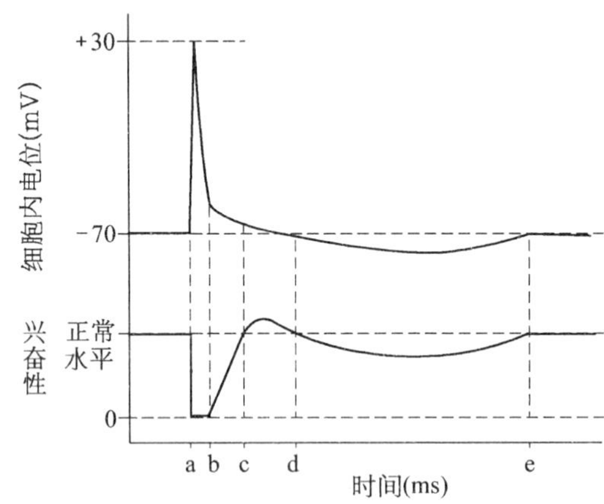

图 2-10　动作电位与兴奋性变化的时间关系

ab. 锋电位——绝对不应期　bc. 负后电位的前部分——相对不应期
cd. 负后电位的后部分——超常期　de. 正后电位——低常期

1. 绝对不应期　当神经纤维在接受一次有效刺激产生动作电位的很短时间内,任何强大的刺激都不能使其再次兴奋,这一段时间称为绝对不应期,其兴奋性下降到零。产生绝对不应期的原因是此时神经纤维膜上的 Na^+ 通道处于失活状态,而不能再开放,即膜对 Na^+ 的通透性降到零值。绝对不应期相当于锋电位持续的时间,约0.4 ms。

2. 相对不应期　绝对不应期后的一段时间内,用大于阈值的刺激才能使细胞产生动作电位,这一段时间称为相对不应期。产生相对不应期的原因是 Na^+ 通道已开始逐渐复活,但尚未恢复到正常水平,故需要阈上刺激才能引起再次兴奋。相对不应期大致相当于负后电位早期,约3 ms。

3. 超常期　在相对不应期过后的一段时间内,较大的阈下刺激就可以引起细胞兴奋,这一时期称为超常期。表明细胞的兴奋性比正常高。这是由于在超常期内,膜电位复极接近静息电位水平,Na^+ 通道也基本恢复到可被激活的静息电位状态。由于此时的膜电位绝对值小于正常静息电位水平,与阈电位的差距小,故兴奋性高于正常。超常期相当于负后电位后期,时间约15 ms。

4. 低常期　在超常期过后的一段时间内,需用稍大于阈强度的刺激才能引起细胞产生动作电位,这一段时间称为低常期。表明细胞的兴奋性低于正常。低常期相当于正后电位的持续时间,在40～60 ms 之间。此时尽管 Na^+ 通道已完全恢复至正常状态,但由于膜电位大于静息电位绝对值(超极化),与阈电位之间距离加大,故兴奋性低于正常。

对于不同的可兴奋细胞,上述各期的持续时间是不同的,可有很大差别。例如心肌细胞上述各期的时间要长得多(详见第四章第一节)。

绝对不应期的存在意味着组织不论受到频率多高的刺激,它在单位时间内能够产生动作电

位的次数是有限的。例如，哺乳动物神经纤维的绝对不应期为 0.4 ms，因此在理论上每秒钟只能产生或传导 2 500 次神经冲动，但实际上在体内神经纤维产生和传导的冲动频率远低于这一理论值。

第三节　细胞的信息传递功能

人体是由多细胞组成的有机体，体内的细胞分工不同，组成不同的组织和器官系统，共同保持着整体新陈代谢的正常进行。每个细胞在机体内并非孤立存在，而是不断受到其生活环境中各种理化因素的影响。当环境条件改变时，各器官系统的功能活动都要发生相应调整，以适应变化了的环境。这就说明体内各细胞之间必然存在着某种信息传递，以达到相互影响和协调一致。

信息在细胞间的传递方式可分为两种：一种是化学传递，另一种是电传递。

一、化学传递

化学传递是指神经末梢释放的化学物质、内分泌细胞所分泌的激素及机体细胞分泌的细胞因子等化学信息物质作用于某细胞，调节其生理活动的过程。

(一) 通道蛋白质介导的跨膜信息传递

当某一细胞所产生的化学物质作用于另一细胞时，使其通道开放，引起某些离子跨膜运动，形成跨膜电流，使膜电位发生改变，进而引起一系列功能变化。

现以躯体运动神经兴奋引起骨骼肌收缩为例，说明离子通道在信号传递中的作用。当躯体运动神经兴奋时，其末梢释放乙酰胆碱，乙酰胆碱作为化学刺激信号，使终板膜上 N_2 型乙酰胆碱门控通道开放，引起 Na^+、K^+(主要是 Na^+)跨膜运动，产生终板电位，终板电位总和，引起终板邻旁肌细胞膜产生动作电位，最后导致骨骼肌收缩(详见本章第四节)。

(二) 膜受体蛋白质介导的跨膜信息传递

受体是细胞的一种特殊蛋白质，它能选择性地与某种化学物质发生特异性结合，并能诱发细胞产生一定的生物效应。受体完成跨膜信号传递的过程是：特殊的化学物质(激素等)与膜受体结合，这种特异性结合进一步促发了膜中另一种蛋白质，即 G 蛋白(鸟苷酸结合蛋白)的激活，G 蛋白的激活又使靠近膜内侧面的第三类蛋白质，即膜的效应器酶(如腺苷酸环化酶)激活或受抑制，由此而引起胞质中被称为第二信使的某些小分子物质如环磷酸腺苷(cAMP)生成增多或减少，从而完成跨膜信号传递过程(详见第十一章)。

(三) 酶耦联受体介导的跨膜信息传递

酶耦联受体是指细胞膜上的一些蛋白质分子既有受体的作用，同时又有酶的作用。其中重要的有酪氨酸激酶受体和鸟苷酸环化酶受体。体内的胰岛素等肽类激素、表皮生长因子和神经生长因子等都是通过酶耦联受体进行信息传递的。例如，胰岛素分子一旦与酪氨酸激酶受体结合，即会引起细胞内酪氨酸激酶的活化，再经一系列细胞内信号分子的相互作用，导致细胞核内基因转录过程的改变，产生生理效应。

二、缝隙连接处的电传递

细胞间的信息传递除化学传递外，还存在着以局部电流直接进行的电传递方式。形态学和生理学实践都证明，细胞间的缝隙连接处，相邻的两个细胞膜仅相隔2 nm，而且每侧细胞膜上都整齐地排列着多个由 6 个蛋白质亚单位组成的颗粒，颗粒的中心有一个亲水性孔道。使两个细胞的胞质可以通过其中的孔道相交通(图 2－11)。可允许分子量小于 1 000 或直径小于 1 nm 的物质分子通过。缝隙连接处对离子的通透性好,电阻很低,一侧膜的去极化,可通过局部电流使另一侧膜也去极化,而呈现双向性传递。此种传递的潜伏期短,在时间上几乎无延搁。细胞间电传递的意义是使一些功能相似的细胞能进行同步活动。缝隙连接的电传递广泛存在于心肌、内脏平滑肌(肠和子宫平滑肌)和一些神经细胞间。

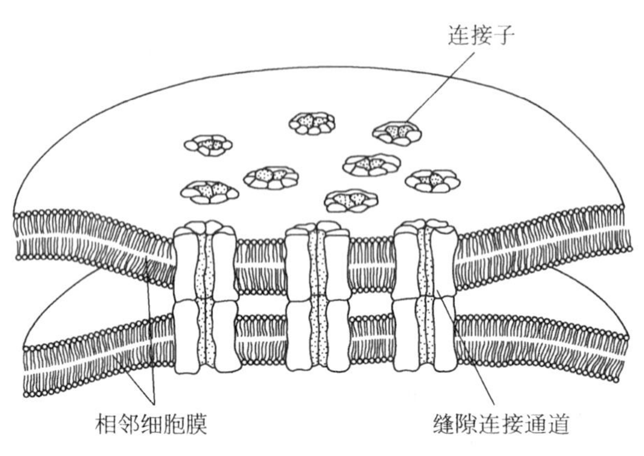

图 2－11　缝隙连接处电传递

第四节　肌细胞的收缩功能

人体各种形式的运动,主要是靠肌细胞的收缩活动完成的。肌细胞包括骨骼肌、平滑肌和心肌细胞。不同的肌细胞在结构和功能上各有其特点,但从分子水平上看,各种肌肉的收缩活动都与细胞内所含的收缩蛋白质有关。本节将对骨骼肌的收缩功能做较详细的阐述,然后对平滑肌的生理特性做简要叙述,心肌细胞的生理特性将在第四章循环系统中做简要介绍。

骨骼肌是人体最多的组织,按重量计算占人体重量的 40%左右。通过骨骼肌的收缩和舒张,完成躯体运动。骨骼肌是由大量成束的肌纤维组成,每条肌纤维就是一个肌细胞,是一个独立的结构和功能单位。骨骼肌的收缩是在中枢神经系统控制下进行的。中枢神经的兴奋,通过躯体运动神经传到骨骼肌,引起骨骼肌的收缩。

一、神经肌肉接头处的兴奋传递

(一) 神经肌肉接头的结构

运动神经与骨骼肌之间的连接部位,称为神经肌肉接头。它由接头前膜、接头后膜和接头间隙三部分组成(图 2－12)。运动神经纤维在到达神经末梢处时,失去髓鞘,并发出细小的分支,其终末部分膨大,半嵌入与它对应的肌细胞膜的凹陷内,接头前膜即指神经末梢的细胞膜。与之相对应的肌细胞膜称接头后膜,也称终板膜,又称运动终板。接头前膜与终板并不接触,而是被接头间隙隔开,此间隙约有 20 nm,其中充满组织液。终板的肌膜向内凹陷形成许多小皱褶,增加了接头后膜的面积。在轴突末梢的轴浆内含有大量直径约为 50 nm 的囊泡,内含神经递质——乙酰胆碱(ACh)。终板膜上存在着能与乙酰胆碱发生特异性结合的 N_2 型乙酰胆碱门控通道受体和能使乙酰胆碱失活的酶——胆碱酯酶。

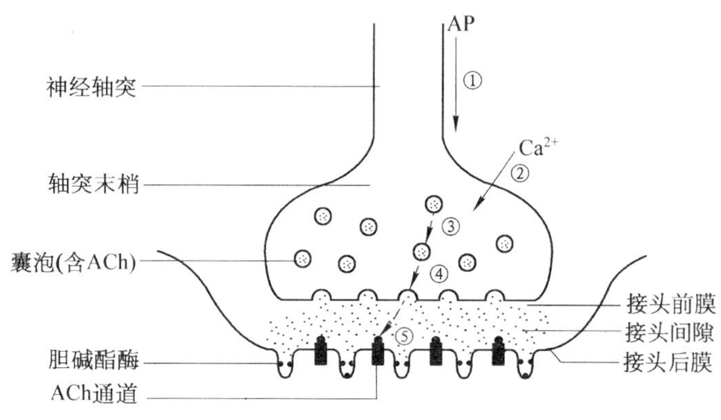

图 2-12　神经肌肉接头结构示意图

AP:动作电位
① AP 到达神经轴突末梢　② 细胞外 Ca^{2+} 进入轴突末梢　③ 囊泡向接头前膜方向移动
④ 囊泡与接头前膜融合并破裂,释放 ACh　⑤ ACh 进入接头间隙与接头后膜上的 ACh 通道蛋白结合

(二) 神经肌肉接头处的兴奋传递过程

当运动神经元处于安静状态时,神经末梢一般只有少数囊泡随机地释放,对肌肉的影响不大。但当运动神经元兴奋时,神经冲动传到神经末梢,使轴突末梢膜上电压依从性 Ca^{2+} 通道开放,Ca^{2+} 由细胞外进入膜内,促使大量囊泡向接头前膜移动,并与之融合,然后破裂,通过出胞作用将囊泡内的 ACh 释放入接头间隙中。据测定,一次动作电位到达末梢,能使 200～300 个囊泡破裂,约有 10^7 个 ACh 分子进入间隙中。进入间隙的 ACh 扩散到终板膜,与膜上门控通道受体结合,使终板膜对 Na^+、K^+ 等(主要是对 Na^+)通透性增大,Na^+ 内流,K^+ 外流,总的结果是使膜内电位绝对值减小,即出现去极化。由于这一电变化产生在终板膜上,因此称之为终板电位。终板电位属局部电位,电位大小与接头前膜释放的 ACh 量成正比,无不应期,可表现为总和。当终板电位达一定值,使终板膜周围的肌细胞膜去极化达到阈电位时,便产生动作电位,从而完成兴奋从神经轴突末梢到肌细胞的传递。运动神经末梢每产生一次动作电位,所释放的 ACh 量,大约超过引起肌细胞动作电位需要量的 3～4 倍。因此,在神经肌肉接头处的兴奋传递是一对一的,即神经纤维每有一次冲动到达末梢,都能"可靠"地使肌细胞兴奋一次,诱发一次收缩。神经肌肉接头兴奋传递要保持一对一的关系,还要消除前膜所释放的 ACh,否则它将持续作用于终板膜使其持续去极化。ACh 的清除靠胆碱酯酶对它的降解作用来完成。胆碱酯酶能迅速地将 ACh 水解成乙酸和胆碱而终止其作用。

(三) 神经肌肉接头处信息传递的特征

1. 单向传导　即兴奋只能由神经末梢传向肌细胞膜,而不能逆传。这是因为 ACh 只存在于神经轴突的囊泡中和 N_2 型乙酰胆碱门控通道受体仅存在于接头后膜的缘故。

2. 时间延搁　这一过程需要 0.5～1.0 ms。时间延搁的产生与递质的合成、释放及与受体结合消耗时间有关。

3. 易受环境因素变化的影响　许多因素可以影响神经肌肉接头的兴奋传递,因而可以通过调控这一过程的每一个环节,来治疗骨骼肌疾病或研究它的功能。如 Ca^{2+} 能促使 ACh 释放;肉毒杆菌毒素能抑制接头前膜释放 ACh;某些药物如美洲箭毒,能与 ACh 竞争终板膜上的受体,使 ACh 不能再与其结合,因而阻断了接头的兴奋传递,使肌细胞失去了收缩力。故美洲箭毒可作为肌肉松弛剂,有利于外科手术。再如,有机磷和新斯的明对胆碱酯酶活性有抑制作用,不能及时清除 ACh,造成 ACh 在接头处大量积聚,引起肌肉痉挛性收缩(包括呼吸肌),严重时将危及生命。有机磷农药中毒可用碘解磷定（解磷定）加以治疗的机制在于它能使胆碱酯酶恢复活性。临床上研究的重症肌无力，是由于体内骨骼肌终板处的 ACh 受体数量不足或功能障碍所致。

二、骨骼肌的结构概要与收缩机制

（一）骨骼肌的结构概要

骨骼肌是由大量成束的肌细胞（又称肌纤维）所组成。肌细胞内部含有大量的肌原纤维，各肌原纤维之间有复杂的肌管系统。

1. 肌原纤维　每个肌细胞含有数百至数千条与肌纤维长轴平行排列的肌原纤维。用电子显微镜观察，肌原纤维由许多粗肌丝和细肌丝所组成。这两种肌丝在肌节内有规律地交错排列。粗肌丝位于肌节的中部，透明度较低，形成暗带。在暗带的中间有一条浅带称为 H 区，在 H 区的正中还可看见一条深线，称 M 线。细肌丝从 Z 线伸入粗肌丝内，在靠近 Z 线两旁只有细肌丝，透明度较高，形成明带。细肌丝与粗肌丝重叠的部位，每一根粗肌丝周围有 6 根细肌丝，每根细肌丝周围有 3 根粗肌丝。它们交错呈几何排列，非常规则有序。每条肌原纤维的全长都可以分为若干单位。每一单位包括一个中间的暗带（又称 A 带）和两侧各 1/2 的明带（又称 I 带），称为肌节。肌节和肌节之间是以 Z 线为界，肌节是肌肉收缩的基本结构和功能单位（图 2－13）。

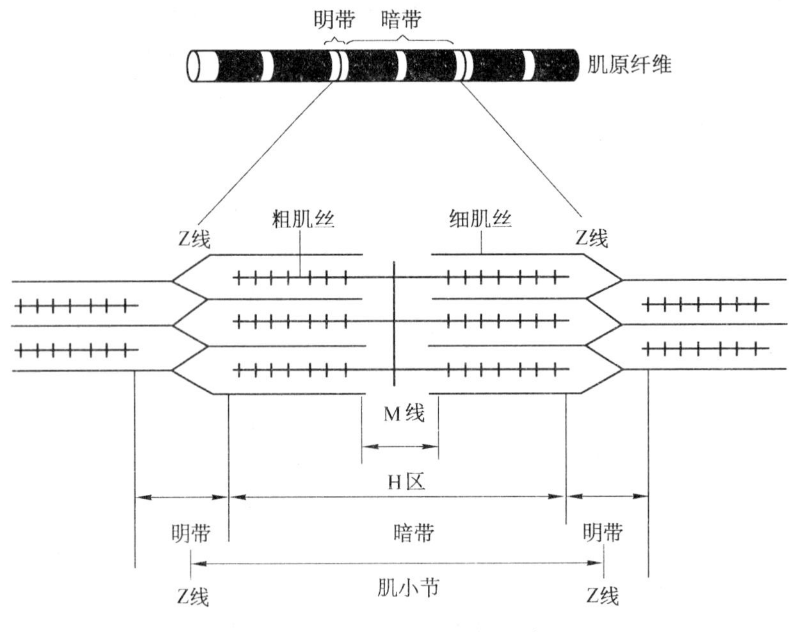

图 2－13　肌原纤维结构模式图

2. 肌丝的分子组成　组成粗肌丝的分子为肌凝蛋白，它由头部和杆状部组成（图 2－14）。头部伸出肌丝表面，形成横桥。横桥有 ATP 酶的活性，当它分解 ATP 释放能量后，可使横桥扭动。杆状部形成粗肌丝的主干。细肌丝由肌动蛋白、原肌凝蛋白和肌钙蛋白分子组成。肌动蛋白上存在有能与横桥结合的位点。在肌肉舒张时，原肌凝蛋白的位置正好在肌动蛋白与横桥之间，掩盖着肌动蛋白与横桥的结合点，阻止横桥与肌动蛋白的结合。肌钙蛋白与 Ca^{2+} 有很强的亲和力，是 Ca^{2+} 的受体。

肌凝蛋白和肌动蛋白与肌肉收缩过程直接有关，故合称为肌细胞的收缩蛋白；原肌凝蛋白和肌钙蛋白不直接参与肌丝间的相互作用，只影响和控制收缩蛋白的相互作用，故合称为调节蛋白。

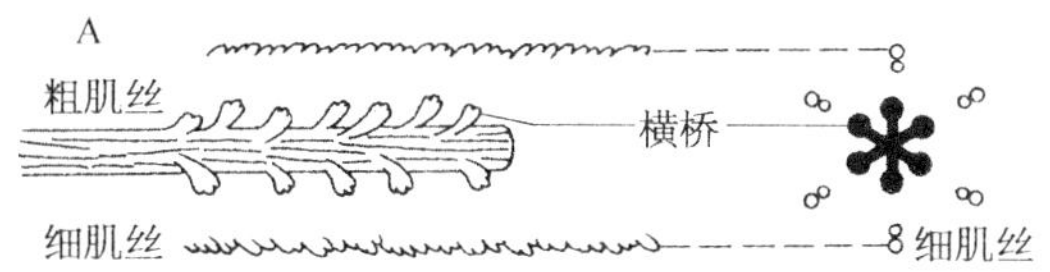

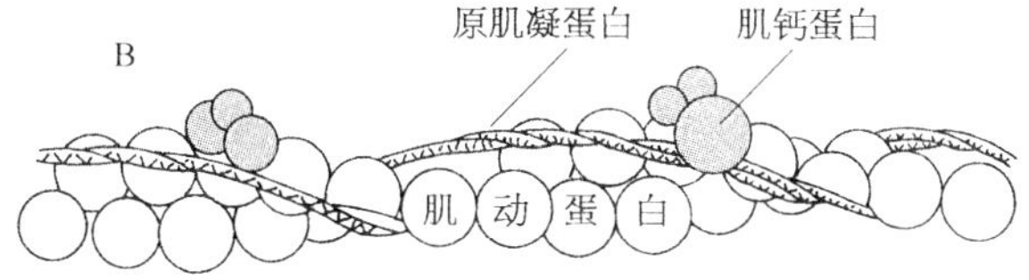

图 2－14　肌丝分子结构示意图

3. 肌管系统　肌管系统是位于肌细胞内肌原纤维之间的横管和纵管系统(图 2－15)。横管位于明带与暗带的交界处或 Z 线处，形成包绕肌原纤维的垂直管道系统。它是由肌膜向细胞内凹陷形成的，与细胞外液相通，可将肌膜上的动作电位传入肌细胞内部。

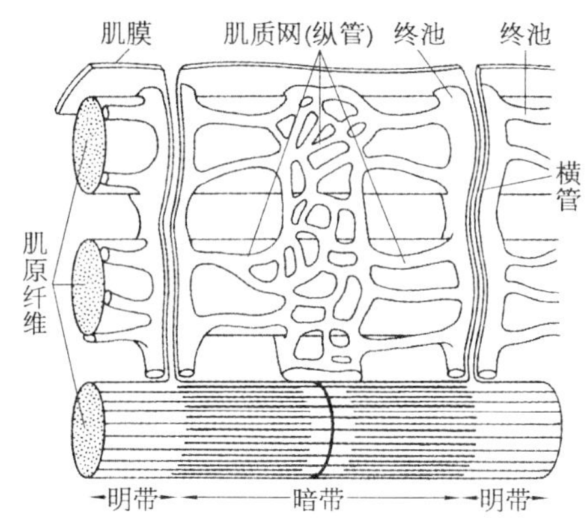

图 2－15　骨骼肌的肌原纤维和肌管系统

纵管即肌质网。它分布在肌节中间部位，与肌原纤维平行，彼此吻合呈网状，包绕肌原纤维。纵管两端在横管附近膨大部分称为终池。终池内有大量 Ca^{2+}，终池膜上有钙泵。终池的作用是通过对 Ca^{2+} 的贮存、释放和再回收，以引起或终止肌丝的滑行。以横管为中心，加上它两侧各一终池，合称为三联体。三联体的作用是把从横管传来的电信息和终池的 Ca^{2+} 释放联系起来，完成信息向肌质网的传递。

(二) 骨骼肌的收缩机制

骨骼肌的收缩机制用滑行学说解释。该学说认为，肌肉收缩并不是肌丝本身长度的缩短或卷曲，而是肌节两端的细肌丝向中间的粗肌丝滑行，肌节长度缩短的结果(图 2－16)。肌丝滑行理论已在实验中得到证实。当肌细胞收缩变短时，肌节的明带和 H 区变短甚至消失，暗带的长度保持不变，但是暗带中粗、细肌丝重叠的部分增加。这些现象只能用细肌丝向粗肌丝中间的 M 线方向滑行才能得到合理的解释。

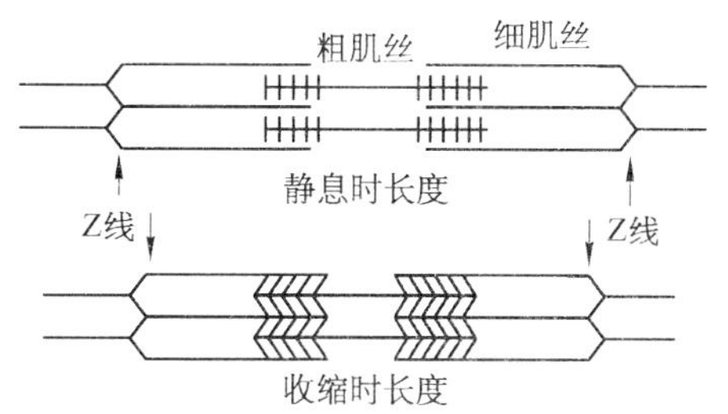

图 2－16　肌肉收缩肌节缩短的示意图

肌丝滑行的过程如下：肌细胞兴奋时，终池膜对 Ca^{2+} 的通透性增大，Ca^{2+} 由终池释放入肌质，

Ca^{2+}与细肌丝上的肌钙蛋白结合，使其构型发生变化，牵拉原肌凝蛋白滚动移位，暴露肌动蛋白与横桥的结合位点，横桥立即与肌动蛋白结合，同时横桥上 ATP 酶的活性被激活，分解 ATP，释放能量，使横桥扭动，牵拉肌节两端的细肌丝向中间的粗肌丝中央（M 线）滑行，肌节缩短，出现肌肉收缩（图 2－17）。

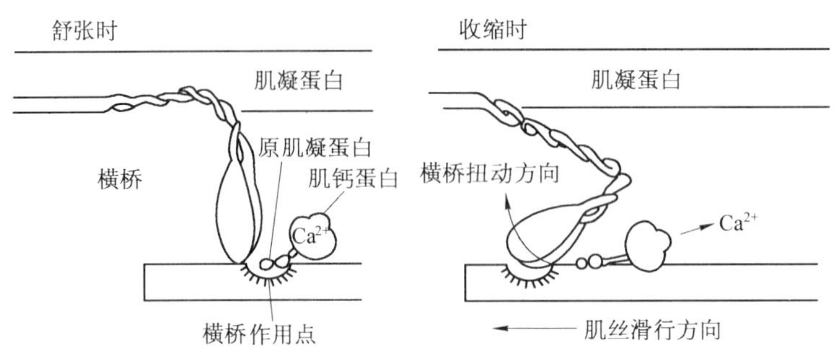

图 2－17　肌丝滑行分子模式图

当肌质中的Ca^{2+}浓度下降时，Ca^{2+}与肌钙蛋白脱离，肌钙蛋白恢复安静时的构型，原肌凝蛋白恢复原位，把肌动蛋白上的结合点掩盖起来，横桥脱离了肌动蛋白，细肌丝滑出，肌节恢复原长，出现肌肉舒张。

（三）骨骼肌的兴奋收缩耦联

骨骼肌的兴奋收缩耦联是指把肌膜兴奋的电变化和肌丝滑行的机械变化联系起来的中介过程。在这个中介过程中起关键作用的耦联物质是Ca^{2+}，结构基础是三联体。据测定，肌细胞兴奋时，肌质中的Ca^{2+}浓度比安静时要高 100 倍左右。当运动神经冲动传到肌肉组织发生兴奋时，肌细胞膜电位的变化沿横管系统迅速传到肌细胞内部，直到三联体和肌节附近，使终池对Ca^{2+}通透性增大，Ca^{2+}从终池释放出来，进入肌质中，向肌丝扩散，与肌钙蛋白结合，从而解除位阻效应，引起肌丝滑行，出现肌肉收缩；当神经冲动停止后，随着肌膜及横管膜电位复原，终池膜蛋白构型亦恢复原状，钙泵把Ca^{2+}摄入终池，肌质中的Ca^{2+}浓度下降，肌钙蛋白与Ca^{2+}分离，从而出现肌肉舒张（图 2－18）。

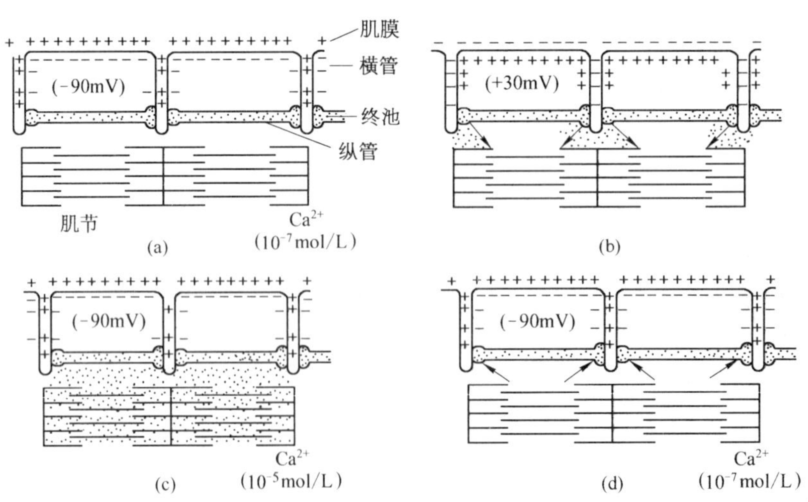

图 2－18　肌管系统Ca^{2+}与肌肉收缩舒张的关系示意图

（a）肌肉静息时，Ca^{2+}贮存于纵管内　（b）肌膜兴奋，Ca^{2+}从终池释放出来

（c）Ca^{2+}进入肌浆，触发肌丝滑行，肌节缩短　（d）肌浆中Ca^{2+}返回终池，肌肉舒张

三、骨骼肌收缩的外部表现及其影响因素

骨骼肌的收缩可表现为长度缩短和张力的增加，这两种收缩形式的发生与肌肉接受刺激的频率以及负荷大小有关。

（一）骨骼肌的收缩形式

整体状态下，骨骼肌的收缩是在运动神经的支配下，由许多有关肌肉而不是几个肌细胞协调活动来完成躯体的各种运动。骨骼肌的收缩形式亦随肌肉表现形式的不同而有差异。

1. 等长收缩和等张收缩

(1) 等长收缩　是指肌肉收缩时只有张力的增加，而无长度的缩短。等长收缩时，由于仅产生张力，而没有使物体移动，故并没有做功。等长收缩的主要作用是保持一定的肌张力，维持人体的位置和姿势。

(2) 等张收缩　是指肌肉收缩时只有长度的缩短而张力保持不变。这是在肌肉收缩时所承受的负荷小于肌肉收缩力的情况下产生的，此时肌肉产生的收缩力除克服施加给它的负荷外，还可使物体产生位移，因此它可以做功。人的肢体特别是上肢在一般情况下的运动主要是等张收缩。如用手提起重物等。

整体情况下，骨骼肌的收缩常是两种形式都有的混合形式的收缩。即常常是在肌肉收缩时，其张力先增高；当张力等于或大于所承受的负荷时，肌肉开始缩短，而张力就不再增加。

2. 肌肉的单收缩和强直收缩　肌肉在接受一次短促有效的刺激时，先是产生一次动作电位，接着会发生一次收缩，称为单收缩。其收缩全过程可分为潜伏期、缩短期和舒张期(图 2-19)。潜伏期约占 10 ms；缩短期是指肌肉开始收缩到收缩顶峰的时间，约 40 ms。舒张期是指从收缩顶峰开始到恢复收缩前原状的时间，约 50 ms。

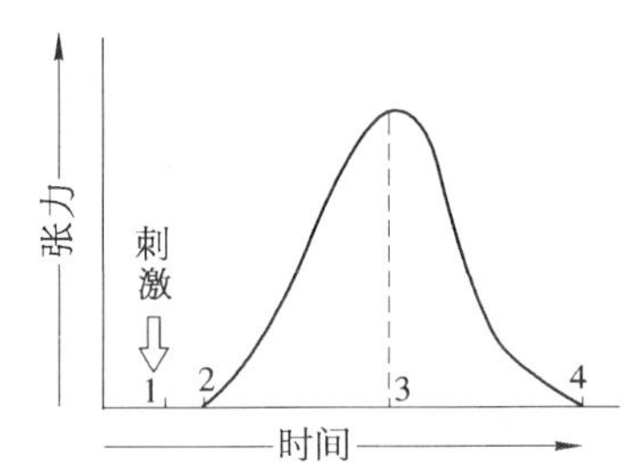

图 2-19　骨骼肌的单收缩曲线

1. 刺激　1～2. 潜伏期
2～3. 缩短期　3～4. 舒张期

给肌肉连续刺激，肌肉收缩的曲线可以融合起来。若每一次新刺激落在前一次刺激引起的收缩过程的舒张期，就会形成收缩的舒张期还没有完结时就发生第二次收缩，即表现为舒张不完全。此时记录的曲线呈锯齿状，称为不完全强直收缩。如果连续刺激频率加快，新刺激落在前一刺激所引起收缩的缩短期内，这时记录的收缩曲线，完全融合起来，曲线高度比单收缩时增加数倍，此种收缩称为完全强直收缩。强直收缩可以产生更大的收缩效果。在正常体内，由于运动神经传到骨骼肌的冲动频率很高，所以，体内的骨骼肌收缩都是强直收缩(图 2-20)。

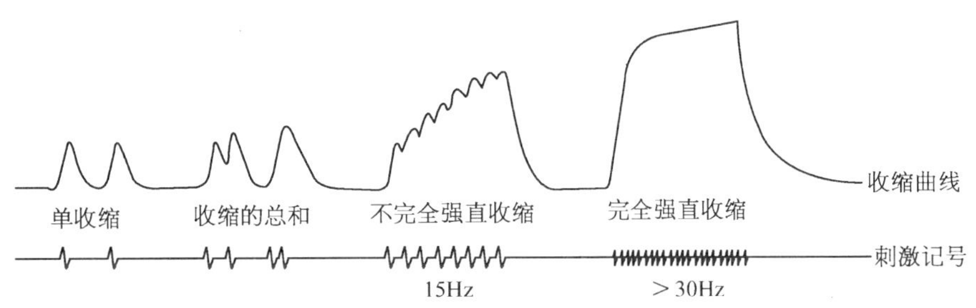

图 2-20　骨骼肌的强直收缩曲线

（二）影响骨骼肌收缩的因素

骨骼肌的收缩受多种因素的影响，其主要影响因素是前负荷、后负荷和肌肉的收缩性。前、后负荷是外部作用于肌肉的力，而肌肉的收缩性则是肌肉自身内在的功能状态。

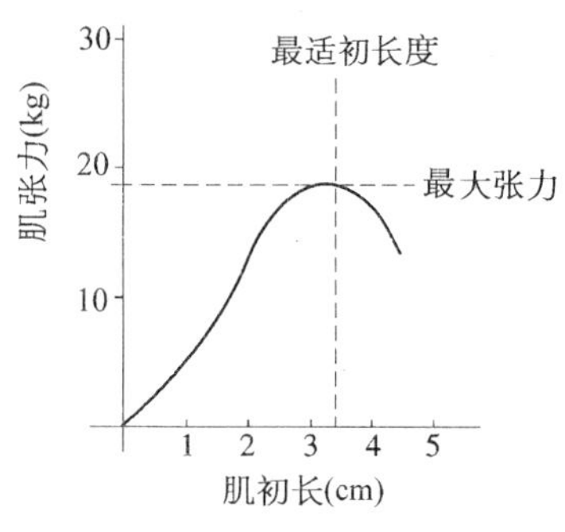

图 2－21　肌肉初长度对肌张力的影响

1. 前负荷　肌肉收缩前所承受的负荷，称为前负荷。前负荷使肌肉收缩前就处于某种被拉长的状态，使它在一定初长度的条件下进入收缩。所谓肌肉初长度是指肌肉收缩前在前负荷作用下肌肉的长度。在一定范围内，初长度愈长，肌肉收缩的效果愈佳，产生的张力愈大。肌肉收缩时能产生最大张力的前负荷或初长度，称为最适前负荷或最适初长度（图 2－21）。肌肉在最适初长度下收缩时，由于粗、细肌丝处于最理想的重叠状态，即粗肌丝的横桥与细肌丝结合点的数量最多，所以，收缩效果最好。肌肉在小于或大于最适初长度时收缩，由于横桥与细肌丝上的结合点数量减少，所以收缩效果下降。骨骼肌在体内所处的自然长度，大致等于它们的最适初长度，因此能产生最佳的收缩效果。

2. 后负荷　后负荷是指肌肉开始收缩时才遇到的负荷或阻力。肌肉在有后负荷条件下进行收缩时，开始由于后负荷的阻力作用而不能缩短其长度，只表现为张力增加，以克服其负荷。当张力增加到与后负荷相等时，负荷不能再阻止肌肉的缩短，于是肌肉开始以一定的速度缩短，负荷亦被移动相应距离，做一定的功。肌肉长度一旦缩短，张力即不再增加。由此可见，肌肉在有后负荷条件下收缩时，总是先出现张力的增加，然后才发生肌肉长度缩短。后负荷愈大，肌肉开始出现缩短的时间愈晚，缩短的速度和长度也愈小，但产生的张力愈大。因此，在一定范围内，后负荷与产生的张力成正变关系，与收缩速度成反变关系（图 2－22）。从肌肉做功效率而言，只有适度的后负荷才能获得肌肉做功的最佳效率。

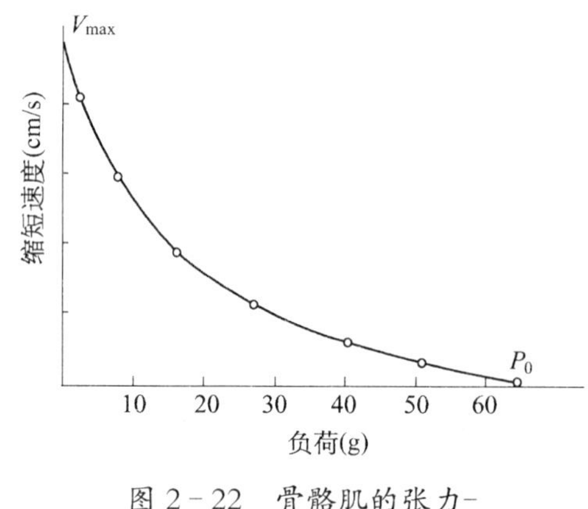

图 2－22　骨骼肌的张力－速度关系曲线

3. 肌肉收缩性　肌肉的收缩性是指可以影响肌肉收缩效果的肌肉内部功能状态。它与影响肌肉收缩的外部条件无关。实际上肌肉本身的功能状态是可以改变的，它可以影响肌肉收缩的效率。例如，缺氧、酸中毒、能源缺乏以及其他原因，如肌肉的兴奋收缩耦联、肌丝中的蛋白质或横桥特性的改变，都能降低肌肉收缩的效果；而 Ca^{2+}、咖啡因、肾上腺素等体液因素则可能通过影响肌肉的收缩机制而提高肌肉收缩效果。

四、平滑肌细胞的结构和功能特点

（一）平滑肌的分类

尽管各器官、组织不同类型的平滑肌特性不同，但一般可根据它们的形态和功能特性分为两大类。

1. 单一单位平滑肌（或称内脏平滑肌）　如胃肠、子宫、输尿管等，这类平滑肌能产生自动节律性兴奋。由于细胞间存在着缝隙联接，兴奋可迅速传播到周围细胞，使许多细胞几乎进行同步性收缩，在功能上宛如一个合胞体细胞。

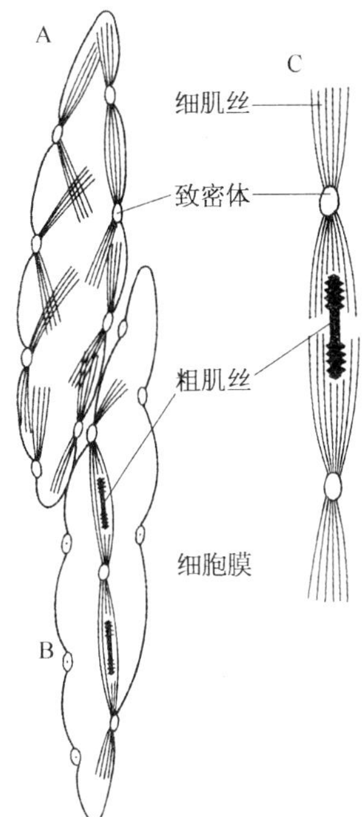

图 2-23　平滑肌结构示意图

A. 表示细肌丝从致密体发出　B和C. 表示粗、细肌丝之间的关系

2. 多单位平滑肌　如大气管、大血管、竖毛肌、虹膜肌、睫状肌等。这类细胞与细胞之间无直接联系，每个细胞都接受自主神经纤维的支配而独立活动(收缩)。另外，有些平滑肌细胞兼有上述两类细胞的特点而难于归入某一类。

(二) 平滑肌的结构特点

平滑肌细胞呈梭形，直径 2～5 μm，长度 20～500 μm，较骨骼肌细胞小。肌质网不发达，膜上钙泵 ATP 酶活性较低，无三联体结构。平滑肌的粗肌丝、细肌丝排列不整齐，无明显肌节结构。在致密体(图 2-23)与致密区发现有类似骨骼肌 Z 带的蛋白质成分，他们可能是细肌丝相连接的部位。平滑肌的粗肌丝由肌凝蛋白组成，细肌丝由肌动蛋白与原肌凝蛋白组成，但无肌钙蛋白，而含钙调蛋白。钙调蛋白参与调节平滑肌的收缩，其作用与肌钙蛋白类似。

(三) 平滑肌的生理特征

与骨骼肌比较，平滑肌有以下生理特性。

1. 收缩缓慢而持久　由于平滑肌横桥的激活需要较长时间，所以，它收缩缓慢而持久。

2. 肌质网不发达，依赖细胞外液 Ca^{2+}　平滑肌肌质网内贮存的 Ca^{2+} 数量有限，所以，平滑肌细胞受到刺激时，细胞外液 Ca^{2+} 进入膜内，Ca^{2+} 与钙调素(钙调蛋白)结合，才能引起肌细胞收缩。

3. 对牵拉刺激敏感　内脏平滑肌细胞受到牵拉刺激时，引起离子通道开放，导致肌细胞去极化。去极化达到阈电位，产生动作电位并扩布，导致内脏平滑肌收缩。这对胃肠平滑肌具有重要意义，即当胃肠中的内容物增多时，可牵拉胃肠壁的平滑肌，引起其收缩，这对其内容物的消化和吸收都是有利的。

4. 神经支配和体液因素的作用　平滑肌细胞均受自主神经支配，并且对各种体液因素如激素、酸碱度、渗透压和药物等较骨骼肌敏感。

小结

细胞是机体的结构和功能单位。各种细胞既有共同功能，又因分化不同各司其职。各种细胞的质膜都有不同形式的转运物质的能力。物质转运可以分为被动转运和主动转运两种。其中被动转运又分为单纯扩散和易化扩散，其特点是不耗能，物质转运的方向是顺浓度梯度由膜的高浓度侧向低浓度侧的转运。单纯扩散和易化扩散的不同点是后者需要通过膜的通道或载体才能扩散。通道按其所受控制因素的性质可分为化学依赖性和电压依赖性两种。主动转运又称为“泵转运”。是逆浓度的耗能过程。这种转运除直接完成运输某些物质外，尚可建立起各种离子的跨膜浓度梯度，而为细胞实现其他功能积累足够的化学势能，进行继发性主动转运。还有一种形式是团块物质转运，也属于主动转运，但要复杂得多，分为入胞和出胞。两者都涉及到质膜的流动、融合和更新等多方面的功能。

生物电属于扩散电位，表现为跨膜电位的形式。跨膜电位的形成取决于离子的电化学梯度和膜对离子的选择通透性；跨膜电位的极性取决于扩散离子的电性及其扩散方向；跨膜的最大幅值取决于平衡电位。细胞静息时的跨膜电位一般比较稳定(极化状态),称为静息电位。以神经细胞为例,静息电位主要是由钾离子外流形成的。而当细胞受刺激时,跨膜电位会有相应改变而发生局部电位或动作电位。局部电位比较微弱,可表现为膜内负电位升高(超极化)或降低(去极化),其幅值随刺激强度而变化。局部电位以电紧张形式扩布,其信息只能影响近邻膜点的兴奋性。但在可兴奋细胞,当膜除极至阈电位时,膜内电位会发生一次瞬时巨变,称为动作电位,包括除极(去极化)和复极过程。以神经细胞为例,去极化是由 K^+ 外流减少和 Na^+ 内流激增形成的;复极化是由 K^+ 外流增加和 Na^+ 内流锐减形成的。其锋值是全或无式的,其传导是不衰减的。

细胞间的信息传递方式可分为化学传递和电传递两种方式。化学传递是指神经末梢释放的化学物质或内分泌细胞所分泌的激素等化学信息物质作用于某些细胞,调节其生理活动的过程。电传递是在两细胞间的缝隙连接处的亲水孔道直接传递。

肌肉的收缩是受神经控制的:运动神经冲动→终板电位→动作电位→耦联过程→肌肉收缩。钙离子这一耦联因子能触发肌纤维复合体的形成,引起肌丝滑行,从而完成肌肉收缩。肌肉收缩时只有张力增加而无长度缩短的收缩称为等长收缩。其意义是维持人体的位置和姿势。肌肉收缩时只有长度缩短而无张力增加的收缩称为等张收缩。有做机械功的作用,如用手提起重物。刺激频率低时,肌肉呈现单收缩;刺激频率高时,肌肉呈现强直收缩。强直收缩产生的张力远大于单收缩,是骨骼肌的主要收缩形式。

平滑肌的生理特性一是收缩缓慢;二是肌质网不发达,依赖细胞外液 Ca^{2+};三是对牵拉刺激敏感;四是受自主神经支配,并对激素、酸碱度、渗透压和药物敏感等。

实验 神经干动作电位观察

【实验理论依据和目的要求】

神经纤维受刺激发生兴奋时表现为动作电位的产生和传导。用一定方法将这种电变化输入示波器,可以显示出来进行观察。本实验所记录的是双相动作电位,其形成机制是:将两个测量电极置于神经纤维表面,静息状态下,两电极处的电位相等,即电位曲线在零电位线上。当神经纤维受刺激而兴奋时,兴奋部位较静息部位呈负电性质,负电位沿神经纤维表面传播,当传到第1个电极时,第2个电极仍为正电位,于是两极间产生电位差,形成上升的曲线。当负电位传至第2个电极时,两电极间电位相等,电位曲线又回到零电位水平;在复极过程中,当第1个电极已复极为正电位,而第2个电极仍为负电位时,又产生电位差,但其方向与前次相反,形成向下的电位曲线。待第2个电极也复极为正电位后,两电极间的电位又消失,电位曲线又回到零电位水平。

本实验的目的是观察神经干动作电位的基本波形。通过本实验要求学生了解神经纤维接受刺激产生兴奋的标志是动作电位的形成和传导。

【实验对象】

蛙或蟾蜍。

【实验器材和药品】

蛙解剖器械、神经屏蔽盒、神经标本槽、SBR-1型示波器、前置放大器、电子刺激器、林格液、普鲁卡因、滤纸等。

【实验步骤和观察项目】

1. 安装实验仪器装置　将刺激器、神经屏蔽盒、示波器等按图 2－24 连接起来，通电预热备用。刺激器选用连续刺激，波宽一般可选 0.2 s，强度由小增大，一般用 2 V。

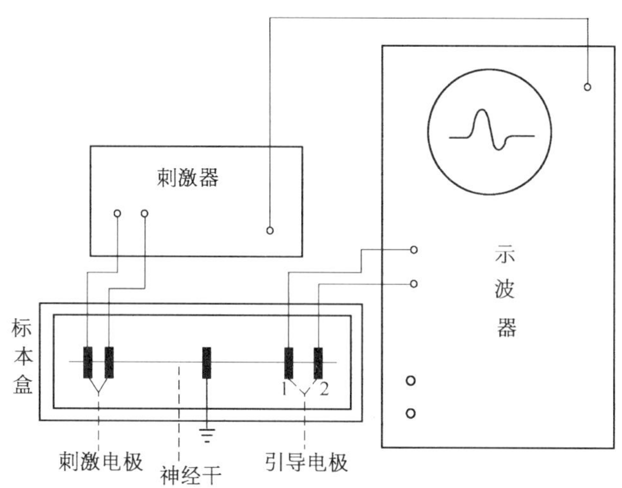

图 2－24　引导神经干动作电位的装置示意图

2. 制备坐骨神经标本

(1) 破坏脑和脊髓　左手握蛙(蛙背朝上)，用拇指按压背部，示指按压头部前端，使头前倾。然后用右手拇指指甲由头部正中向后滑动，发现一凹陷处，即为枕骨大孔。再用探针由此垂直刺入 1～2 mm，再将探针尖端向头方刺入颅腔，左右搅动，捣毁脑组织。然后退出针尖至皮下，再从枕骨大孔转向尾方，刺入椎管，捣毁脊髓。如果蛙的四肢已经松软，表明脑和脊髓已被完全破坏。

(2) 剪断脊柱　用左手拇指和示指捏住蛙腰部，并将其提起。右手用粗剪刀在骶髂关节水平以上 1 cm 处剪断脊柱(图 2－25)。

(3) 剪除上半身及内脏　右手用粗剪刀沿腹部两侧剪开皮肤、肌肉，此时蛙体上半身和大部分内脏便一同垂向下方。在耻骨联合处将头、前肢和内脏一并剪去，只保留背部和相连的后肢(图 2－26)。

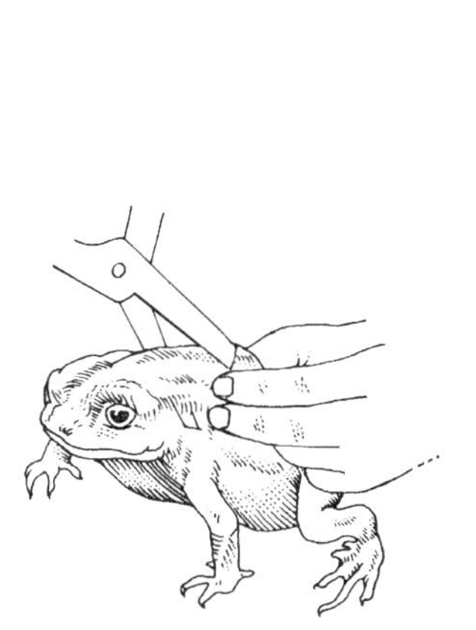

图 2－25　剪断脊柱

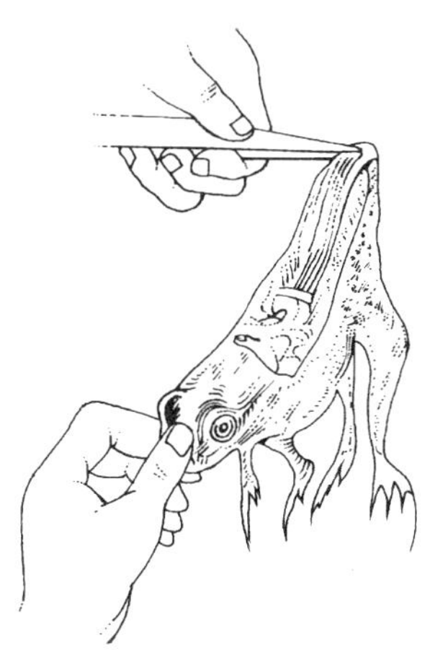

图 2－26　剪除躯干上部及内脏

图 2－27　剥掉后肢皮肤

(4) 去皮　左手握住脊柱前端，右手将蛙皮从前部向下撕，直至趾端(图 2－27)。将标本放在

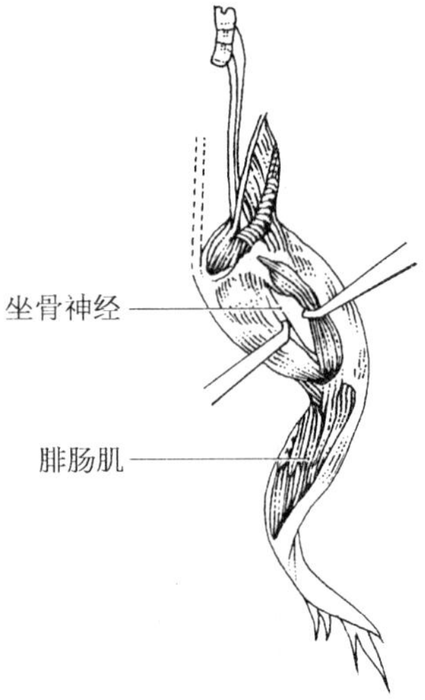

盛有林格液的培养皿中，清洗手和用过的器械。

(5) 分离两腿　用粗剪刀剪去尾骶骨，再沿中线向前将脊柱剪成两半，向后将耻骨联合正中剪开，使两腿完全分离，仍将标本置于林格液中。

(6) 分离坐骨神经　取一后肢置于蛙板上固定，用玻璃分针沿脊柱向尾端游离坐骨神经至大腿根部，再在股部背侧股二头肌与半膜肌之间找出坐骨神经大腿段，小心分离，使之完全暴露(图 2－28)。用粗剪刀剪下一段与坐骨神经相连的脊柱(1～2 个椎骨)，并轻轻提起，当坐骨神经分离至膝关节时，再继续向下分离，游离出腓神经。在标本的脊柱端和腓神经末端分别用线结扎，最后提起两结扎线，将神经干标本完全游离出来，放入林格液中备用。

坐骨神经

腓肠肌

图 2－28　坐骨神经走行位置

3. 安放标本　用浸有林格液的棉球擦净电极后，将标本置于电极上，使中枢端接触刺激电极，外周端接触引导电极。用滤纸吸去标本上过多的林格液，以免发生短路。再用蒸馏水浸湿的滤纸垫在槽底面，以防神经干燥。

4. 实验观察

(1) 双相动作电位的观察　调节前置放大器和示波器 y 轴的增益至合适的放大倍数后，用电子刺激器触发示波器，其强度从零逐渐增加，以略大于阈值的强度为宜，使出现双相动作电位，并调节扫描频率使之与刺激器输出频率同步，则动作电位的波形清晰而稳定地固定于荧光屏的中心位置上(图 2－29)。仔细观察，分清刺激伪迹和动作电位波形。

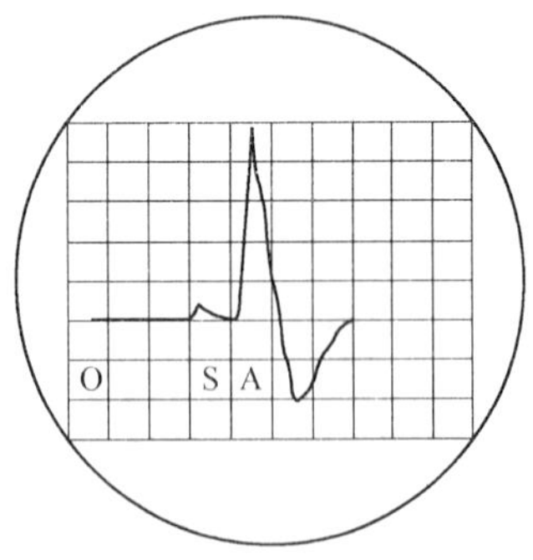

图 2－29　一次外触发同步记录的动作电位

(2) 单相动作电位的观察　用镊子将两个记录电极之间的神经夹伤，动作电位的波形即刻由双相变为单相。

【注意事项】

(1) 神经干标本要尽量长些，并且神经干表面无任何附着物。

(2) 神经干两端不要接触标本槽，也不要让神经在电极上折叠，以免影响波形。

(3) 刺激强度不宜过大，刺激时间也不宜过久，以免损伤神经。

(4) 要注意区别伪迹和动作电位。刺激伪迹可随刺激强度的加大而增大，并随刺激极性改变而方向发生倒置；动作电位也可随刺激强度的加大而增大，但到一定振幅后就不再改变。

【思考题】

(1) 用这种方法观察到的动作电位波形与课堂上讲的动作电位波形有何不同？为什么？

(2) 夹伤神经干后动作电位波形立即为单相，其原因是什么？

第三章
血　液

熟悉：血液的基本组成；血液的比重、黏滞性、血浆渗透压、血浆酸碱度等血液的理化特性。

应用：血浆的成分及其功能；悬浮稳定性、渗透脆性；红细胞的数量、生成与破坏等红细胞的生理特性；白细胞的分类、正常值及功能；血小板的数量、生理特性及功能；血液凝固、抗凝和促凝；纤维蛋白溶解；血量、血型和输血。学会做出凝血时间、血沉及 ABO 血型鉴定试验。

血液是由血浆和有形成分组成的红色、不透明液体，在心血管系统中循环流动。血浆是细胞外液的组成之一；有形成分是指血细胞，包括红细胞、白细胞和血小板，混悬于血浆中。血液具有运输、保持内环境稳态、防御和保护等功能。

第一节　血液的组成和理化特性

血液中含有水分、电解质、小分子有机物(营养物质、代谢产物和激素等)、气体及溶解于其中的蛋白质，有形成分则悬浮于血浆中。这些成分的存在乃是血液特性和功能的物质基础。正常情况下，血液化学成分的含量和理化特性都只在有限的范围内波动。疾病时，血液中某种或某些成分含量波动，可显著高于或低于正常范围，这是机体新陈代谢平衡破坏或紊乱的表现。在临床实践中，分析血液的组成变化是了解机体的代谢状况，协助诊断疾病，观察治疗效果和判断预后的重要手段。

一、血液的组成

血液由血浆和悬浮于其中的血细胞组成，又称全血。血细胞可分红细胞、白细胞、血小板三类，其中红细胞数量最多，血小板次之，白细胞数量最少。将新采集的血液与抗凝剂混匀后，装入有刻度的分血计中，以每分钟3 000转的速度离心 30 min，使血细胞下沉，便可将血浆与血细胞分离(图 3－1)。上层淡黄色透明的液体为血浆，下层红色不透明的沉淀物为红细胞，红细胞表面呈灰白色的一薄层为白细胞和血小板。用这种离心方法测得的血细胞在全血中所占的容积百分比，称为血细胞比容。正常人的血

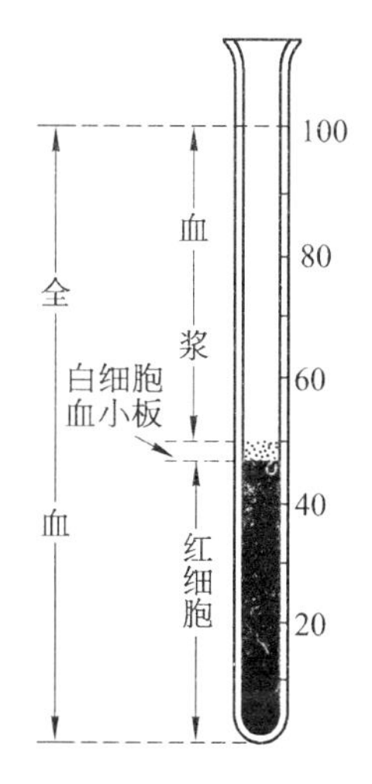

图 3－1　血细胞比容示意图

细胞比容值是:成年男性为40%～50%,成年女性为37%～48%,新生儿约为55%。血细胞比容可反映血细胞(主要是红细胞)和血浆相对数量变化。例如贫血患者血细胞比容可减小,而严重脱水患者或大面积烧伤患者的血细胞比容可增大。

二、血液的理化特性

(一) 颜色

血液的红色主要取决于红细胞内血红蛋白的颜色。动脉血中的红细胞内所含的血红蛋白大部分为氧合血红蛋白,呈鲜红色;静脉血中去氧血红蛋白增多,呈暗红色。空腹血浆清澈透明,进餐之后,尤其是摄入较多的脂类食物后,血浆中悬浮很多脂蛋白微滴而变得浑浊。因此,临床作某些血液化学成分检查时,要求空腹采血,以避免食物的影响。

(二) 血液的比重

正常人血液的比重为1.050～1.060,其大小主要取决于红细胞的数量。血浆的比重为1.025～1.030,其大小主要取决于血浆蛋白的含量。红细胞的比重为1.090～1.092,其大小主要取决于红细胞内血红蛋白的含量。

(三) 血液的黏滞性

血液的黏滞性来源于其内部分子或颗粒之间的相互摩擦。以水的黏滞性为1,血液的相对黏滞性为4～5,这与血液所含红细胞的数量成正相关。血浆的黏滞性为1.6～2.4,主要取决于血浆蛋白的含量。此外,当血流速度小于一定限度时,红细胞可发生叠连和聚集成团粒状态,使血液的黏滞性增大,从而造成血流阻力增大,影响血液循环的正常进行。

(四) 血浆渗透压

渗透压是溶液所固有的特性,是渗透现象发生的动力。渗透现象是指被半透膜隔开的两种不同浓度的溶液,会自行发生水分从溶质少的稀溶液向溶质多的浓溶液中扩散的现象。在溶液中,溶质分子所具有的这种吸引和保留水分的能力称为渗透压。渗透压的高低与所含溶质的颗粒数目成正比,而与溶质颗粒的性质和大小无关。通常以溶质的颗粒浓度1 mol/L作为渗透压的单位,称为渗透摩尔[Osm/L(mol/L)],或取此单位的千分之一,即毫渗透摩尔,简称毫渗(mOsm/L)。

1. *血浆渗透压的组成及正常值*　血浆是一种复杂的水溶液,其渗透压由两部分溶质组成。一是主要来自溶解于其中的晶体物质,特别是电解质(主要是NaCl),称其为血浆晶体渗透压;另一部分来自血浆中的胶体物质,主要是血浆蛋白质,称其为血浆胶体渗透压。正常人血浆的渗透压约为300 mOsm/L(280～320 mOsm/L),相当于770 kPa。血浆蛋白分子量大,颗粒数目极少,故其所形成的胶体渗透压小,仅为1.5 mOsm/L,相当于3.3 kPa。所以,血浆渗透压主要为晶体渗透压。5%的葡萄糖或0.9% NaCl溶液的渗透压与血浆渗透压相近,称为等渗溶液。

2. *血浆渗透压的作用*　在体内血浆所接触的细胞膜和毛细血管壁,对溶质颗粒的通透性不同,因而表现出血浆晶体渗透压和血浆胶体渗透压不同的生理作用。

(1) 血浆晶体渗透压的作用　由于晶体物质能够自由通过毛细血管壁,故血浆与组织液的晶体渗透压几乎相等,但这些晶体物质绝大部分不易透过细胞膜,这样当晶体渗透压降低时,水分将进入细胞,使细胞膨胀,以致破裂;反之,可使细胞皱缩、功能丧失(图3-2)。因此,血浆晶体渗透压具有维持细胞内、外水平衡,以及保持细胞的正常形态和功能的重要作用。

图 3-2 血浆晶体渗透压对血细胞作用示意图

(2) 血浆胶体渗透压的作用 由于血浆蛋白分子量大，很难通过毛细血管壁，致使血浆的蛋白质含量多于组织液中的蛋白质含量，因此，血浆的胶体渗透压高于组织液的胶体渗透压，能吸引组织液中的水分进入毛细血管。如果血浆蛋白(尤其是白蛋白)减少，血浆胶体渗透压将降低，血浆吸水或固水的能力下降，水分在组织间隙滞留而形成水肿。因此，血浆胶体渗透压在调节毛细血管内、外水的正常分布、维持血容量方面起着重要作用。

(五) 血浆的酸碱度

正常人血浆的 pH 值为 7.35～7.45，变动范围极小。血浆 pH 值之所以能保持相对稳定，是由于在血浆和红细胞中，均含有对酸碱物质进行缓冲作用的缓冲对，如血浆中的 $NaHCO_3/H_2CO_3$、蛋白质钠盐/血浆蛋白、Na_2HPO_4/NaH_2PO_4，其中最重要的是 $NaHCO_3/H_2CO_3$，通常其比值是 20；红细胞中的缓冲对有血红蛋白钾盐/血红蛋白、K_2HPO_4/KH_2PO_4、$KHCO_3/H_2CO_3$ 等。此外通过肺、肾的功能活动，不断排出体内过多的酸或碱，故能保持血浆 pH 值的相对稳定。

血浆酸碱度保持相对稳定，是组织细胞正常活动的必要条件。当 pH 值低于 7.35 时，即为酸中毒；高于 7.45 时，则为碱中毒。如果血浆 pH 值低于 6.9 或高于 7.8，将危及生命。

第二节 血液的功能

血液具有运送气体、营养物质、代谢产物等运输功能，还具有免疫、止血等防御和保护功能，并且参与机体的体液调节、体温调节和酸碱平衡的缓冲作用。所有这些功能都是由血液中的各种成分共同完成的。

一、血浆的主要成分及功能

血浆是血细胞的细胞外液，是重要的机体内环境。血浆含有多种溶质，其中水占 91%～92%，溶质中血浆蛋白占 6%～8%，还有约 2%的小分子物质(电解质及小分子有机物)，由于这些小分子溶质和水分很容易通过毛细血管壁与组织液进行交换，故循环血液中小分子溶质的浓度基本上代表了组织液中这些物质的浓度。所以，临床检验血浆成分的变化有助于诊断某些疾病。

(一) 血浆蛋白

血浆蛋白是血浆中各种蛋白质的总称。采用盐析法可将其分为白蛋白、球蛋白、纤维蛋白原三类。正常成人血浆蛋白的总量为 60～80 g/L，其中白蛋白为 40～55 g/L，球蛋白为 20～30 g/L，纤维蛋白原为 2～4 g/L。白蛋白与球蛋白的比值(A/G)为 1.5∶1～2.5∶1，血浆白蛋白和大多数球蛋白主要由肝合成(γ 球蛋白除外)，因此，临床上测定血浆蛋白的含量及比例，有助于了解肝功能。

血浆蛋白具有多种功能：形成血浆胶体渗透压，白蛋白因其分子量小，数量多，而成为主要成分；球蛋白中的免疫球蛋白具有防御作用；非免疫球蛋白和白蛋白是体内多种物质运输的载体；血浆中的各种缓冲对,参与酸碱平衡的调节;纤维蛋白原参与血液凝固。

(二) 电解质

血浆中所含的无机物约占血浆总量的0.9%,其中大部分以离子状态存在。正离子以 Na^+ 为主,还有少量的 Ca^{2+}、K^+、Mg^{2+} 等;负离子主要是 Cl^-,此外还有 HCO_3^-、HPO_4^{2-}、SO_4^{2-} 等。其主要生理功能是:形成血浆晶体渗透压,维持神经和肌肉的正常兴奋性。

(三) 非蛋白含氮化合物

血浆中除蛋白质以外的其他含氮物质称为非蛋白含氮化合物。主要包括尿素、尿酸、肌酐、肌酸、氨基酸、多肽、胆红素等。临床上把这些物质所含的氮,称为非蛋白氮(NPN),正常成人血浆中的 NPN 含量为14~25 mmol/L。其中1/3~1/2为尿素氮。由于血浆中的 NPN 是蛋白质和核酸的代谢产物,主要通过肾排出体外,所以,测定血中 NPN 或尿素氮的含量,有助于了解体内蛋白质的代谢状况和肾功能。

此外,血浆中还有葡萄糖、脂类、酮体、乳酸等有机物,激素、酶、维生素等微量物质以及氧、二氧化碳等气体。

二、红细胞及其功能

(一) 红细胞形态、数量及其功能

红细胞是血液中数量最多的血细胞。人类成熟的红细胞无核,呈双凹圆碟形,直径7~8 μm。我国成年男性红细胞正常值为(4.0~5.5)×10^{12}/L,成年女性为(3.8~4.6)×10^{12}/L,新生儿的红细胞数可达(6.0~7.0)×10^{12}/L。

红细胞的主要功能是运输氧和二氧化碳,并能缓冲血液的酸碱变化。这两项功能主要由红细胞内的血红蛋白完成。当红细胞膜破裂,血红蛋白逸出(溶血)时,则丧失其功能。我国正常成年男性血红蛋白含量为120~160 g/L,成年女性为110~150 g/L,新生儿为170~200 g/L。血液中红细胞数或血红蛋白含量低于正常最低值,称为贫血。

(二) 红细胞的生理特性

1. 红细胞的渗透脆性　正常时红细胞内的渗透压与血浆渗透压相等,因此,红细胞在血浆中能维持正常的形态和大小。如果将红细胞置于低渗溶液中,水分将进入红细胞内,引起红细胞的膨胀,当溶液的渗透压低到一定程度时,红细胞会破裂。红细胞膜在一定的低渗环境中能保持不破裂,这说明红细胞膜对低渗溶液具有一定的抵抗力,这种抵抗力的大小,可用渗透脆性来表示。抵抗力大脆性小,抵抗力小脆性大。临床上将红细胞置于一系列的低渗溶液中,观察红细胞对低渗溶液抵抗力的大小,称为脆性试验。正常红细胞在0.42%~0.46%的 NaCl 溶液中,开始出现部分红细胞的破裂,在0.32%~0.34%的 NaCl 溶液中,全部破裂溶血。一般说来,初成熟的红细胞脆性小,衰老的红细胞脆性大。遗传性球形红细胞增多症患者,红细胞的脆性显著增大;巨幼红细胞性贫血患者,红细胞的脆性显著减小。因此,红细胞脆性试验具有一定的临床意义。

2. 红细胞的悬浮稳定性　红细胞虽比血浆的比重大,但血液中的红细胞能在一定时间内较稳定地悬浮于血浆中不易下沉,这一特性称为红细胞的悬浮稳定性。悬浮稳定性可用红细胞的沉降率(血沉)来衡量。临床上将抗凝血置于沉降管中,观察第一小时末血柱上方出现血浆层的高度(毫米数),来表示红细胞下沉的速率,即红细胞的沉降率。用魏氏法检测的血沉正常值,成年男性为0~15 mm/h,女性为0~20 mm/h。红细胞沉降率越大,表示红细胞的悬浮稳定性越小。某些疾病时(如风湿热、活动性肺结核等)血沉加快,主要是由于红细胞彼此以凹面相贴形成红细胞的叠连。红细胞叠连的形成因素不在红细胞本身,而主要决定于血浆蛋白的变化。通常血浆中的球蛋白、

纤维蛋白原和胆固醇增多时血沉加速;白蛋白、卵磷脂增多时血沉减慢。

3. 红细胞的可塑变形性 血液循环中的红细胞,通过变形卷曲可通过比它直径小得多的毛细血管和血窦的孔隙,而后又恢复原状。这一特性称为红细胞的可塑变形性。红细胞的表面积与体积的比值越大,变形能力越大,因此双凹圆碟形红细胞的变形能力比异常球形红细胞大。当红细胞膜的弹性降低时,可使其变形能力降低。

(三) 红细胞的生成、破坏及调节

1. 红细胞的生成

(1) 红细胞生成的部位 胚胎时期,肝、脾及骨髓均能造血。婴儿出生后,红骨髓成了唯一生成红细胞的器官。红骨髓中的造血干细胞分化成原红母细胞,再通过增殖分化,经早、中、晚幼红细胞、网织红细胞而至成熟红细胞,然后释放入血。当机体受到大量放射线或某些药物(如氯霉素、抗癌药)作用时,骨髓的造血功能受到抑制,可导致再生障碍性贫血。

(2) 红细胞生成的原料 红细胞的主要成分是血红蛋白,合成血红蛋白的主要原料是铁和蛋白质。成人每天用于合成血红蛋白的铁需 20~30 mg,其中绝大部分 Fe^{2+} 来自体内铁的再利用,每天从食物中补充吸收的 Fe^{2+} 1~2 mg。当铁的需要量增加(妊娠期、哺乳期、儿童生长发育期)、体内再利用铁量减少(慢性失血)、肠管吸收障碍和胃酸缺乏时,均可造成缺铁性贫血。缺铁性贫血是一种小细胞低色素性贫血,是临床上最常见的贫血。

(3) 红细胞的成熟因子 叶酸和维生素 B_{12} 是合成 DNA 不可缺少的辅酶。当叶酸或维生素 B_{12} 缺乏时,会导致红细胞分裂和成熟障碍,使红细胞停留在幼稚期,产生巨幼红细胞性贫血(大细胞性贫血)。

2. 红细胞的破坏 红细胞在血液中的平均寿命为 120 天。成熟红细胞无核,不能合成新的蛋白质更新、修补自身结构。因此衰老的红细胞变形能力减小,脆性增大,容易破碎。衰老的红细胞主要被肝、脾等器官的巨噬细胞吞噬和分解。血红蛋白分解释出的铁可再利用,脱铁血红素转变为胆色素,随粪尿排出体外。当脾功能亢进时,可使红细胞破坏增加,引起脾性贫血。某些毒素进入体内(如蛇毒等),也可使红细胞大量破坏,导致溶血性贫血。

3. 红细胞的生成调节 正常情况下,人体内红细胞数量的相对恒定,是红细胞的破坏和生成平衡的结果。红细胞的生成主要受促红细胞生成素和雄激素的调控。

(1) 促红细胞生成素 促红细胞生成素主要是在肾内合成的一种糖蛋白,当组织缺氧时,刺激肾合成和分泌的促红细胞生成素增多,它作用于红骨髓,促进血红蛋白合成和红细胞发育,使血中成熟红细胞增多。当红细胞数目增加,机体缺氧得到缓解时,肾释放的促红细胞生成素也随之减少,从而保持红细胞数量的相对恒定。某些肾病或肾切除的患者,由于促红细胞生成素减少而发生肾性贫血。

(2) 雄激素 雄激素能直接刺激骨髓造血组织,使红细胞生成增多;也能作用于肾,使其合成、释放促红细胞生成素增多,增强骨髓的造血功能。所以,青春期后男性红细胞数量多于女性。

三、白细胞及其功能

(一) 白细胞的分类及正常值

白细胞无色、有核,在血液中一般呈球形,在组织中则有不同程度的变形。根据其来源、形态和功能可分为粒细胞、单核细胞和淋巴细胞三大类。其中粒细胞又依胞浆颗粒嗜色性质的不同分为中性粒细胞、嗜酸性粒细胞和嗜碱性粒细胞。正常成人安静时,白细胞总数为(4.0~10.0)$\times 10^9$/L,其中中性粒细胞占 50%~70%,淋巴细胞占 20%~40%,单核细胞占 3%~8%,嗜酸性粒细胞占

0.5%～5%，嗜碱性粒细胞占0%～1%，新生儿白细胞数为(15～20)×10^9/L。白细胞总数的变动范围较大，如进食、剧烈运动、妇女妊娠期、分娩均可使白细胞总数暂时升高。

(二) 白细胞的功能

1. 中性粒细胞　中性粒细胞有很强的吞噬作用和活跃的游走性与趋化性，平时经常游走出血管，巡游于各组织间隙。当细菌入侵机体或局部炎症时，在细菌产物的趋化作用下，中性粒细胞很快聚集在病灶处，将其包围、吞噬。中性粒细胞内含有多种蛋白酶，能将吞入胞内的细菌和组织碎片消化分解。因此，中性粒细胞被视为机体抵抗细菌感染的第一道防线，其主要功能是吞噬入侵的病原微生物、衰老的红细胞和抗原-抗体复合物。当血液中的中性粒细胞减少时，容易发生感染。而当机体内有细菌感染时(尤其是急性化脓性感染)，血液中的中性粒细胞数增多。中性粒细胞还可释放致热原物质，引起机体发热。

2. 单核细胞　单核细胞在血液中的吞噬能力较弱，当它进入组织转变为巨噬细胞后，细胞体积增大，溶酶体增多，吞噬能力大为增强。巨噬细胞在不同组织有不同的名称，如肝的Kupffer细胞、脑的胶质细胞等。单核-巨噬细胞的主要功能是吞噬并消灭入侵的病原微生物、清除衰老损伤的细胞及组织碎片；参与激活淋巴细胞的特异性免疫功能；识别并杀伤肿瘤细胞。

3. 嗜碱性粒细胞与嗜酸性粒细胞　这两类细胞在血液中停留的时间不长，主要在组织中发挥作用。嗜碱性粒细胞的功能与组织中的肥大细胞类似，在致敏物质的作用下能释放肝素、组胺、嗜酸性粒细胞趋化因子和过敏性慢反应物质。肝素具有增强血浆中脂肪分解和抗凝血作用；组胺和过敏性慢反应物质可使支气管平滑肌收缩、毛细血管壁通透性增加，引起哮喘、荨麻疹等过敏反应症状；嗜酸性粒细胞趋化因子能把嗜酸性粒细胞吸引过来，聚集于嗜碱性粒细胞周围。

嗜酸性粒细胞能够限制、减轻嗜碱性粒细胞在上述过敏反应中的作用。它还参与对蠕虫的免疫反应，杀伤蠕虫。当机体有寄生虫感染和过敏反应时，血液中的嗜酸性粒细胞常增多。

4. 淋巴细胞　淋巴细胞主要参与机体的特异性免疫反应，是构成机体防御系统的重要组成部分。根据其发生和功能的差异，通常分为T细胞(胸腺依赖性淋巴细胞)、B细胞(骨髓依赖性淋巴细胞)和NK细胞(自然杀伤细胞)。T细胞在外周血中占淋巴细胞总数的65%～80%，主要参与细胞免疫，在抗病毒感染、抗肿瘤、移植排斥反应中起重要作用。B细胞在外周血中占淋巴细胞总数的8%～15%，主要功能是产生抗体和多种淋巴因子，参与机体的体液免疫。NK细胞在外周血中占淋巴细胞总数的15%，主要功能是杀伤肿瘤细胞和病毒感染细胞。

四、血小板及其功能

(一) 血小板的数量

血小板是从骨髓成熟的巨核细胞上裂解脱落下来的小块胞质。体积小、无核，呈不规则的扁平状。正常成年人血小板数量为(100～300)×10^9/L。进食、运动、妊娠及缺氧等可使血小板增多，妇女月经期血小板减少。血小板平均寿命为7～14天，但只在进入血液后的开始两天具有生理功能。

(二) 血小板的生理特性

血小板的主要功能是参与生理性止血、促进凝血和维持毛细血管壁正常的通透性。这些功能的实现与血小板的生理特性有密切关系。

1. 黏附　当血管损伤后，流经此处的血小板可被血管内皮下组织激活，而黏附于损伤处暴露的胶原纤维上。这是血小板发挥作用的第一步。

2. 聚集　是指血小板彼此粘连，聚合在一起的现象。血小板只有受到激动剂刺激时才发生聚集。聚集开始时，血小板由圆盘形变为球形，伸出一些小的伪足，并释放血小板颗粒内的活性物质。血小板聚集过程通常有两个时相，第一聚集时相发生迅速，由受损组织释放的 ADP 引起，聚集后还可解聚，为可逆聚集；第二时相发生较缓慢，由血小板释放的内源性 ADP 引起，一旦发生后，就不能再解聚，为不可逆聚集。

3. 释放　是指血小板受到刺激后，将其颗粒中的 ADP、5-羟色胺、儿茶酚胺和血小板因子等活性物质向外排出的过程。这些物质具有促进血管收缩、血小板聚集和血液凝固等多种复杂的生理功能。

4. 收缩　是指血小板依赖其固有的收缩蛋白（微管、微丝）发生的收缩作用。这些物质的收缩可使血凝块回缩变硬，使止血过程更加牢固。

5. 吸附　血小板表面可吸附血浆中多种凝血因子，这些凝血因子在局部相对集中，促进并加速凝血过程的发生和进行。

（三）血小板的功能

1. 保持血管内皮的完整性　血小板对毛细血管壁具有营养和支持作用。血小板能随时沉着于血管壁上填补内皮细胞脱落留下的孔隙，并与血管内皮细胞融合，对修复内皮细胞和保持血管内皮的完整性有重要作用，如图 3-3 所示。当血小板减少到 $50\times10^9/L$ 以下时，毛细血管壁的脆性增加，轻微的创伤便可引起皮肤和黏膜下出血，称血小板减少性紫癜。

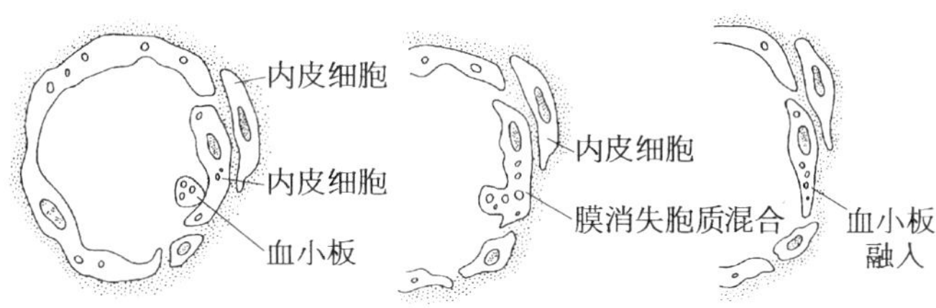

图 3-3　血小板融入毛细血管内皮细胞示意图

2. 参与生理性止血和促进凝血　生理性止血是指小血管破损出血时，出血会在数分钟后自行停止的现象。生理性止血基本过程是：①血管收缩，首先是由于神经调节作用和血小板释放缩血管物质，使破损血管收缩，血流暂停或减缓；②血小板血栓形成，血管损伤暴露的内膜下组织激活血小板，使血小板黏附、聚集在血管破损处，形成一个松软的血小板血栓，堵塞破口；③血凝块形成，血浆中的凝血系统被激活，在受损的局部迅速出现血液凝固形成血凝块，构成坚实牢固的止血栓。可见血液凝固是生理止血过程中的重要环节。

第三节　血液凝固与纤维蛋白溶解

血液凝固是复杂的生理性止血机制中的组成部分，是机体的一种重要保护功能，可保护机体不致因意外创伤而失血过多。当血管受损，一方面要求迅速形成止血栓以避免血液的流失；另一方面要使止血反应局限在受损局部，保持全身血管基本畅通。因此，生理性止血是多种因子和机制相互作用，维持精确平衡的结果。

一、血液凝固

血液由流动的溶胶状态变成不能流动的凝胶状态的过程，称为血液凝固，简称血凝或凝血。

血液凝固是一系列复杂的酶促反应过程，其最本质的变化是血浆中可溶性的纤维蛋白原转变为不溶的纤维蛋白。

(一) 凝血因子

血浆与组织中直接参与凝血的物质，统称为凝血因子。其中按国际命名法用罗马数字编号的有 12 种，如表 3-1 所示。此外，还包括前激肽释放酶、激肽原、血小板磷脂等。这些凝血因子有以下特征：①除因子Ⅳ为 Ca^{2+} 和血小板磷脂外，其余的均为蛋白质，且大部分在肝中合成，其中因子Ⅱ、Ⅶ、Ⅸ、Ⅹ的合成还必须有维生素 K 的参与；②除因子Ⅲ存在于组织细胞外，其余的均存在于血浆中，且大部分因子是以无活性的酶原形式存在，如因子Ⅱ、Ⅸ、Ⅹ、Ⅺ、Ⅻ等，需激活才能发挥作用。被激活的因子在其右标“a”表示，如Ⅸa、Ⅹa等。凝血因子的降解和失活也是在肝完成的，因此，肝疾病或维生素 K 不足时，常伴有凝血障碍。

表 3-1　按国际命名法编号的凝血因子

编号	同义名	编号	同义名
因子Ⅰ	纤维蛋白原	因子Ⅷ	抗血友病因子
因子Ⅱ	凝血酶原	因子Ⅸ	血浆凝血激酶
因子Ⅲ	组织凝血激酶	因子Ⅹ	斯图亚特-帕劳因子
因子Ⅳ	钙离子	因子Ⅺ	血浆凝血激酶前质
因子Ⅴ	前加速素	因子Ⅻ	接触因子
因子Ⅶ	前转变素	因子ⅩⅢ	纤维蛋白稳定因子

(二) 血液凝固过程

血液凝固过程是一系列复杂的生物化学反应，大致分为三个基本步骤：

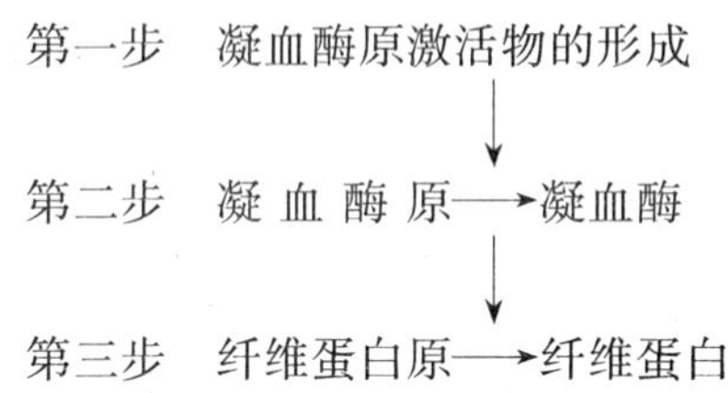

1. *凝血酶原激活物的形成*　凝血酶原激活物是因子Ⅹa、因子Ⅴ、Ca^{2+}、PF_3(血小板因子 3)同时并存的总称。其形成的关键是因子Ⅹ的激活。根据因子Ⅹ激活过程是否有血液以外的凝血因子参加，将其分为内源性凝血和外源性凝血。

(1) 内源性凝血　由因子Ⅻ为启动因子激活因子Ⅹ的过程，称为内源性凝血。参与此过程的凝血因子全部存在于血浆中。当血浆中的因子Ⅻ与血管内皮损伤处或其他异物表面接触时，即被激活成Ⅻa。Ⅻa 能激活因子Ⅺ，Ⅺa 可激活因子Ⅸ，Ⅸa 与因子Ⅷ、Ca^{2+}、PF_3 组成一个复合物，协同激活因子Ⅹ，使其成为Ⅹa。因子Ⅷ能加速因子Ⅹ的激活，缺乏时将发生 A 类血友病，患者凝血缓慢，甚至微小创伤也出血不止。

(2) 外源性凝血　由因子Ⅲ为启动因子激活因子Ⅹ的过程，称为外源性凝血。在有组织损伤时，组织细胞释放的因子Ⅲ与血浆中的因子Ⅶ、Ca^{2+} 组成复合物，此复合物可直接将因子Ⅹ激活为Ⅹa。

上述两种凝血的机制不同，造成在血液凝固速度上的不同。内源性凝血一般慢于外源性凝血，但通常情况下，单纯由一种途径引起的血液凝固并不多见。

2. 凝血酶的形成　由因子Ⅹa、因子Ⅴ、Ca^{2+}和PF_3形成的凝血酶原激活物，可迅速地将血浆中无活性的凝血酶原（因子Ⅱ）激活成有活性的凝血酶（Ⅱa）。

3. 纤维蛋白的形成　在凝血酶的作用下，纤维蛋白原变成纤维蛋白的单体。同时，凝血酶还激活了因子ⅩⅢ，ⅩⅢa在Ca^{2+}的参与下使可溶、不稳定的纤维蛋白单体，以共价键形成稳固的、不溶性的纤维蛋白多聚体（血纤维）。纤维蛋白多聚体相互交织成网，将血细胞网络其中形成血凝块。上述血液凝固过程如图3－4所示。

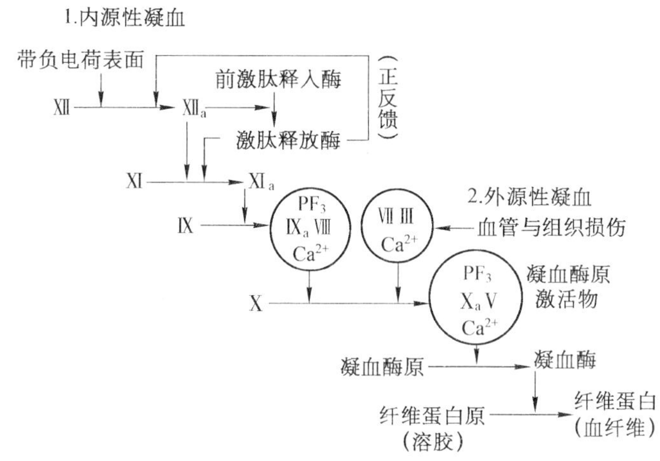

图3－4　血液凝固过程示意图

血液凝固后1～2 h，血凝块回缩，析出淡黄色的液体，称为血清。血清与血浆的主要区别在于，血清中没有纤维蛋白原以及被消耗的其他凝血因子，故血清不能再凝固；而血浆和全血一样，从血管流出，不加抗凝处理就会自行凝固，因为血浆中含有全部的凝血因子。

（三）影响血液凝固的因素

正常情况下，血管内的血液总是保持液态，即使小血管有破损或出血，血液凝固反应也能被限制在破损血管局部进行。这是因为正常血管内皮完整、光滑，血液中凝血因子处于非活化状态，不能启动血凝过程；即使有少量凝血因子被激活，因血液流速很快，也会被稀释，并带到肝被灭活；更重要的是正常血浆中存在着抗凝物质，对血液凝固进行限制和调节。

1. 体内抗凝血物质　血浆中最主要的抗凝血物质是抗凝血酶Ⅲ和肝素。抗凝血酶Ⅲ是肝细胞合成的脂蛋白，在血液中可与凝血酶结合形成复合物，使凝血酶失活。还能封闭因子Ⅶ、Ⅸa、Ⅹa、Ⅺa、Ⅻa的活性中心，使这些因子失活，不能形成纤维蛋白，进而达到抗凝血作用。

肝素是由肥大细胞和嗜碱性粒细胞产生的一种黏多糖，几乎存在于所有组织中，尤其以肝、肺中含量最多。肝素与抗凝血酶Ⅲ结合后，可使抗凝血酶Ⅲ与凝血酶亲和力增强约100倍，能加速凝血酶的失活。低分子量肝素在临床上被广泛应用于防治血栓性疾病。此外，肝素又是脂蛋白脂酶的辅基，可加快血浆中脂肪分解，清除乳糜微粒，对于防治与血脂有关的血栓形成是有利的。

2. 物理因素　在临床和实验室工作中，常需要加速或延缓血液凝固。血液与粗糙的异物表面接触，易激活因子Ⅻ并促使血小板解体，故可加速血液凝固；而温热可加快凝血过程的酶促反应。因此，外科手术中常用温盐水纱布或明胶海绵压迫伤口，以加速凝血。反之，光滑面、低温都可使血液凝固延缓。

3. 化学因素 Ca^{2+}是血液凝固过程中不可缺少的凝血因子，若去掉血浆中游离的Ca^{2+}，血液将难以凝固，这是某些常用抗凝剂的机制。如柠檬酸钠能与血浆中的Ca^{2+}结合成不易电离的络合物，并且用量适度对机体无害，故可作为输血时的抗凝剂；草酸盐能与血浆中的Ca^{2+}结合生成草酸钙沉淀，是化验室常用的抗凝剂，由于草酸盐对机体有毒性，故不能用于临床输血。

二、纤维蛋白溶解

纤维蛋白在纤维蛋白溶解酶的作用下，降解液化的过程称为纤维蛋白溶解，简称纤溶。其生理意义在于，当血管内一旦形成少量纤维蛋白时，能随时溶解，防止血栓形成；即使在生理止血过程中局部形成了小血栓，创伤愈合后，血纤维也能逐渐溶解使管腔重新畅通。

参与纤维蛋白溶解的物质有：纤维蛋白溶解酶原（简称纤溶酶原）、纤维蛋白溶解酶（简称纤溶酶）、纤溶酶原激活物和纤溶抑制物等，总称纤维蛋白溶解系统。纤溶的基本过程分为两个阶段，即纤溶酶原的激活和纤维蛋白（或纤维蛋白原）的降解（图 3－5）。

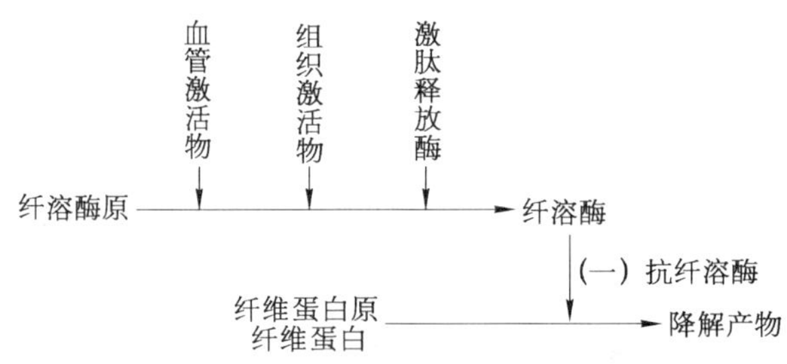

图 3－5 纤维蛋白溶解系统示意图

（一）纤溶酶原的激活

能够使血浆中的纤溶酶原激活成为纤溶酶的激活物，广泛存在于血浆、组织、排泄物和体液中。根据来源的不同，可将纤溶酶原激活物分为三类：①血管激活物，由小血管内皮细胞合成。当血管内出现纤维蛋白时，可刺激血管内皮细胞大量释放激活物，并吸附在血纤维上，发挥局部溶栓作用，保持血流畅通。②组织激活物，广泛存在于体内组织中，尤以子宫、前列腺、肺、甲状腺等器官含量较丰富，在组织损伤时释放，上述器官手术时不易止血和术后易发生渗血、妇女月经血不含血凝块都是此原因。肾合成并释放的尿激酶也属于此类激活物，现已从尿中提取出来，作为血栓溶解剂用于临床。此类激活物主要是在组织修复、伤口愈合中，在血管外发挥作用。③依赖于凝血因子Ⅻa的激活物，血浆中的前激肽释放酶被Ⅻa激活后，生成的激肽释放酶就可激活纤溶酶原。此类激活物可使血凝和纤溶互相配合并保持平衡。

（二）纤维蛋白与纤维蛋白原的降解

纤溶酶原经激活物作用即转变为纤溶酶。纤溶酶是一种活性很强的蛋白水解酶，能将纤维蛋白或纤维蛋白原分解成很多可溶性的小肽（总称为纤维蛋白的降解产物），从而使血凝块逐渐溶解消失。此外，纤维蛋白的降解产物还能从多方面干扰血液凝固的继续进行，并抑制纤维蛋白多聚体的形成。

（三）抑制物及其作用

纤溶酶活性很强，但特异性较差。它除能溶解纤维蛋白和纤维蛋白原外，还能破坏某些凝血因子，所以当血液中的纤溶酶生成过多时，凝血功能往往下降。血液中还含有能抑制纤溶的抑制物。一类是抗纤溶酶，能与纤溶酶结合形成复合物，从而使纤溶酶失去活性；另一类是纤溶激活物的抑制物，它能与尿激酶竞争，从而抑制纤溶酶原的激活。

总之，血液凝固与纤维蛋白溶解是对立统一的两个方面，两者之间保持着动态平衡，共同维持血流的正常状态。病理状态下，若某一方面的作用过强或过弱，都可能导致凝血功能不全或血栓形成，甚至出现广泛性血管内凝血。

第四节 血量、血型和输血

20 世纪以前，人们曾尝试给大量失血的患者进行输血治疗，结果其中一些人奇迹般地恢复了健康，而另一些人则更快地死去。1901 年奥地利医学家兰茨坦纳（Landstainar）发现了第一个人类血型系统——ABO 血型系统，从此揭开了血型的奥秘，使输血成为失血患者较为安全的治疗手段。

一、血量

血量是指人体内血液的总量。正常成人血液总量为自身体重的 7%～8%，即每千克体重 70～80 ml。在安静状态下，血量的绝大部分在心血管系统中流动，称为循环血量；小部分滞留在肝、脾、肺和皮下静脉丛等贮血库中，称为贮存血量。机体在剧烈运动或失血等应急状态下，贮存血量可进入心血管系统中成为循环血量，以满足机体代谢的需要。

正常人体内血液总量的相对恒定，是维持正常血压和血流量，满足机体代谢需要，维持内环境稳态的重要条件。若一次失血不超过全身血量的 10%时，通过贮存血量的补偿和心血管系统的调节反应，能够维持正常血压，可无显著临床症状。丢失的液体可在 1～2 h 内恢复，血浆蛋白约在 24 h内恢复，红细胞在 1 个月内基本恢复。故一次献血 200～300 ml，一般不会影响健康；一次失血达全身血量的 20%时，机体的代偿功能不足，会出现一系列症状，如血压下降、脉搏加快、四肢冰冷、眩晕等现象；严重失血即一次失血达全身血量的 30%时，如不及时抢救，将会危及生命。

临床上对急性大出血的患者进行抢救，最有效的方法就是输血。但是输血要受到血型的限制，当不同类型的血液相混合时，会出现红细胞彼此聚集成一簇簇不规则的细胞团，这种现象称为红细胞凝集。红细胞凝集反应的本质是一种抗原抗体免疫反应，最终结果是红细胞破裂溶血。它将损害肾小管并伴发过敏反应，可危及生命。

二、血型

血型是血细胞上特异抗原的类型。广义的血型概念应包括红细胞血型、白细胞血型和血小板血型。但通常所说的血型是指红细胞血型。在人类的红细胞上，目前已发现十几个独立的血型系统，如 ABO、Rh、MNSs、Lutheran 等。其中与医学相关的、最重要的是 ABO 血型系统和 Rh 血型系统。

（一）ABO 血型系统

1. ABO 血型系统的抗原、抗体　ABO 血型系统的抗原称为凝集原，存在于红细胞膜的表面，有 A 凝集原和 B 凝集原两种。ABO 血型系统的抗体称为凝集素，存在于血浆中，有抗 A 凝集素和抗 B 凝集素两种。ABO 血型系统的抗体是一种天然抗体，约在人出生后半年出现，原因不明。当凝集原与其对应的凝集素相遇时，如 A 凝集原与抗 A 凝集素相遇时，就会出现红细胞凝集反应。

2. ABO 血型系统的分型依据及亚型　ABO 血型系统是依据红细胞膜上凝集原的有无和种

类，把人的血液分成四个类型，见表 3－2。凡红细胞膜上只含有 A 凝集原者称 A 型，其血浆中只含有抗 B 凝集素；只含有 B 凝集原者称 B 型，其血浆中只含有抗 A 凝集素；A、B 两种凝集原都有者称 AB 型，其血浆中没有凝集素；A、B 两种凝集原都没有者称 O 型，其血浆中含有抗 A、抗 B 两种凝集素。现已发现血型系统中，A 型有多个亚型，其中与临床关系密切的是 A 型中的 A_1 与 A_2 亚型，在 A_1 型红细胞膜上含有 A 与 A_1 凝集原，血浆中只有抗 B 凝集素；A_2 型红细胞膜上只含有 A 凝集原，血浆中含有抗 B 凝集素和抗 A_1 凝集素。因此，A_1 型红细胞可与 A_2 型血浆中的抗 A_1 凝集素发生凝集反应。由于 A_1 与 A_2 亚型的存在，也就出现了 A_1B 和 A_2B 两个亚型。

表 3－2　ABO 血型系统中的凝集原与凝集素

血型		红细胞上的凝集原	血清中的凝集素
A 型	A_1	$A+A_1$	抗 B
	A_2	A	抗 B＋抗 A_1
B 型		B	抗 A
AB 型	A_1B	$A+A_1+B$	无
	A_2B	A＋B	抗 A_1
O 型		无	抗 A＋抗 B

3. ABO 血型的遗传　人类 ABO 血型是先天遗传的。ABO 血型的遗传是由 9 号染色体上的 A、B 和 O 三个等位基因来控制的。在一对染色体上只可能出现上述三个基因中的两个，其中一个来自父体，一个来自母体。它们决定了子代血型的基因型。从表 3－3 中可以看出，每种血型表现型的可能基因型。A 基因和 B 基因是显性基因，O 基因则为隐性基因。因此，红细胞膜表现型 O 只可能来自两个 O 基因，其父母血型一定都是 O 型；而表现型是 A 或 B，其基因型可能是 AA、AO 和 BB、BO，因而 A 型或 B 型血的父母完全可能生下 O 型血的子代，知道了 ABO 血型的遗传规律，就可以从子女的血型表现型来推测父母的血型，从而推断亲子关系。但法医依据血型来判断亲子关系时，只能作否定的参考依据，而不能作出肯定的判断。例如父母一方是 AB 型血，即不可能有 O 型血子女产生。

表 3－3　ABO 血型的遗传关系

父母血型表现型	基因型	子女可能出现的血型	子女不可能出现的血型
O×O	OO	O	A、B、AB
	OO		
A×A	AA、AO	A、O	B、AB
	AA、AO		
A×O	AA、AO	A、O	B、AB
	OO		
B×B	BB、BO	B、O	A、AB
	BB、BO		
B×O	BB、BO	B、O	A、AB
	OO		

（续表）

父母血型表现型	基因型	子女可能出现的血型	子女不可能出现的血型
A×B	AA、AO	A、B、AB、O	
	BB、BO		
AB×O	AB	A、B	O、AB
	OO		
AB×A	AB	A、B、AB、	O
	AA、AO		
AB×B	AB	A、B、AB	O
	BB、BO		
AB×AB	AB	A、B、AB、	O
	AB		

（二）Rh 血型系统

1. *Rh 血型系统的抗原与分型* Rh 血型系统是与 ABO 血型系统同时存在的另一血型系统，因最早发现于恒河猴（rhesus monkey）的红细胞膜上，而取其学名的前两个字母得名。人类红细胞膜上 Rh 抗原有五种：即 C、c、D、E、e。其中 D 抗原的抗原性最强，故将红细胞膜上含有 D 抗原的，称为 Rh 阳性，不含 D 抗原的，称为 Rh 阴性。我国汉族人口中大多数为 Rh 阳性，Rh 阴性者不足 1%。但在有些少数民族，Rh 阴性者的比例比汉族高。如苗族为 12.3%，塔塔尔族为 15.8%。

2. *Rh 血型系统的特点* 人的血清中不存在抗 Rh 的天然抗体。但 Rh 阴性的人在接受 Rh 阳性的血液后，可通过体液免疫产生抗 Rh 的抗体。因此，Rh 阴性的受血者，第一次接受 Rh 阳性的血液时，不会发生红细胞凝集反应。但由于输入 Rh 阳性血液后，可使 Rh 阴性的受血者产生抗 Rh 抗体，以后再输入 Rh 阳性血液时，会使输入的 Rh 阳性红细胞发生凝集而溶血。故临床上即使重复输同一供血者的血液时，也要做交叉配血试验。另外，Rh 阴性的母亲，在怀有 Rh 阳性的胎儿时，由于某种原因胎儿的红细胞进入母体血液循环中，也可刺激母体产生抗 Rh 抗体，抗 Rh 抗体分子量小，可通过胎盘进入胎儿血液，引起胎儿红细胞凝集而溶血，称新生儿溶血症。严重时可致胎儿死亡。

三、输血

（一）输血原则

输血所遵循的根本原则，就是要避免在输血过程中出现红细胞的凝集反应。根据免疫学机制，只有当含有 A 凝集原的红细胞与含有抗 A 凝集素的血浆相遇，或 B 凝集原与抗 B 凝集素相遇，并且凝集素的效价（或浓度）足够大时，才会发生凝集反应，故在血型相同的人之间进行输血是安全的，称为同型血输血。同型血输血不受输血量的限制，是输血的首选原则。但在缺乏同型血的情况下，也可以将 O 型血少量（＜200 ml）、缓慢地输给其他血型的病人；AB 型血的人也可以接受其他三种血型的血。这是因为 O 型血红细胞膜的表面没有凝集原，不能被任何血型的血清所凝集；而输入的 O 型血浆中所含的抗 A、抗 B 凝集素，因量少速度又慢，可被受血者的血液所稀释，不足以与受血者的红细胞发生凝集反应。AB 血型的人能够接受其他血型的血液，是因其血清中不含抗 A、抗 B 凝集素，不能使输入的红细胞凝集。所以，在异型血输血时，主要考虑供血者的红细胞不

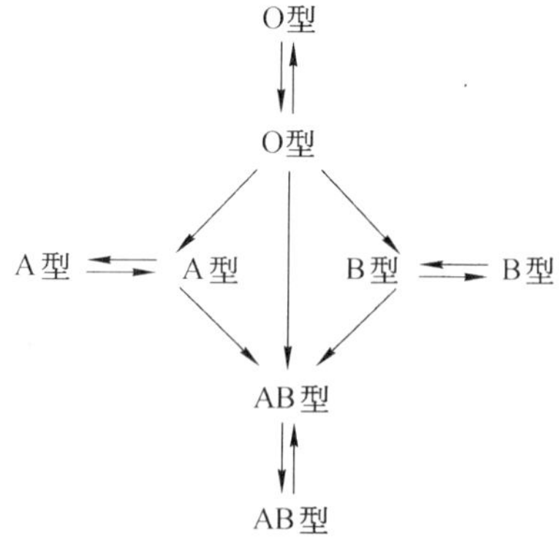

图 3－6　ABO 血型之间输血关系示意图

被受血者的血清所凝集(图 3－6)。

随着医学和科学技术的进步、血液成分分离机的广泛应用和分离技术的不断提高,输血疗法已经从原来的单纯输全血,发展为成分输血。所谓成分输血,就是把人血中的各种有效成分,如红细胞、粒细胞、血小板和血浆分别制备成高纯度或高浓度的制品,然后根据病情需要,再有针对性地输给患者。如红细胞减少的贫血患者,最好输浓缩的红细胞悬液;大面积烧伤患者主要是细胞外液和蛋白质损失,最好输血浆。这样既能提高疗效、减少不良反应,又能节约血源。此外,自身输血疗法也正在迅速发展,因为此种疗法能够避免异体输血可能导致的肝炎和艾滋病的传播。

(二) 交叉配血试验

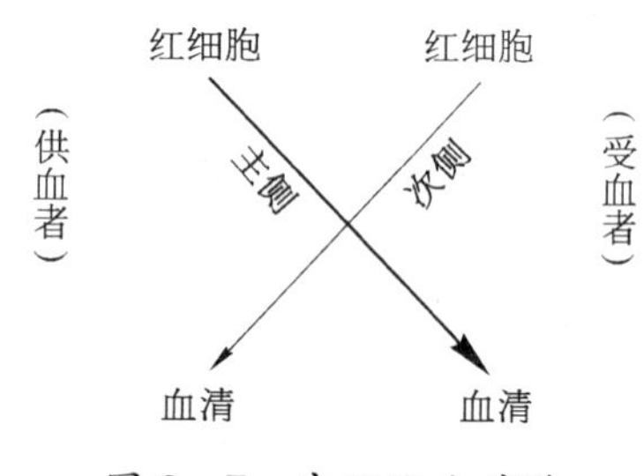

图 3－7　交叉配血试验

为确保输血安全,避免因血型不合产生溶血反应,进而导致休克、弥散性血管内凝血和急性肾功能衰竭。所以临床上在实施输血前,即使已知是同型血输血或重复输血,也必须做交叉配血试验。如图 3－7 所示,把供血者的红细胞与受血者的血清相混(主侧),再将受血者的红细胞与供血者的血清相混(次侧),观察有无凝集反应的试验,称为交叉配血试验。当主侧、次侧均无凝集反应时,称为配血相合,输血最理想;如果主侧不凝集,次侧凝集,为配血基本相合,可缓慢、少量地输血,并密切观察有无输血反应;如果主侧凝集,无论次侧凝集与否,都为配血不合,严禁输血。总之,输血是一个多环节的过程,每个环节上的失误都有可能造成严重的事故。所以在进行输血操作时,必须遵守输血原则。

小结

血液由血细胞和血浆组成,承担着运输、保持内环境稳态、防御和保护等各项功能。

血浆是机体内环境中最活跃的部分,血浆质和量的稳态基本上可以反映机体内环境的稳态。血浆渗透压是影响血浆、组织液和细胞内液三者容积的重要因素。血浆渗透压的数值与其所含溶质的颗粒数目呈正比。血浆中晶体物质的颗粒数目多,则血浆晶体渗透压数值大;血浆中蛋白质颗粒数目少,则血浆胶体渗透压数值小。但由于毛细血管壁和细胞膜的通透性不同,血浆胶体渗透压决定着毛细血管内外水分的分布,而血浆晶体渗透压决定着细胞内外水分的分布。血浆的 pH 值呈弱碱性,变动范围极小,这种相对稳定是靠血浆中和红细胞内的缓冲系统维持的,而缓冲系统的更新离不开肺、肾的正常功能活动。

红细胞的主要功能是依靠其所含的血红蛋白运输氧和二氧化碳。红细胞由红骨髓制造,在肝、脾被巨噬细胞破坏,其数量的相对恒定,是依靠血氧含量和红细胞生成素等反馈信息与红骨髓和肾器官构成的负反馈环路维持的。蛋白质和铁是制造红细胞不可缺少的原料,叶酸和维生素 B_{12} 是促进红细胞成熟的必要因子。

白细胞参与机体的免疫活动,其中中性粒细胞和单核细胞具有吞噬消灭入侵微生物、异物的非特异性免疫功能,淋巴细胞具有细胞免疫或体液免疫的特异性免疫功能。血小板参与生理性止血的全过程，并维护血管内皮的完整与光滑。

血液凝固的基本过程为凝血酶原激活物的形成、凝血酶的形成和纤维蛋白的形成。其中凝血酶原激活物的形成有由因子Ⅻa和由因子Ⅲ启动的内源性和外源性两条途径。血浆中还存在抗凝血酶和肝素等抗凝物质来限制凝血范围，同时存在的纤维蛋白溶解系统，有助于维持血管的畅通。肝素和柠檬酸钠是常用的抗凝剂。

红细胞的血型是决定输血成败的重要因素。ABO血型系统依据红细胞膜上凝集原的有无和种类，把人的血液划分成A、B、AB、O四个类型。血型不合输血后会引起溶血反应，后果严重。因此输血前必须作交叉配血试验，同型血输血也不例外。

实验一 红细胞的渗透脆性

【实验理论依据和目的要求】

红细胞对低渗溶液具有一定的抵抗力，抵抗力的大小可用红细胞的渗透脆性来表示。若将红细胞置入不同浓度的低渗盐溶液中，通过观察红细胞是否破裂溶血，可检测红细胞膜对于低渗溶液的抵抗力大小。开始出现溶血现象的低渗溶液浓度，为该红细胞的最小抵抗力(正常为0.42%～0.46% NaCl溶液)；出现完全溶血的低渗溶液的浓度，则为该红细胞的最大抵抗力(正常为0.28%～0.34% NaCl溶液)。抵抗力大，表示红细胞膜脆性小；抵抗力小，则表示脆性大。衰老的红细胞脆性大，较易发生溶血。

通过测定正常人红细胞的渗透脆性，学会观察完全溶血和不完全溶血现象；加深理解红细胞的渗透脆性和血浆渗透压相对恒定的生理意义。

【实验对象】

人或家兔(血液)。

【实验器材和药品】

试管架、小试管10支、2 ml注射器1个、8号注射针头、1% NaCl溶液、蒸馏水、2 ml吸管2支、75%酒精棉球、4%碘酒。

【实验步骤和观察项目】

1. 制备各种低渗盐溶液 取小试管10支编号，排列在试管架上。参照表3-4，向各试管内加入1% NaCl溶液，从第1管1.4 ml，递减至第10管0.5 ml。再向各试管内加入蒸馏水，第1管加入0.6 ml，递增至第10管到1.5 ml。如此制成从0.70%～0.25%NaCl溶液浓度的低渗溶液，各试管溶液量均为2 ml。

表3-4 低渗盐溶液配制表

试管号	1	2	3	4	5	6	7	8	9	10
1% NaCl(ml)	1.4	1.3	1.2	1.1	1.0	0.9	0.8	0.7	0.6	0.5
蒸馏水(ml)	0.6	0.7	0.8	0.9	1.0	1.1	1.2	1.3	1.4	1.5
NaCl浓度(%)	0.70	0.65	0.60	0.55	0.50	0.45	0.40	0.35	0.30	0.25

2. 采血 用灭菌、干燥注射器，从肘中静脉(预先用碘酒、酒精消毒皮肤)取血1 ml，向各试管

内注入 1 滴血液，轻轻颠倒，将血液与盐溶液混匀，在室温下静置 30 min 左右后观察。

本实验亦可用家兔血液进行实验。可直接做心内穿刺取血或耳缘静脉取血。

3. 观察判断实验结果　仔细观察试管中色调，按以下标准判断结果：

(1) 未发生溶血　管内液体下层为混浊红色，上层为无色，表示红细胞未溶血，全部下沉管底。

(2) 部分溶血　管内液体下层为混浊红色，上层为透明红色，表示有部分红细胞破裂溶血。记下试管号及其溶液浓度。

(3) 完全溶血　管内液体完全变为透明的红色，管底无混浊，说明红细胞全部破裂溶血。记下试管号及其盐溶液浓度。

【注意事项】

(1) 试管要干燥，溶液配制必须准确。

(2) 向试管内注入血液 1 滴后，立即轻轻颠倒试管混匀，避免血液凝固，但切忌用力振摇。

【思考题】

(1) 不完全溶血表明部分红细胞已破裂，另一部分尚未破裂。为什么同一个体的红细胞的渗透脆性有所不同？

(2) 临床上测定红细胞渗透脆性有何意义？

实验二　红细胞沉降率测定

【实验理论依据和目的要求】

红细胞沉降率简称血沉，是衡量红细胞悬浮稳定性的指标。通常用红细胞在 1 h 末下沉的距离来表示。正常男性血沉为 0～15 mm/h，女性为 0～20 mm/h。血沉加快，说明红细胞悬浮稳定性差。临床上某些疾病可引起血沉加快，因此，血沉测定具有临床诊断意义。

通过本试验，学会血沉的测定方法以及血沉测定的临床意义。

【实验对象】

人。

【实验器材和药品】

魏氏血沉管、血沉架、5 ml 一次性针管及注射针头、3.8%柠檬酸钠溶液、静脉采血用品、定时钟等。

【实验步骤和观察项目】

1. 准备抗凝管　取干燥清洁的 2 ml 刻度试管 1 支，加入 3.8%的柠檬酸钠溶液 0.4 ml。

2. 采血　用灭菌、干燥注射器，从肘中静脉(预先用碘酒、酒精消毒皮肤)取血 2 ml，拔去针头，将血液注入含有抗凝剂试管中至 2 ml 刻度处，轻摇试管，使血液与抗凝剂充分混匀。

3. 用血沉管吸血测血沉　取干燥魏氏血沉管 1 支，吸取试管内抗凝血至 0 刻度处，拭去管口外面的血液，垂直竖立在血沉架的橡皮垫上，防止从管下方漏血。用定时钟开始计时。

4. 观察结果　1 h 末读取红细胞下沉的距离，即血沉管上方血浆柱的高度(毫米数)。

【注意事项】

(1) 试管、血沉管、注射器均应干燥、清洁，以防发生溶血。

(2) 室温要在 18～25℃为宜。室温过高时，血沉会加快。

【思考题】

(1) 影响血沉的因素有哪些？

实验三 血液凝固及其影响因素

【实验理论依据和目的要求】

血液凝固的最终变化是血浆中可溶性的纤维蛋白原转变为不溶的纤维蛋白。依启动凝血的因子不同，分为内源性凝血和外源性凝血。前者是指参与凝血过程的全部凝血因子均在血浆之中；后者则有血管外的凝血因子参加。血液凝固是一系列的化学酶促反应过程，受多种理化因素影响。

通过本实验，了解血液凝固的基本过程，加深对凝血机制的理解；掌握血液凝固的加速或延缓的方法。

【实验对象】

家兔（血）。

【实验器材和药品】

清洁干燥注射器 2 支（10 ml 带粗针头）、小烧杯 2 个、带橡皮刷的玻棒或竹签、小试管 9 支、秒表、恒温水浴箱、冰块若干块、棉花、石蜡油、0.5 ml 吸管 6 支、肝素 8 单位（置小试管内）、草酸钾 1～2 mg（置小试管内）、富血小板血浆、少血小板血浆、兔脑粉悬液、40 mol/L 的 $CaCl_2$、生理盐水、哺乳类动物手术器械、动脉夹、动脉插管等。

【实验步骤和观察项目】

1. 实验准备　由耳缘静脉按 1 g/kg 的剂量注入 20%氨基甲酸乙酯，将兔麻醉，背位固定于兔手术台上。剪去颈部兔毛，沿正中线切一长约 7 cm 的切口，分离皮下组织、肌肉，找出颈总动脉，在其下方穿 2 根丝线。其中一线在远心端将颈总动脉结扎，另一线做一松结，准备固定动脉插管。用动脉夹在近心端夹闭颈总动脉。在结扎线和动脉夹之间剪一小口，插入动脉插管，准备放血。

2. 观察纤维蛋白原在凝血过程中的作用　松开动脉夹，放血约 10 ml，注入两个烧杯中，一杯静置；另一杯用带有橡皮刷的玻棒或竹签搅动血液，观察血液的凝固现象。几分钟后，取出玻棒或竹签，用水洗净，观察缠绕在玻棒或竹签上的纤维蛋白丝。用手触之有何感觉。经过如此处理的血液是否还会凝固。

3. 观察内源性与外源性凝血过程　取小试管 3 支，按表 3-5 分别加入各种物品，最后各管同时加入 $CaCl_2$ 并立即摇匀，记下时间。而后每隔 15 s 倾斜试管 1 次，若液面不随着倾斜，表示血液已经凝固。分别记录三个试管的血浆凝固时间，分析其差异。

表 3-5　内源性和外源性凝血的观察

添加物品及凝血时间	第一管	第二管	第三管
富血小板血浆	0.2 ml	—	—
少血小板血浆	—	0.2 ml	0.2 ml
生理盐水	0.2 ml	0.2 ml	—
兔脑粉悬液	—	—	0.2 ml
40 mol/L $CaCl_2$	0.2 ml	0.2 ml	0.2 ml
凝血时间			

注："—"表示未加任何物品。

4. 血液凝固的加速与延缓实验 取6支小试管按表3－6准备各种不同的实验条件。分别向6支试管注入兔血各1 ml,并马上计时。每隔30 s倾斜一次试管,若液面不随着倾斜,表示已经凝固。观察并记录各试管凝血时间,分析其原因。

表3－6 观察影响凝血的因素

试管编号	实验条件	凝血时间
1	放棉花少许	
2	用石蜡油润滑试管内面	
3	保温37℃水浴中	
4	浸在盛有碎冰的烧杯中	
5	加入肝素8单位(加后摇匀)	
6	加入草酸钾1～2 mg(摇匀)	

【注意事项】

(1) 各试管口径尽量一致,所加血液量要尽量相同,否则会影响凝血时间。

(2) 由动脉插管放血时,最先由插管内流出的血液应弃去。

【思考题】

(1) 内源性与外源性凝血有何区别?

(2) 影响凝血的因素表3－5的第5、6两支试管中血液为什么不凝固? 加入几滴40 mol/L的$CaCl_2$后是否会凝固? 为什么?

【附】

1. 富血小板血浆和少血小板血浆的制备 取干燥清洁试管2支,各加入3.8%柠檬酸钠0.6 ml和全血6 ml混匀。其中1管以1 000 r/min速度离心10 min,其上清液即为富血小板血浆;另1管以4 000 r/min的速度离心30 min,其上清液即为少血小板血浆。最好在实验当天制备。

2. 兔脑浸液的制备 取兔脑,剥去血管和脑膜后称重,在瓷钵中研碎。按每克脑组织加10 ml生理盐水混匀,离心。取上清液置冰箱中备用。

实验四 出血时间和凝血时间的测定

【实验理论依据和目的要求】

出血时间是指皮肤毛细血管破损后,血液自行流出到自行停止的一段时间。出血时间的长短,与血小板数量和性能、小血管的收缩以及凝血过程有关。所以,测定出血时间可以了解生理止血过程是否正常。

凝血时间是指血液流出血管,至发生血液凝固所需的时间。凝血时间的长短与凝血因子是否缺乏或减少有关。

本实验要求学生学会出血时间、凝血时间的测定方法,判断出、凝血时间是否正常。

【实验对象】

人。

【实验器材和药品】

采血针、75%酒精、棉球、滤纸片、试管、玻片、秒表、大头针等。

【实验步骤和观察项目】

(一) 出血时间测定

1. 狄克(Duke)法 以75%酒精消毒指端皮肤后，用消毒采血针在手指端处刺入皮肤，深2～3 mm，让血液自然流出，并开动秒表计时。每隔30 s用吸水滤纸片吸血一次，每次吸血要更换一次滤纸位置，使滤纸上的血点依次排列，直到无血可吸为止。记录开始出血到停止出血的时间，或用滤纸片上的血点除以2，即为出血时间(min)。正常参考值为1～4 min。

2. IVY法 将血压计袖带缚在受检者臂上，加压，使压力维持在40 mmHg(儿童20 mmHg)。用75%酒精消毒肘窝下皮肤，用自动切割器在肘前窝凹下2横指处刺2个深2～3 mm的伤口，并开动秒表计时。按Duke法操作，每30 s用滤纸吸血，记录出血时间。正常参考值为2～7 min。

(二) 凝血时间测定

1. 玻片法 同上述操作消毒，刺破手指端皮肤，让血自然流出，用玻片接下自然流出的一滴血，记下时间。每隔半分钟用大头针挑血一次，直至挑出细纤维血丝止，即表示凝血。从开始流血到出现血丝的时间，即为凝血时。正常参考值为2～8 min。

2. 玻璃试管法 取6 mm×80 mm洁净玻璃试管3支，排列在试管架上。用75%酒精消毒静脉穿刺处皮肤。用5 ml干燥灭菌注射器静脉采血3.0 ml，自血液进入针头开始计时，取下针头沿管壁缓慢注入每支试管中1.0 ml，把试管置于37℃水浴中。从采血3 min开始，每隔30 s轻轻倾斜第一管一次(角度约30°)直至将试管倒置血液不再流动为止。同时以同样方法观察第二管，第二管凝固后，再观察第三管，以第三管凝固为止，立即记录时间，此时间即为凝血时间。正常参考值为4～12 min。

【注意事项】

(1) 采血针要锐利，刺入深度适宜，针刺皮肤后让血自然流出，切勿施加压力。以免影响出、凝血时间测定。

(2) 针尖挑动血液时要朝一个方向，横穿直挑，勿过多挑动。否则容易破坏纤维蛋白网状结构，造成不凝的假象。

(3) 测前一周避免服用阿司匹林等影响血小板的药物。

实验五 ABO血型鉴定及交叉配血试验

【实验理论依据和目的要求】

依据红细胞膜上凝集原(A、B凝集原)的种类和有无，可将ABO血型系统分为A型、B型、AB型和O型四种基本血型。已知凝集原与相对应的凝集素(即A凝集原与抗A凝集素、B凝集原与抗B凝集素)相遇时，即可发生红细胞凝集反应，故医学上利用已知标准血清抗A、抗B，分别与被测者红细胞混合，根据是否发生凝集反应，判断红细胞所含的凝集原，即可鉴定出其血型。

ABO血型系统中除上述四个基本血型外，还存在亚型，其中最重要的亚型是A亚型。A亚型中除A_1、A_2亚型之外，还有A_3、A_x、A_m等亚型，因抗原性均很弱，意义不大。但其中A_x红细胞与B型血清(抗A抗体)不发生凝集或凝集反应甚弱，但却能与O型血的血清发生凝集。因此，在做ABO血型鉴定时，应加O型血血清，以防将A_x型误定为O型。

除ABO血型系统外，体内还有其他的血型系统。为确保输血安全，输血前除要做基本血型鉴定外，还必须要做交叉配血试验。通过观察是否发生凝集反应，进一步确认供血者和受血者之间输血的安全性。

通过本实验，要求学生学会 ABO 血型鉴定及交叉配血试验的方法。

【实验对象】

人。

【实验器材和药品】

采血针、消毒注射器、玻片、小试管、牙签、标准血清抗 A、抗 B 及 O 型血血清、生理盐水、显微镜、离心机、75%酒精、碘酒、棉球、消毒棉签。

【实验步骤和观察项目】

(一) ABO 血型鉴定

1. 玻片法

(1) 制备红细胞悬液　用 75%的酒精棉球消毒耳垂或指端，用消毒采血针刺破皮肤。滴 1～2 滴血于盛有 1 ml 生理盐水的小试管中，混匀。

(2) 玻片准备　取干净玻片一块，用蜡笔在玻片边缘标明抗 A、抗 B、抗 A 抗 B 字样，并将标准血清抗 A、抗 B 及抗 A 抗 B 分别滴加在玻片的对应处，注意中间要有间隔，决不能混合。

(3) 滴加红细胞悬液　用滴管吸取红细胞悬液，分别滴 1 滴于标准血清上，用牙签混匀。

(4) 观察结果　10 min 后用肉眼观察结果。如无凝集现象，再用牙签混合之，等半小时后用低倍显微镜观察有无凝集现象判断血型(图 3-8，表 3-7)。

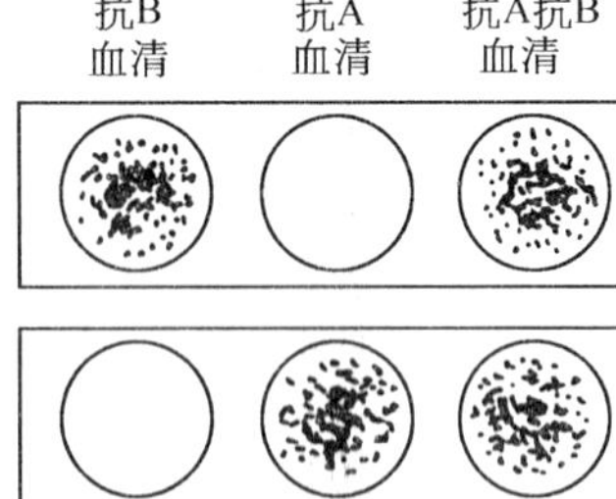

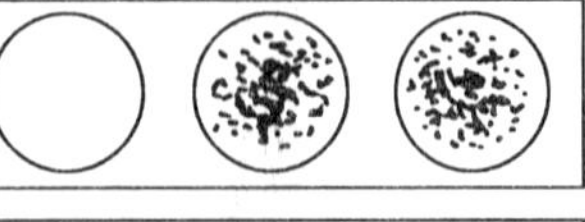

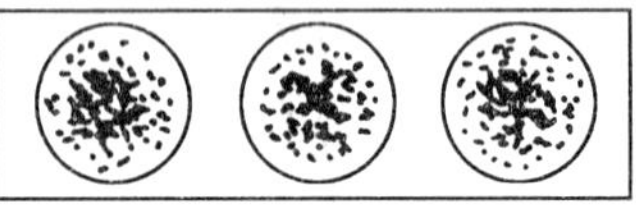

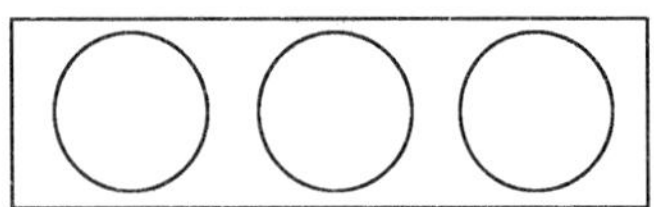

图 3-8　ABO 血型鉴定结果判断示意图

表 3-7　用标准血清鉴定 ABO 血型结果

标准血清+被检者红细胞			
抗 A 血清	抗 B 血清	抗 A 抗 B 血清	被鉴定血的血型
+	−	+	A 型
−	+	+	B 型
+	+	+	AB 型
−	−	−	O 型

2. 试管法　取小试管 3 支，分别用蜡笔标明抗 A、抗 B、抗 A 抗 B 字样。各加入相应标准血清 1 滴，再加入受试者红细胞悬液 1 滴，振荡混合后立即离心 1 min(1 000 r/min)。取出试管后，用手指轻弹试管底，使沉淀物被弹起，在良好光源下观察结果。轻弹管底时，若沉淀物成团漂起，表示发生凝集现象；若沉淀物边缘呈烟雾状逐渐上升，最后使管底内液恢复红细胞悬液状态，表示无凝集现象。

(二) 交叉配血试验

红细胞悬液及血清制备：以 4%碘酒、75%酒精棉球消毒肘正中静脉处皮肤，用干燥无菌注射器抽取受血者静脉血 2 ml。取其 1～2 滴装入 2 ml 生理盐水的小试管中制成红细胞悬液。其余血液装入另一小试管中，待其凝固后，离心析出血清备用。以同样方法制备供血者红细胞悬液及血清备用。

1. 玻片法 在玻片左端滴1滴受血者血清，右端滴1滴受血者红细胞悬液。然后将供血者的红细胞悬液滴在玻片左端，与受血者血清混匀，将供血者血清滴于右端的受血者的红细胞悬液中混匀。15 min后观察结果。如两侧均无凝集现象，即可输血。

2. 试管法 取试管两支，分别注明“主侧”（供血者）、“次侧”（受血者）字样。管内所加内容物同玻片法（滴量可适当按比例增加），混匀后离心1 min（1 000 r/min），取出观察结果。

【注意事项】

(1) 试管法较玻片法快而准确。

(2) 红细胞悬液及血清必须新鲜，因污染后可产生假凝集。

(3) 使用牙签混合时，注意不要用一端搅动不同血清，影响观察结果。

【思考题】

(1) 为什么输同型血时还要做交叉配血试验？

(2) 已知某人血型为A型，是否可用他的血液去鉴定另一个人的血型？为什么？

第四章

血液循环

导学

了解：心泵血功能储备；血流量、血流阻力与血压；动脉脉搏的波形及传播；肺循环和脑循环的血流特点。

熟悉：血液循环的概念及意义；心动周期；心的泵血过程；心泵血功能评价；心肌的生物电；心肌的生理特性；心音与心电图；静脉回心血量、中心静脉压和外周静脉压；微循环血流通路及其功能；组织液和淋巴液的生成、回流及其影响因素。

应用：心泵血功能调节；动脉血压的概念、正常值、形成及影响因素；心血管活动的调节中枢、神经支配和压力感受性反射；全身性体液调节因素和局部性体液因素对心血管活动的影响；冠脉循环血流特点；学会做动脉血压测量及心音听取试验。

血液循环系统是由心和血管组成。心是血液循环系统的动力器官。它以节律性收缩和舒张活动及瓣膜的导向作用，推动血液按一定方向流动，起着“泵”的作用，故心的主要功能是泵血。血管是血液循环的管道，具有输送血液、分配血液和物质交换的作用等。

血液循环是人体重要的生理功能之一。它的首要任务是运输各种营养物质和代谢产物，以保证机体新陈代谢的正常运行。此外，机体内环境的稳态，机体功能的体液调节、机体的防御功能等各项功能的实现，也都有赖于血液循环系统的活动而顺利进行。近年来，还发现心肌细胞、心包、血管平滑肌和内皮细胞可分泌心房钠尿肽、血管紧张素、内皮细胞舒张因子等多种生物活性物质，对机体的不同生理功能发挥调节作用。血液循环系统功能一旦发生障碍，机体的新陈代谢便不能正常进行，一些重要器官将受到严重损害，甚至危及生命。

第一节　心的泵血功能

心是一个由心肌细胞构成，并具有瓣膜结构的空腔器官。在生命活动过程中，心不停地进行收缩和舒张。当其收缩时，能把血液射入动脉，为血液流动提供能量；当其舒张时，能抽吸、容纳由静脉返回的血液。因其功能类似水泵，故也把心视为具有泵血功能的肌性器官。

一、心动周期与心率

心每收缩和舒张一次，构成一个心动周期。每分钟心动周期的次数称为心跳频率，简称为心率。因此，心动周期与心率的关系是非常密切的。

(一) 心动周期

在一个心动周期中,心房和心室的活动,可区分为收缩期和舒张期。

在一个心动周期开始前,心房和心室均处于舒张状态,心动周期开始时,心房先收缩,心房收缩完毕后进入舒张时,心室才开始收缩,继而舒张,最后心房、心室都进入舒张状态,一直持续到下一个心动周期开始。左右两个心房和左右两个心室的活动是同步的。

前已述及,心动周期与心率是密切相关的。如成年人心率每分钟 75 次时,一个心动周期历时为 0.8 s,其中心房收缩占 0.1 s,舒张占 0.7 s;心室收缩占 0.3 s,舒张占 0.5 s(图 4-1)。心房和心室共同舒张的时间为 0.4 s,称为全心舒张期。若心率加快,心动周期的时程将相应缩短,收缩期和舒张期的时程均相应缩短,但舒张期的缩短相对较多。例如,心率由每分钟 75 次增加到每分钟 200 次时,心动周期将从 0.8 s 缩短为 0.3 s,其中心室收缩期将从 0.3 s 缩短为 0.16 s,而舒张期则从 0.5 s 缩短为 0.14 s。因此,心肌收缩(工作)的时间相应加长,而舒张(休息)的时间相对缩短,这将相对减少血液充盈量和心肌的休息时间。另外,由于心室舒张时间过短,将会导致心肌本身的血液供应不足(见本章冠脉血流特点)。在临床上,常见的心动过速往往有发生心力衰竭的危险。

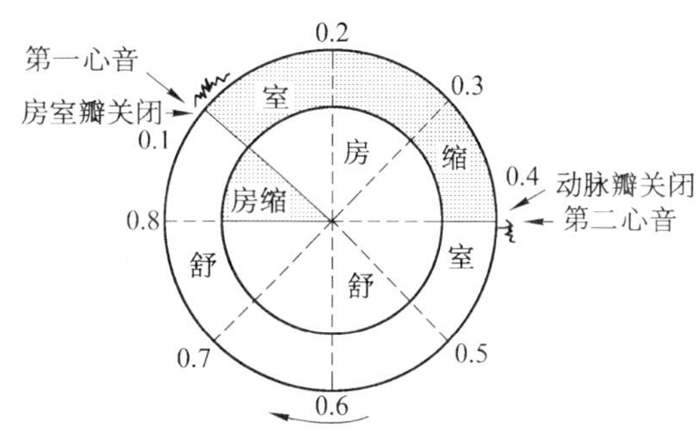

图 4-1 心动周期示意图

(二) 心率

正常人的心率取决于窦房结的节律性。成年人安静时的心率为每分钟 60～100 次,平均每分钟 75 次。心率有显著的个体差异,可因性别、年龄和其他生理情况而变化。初生儿心率很快,可达每分钟 130 次以上,两岁以内的婴儿为每分钟 100～120 次,此后随年龄增长而逐渐减慢,至 15～16 岁时接近正常成年人。在成年人中,女性心率较男性稍快。同一个人,在安静和睡眠时心率减慢,运动或情绪激动时心率加快。经常进行体力劳动或运动的人,平时心率较慢。在临床上,成年人安静时的心率若超过每分钟 100 次,称为心动过速;若低于每分钟 60 次,称为心动过缓。

在人体内,心率受中枢神经系统和激素的调节。当体内或外界情况改变时,将通过神经系统和激素而影响心率。例如,情绪激动、疼痛刺激、缺氧、劳动或运动都会使心率增快,另外立位或进餐后心率也会稍快。病理情况下,如甲状腺功能亢进、失血、发热时心率也会增快。一般体温升高 1℃,心率每分钟会增加 10 次。

二、心的泵血过程

在一个心动周期的泵血过程中,心室肌从收缩到舒张,与瓣膜的开放和关闭相配合,使血流始终朝着一个方向流动。同时心室的压力、容积、射血和充盈的速度,都要发生变化,由此可分为以下两个不同的时期(图 4-2)。

(一) 心室收缩期

心室收缩期可分为等容收缩期、快速射血期和减慢射血期三个时期。

1. 等容收缩期　当心房进入舒张期后,心室开始收缩,心室内压力逐步升高。当心室内压力升高到大于心房内压力时,房室瓣立即关闭,以阻止血流入心房。此时心室内压力仍低于主动脉

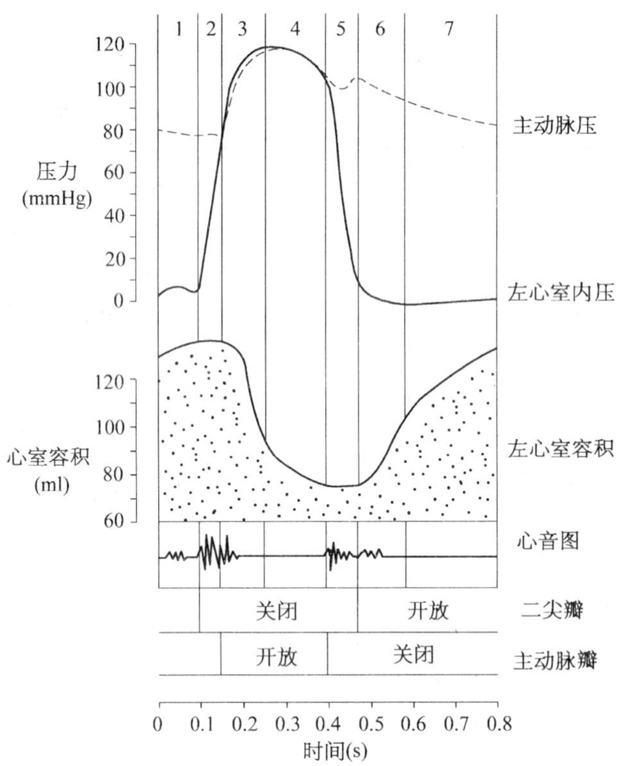

图 4-2 心动周期中左心室内压力、容积和瓣膜的变化

1. 房缩期 2. 等容收缩期 3. 快速射血期 4. 减慢射血期
5. 等容舒张期 6. 快速充盈期 7. 减慢充盈期

和肺动脉压力，故半月瓣尚未开放，心室处于一个密闭的腔室，而心室内的血液又是不可压缩的液体，因此，在心室强有力的收缩下，心室的压力急剧上升。在半月瓣未打开前，没有血液从中射出，心室容积基本不变，此期称为等容收缩期。在心率为每分钟 75 次时，等容收缩期的时间约为 0.05 s。等容收缩期的长短，与心肌收缩力和后负荷(主动脉血压及肺动脉血压)有关。心肌收缩力减弱、后负荷增大时，均可使等容收缩期延长。

2. 快速射血期 等容收缩期过后，由于心室肌继续收缩，一旦心室内压力超过动脉血压时，半月瓣立即开放，血液便从心室快速射入动脉，心室容积缩小，历时约 0.10 s，称为快速射血期。此期射出的血液量约占心室射血总量的 2/3。

3. 减慢射血期 快速射血期后，随着心室内血液减少，心室肌的收缩力随之减弱，心室内压力开始下降，此时心室内压力已略低于主动脉血压。但心室内血液由于心室收缩时所赋予的较大的动能，借助惯性继续缓慢流入主动脉和肺动脉，历时约 0.15 s，此时心室容积缩小至最小值。此期称为减慢射血期。

(二) 心室舒张期

减慢射血期后，心室肌开始舒张，称为心室舒张期。它可分为等容舒张期、快速充盈期、减慢充盈期和房缩期。

1. 等容舒张期 心室肌开始舒张，室内压急剧下降，半月瓣随即关闭。但此时心室内压力仍高于心房内压力，因此房室瓣仍处于关闭状态。此时，心室又成为一个密闭状态，心室内无血液进出，容积不变，历时约 0.07 s，此期称为等容舒张期。

2. *快速充盈期* 等容舒张期之后，心室肌继续舒张，心室压力不断下降，一旦心室内压力降低到低于心房内压力时，房室瓣立即开放。此时心房内的血液被心室“抽吸”而快速流入心室内，心室容积迅速增大，历时约 0.22 s，此期称为快速充盈期。此期进入心室内的血液约为总充盈量的 2/3。

3. *减慢充盈期* 快速充盈期后，随着心室内血液的不断充盈，心房与心室之间的压力差逐渐减小，血液充盈到心室的速度明显减慢，而心室容积则进一步增大，历时约 0.22 s，此期称为减慢充盈期。

4. *房缩期* 在减慢充盈期末，心室肌仍处于舒张状态，而心房肌此时开始收缩，将心房内血液挤入心室内，使心室的血液充盈量再增加 10%～30%，历时约 0.1 s，此期称为房缩期。人体在安静时，即使没有心房收缩所增加的充盈血量，心室也可以泵出机体所需要的血量。故人体在发生心房颤动时，心房肌的收缩功能减弱，心室充盈量减少，但还不至于严重影响心室的射血功能，即基本上可以满足机体在安静时的需要。但在劳动或运动时，心房收缩所增加的充盈量就显得比较重要了。若充盈不足时，患者就会出现心功能不足的症状，如心悸、气短等。

三、心泵血功能的评定

心不断泵血以保证机体代谢的需要，因此，心在单位时间内泵出的血液量和作功量是衡量其泵血功能的指标。

（一）每搏量及射血分数

一侧心室每次收缩时所泵出的血量，称为每搏量（stroke volume，又称每搏输出量）。通常两心室的每搏量大致相等。在安静状态下，正常成年人的每搏量在 60～80 ml，平均 70 ml。心室舒张末期，心室内的血液约为 125 ml，称为舒张末期容量。在收缩期末，心室内仍剩余一部分血量，称为收缩末期容量，约为 55 ml，这部分血量的多少与心肌收缩的强弱有关。因此，每搏量输出后，心室内还有相当多的血液贮备着。

每搏量占心室舒张末期容量的百分比，称为射血分数。正常成人安静时，射血分数为 55%～65%。射血分数的多少与每搏量及心室舒张末期容积有关。例如，心功能减退的患者，由于心室扩大，心室舒张末期容积增大，而每搏量减少，射血分数将显著降低；相反，对锻炼有素的运动员来说，由于每搏量大增，而使射血分数增高很多。

（二）心排血量与心排血指数

一侧心室每分钟搏出的血量，称为心排血量（cardiac output，又称心输出量）。心排血量的数值等于每搏量与心率的乘积。左右两心室的心排血量基本相等。若心率为每分钟 75 次，每搏量为 70 ml，则心排血量为 5.25 L。

心排血量的测定较为准确，且能说明机体的活动情况和代谢水平。正常成年人安静时心排血量在 4.5～6.0 L/min。女性与同体重的男性相比，约低 10%，青年人高于老年人，在环境温度升高 30℃以上或寒冷而引起颤抖时，都可使心排血量增加。妊娠、运动、情绪激动、低氧等情况，也可使心排血量明显增加。

人体在安静时的心排血量也与基础代谢一样，与体重不成正比，而与体表面积成正比。为便于比较，一般以安静、空腹状态下每平方米体表面积的心排血量来表示，称为静息心排血指数（cardiac index，又称心指数）。一般中等身材的成年人，体表面积在 1.6～1.7 m^2，安静时心排血量 5～6 L/min，则静息心排血指数为 3.0～3.5 L/(min・m^2)。

心排血指数是评定心泵血功能的常用指标。心排血指数在不同生理条件下是各不相同的。

人在10岁左右时，静息心排血指数最大，可达4.0 L/(min · m^2)以上。此后随着年龄增长，静息心排血指数逐渐下降，80岁时，可接近于2.0 L/(min · m^2)。在妊娠、运动和情绪紧张等情况下，心排血指数均可增高。在运动时，心排血指数的增大程度常与运动强度大致成正比。

(三) 心的作功量

心排血量固然可以作为心作功的指标，但心排血量相同时的两个心并不等于完成相同的工作量或消耗相等的能量。这是因为在不等的动脉血压条件下，心射出相同血量所消耗的能量或作功量是不相同的。例如，动脉血压较高者，输出同样的血量，就要作较多的功和消耗较多的能量。因此，心的作功量是一个较好地评价心功能的指标。

心的作功量可分为每搏作功和每分功两种。心室每收缩一次所做的功，称为每搏作功。它可用每搏量的血液所增加的动能和压强能来表示。其中的动能占整个每搏作功的比例较小，故可忽略不计。而压强能实际上是指心将静脉血管内的较低的血压变成动脉血管内较高的血压所消耗的能量。在实际应用过程中，动脉血压用平均动脉压来代替，静脉血压用心房内压代替。因此，计算左心室每搏作功的简式如下：

左心室每搏作功(J)＝每搏量(L)×(平均动脉压－左心房平均压)(mmHg)
×13.6×9.807×(1/1 000)

右心室每搏量与左心室相等，但肺动脉平均压仅为主动脉平均压的1/6，故右心室作功量仅为左心室的1/6。

心室每分钟的作功量，称为每分功。它是每搏作功与心率的乘积，即：

心每分功 ＝ 每搏作功 × 心率

四、影响心泵血功能的因素

心排血量等于每搏量与心率的乘积，故凡能影响每搏量和心率的因素均可影响心排血量。而每搏量的多少则决定于心肌的前负荷、后负荷和心肌的收缩性能等。

(一) 心室舒张末期容积(前负荷)的影响

心肌在收缩前所承受的负荷，称为心肌的前负荷。心肌的前负荷可以用心室舒张末期容积(包括静脉回心血量和原先残留于心室的血量)来表示。这一血量在心室内所产生压力决定了心肌在收缩前的初长度。因此，心室舒张末期的容积或压力可反映心室收缩前的初长度。在一定范围内，心室舒张末期容积越大，心肌初长度也越大，心肌收缩力也就越强，每搏量随之增多。这种通过改变心肌初长度而引起心肌收缩强度的改变，称为心肌的异长自身调节(图4-3)。

在心肌的功能状态和动脉血压保持恒定的条件下，在一定范围内，增加静脉回心血量，增大前负荷改变心肌初长度，可使每搏量增加。但是在前负荷增大到超过一定限度后，心肌纤维的初长度就不再明显增加，每搏量也就不再增多。

在完整心室肌，研究前负荷对每搏量的影响所得的资料表明，在保持动脉血压恒定不变的条件下，心室舒张末期容积和压力对每搏量或每搏作功的影响是十分明显的。该曲线被称为心功能曲线(图4-4)。在一般安静情况下，心室舒张末期的充盈压为5～6 mmHg。此时心每搏量将随初长度的增加而增加，但前负荷和初长度尚未达到最适水平，这说明心肌的前负荷和初长度尚有一定的储备。当心室末期充盈压达到12～15 mmHg时，心室的前负荷处于最佳状态。此时心肌细胞肌小节中的粗、细肌丝有效重叠的程度最佳，可与肌纤蛋白结合的横桥数目最多，因而心肌的收缩能力最强。若充盈压继续增高达到15～20 mmHg时，心室功能曲线即转入平坦或稍有下降

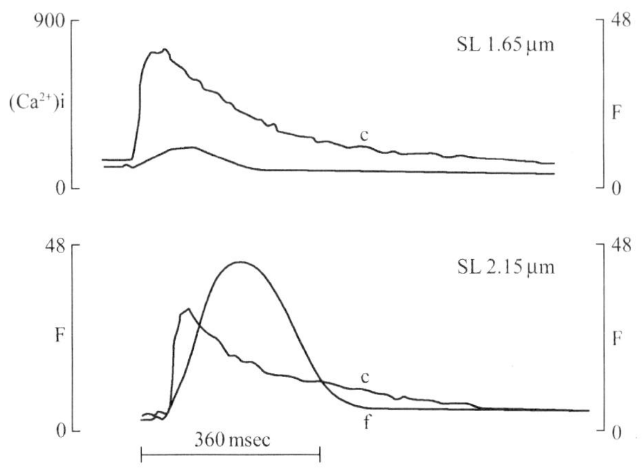

图 4-3 心肌肌节长度对心肌收缩力的影响

图示在同样幅值钙瞬变(c)的条件下，肌节(SL)长 2.15 μm 的心肌收缩力(f)远大于肌节长 1.65 μm 的心肌

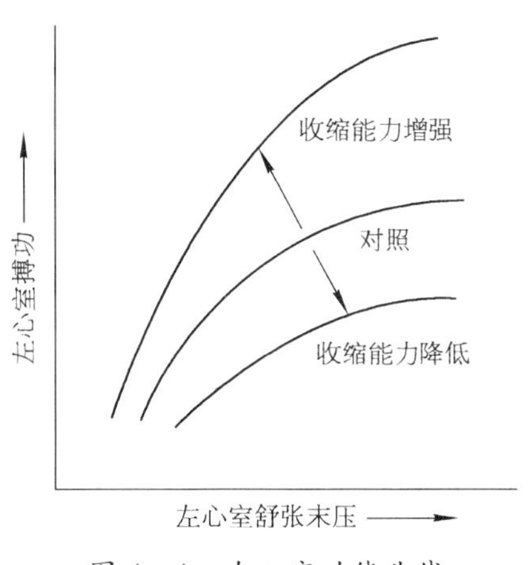

图 4-4 左心室功能曲线

趋势，但不出现明显的降支。这就说明正常心室充盈压即使超过 20 mmHg，每搏量仍可保持不变或仅略有下降。在心功能衰竭的情况下，此时心室功能曲线才出现明显的降支。心肌初长度对心肌收缩力影响的这一特征，显然与骨骼肌不同，后者的功能曲线类似抛物线。

心室功能曲线的这种特征是与正常心肌细胞的伸展性较小有关。当心肌初长度处于最佳初长度时，所产生的静息张力已经很大，阻碍了心肌细胞的进一步拉长。心肌的这种抵抗过度延伸的特性，对心的泵血功能具有重要的生理意义。

心肌的异长自身调节的生理意义在于对每搏量进行精细的调节，使心室的射血量和静脉回心血量相平衡。如当体位突然发生改变或动脉血压突然升高以及在左右心室每搏量不平衡等情况下，此时出现充盈量的微小变化，均可通过异长自身调节机制，使每搏量与充盈压之间达到动态平衡。

(二) 动脉血压(后负荷)的影响

动脉血压是心在开始收缩时才遇到的负荷，它不影响心肌收缩的初长度，却阻止心肌纤维的缩短，成为心室在射血时所必须克服的阻力。只有当心肌收缩时所产生的张力等于或超过动脉血压所造成的阻力时，心肌纤维才可能发生缩短而射血。因此，主动脉血压和肺动脉血压分别相当于左、右心室的后负荷。如果动脉血压升高，心室内压必须超过升高了的血压，半月瓣才能被打开。这样，心室等容收缩期就要延长，射血期就会相应缩短，同时心肌纤维缩短速度和幅度降低，射血速度减慢，使每搏量减少。于是剩余在心室中的血量就增多，使心室容积增大，通过异长自身调节机制，加强心肌收缩力量，每搏量又可恢复至原先水平。反之，当动脉血压刚开始降低时，心的每搏量可暂时增加，使心室剩余血量减少，心舒期末容积减少，导致心缩力量减弱，于是每搏量又恢复至原先水平。但在整体内，由于同时存在着神经、体液调节，可使心肌收缩性能提高，虽然处于同样的心舒末期容积的情况下，也能对抗提高了的动脉血压而不伴有心肌纤维缩短速度和幅度的降低，甚至还有所增加。这样使心排血量亦不至下降。

(三) 心肌收缩性(收缩能力)的影响

心肌的收缩性是指通过心肌本身的收缩活动的强度和速度的改变以影响每搏量的能力。这种性能形成的基础主要受心肌细胞兴奋收缩耦联过程中各个环节的影响。诸如心肌细胞兴奋时

胞浆中 Ca^{2+} 浓度，横桥与肌纤蛋白联结体的数量以及 ATP 酶的活性等。显然，这种心肌收缩性的改变，与心肌收缩的初长度无关，故将这种调节方式，称为心肌的等长自身调节。心肌的收缩性可受许多因素影响。如交感神经活动的增强，血液中儿茶酚胺浓度的增加，以及某些强心药如洋地黄的作用等，都能增强心肌的收缩性，使每搏量增加；而乙酰胆碱、缺氧、酸中毒等均可使心肌收缩性减弱，使每搏量减少。

（四）心率的影响

以上讨论的各种因素对心排血量的影响都是通过每搏量产生的作用，即在心率不变的情况下发生的。但心率是受许多因素影响而改变的，在一定范围内，心率与心排血量是成正比的。但心率过快，如达每分钟 170～180 次时，由于心动周期缩短，心室充盈期也明显缩短，充盈量减少而使每搏量相应减少。若每搏量减少至正常量的一半时，心排血量将会下降；反之，若心率过慢，低于每分钟 40 次，尽管心舒期延长，但心室充盈已接近最大限度（达最适前负荷），充盈量不能随充盈时间的延长而增多，故心排血量也将会下降。

心率受自主神经控制，交感神经兴奋时，心率加快；迷走神经兴奋时，心率减慢。肾上腺素和去甲肾上腺素可使心率加快；乙酰胆碱使心率减慢。心率还受体温变化的影响，体温升高 1℃，心率每分钟可增加 12～18 次。

各种因素对心排血量的影响，可用下图简示（图 4－5）。

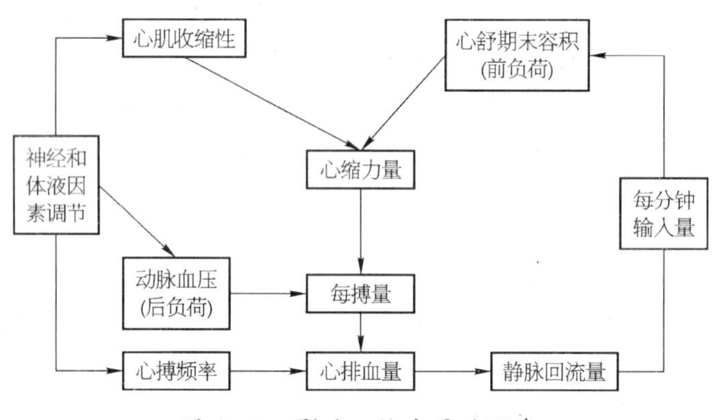

图 4－5　影响心输出量的因素

五、心力储备

心排血量能随机体代谢加强而增长的能力，称为心力储备（心功能储备）。正常成年人有较大的心力储备。一般在安静状态下，心率为每分钟 75 次，每搏量为 60～80 ml，心排血量为 4.5～6.0 L/min。但在剧烈运动时心率可增加到每分钟 180～200 次，每搏量可增加到 150～170 ml，心排血量高达 30 L/min。这种最高心排血量与安静时心排血量的差值，即代表心力储备的能力。正常成年人的心力储备约为 25 L/min。

心力储备分为心率储备和每搏量储备。由上所述，剧烈运动时心率可从安静时的每分钟 75 次增加到每分钟 180 次以上，可提高一倍多。可见充分利用心率，可使心排血量增加一倍多。此时虽然心率加快，但不会因心舒期缩短而使心排血量下降，这是由于在剧烈运动时，静脉回流速度大大加快的缘故。通常情况下，动用心率储备是提高心排血量的重要途径，对于缺少体育锻炼的人，尤其如此。

关于每搏量的储备，分为收缩期储备和舒张期储备。收缩期储备是指进一步增加射血量的能力。如左心室收缩末期容积约 75 ml,但心肌收缩能力增强时,心每搏量增多,残留血量相应减少,此时心室残留血量可减少至 20 ml 左右。静息状态下的收缩末期容积与心每搏量增加后的最少残留血量之差,即为收缩期容积储备,为 55～60 ml。舒张期储备是指在静息状态下,舒张末期容积约为 145 ml,由于心室扩大程度有限,最多只能达到 160 ml,即舒张期储备只有 15 ml 左右。由上而知,每搏量储备以收缩期储备为主,舒张期储备相对次要(图 4－6)。

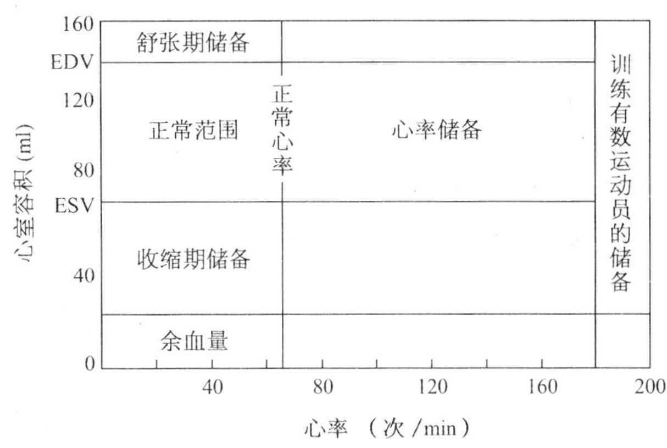

图 4－6　人左心室泵血功能储备示意图

ESV:收缩末期容积　EDV:舒张末期容积

经常进行体力劳动,坚持体育锻炼,可以提高心力储备。通过锻炼,使心肌纤维变粗,收缩能力增强,从而增加收缩期储备。与此同时还可增加心率储备。

六、心音

心音是指在一个心动周期中,由于心室肌收缩、舒张和瓣膜的启闭,以及血流在突然加速或减速时产生湍流,引起心室肌、瓣膜和大动脉管壁的振动而产生的声音。心音可通过周围组织传到胸壁,用听诊器在一定部位,一般可听到两个心音。如果用换能器将心音的机械振动转变为电信号,通过心音图机将其记录下来,就是心音图(图 4－7)。心音图机记录的心音可分为四个心音。

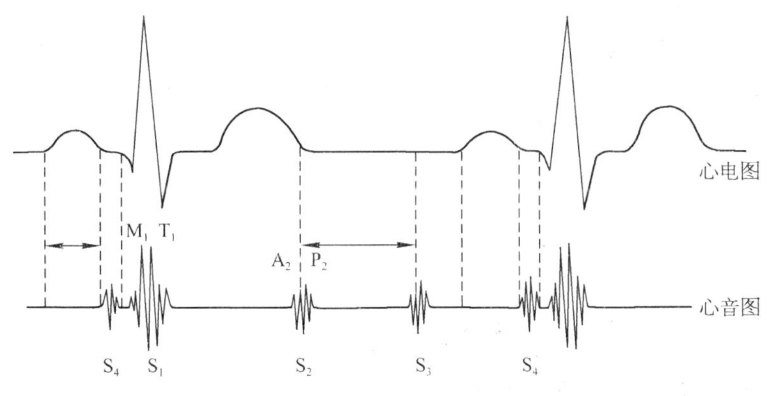

图 4－7　心音示意图

S_1、S_2、S_3、S_4 分别代表第 1、2、3、4 心音；M_1. S_1 左房室瓣成分；T_1. S_1 右房室瓣成分；A_2. S_2 主动脉瓣成分；P_2. S_2 肺动脉瓣成分

第一心音的音调低而持续时间长,在 0. 10～0. 12 s,通常在左侧第五肋间隙锁骨中线处听得最清楚。它的产生是由于心室收缩和房室瓣关闭时的振动,以及主动脉和肺动脉管壁在射血开始时所产生的振动和血流的湍流所引起。而房室瓣突然关闭所引起的振动是听诊中的主要成分。第一心音的强弱和性质反映心室肌收缩力量的强弱和房室瓣的功能情况。它标志着心室收缩的开始。

第二心音音调高亢而短促,持续时间在 0. 08～0. 10 s。通常在胸骨旁第二肋间隙左、右缘听得最清楚。它的产生是心室舒张时主动脉瓣和肺动脉瓣相继关闭时的振动引起。第二心音的强弱和性质反映动脉血压的高低以及动脉瓣的功能情况。它标志着心室舒张的开始。

第三心音发生在心室快速充盈期末，是由于此时血流对心室的充盈血量锐减，血液流速骤然减慢，使心室壁和心瓣膜发生振动而产生。通常在儿童和健康青少年中可以听到。

第四心音是由心房收缩和心室充盈所产生的振动引起，故又称为心房音。一般正常人是听不到第四心音的。只有在心音图中可以看到。

心音的听诊和心音图检测在临床上对诊断心瓣膜病变方面具有重要意义。如在房室瓣和半月瓣关闭不全或狭窄时，均可出现湍流，产生各种杂音，根据杂音性质来判断瓣膜病变的类型。

第二节 心肌细胞的生物电和生理特性

心肌细胞不停地进行节律性收缩和舒张，实现其泵血功能。心肌的这种节律性活动是由心肌的自发性节律兴奋引起的。心肌兴奋的本质同样也是在静息电位基础上产生的动作电位。但与骨骼肌不同的是心肌细胞的动作电位是由心的特殊传导组织的起搏细胞的自动节律性兴奋产生的。

一、心肌细胞的分类

心肌细胞根据组织学、功能和生理特性可分为以下两类。

(一) 工作细胞

这类细胞只具有收缩和舒张功能，包括心房肌和心室肌细胞。它们的功能是泵血，故称为工作细胞。同时，它们也具有兴奋性和传导性，但无自动产生节律性兴奋的能力，故也称为非自律细胞。

(二) 自律细胞

这类细胞是一些特殊分化了的心肌细胞，能够自动产生节律性兴奋和传导兴奋的组织，构成心的特殊传导系统。它们包括窦房结、房室交界、房室束及其分支和浦肯野纤维(图 4－8)。这类细胞含肌原纤维很少，甚至完全缺如，故不具收缩能力，但具有兴奋性和传导性。由于它们能够自动产生节律性兴奋，所以，称为自律细胞。

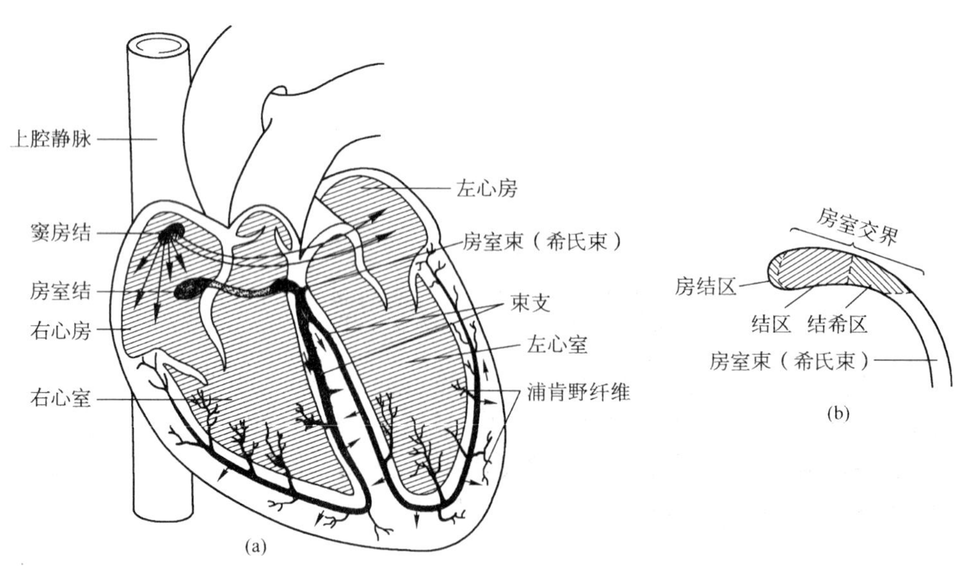

图 4－8 心的传导系统

(a) 心的起搏点及传导组织 (b) 房室交界的 3 个小区域

二、心肌细胞的跨膜电位

不同类型的心肌细胞，其跨膜电位的波形及其形成机制也有差异，但均比神经纤维和骨骼肌细胞复杂得多。

（一）心室肌细胞（工作细胞）的跨膜电位

心室肌细胞的静息电位约－90 mV。其形成机制基本上与神经纤维相同，主要是 K^+ 的平衡电位。

心室肌细胞发生兴奋而产生动作电位时，所涉及的离子活动非常复杂，其动作电位的去极化和复极化过程共分为五个时期，即 0 期、1 期、2 期、3 期和 4 期（图 4－9）。动作电位持续时间较长，在 0.25～0.30 s。在复极化过程中，其特征是有平台。

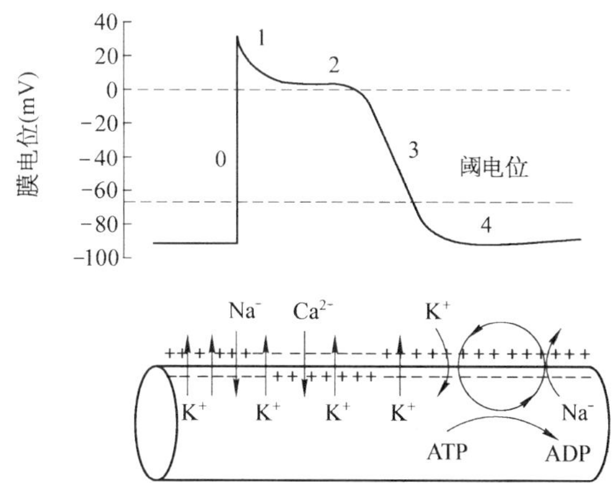

图 4－9　心室肌细胞动作电位和主要离子流示意图

1. 去极化过程（0 期）　当心室肌细胞兴奋时，首先出现动作电位的去极化过程。此时膜电位由－90 mV 上升到＋30 mV 左右，上升幅度可达 120 mV，构成动作电位陡峭的上升支，这一过程也称为心室肌细胞的 0 期。此期持续时间很短，仅占 1～2 ms。

0 期形成机制是心室肌细胞接受刺激而兴奋时，部分钠通道开放，少量 Na^+ 内流，使膜部分去极化。当膜内电位由－90 mV 去极化到－70 mV 时，钠通道大量开放，膜对 Na^+ 的通透性大增，大量 Na^+ 迅速内流，膜内电位急剧上升，直到 Na^+ 的平衡电位，形成心室肌细胞动作电位的上升支。0 期动作电位上升的幅度和速度主要取决于膜对 Na^+ 通透性的大小和膜对 Na^+ 的电-化学梯度。由于钠通道的激活和失活都很迅速，所以 Na^+ 通道又称为快通道。它可被河豚毒选择性阻断。

2. 复极化过程　心室肌细胞的复极化过程远比神经纤维、骨骼肌细胞复杂而慢，有持续时间长的特点。此过程包括以下三个阶段。

（1）快速复极化 1 期　在动作电位上升支至顶峰后，膜内电位迅速由＋30 mV 下降至 0 mV 左右，构成复极化初期。此期变化速度快，波形尖锐，与 0 期去极化期合称为锋电位，历时约 10 ms。该期形成的机制是由于心室肌细胞膜上的钠通道已经关闭，Na^+ 内流停止。而膜对 K^+ 通透性增大，K^+ 短暂外流，使膜内电位快速下降形成的。

（2）缓慢复极化 2 期（平台期）　此期复极过程缓慢，膜内电位停滞于接近于 0 电位水平，使记录到的曲线形似平台，故称为平台期，历时可达 100～150 ms。此期是心室肌细胞动作电位区别于神经纤维和骨骼肌细胞动作电位的显著特征。参与此期活动的主要离子是 Ca^{2+} 缓慢内流和 K^+ 外流。由于 Ca^{2+} 和 K^+ 所带电荷都是正电荷，流动方向相反，两者处于动态平衡，致使复极过程较长时间停留在接近 0 mV 水平。钙通道的激活、失活和再激活所需时间均慢于 Na^+ 通道，故钙通道也称为慢通道。它可被 Mn^{2+} 和维拉帕米(异搏定)等钙拮抗药物所阻断。

(3) 快速复极化 3 期(末期)　在平台期末，进入 3 期后，复极速度加快，膜内电位复极至静息电位水平，形成快速复极化末期。此期历时 100～150 ms。此期的形成是在平台期末，随着钙通道的关闭，膜对 K^+ 的通透性进一步增高，K^+ 快速外流造成的。

3. *静息期(4 期)*　此期是膜电位复极化完毕后，心室肌细胞膜电位稳定于静息电位 −90 mV。但膜内外离子浓度尚未恢复到动作电位发生前的水平。即在动作电位发生过程中，由于 Na^+、Ca^{2+} 的内流和 K^+ 外流，使膜内外上述三种离子浓度发生一定变化。此时细胞膜上的钠-钾泵、钙泵和钠-钙交换机制加速转运，将 Na^+、Ca^{2+} 迅速排出，将 K^+ 摄入，恢复膜内外正常离子浓度，而使兴奋得以不断发生。

(二) 自律细胞的跨膜电位

自律细胞的动作电位在复极化 3 期末达最大值时，电位不能保持稳定水平，会自动产生缓慢地去极化，若达到阈电位，即可爆发新的动作电位，如此周而复始，不断产生节律性兴奋。4 期自动去极化是自律细胞产生自动节律性兴奋的基础。不同类型的自律细胞，4 期自动去极化的机制各不相同。

1. *窦房结 P 细胞*　窦房结 P 细胞是窦房结的起搏细胞，其动作电位有以下特点：一是没有明显的复极 1 期和 2 期；二是最大复极电位(−70 mV)与阈电位(−40 mV)的绝对值均小于浦肯野细胞；三是 0 期去极化幅度小(约 −70 mV)，去极化速度慢；四是 4 期自动去极化速度快于浦肯野细胞(图 4 - 10)。

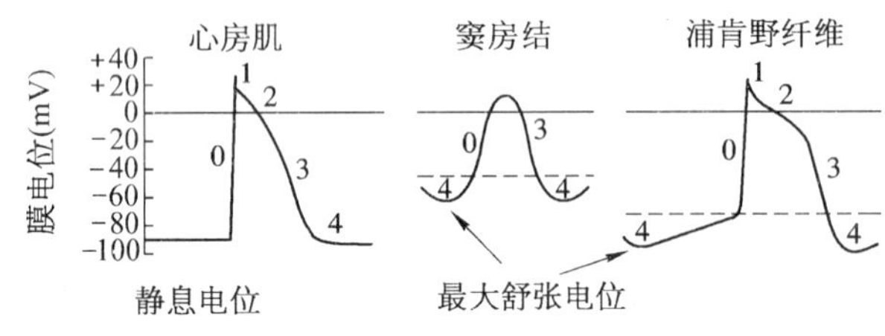

图 4 - 10　各部分心肌细胞的跨膜电位

窦房结 P 细胞的 0 期去极化主要是 Ca^{2+} 缓慢内流引起的。复极化 3 期的离子活动是 K^+ 外流。其 4 期自动去极化主要是钾通道逐渐关闭，K^+ 外流进行性减少，而 Na^+、Ca^{2+} 内流逐渐增加，结果导致自动去极化。

2. *浦肯野细胞*　浦肯野细胞动作电位产生的机制与心室肌细胞相似，但最根本的差别是有 4 期自动去极化，这是产生自律性的生理基础。关于浦肯野细胞动作电位的 0 期、1 期、2 期和 3 期产生的机制与心室肌细胞相应各期完全相同。但其 4 期自动去极化是由于 3 期末 K^+ 外流逐渐减少，而 Na^+ 内流则随时间进程逐渐增多所致。浦肯野细胞与窦房结 P 细胞相比，4 期自动去极化速度后者快于前者，故窦房结 P 细胞自动兴奋的频率大于浦肯野细胞。

3. *房室交界细胞*　此处包括房结区、结区和结希区。过去认为房结区和结希区有自律性。而结区细胞只有弱的传导性，无自律性。但 20 世纪 80 年代以来，日本学者及世界各地(包括中国南京医科大学)其他学者研究证实，结区细胞也有自律性。

4. *快反应细胞和慢反应细胞*　除了按功能和生理特性把心肌细胞分为工作细胞和自律细胞之外，还可以根据生物电特性，特别是 0 期去极化的速度，将心肌细胞分为快反应细胞和慢反应细胞。

心房肌、心室肌和心室内传导组织(房室束和浦肯野纤维)属于快反应细胞,表现快反应电位。其中心房肌和心室肌为快反应非自律细胞,而房室束和浦肯野纤维为快反应自律细胞。

窦房结、房室交界等处的细胞属于慢反应细胞,表现为慢反应电位,并且具有自律性。

快反应细胞电位的特点是静息电位负值较大,约−90 mV,阈电位数值也大,约−70 mV,0 期去极时快通道开放,引起 Na^+ 快速内流,去极化速度快,幅度大,超射明显,因此,兴奋传导也快,复极化 2 期有 Ca^{2+} 缓慢内流,使复极停滞而形成平台。

慢反应细胞电位的特点是静息电位或最大舒张期电位负值较小,在−60～−70 mV 之间,阈电位负值也较小,约−40 mV。0 期去极时慢通道开放引起 Ca^{2+} 缓慢内流,动作电位过程中没有快 Na^+ 电流参与,去极化速度慢,幅度低,超射不明显,或完全缺如,故兴奋的传导也慢。慢反应细胞动作电位复极化各期之间无明显分界,无明显的 1 期和 2 期平台。但慢反应自律细胞的舒张期自动去极化速度大于快反应自律细胞的舒张期自动去极化速度。

三、心肌细胞的生理特性

心肌细胞具有自律性、兴奋性、传导性和收缩性四种基本生理特性。其中前三项属于电生理特性,后一项属于机械特性。

(一) 自动节律性

心肌细胞中的自律细胞能够在没有外来刺激的条件下,自动地产生节律性兴奋和收缩的特性,称为自动节律性,简称为自律性。

1. 自律性的来源 心肌的自律性来源于心肌的自律细胞。在高等动物和人类则来自心内特殊传导系统的自律细胞。心内的特殊传导系统各部位自律细胞的自律性不同,其中窦房结的自律性最高,每分钟约 100 次;房室交界的自律性次之,每分钟约 50 次;浦肯野细胞的自律性最低,每分钟约 25 次。由于窦房结自律性最高,所以,它主导着整个心的兴奋和收缩活动,故窦房结被称为心的正常起搏点。以窦房结为起搏点的心跳节律,称为窦性心律。其他传导组织的自律性低于窦房结,通常处于窦房结控制之下,其本身的自律性表现不出来,故称为潜在起搏点。潜在起搏点的存在,一方面是一种安全因素,即在异常情况下,如窦房结功能降低,或窦房结的兴奋下传受阻(传导阻滞),此时潜在起搏点则可作为备用起搏点,以较低的频率维持心的兴奋和收缩,故具有重要的生理意义;但是,另一方面,它也是一种潜在的危险因素。当潜在起搏点的自律性增高并超过窦房结时,可引起心律失常。由潜在起搏点控制心的活动时,潜在起搏点就成为异位起搏点。由异位起搏点控制的心律,称为异位心律。

2. 影响自律性的因素 影响自律性的因素有以下两个方面。

(1) 最大舒张电位和阈电位之间的电位差 如果心肌细胞的最大复极电位水平的绝对值减小,或阈电位水平下移,都使两者之间的差距变小,自动去极化达到阈电位水平所需时间缩短,因而自律性就会升高;反之,自律性就会下降。

(2) 4 期自动去极化的速度 如果心肌细胞自动去极化的速度增快,达到阈电位的所需时间缩短,单位时间内发生自动节律性兴奋的次数增多,则心肌细胞的自律性就增高;反之,自动去极化速度减慢,自律性则下降。儿茶酚胺可使心肌细胞舒张期自动去极化过程加速,因而可使心率加快。

(二) 兴奋性

心肌细胞与神经细胞一样,都具有兴奋性,而且在兴奋发生之后,兴奋性会发生一系列周期性变化。这些变化与跨膜电位变化密切相关,即与离子通道有关。

1. 兴奋性的周期性变化 心肌细胞兴奋时,兴奋性的周期性变化包括有效不应期、相对不应期和超常期，此后恢复正常。

（1）有效不应期　心肌在发生一次兴奋后，从动作电位0期开始到复极化3期膜电位降到－55 mV这段时期内，心肌细胞不再对任何刺激发生反应，这一时期称为心肌的绝对不应期。当膜电位由－55 mV继续复极到－60 mV这段时期内，十分强大的刺激可以引起局部兴奋（局部反应），但不能引起扩布性兴奋（即动作电位）。因此，从0期去极化开始至复极化至－60 mV这段时间，称为有效不应期（图4－11）。有效不应期的产生是由于这段时间内，膜电位的绝对值太低，Na^+通道完全失活（绝对不应期）或刚刚开始复活（膜电位从－55 mV复极到－60 mV），还没有恢复到可被激活的状态。

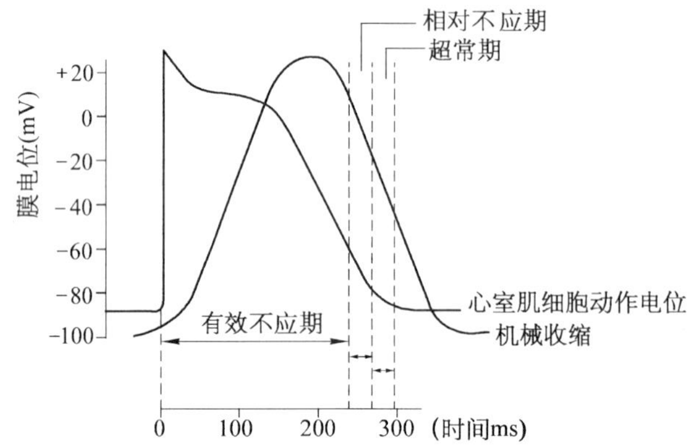

图4－11　心肌细胞动作电位期间兴奋性变化与机械收缩关系

（2）相对不应期　有效不应期过后，当膜电位复极至－60～－80 mV期间，给予大于阈强度的刺激，可以产生扩布性兴奋，这一时间称为相对不应期。但此时所引起的动作电位，其0期去极化速度慢，幅度小，说明此期心肌细胞Na^+通道逐渐恢复，但开放能力尚未达到正常水平。

（3）超常期　相对不应期过后，膜电位从－80 mV到－90 mV，在此期给予低于正常阈强度的刺激，也能引起扩布性兴奋，这段时间称为超常期。此期内Na^+通道已基本复活到备用状态，膜的静息电位水平接近阈电位，故兴奋性较高。但因膜电位尚未达到静息电位水平，所以，产生的动作电位0期去极化速度和幅度较正常为小。

2. 期前收缩与代偿性间歇　实验或病理情况下，在有效不应期后，窦房结的兴奋传来之前，心室肌细胞受到人工或异位起搏点传来的刺激时，便可发生一次兴奋和收缩。由于这次兴奋和收缩是在窦房结正常兴奋传来之前发生的，所以，分别称为期前兴奋和期前收缩。期前兴奋同样也有自己的有效不应期，当下一次窦房结的兴奋传来时，恰好落在期前兴奋的有效不应期内，不能引起心室肌兴奋和收缩，因而出现一次较长时间的舒张期，称为代偿性间歇（图4－12）。

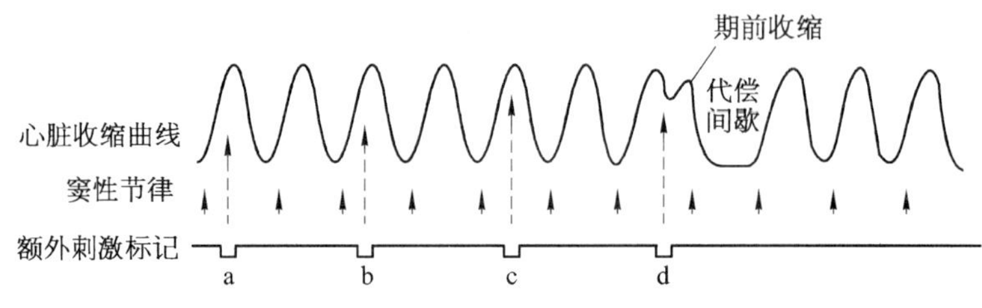

图4－12　期前收缩与代偿性间歇

额外刺激a、b、c落在有效不应期内，不引起反应；额外刺激d落在相对不应期内，引起期前收缩和代偿间歇

3. 影响心肌兴奋性的因素 影响心肌兴奋性的因素有以下两个方面。

(1) 阈电位水平 如果静息电位(或最大舒张期电位)不变,而阈电位水平下移,则阈电位与静息电位之间的距离加大,引起兴奋所需的刺激阈值也将增大,则兴奋性降低;反之,在一定范围内两者之间的距离减小,引起兴奋的刺激阈值也将减小,则兴奋性升高。

(2) Na^+ 通道的状态 以快反应细胞为例,Na^+ 通道具有备用、激活和失活三种状态。通道处于何种状态,取决于当时的膜电位以及相关的时间进程。在静息电位为−90 mV 时,Na^+ 通道处于备用状态,细胞的兴奋性正常。这时若给予阈强度刺激,Na^+ 通道即可被激活,大量 Na^+ 内流导致动作电位的产生。Na^+ 通道激活后很快关闭,进入失活状态,而且暂时不能被激活,此时细胞的兴奋性降至零。等到膜电位复极化回到静息电位水平时,Na^+ 通道即完全恢复到备用状态,细胞的兴奋性也恢复正常。

(三) 传导性

心肌细胞传导兴奋的能力,称为传导性。心内的特殊传导系统和心房肌、心室肌都具有传导性。

1. 兴奋在心内传导的途径和特点 兴奋从窦房结发出后,即通过心房肌细胞之间的闰盘(缝隙连接)传导至左、右两心房。兴奋在窦房结与房室交界的传导是靠心房组织传导速度较快的优势传导通路进行的。兴奋在心房的传导速度为 0.5～1.0 m/s,兴奋传遍整个心房,引起心房肌收缩,约需 0.06 s。

兴奋从心房传到心室,必须通过房室交界,房室交界细胞的传导速度最慢,约为 0.02 m/s(结区),延搁时间较长,约为 0.10 s,这种现象,称为房-室延搁。然后兴奋由房室交界经房室束、左右束支及浦肯野纤维传向心室肌。兴奋通过房室交界后的传导速度再度加快。浦肯野纤维的传导速度约为 4.0 m/s,心室肌的传导速度约 1.0 m/s。兴奋从房室束传遍左右心室仅为 0.06 s。因此,使左右两心室的所有肌纤维几乎在同一时间进入收缩状态,形成同步收缩。

房-室延搁具有重要的生理意义:它使心房肌和心室肌不会发生同时收缩的重叠现象,即确保心房肌先收缩,而后心室肌再收缩。

兴奋在心内的传导途径如图 4-13。

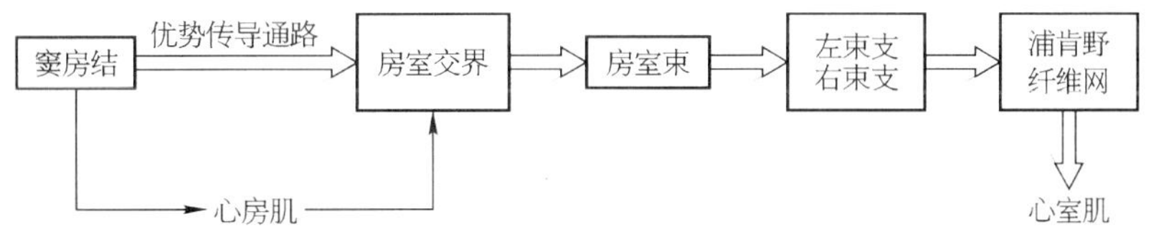

图 4-13 心内兴奋的传导途径

2. 影响心肌传导性的因素

(1) 结构因素 心肌细胞的直径是决定和影响心肌细胞传导性的主要结构性因素。心肌细胞的直径与细胞内的电阻成负相关,即直径愈小,电阻愈大,其局部电流相应较小,传导速度也较慢;反之,细胞直径愈大,则传导速度愈快。浦肯野纤维直径最大(约 70 μm),故传导速度最快;房室交界细胞直径最小(3～4 μm),故传导速度最慢。

(2) 生理因素 由于结构性因素是固定的,而生理因素的变动性较大,因而心肌细胞的电生理特性是影响心肌传导性的主要因素。

1) 动作电位 0 期去极化速度和幅度:心肌细胞兴奋部位动作电位 0 期去极化的速度愈快,局部电流的形成也愈快,促使临近未兴奋部位去极化达到阈电位水平所需时程愈短,兴奋在心肌细胞上传导的速度就愈快。此外,0 期去极化的电位幅度愈大,兴奋与未兴奋部位之间的电位差愈大,局部所形成的局部电流就愈强,其所扩布的范围也愈大,使传导速度加快;反之,0 期去极化速度慢和幅度小,则传导速度减慢。

2）临近未兴奋部位的兴奋性:兴奋在心肌细胞上的传导就是心肌细胞膜依次发生兴奋的过程。只有当临近未兴奋部位膜的兴奋性正常时,兴奋才能正常传导。如果临近未兴奋部位膜的静息电位与阈电位之间的差距加大,即兴奋性降低,此时膜去极化达到阈电位水平所需时间延长,故传导性降低;反之,临近未兴奋部位膜的静息电位与阈电位之间的差距减小,即膜的兴奋性升高,则传导性升高。

（四）收缩性

心肌的收缩机制与骨骼肌基本相同,但其收缩性有以下不同于骨骼肌的特点。

1. *不发生强直收缩*　心肌细胞兴奋时,兴奋性变化的特点是有效不应期特别长,相当于心肌机械活动的整个收缩期和舒张早期(见图 4－11),因此,在心肌收缩期内,不论再受到多强的刺激,均不能引起心肌的兴奋和收缩。故心肌不会像骨骼肌那样,发生强直收缩。这就使心肌始终保持收缩和舒张交替进行的节律性活动,从而保证心室有序的血液充盈和射血。

2. *"全或无"同步式的收缩*　心肌细胞之间有缝隙连接,电阻很低,兴奋很容易通过。因此,心肌细胞在功能上宛如一个合胞体。心肌细胞不兴奋则已,一旦某个心肌细胞发生兴奋,动作电位就可以通过缝隙连接的低电阻区,在心房或心室内迅速扩布,使全部心房肌或心室肌同步兴奋和收缩。

3. *对细胞外液 Ca^{2+} 依赖性大*　心肌细胞的肌质网不发达,终池贮 Ca^{2+} 少,故心肌兴奋-收缩耦联所需的 Ca^{2+} 除从终池释放外,一部分还需由细胞外液的 Ca^{2+} 转运进来(心室肌动作电位复极化 2 期的 Ca^{2+} 内流),因此,当血 Ca^{2+} 升高时,心肌收缩力增强;反之当血 Ca^{2+} 降低时,心肌收缩力减弱。

四、体表心电图

在每一个心动周期中,都是由窦房结产生动作电位,依次传向心房、心室,使全部心肌细胞都发生一次兴奋。这种兴奋的产生和传布而出现的生物电变化,其传布方向、途径、顺序和时间均有一定规律,是反映心肌各部位电生理活动的良好指标,故可作为临床诊断某些心脏疾病的依据之一。

由于人体是一个容积导体,所以,心内兴奋传布时所发生的电变化,可以传到体表。将心电图机的引导电极放置于体表一定部位,记录到心电变化的波形,称为心电图。

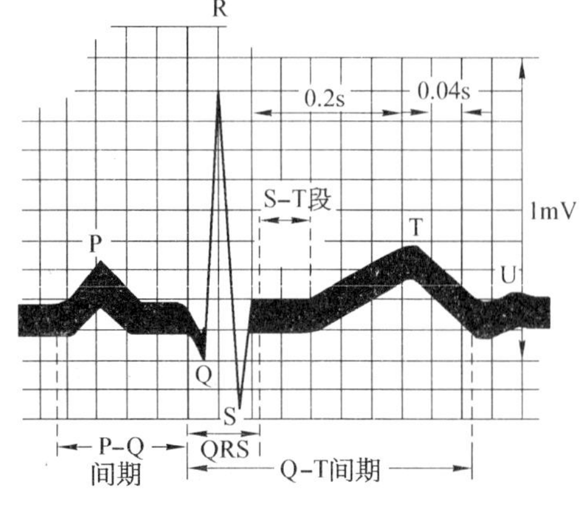

图 4－14　正常典型心电图

正常心电图是由 P 波、QRS 波群和 T 波以及各波段间代表时间的线段组成。偶尔在 T 波后还出现一个小 U 波。心电图各波的波幅表示电位值,以 mV 为单位。基线以上的波为正向波,基线以下的波为负相波。在常规操作中,记录纵线代表电位,每一小格相当于 0.1 mV,波宽表示时间,以秒(s)为单位。记录纸横线上每一小格,在纸速为 25 mm/s 时,相当于 0.04 s。

正常典型心电图的波形,时程及其意义如下(图 4－14)。

P 波:反映两心房的去极化过程。波形特征小而钝圆,历时 0.08～0.11 s,波幅不超过 0.25 mV。P 波图形的改变,可提示心房去极化过程的变化。

QRS 波群:反映两心室去极化过程的电位变化。典型的 QRS 波群包括三个紧密相连的电位波动:第一个向下的波为 Q 波,接着是高而尖峭的、向上的 R 波,最后是向下的 S 波。在不同导联中,这三个波不一定都出现,且波幅变化较大。QRS 波群历时0.06～0.10 s。若时间延长,表示心室肥厚、扩张或传导阻滞。

T 波:反映两心室复极化过程的电位变化。幅度一般为 0.1～0.8 mV,历时 0.05～0.25 s。在 R 波为主的导联中,T 波高度不应低于同导联 R 波的 1/10,T 波方向与 QRS 波群的主波方向一致。

P－Q 间期(P－R 间期):是指从 P 波开始到 QRS 波群起点之间的时间。正常值为 0.12～0.20 s。P－Q 间期表示窦房结兴奋经由心房、房室交界、房室束,传到心室并引起心室兴奋所经历的时间,也称为房室传导时间。P－Q 间期延长,表示房室传导阻滞。

Q－T 间期:是从 QRS 波群起点开始,到 T 波终点的时间。Q－T 间期表示心室去极化和复极化到静息电位所需的时间。Q－T 间期的长短与心率密切相关,心率加快,Q－T 间期将缩短;反之,心率减慢,Q－T 间期延长。正常心率时,Q－T 间期为 0.36～0.40 s。

S－T 段:是从 QRS 波群终点到 T 波起点间的线段。正常与基线平,代表心室复极化 2 期的电位变化,各部位之间无明显电位差。S－T 段若偏离正常基线,升高或降低超过一定范围时,表示心肌细胞缺血或损伤。

第三节　血管生理

血管可分为动脉、毛细血管和静脉三类。各类血管都有自己的结构特点,在血液循环中各自发挥着不同的生理作用。

一、各类血管的结构和功能特点

不论体循环或肺循环,由心室射出的血液都要流经由动脉、毛细血管和静脉串联构成的血管系统,然后返回心房,整个循环系统就是一个封闭的回路。各种血管之间的连接又构成复杂的网络。各类血管在整个循环系统中所处的部位不同,其功能亦各异,从生理功能上可将血管分为以下几类。

(一) 弹性贮器血管

这类血管是指主动脉、肺动脉主干及其发出的最大分支。由于这些血管的管壁厚,壁内含丰富的弹性纤维,故有可扩张性和弹性。当心室射血时,主动脉血压和肺动脉血压升高,一方面推动动脉内的血液向外周流动,另一方面主动脉和肺动脉扩张,容积增大,将一部分血液暂时贮存起来,缓冲收缩压,使其压力不至于过高;当心室舒张,停止射血,动脉瓣关闭时,动脉管壁弹性回缩,构成心舒期推动血液继续流动的动力,将贮存于其中的血液继续流向外周血管,并使其舒张压不至于过低。大动脉的这种功能称为弹性贮器作用。这种弹性贮器作用可使心室的间断射血,变为血管中连续流动的血流,并且可缓冲动脉血压的波动幅度。

(二) 阻力血管

这类血管是指小动脉、微动脉、微静脉和小静脉。其血管壁中的弹性纤维少,而平滑肌较多,特别是小动脉和微动脉富有平滑肌,收缩性较好。通常血管平滑肌的舒缩活动可以改变血管的口径,从而改变血流阻力。由于小动脉和微动脉中血流速度较快,口径又小,因此阻力很大,故称为阻力血管。此类血管口径的改变,可调节血流阻力,影响血压和控制微循环的血流量。

（三）交换血管

这些血管是指毛细血管网，其血管数量较多，口径很细，血流速度很慢。又由于血管壁薄，只有一层内皮细胞，其外层有一薄层基膜，因此，通透性很好，是血液与组织液间进行物质交换的场所。

（四）容量血管

这类血管是指静脉。与相应的动脉比较，其数量多，口径大，管壁薄，故容量大而且有较大的可扩张性。静脉内有较小的压力变化，就可以引起容量变化。在安静时，循环血量的60%～70%容纳在静脉内。因此，静脉在血管系统中起着血液贮存库的作用。

二、血流量、血流阻力和血压

血液在心血管中流动时，涉及一系列血流动力学问题，其中最基本的是血流量、血流阻力和血压以及它们之间的关系。

（一）血流量和血流速度

血流量(Q)是指单位时间内流过血管某一横截面的血量，也称为容积速度，通常以毫升/分(ml/min)或升/分(L/min)为单位。整个循环系统的血流量就是两个心室的总输出量，对于一个器官来说，单位时间内流过某一器官的血流量就是该器官的血流量。不论是心输出量还是器官血流量，都与动静脉两端压力差(ΔP)成正比，而与血流阻力(R)成反比。其关系式如下：

$$Q = \frac{\Delta P}{R}$$

血流速度是指单位时间内血液中的一个质点在血管内移动的距离，也称为线速度，通常以毫米/秒(mm/s)或米/秒(m/s)为单位。血液在血管内流动时，其流速与血流量成正比，与血管总横截面积成反比。因此，血液在主动脉中流速最快，在总横截面积最大的毛细血管中流速最慢。

血流速度还与血流方式有关。血管内血流方式有层流和湍流两种方式。

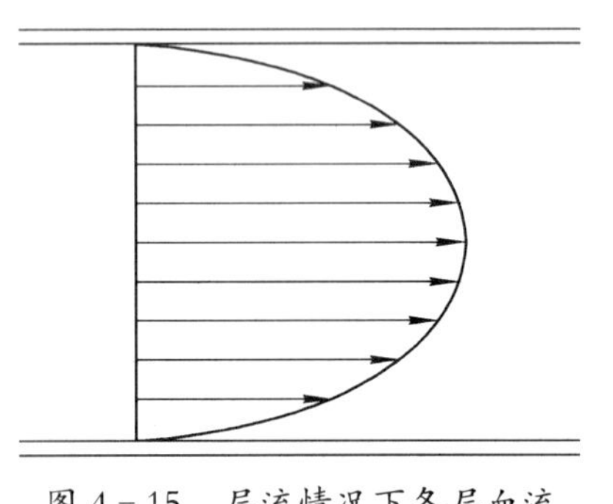

图 4-15　层流情况下各层血流速度示意图

1. *层流*　血液在血管中稳定流动时，血液中各个质点流动的方向是一致的，与血管长轴平行。但各个质点的流速不同，在血管轴心处流速最快，越靠近管壁流速越慢。流动血液的血细胞浓度也是越靠近轴心处越高(图 4-15)。图中各箭头表示血流方向，箭头长度表示流速大小，在血管的纵剖面上各箭头的连线形成一抛物线。在这种情况下，血流量与血管两端的压力差成正比。

2. *湍流*　当血流速度加快到一定程度时，正常层流情况即被破坏，血流中各个质点流动的方向不再一致，出现湍流。湍流是一种不规则流动状态。当血液黏滞度过低，血管内膜表面粗糙，以及血流受到某种阻碍或发生急剧转向等情况下，也容易发生湍流。在病理情况下，如房室瓣狭窄，主动脉瓣狭窄以及动脉导管未闭等，均可在体表(胸部)听到湍流引起的特殊的心杂音。湍流也可以使血小板离开血管轴心靠近管壁，增加了血小板与血管内膜的接触和碰撞的机会，使血小板容易黏附在血管内膜上而形成血栓。

（二）血流阻力

血流阻力(R)是指血液在血管中流动时所遇到的阻力。它来自血液成分之间以及血液与血管壁之间的摩擦力。血流阻力的大小与血管长度和血液黏滞度成正比，与血管半径的4次方成反比。

生理情况下，血管的长度、血液黏滞度的变化很小，故血流阻力主要取决于血管口径。血管半径稍有变化，血流阻力便会发生很大变化。由于体内小动脉、微动脉口径较小，又易受神经、体液因素的影响而改变，所以，小动脉、微动脉对血流阻力的影响较大，将来自小动脉、微动脉、毛细血管和小静脉的血流阻力，称为外周阻力。机体对各器官的血流分配的调节，主要是通过控制各器官阻力血管的口径进行的。

(三) 血压

血压(P)是指血液对单位面积血管壁的侧压力，即压强。在不同血管内被分别称为动脉血压、毛细血管血压和静脉血压。按照国际标准计量单位规定，压强的单位为帕(Pa)，因 Pa 的单位较小，故血压单位常以千帕(kPa)表示。在我国由于长期以来人们用水银检压计测量血液，所以习惯上用水银柱的高度即毫米汞柱(mmHg)表示血压的数值。千帕与毫米汞柱的换算关系是 1 mmHg＝0.133 kPa。静脉血压的数值较小，也可以用厘米水柱(cmH_2O)表示，1 cmH_2O＝0.098 kPa。

血液在流经大动脉、中小动脉、毛细血管、静脉系统至右心房时，由于不断克服阻力，血压逐渐降低。因此，不同部位血管内的血压数值不同。大、中动脉的血压最高；小动脉、微动脉的血压下降最显著(图 4－16)；至腔静脉、右心房时，血压已接近 0 值。

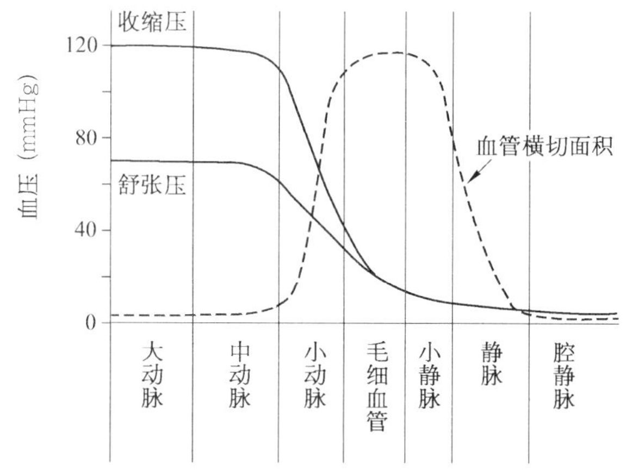

图 4－16 血管系统各段血压、血管横切面积示意图

三、动脉血压与动脉脉搏

通常所说的动脉血压是指主动脉的血压。因为在大动脉中的血压降落很少，故通常在上臂测得的肱动脉血压代表主动脉血压。

在每个心动周期中，动脉内的压力和容积发生周期性的变化，导致动脉管壁的周期性搏动，称为动脉脉搏。

(一) 动脉血压的正常值及其稳定的生理意义

1. 动脉血压　在一个心动周期中，动脉血压随心室收缩与舒张发生规律性的波动。心室收缩时，动脉血压升高，所达到的最高值，称为收缩压；心室舒张时，动脉血压下降，所降到的最低值，称为舒张压；收缩压和舒张压之差值，称为脉搏压，简称脉压。它反映动脉血压波动的幅度。在一个心动周期中，动脉血压的平均值，称为平均动脉压。它的数值大致等于舒张压与 1/3 脉压之和。

正常人安静时，动脉血压较稳定，变动幅度较小。根据我国 1999 年资料，正常成年人的收缩压小于 120 mmHg，舒张压小于 80 mmHg，为理想血压；收缩压小于 130 mmHg，舒张压小于

85 mmHg，为正常血压；收缩压在 130～139 mmHg，舒张压在 85～89 mmHg，为血压的正常高限，超过正常高限即为高血压。若收缩压持续低于 90 mmHg，则认为是低血压。

动脉血压的数值随年龄、性别、体位和生理状态而改变。新生儿血压较低，收缩压仅 40 mmHg 左右，出生后 1 个月末可达 80 mmHg。以后收缩压持续上升，到 12 岁时约为 105 mmHg。在青春期收缩压又较快升高，17 岁的男青年，收缩压可达 120 mmHg。青春期后，收缩压随年龄增长而缓慢上升，至 60 岁时，收缩压约 140 mmHg。在性别方面，女性在更年期前动脉血压比同龄男性的低，但更年期后，动脉血压会升高。体位改变，血压随之发生变动。直立或坐位时的血压低于卧位时，这是因为直立时重力作用使回心血量减少，从而引起心排血量减少所致。运动、劳动、兴奋或恐惧时血压可明显升高。

我国人不同年龄段的男女血压值，见表 4－1。

表 4－1　一项调查研究所显示的不同年龄段人体的正常血压(mmHg)

年龄	收缩压		舒张压	
	男性	女性	男性	女性
1 天	70	—	—	—
3 星期	77	—	—	—
3 个月	86	—	—	—
6～12 个月	89	93	60	62
1 岁	96	95	66	65
6 岁	94	94	64	64
10 岁	103	103	69	70
12 岁	106	106	71	72
14 岁	110	110	73	74
16 岁	118	116	73	72
18 岁	120	116	74	72
20～24 岁	123	116	76	72
25～29 岁	125	117	78	74
30～34 岁	126	120	79	75
35～39 岁	127	124	80	78
40～44 岁	129	127	81	78
45～49 岁	130	131	82	82
50～54 岁	135	137	83	84
55～59 岁	138	139	84	84
60～64 岁	142	144	85	85
65～69 岁	143	154	83	85
70～74 岁	145	159	82	85
75～79 岁	146	158	81	84
80～84 岁	145	157	82	83
85～89 岁	145	154	79	82
90～94 岁	145	150	78	79
95～106 岁	145	149	78	81

正常人保持动脉血压稳定，具有重要生理意义：一定水平的动脉血压对于推动血液循环、保持各器官的足够血流量非常重要。若血压过低，器官血流量供应不足，尤其是心、脑、肾等重要器官可因缺血造成严重后果；若血压过高，会增加心肌收缩的后负荷，久之，可导致心室代偿性肥厚、心室扩大，易发生心力衰竭。此外，血压过高，血管壁容易受损，如脑血管受损破裂则可造成脑溢血。

2. *动脉血压的形成*　心血管是一个封闭的管道系统，此系统中有足够动脉血量的血液充盈是形成动脉血压的前提。循环系统中血液充盈的程度可用循环系统平均充盈压来表示，这一数值的高低取决于血量和循环系统容量之间的关系。如果循环血量增多或血管容量减小，循环系统平均充盈压就升高；反之，如果循环血量减少或血管容量增大，循环系统充盈压就降低。动物实验时使狗心暂时停止射血，血管内血流也就停止，这时测得的充盈压约为 7 mmHg。人的循环系统平均充盈压估计接近这一数值。

在心动周期中，心室肌收缩，将血液射入主动脉，心室肌收缩所做的功，一方面成为推动血液流动的动力；另一方面也是血液对动脉管壁产生侧压力的能量来源。但是，如果仅有心室肌收缩做功，而不存在外周阻力，则心室肌收缩释放的能量将全部表现为动能，射出的血液将全部流至外周，因而不能使动脉血压升高。可见，动脉血压的形成，是心室肌收缩射血和外周阻力两者相互作用的结果。

大动脉管壁的弹性回位在动脉血压形成中也起重要作用。当心室收缩射血时，由于大动脉的弹性贮器作用以及外周阻力的存在，仅有 1/3 的射出血量流向外周，其余 2/3 暂时贮存于大动脉中，使大动脉血压升高，并使大动脉管壁弹性纤维被拉长而使管腔扩张。这样，心室收缩时释放的能量中有一部分以势能的形式被贮存在弹性贮器血管壁中。心室舒张时，射血停止，于是主动脉和大动脉管壁中被拉长了的弹性纤维发生回缩，将在心缩期中贮存的那部分能量释放出来，使舒张期动脉血压仍能维持一定高度，推动血液继续流动，不致因射血停止而中断。可见，大动脉管壁弹性对动脉血压具有缓冲作用，使收缩压不致过高，舒张压不致过低，而维持于一定水平。对血流的作用则是推动它在心舒期继续流动(图 4－17)。

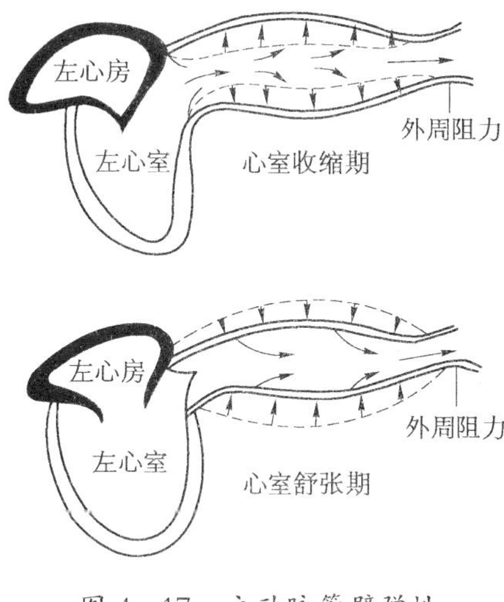

图 4－17　主动脉管壁弹性贮器作用示意图

3. *影响动脉血压的因素*　凡是与动脉血压形成有关的因素，都能影响动脉血压，如每搏量、心率、外周阻力、大动脉管壁弹性、循环血量和血管容量等。

(1) 每搏量　若每搏量增多，主动脉和大动脉内增加的血量就多，管壁所受的张力也就越大，致使收缩期血压明显升高。由于动脉血压升高，所以，血流速度就加快。假如此时心率和外周阻力不变，则大动脉内增多的血量大部分仍可在心舒期流至外周。故到心舒期末，大动脉内存留的血量即使比每搏量发生变化前有所增加，但也不会增加很多。因此，每搏量对动脉血压的影响，主要是使收缩压升高，而舒张压升高不明显，故脉压加大；反之，若每搏量减少，则主要是使收缩压降低，脉压减小。因此收缩压的高低主要反映每搏量的多少。

(2) 心率　在心率加快，而每搏量和外周阻力不变时，由于舒张期明显缩短，在心舒期内流向外周的血量减少，故在心舒期内存留的血量增多，从而使舒张压升高。由于动脉血压升高，可使血流速度加快，因此，在心缩期内仍有较多血液流至外周，故收缩压升高不明显，使脉压减小；反之，心率减慢时，舒张压下降的幅度比收缩压下降的幅度大，使脉压加大。

(3) 外周阻力　如心排血量不变而外周阻力增大时，动脉内血液流向外周的速度减慢，心舒期留在动脉内的血量增多，故舒张压升高。反之，当外周阻力减小时，则舒张压降低。因此，舒张期主要反映外周阻力的大小。原发性高血压的发病，主要是由于阻力血管口径变细小，而使外周阻力过高，因此，高血压病表现为舒张压升高明显。

(4) 循环血量和血管容量的比例　循环血量与血管容量相适应，才能使血管足够地充盈，产生一定的体循环平均充盈压。在正常情况下，循环血量与血管容量是相适应的，血管系统的充盈变化不大。但在大失血后，循环血量减少，如果血容量不变，则血压将会下降。此时应对患者进行输血或输液，恢复循环血量，才能使血压恢复正常。另外，在药物过敏或中毒休克的患者，全身小血管扩张，使血管容量增多，循环血量相对减少，也可导致血压下降。此时可用缩血管药物，使血管容量恢复正常，血压才能恢复。

(5) 大动脉管壁的弹性　如前所述，大动脉管壁的弹性贮器作用具有缓冲动脉血压的作用，即具有减小脉压的作用。大动脉管壁的弹性在短时间内不会有明显的变化，但老年人和动脉硬化者，动脉管壁组织变性硬化，缓冲动脉血压的作用减弱，可使收缩压升高，舒张压降低，脉压增大。如果老年人伴有小动脉硬化时，则收缩压和舒张压均升高。

在以上对影响动脉血压的各种因素的讨论中，为了便于分析，都是假设其他因素不变的前提下，讨论某一因素发生变化时对动脉血压的影响。但在完整机体内，这种情况几乎是不存在的。实际上，在各种不同的生理情况下，上述影响动脉血压的因素可同时发生改变。因此，在某种生理情况下，往往是各种因素相互作用的综合结果。图 4-18 是影响动脉血压的诸因素以及它们之间的关系。

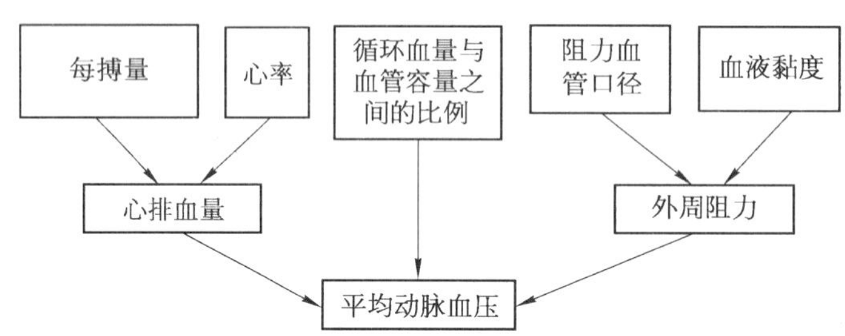

图 4-18　影响动脉血压的诸因素的相互关系

(二) 动脉脉搏

脉搏以波的形式沿着动脉管壁向远端传播，用手指在浅表动脉所在皮肤即可触及其搏动。脉搏的发生和传播有两个条件：一是心的舒缩活动；二是大动脉管壁的扩张性和弹性。

动脉脉搏的波形可因描记方法和部位的不同而异，但一般均包括一个上升支和一个下降支。下降支中间有一个小波，称为降中波，降中波左侧的切迹，称为降中峡(图 4-19)。

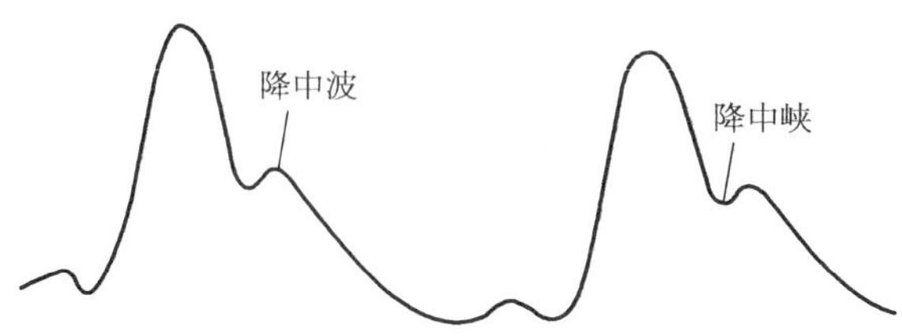

图 4-19　正常颈总动脉脉搏波形

上升支坡度较陡，中途并无停顿。它代表心室收缩时动脉管壁的骤然扩张。上升支的斜率和幅度受射血速度、心排血量、外周阻力和大动脉的扩张性等因素影响。当心排血量减少，射血速度减慢，外周阻力增大时，则上升支的斜度变小，幅度较低；反之，当心排血量增大，射血速度增快，外周阻力变小和大动脉扩张性变小时，则上升支较陡，幅度也大。

下降支代表心舒期脉搏的变化。当心室开始舒张时，由于心室内压突然下降，主动脉的弹性回位，使血液向心室方向倒流，与刚关闭的半月瓣碰撞而折返，形成相继出现的降中峡和降中波。

脉搏图下降支的形状大致可反映外周阻力的高低。若外周阻力高，则下降支前段坡度小，降中峡位置较高，降中峡以后的下降支坡度较陡；若外周阻力低，则下降支的下降速率较快，降中峡位置较低，降中波以后下降支的坡度较小，较为平坦。

脉搏波传布的速度远比血流速度快。主动脉内的血流速度仅为 20～30 cm/s；但脉搏波的传布速度在主动脉为 3～5 m/s，在大动脉为 7～10 m/s，到小动脉则加快到 15～35 m/s。若动脉管壁变硬，脉搏波的传布速度将更快，故老年人的脉搏波传布的速度比年轻人更快些。

四、静脉血压和血流

静脉与动脉比较，具有管壁薄、平滑肌和弹性组织较少、管腔较大、贮血量较多、血流缓慢等特征。作为容量血管的静脉，其主要功能是：一是将毛细血管网流来的血液送回心；二是管壁的扩张性大，容纳的血量较多，起着贮血库作用；三是静脉的收缩和舒张可使容积发生较大的变化，从而有效地调节回心血量和心排血量，以适应人体不同情况的需要。

（一）中心静脉压和外周静脉压

血液在血管中流动时，不断克服阻力，消耗能量，血压逐渐降低。通过静脉到达右心房时，血压降到最低值，接近于 0。胸腔内大静脉和右心房的压力，通常称为中心静脉压；中心静脉压的正常值在 4～12 cmH_2O。中心静脉压的高低取决于以下两个方面的因素。

1. 心肌的射血能力　如果心功能良好，能及时将回心血液射入动脉，中心静脉压就低；反之，心肌的射血能力减弱时，中心静脉压就高。

2. 静脉回流速度　如果静脉回流速度加快，中心静脉压即升高；反之，静脉回流速度减慢，中心静脉压就降低，故中心静脉压可反映心血管的功能状态。

中心静脉压的测定也可作为临床上补液量和补液速度的参考。如果中心静脉压偏低或有下降趋势，常提示输液量不足，需要继续输液；如果中心静脉压高于正常或有进行性升高趋势，则提示输液过多、过快或心功能不全。

外周静脉压是指各器官或肢体的静脉压。外周静脉压通常在平卧时以肘静脉为代表进行测定，正常值为 5～14 cmH_2O。当心功能减低，中心静脉压升高时，静脉回流减慢，较多血液滞留在外周静脉内，致使外周静脉压也升高。

（二）影响静脉回流的因素

单位时间内静脉回心血量取决于外周静脉压和中心静脉压的压差以及静脉对血流的阻力。故凡能影响外周静脉压、中心静脉压和静脉对血流阻力的因素，均能影响静脉回心血量。此外，由于静脉管壁薄、易扩张，静脉血流还受重力和体位的影响。

1. 体循环平均充盈压　体循环平均充盈压是反映血管系统内血液充盈程度的指标。血管系统内血液充盈程度愈高，则静脉回心血量愈多。当血量增加或容量血管收缩时，体循环平均充盈压升高，静脉回心血量增多；反之，当血容量减少或容量血管舒张时，体循环平均充盈压降低，静脉回心血量减少。

2. 心肌收缩力　心室肌收缩时，射血入动脉，心室肌舒张时则可从静脉抽吸血液进入心室。如果心肌收缩力量增强，则心室射血速度加快，射血量增多，室内压下降得较低，对心房及大静脉中血液抽吸力量增大，故静脉回心血量增多；反之，若右心衰竭，心室肌收缩力减弱，不能及时将回流的血液射入动脉，心舒期室内压升高，以致大量血液淤积于右心房和大静脉，使中心静脉压升高，静脉回流因而减少。此时患者可出现颈静脉怒张、肝脾肿大、下肢浮肿等体征。若左心衰竭时，则会引起肺循环高压、肺淤血和肺水肿。

3. 呼吸运动　胸膜腔内压低于大气压，称为胸膜腔内负压(详见第五章)。吸气时，胸膜腔负压增大，使胸腔内大静脉和右心房更为扩张，因而中心静脉压降低，使外周静脉压和中心静脉压之间的压力差增大，从而加速静脉回流；呼气时则相反，使静脉回流减少。

4. 骨骼肌的挤压作用　当人在直立情况下，进行下肢运动时，骨骼肌收缩，对肌肉中的静脉施加挤压作用，促使静脉回流加速。骨骼肌舒张时，虽然静脉受挤压作用消除，静脉压降低，但由于大静脉内壁上有静脉瓣，静脉血也不会倒流。因此，骨骼肌的节律性收缩和舒张，对下肢静脉血流起着"泵"的作用。跑步时，两下肢肌肉泵每分钟挤向心的血可达数升。故肌肉泵对于下肢静脉回流、降低下肢静脉压、血液淤积以及防止组织水肿等方面具有重要的生理意义。但是，如果肌肉不做节律性的舒缩活动，而是长久维持在收缩状态，则肌肉中的静脉长期受挤压，静脉回流反而减少。故长期站立工作的人，因不能充分发挥肌肉泵的作用，易引起下肢静脉淤血，乃至形成静脉曲张。

5. 重力和体位改变　静脉壁薄，易扩张，故静脉压易受重力影响。当体位由平卧转为站立时，由于重力影响，使心水平以下的容量血管扩张，可容纳 500 ml 血液，使静脉回心血量减少，此时循环血量大约减少 10%，引起动脉血压骤降，结果使脑、视网膜供血不足，可出现瞬间头晕、眼前发黑，甚至昏厥等现象。长期卧床的患者，表现尤为明显。体位改变对静脉回心血量的影响，在高温环境中更易出现。

五、微循环

微动脉与微静脉之间的血液循环，称为微循环。微循环的主要功能是运输营养物质到组织，并带走组织中的代谢产物。当微循环的功能发生障碍时，可引起组织功能衰竭和疾病。

(一) 微循环的组成和血流通路

机体各器官、组织的结构和功能不同，微循环的组成也不同。典型的微循环由微动脉、后微动脉、毛细血管前括约肌、通血毛细血管、毛细血管网、动-静脉吻合支和微静脉组成(图 4－20)。

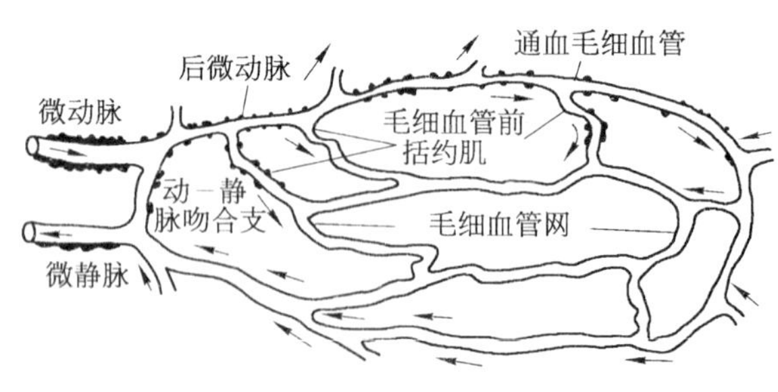

图 4－20　肌肉微循环模式图

微循环的血液通过三条途径从微动脉流向微静脉。

1. 直捷通路　血流经微动脉、后微动脉和通血毛细血管进入微静脉，这条通路称为直捷通路。该通路常见于骨骼肌中，途径短而直，血流阻力小，流速快，经常处于开放状态，但物质交换功能较小。主要功能是促使血液迅速通过微循环由静脉回心，以保证循环血量的恒定。

2. 迂回通路　血液经微动脉、后微动脉、毛细血管前括约肌，进入毛细血管网，然后汇入微静脉，这条通路称为迂回通路。该通路中毛细血管壁薄，通透性大，毛细血管数量多，迂回曲折，相互交错成网状，穿行于各细胞间隙以及血流缓慢等因素，所以，是血液与组织之间进行物质交换的主要场所，故此通路也称为营养通路。

3. 动-静脉短路　血液从微动脉直接经动-静脉吻合支流入微静脉，这条通路称为动-静脉短路。该通路血管壁厚，血流速度快，不能进行物质交换，所以又称为非营养通路。此通路多分布于人的手指、足趾、耳郭和鼻部等处的皮肤。其功能是参与体温调节。当环境温度升高时，此通路开放，皮肤血流量增加，皮肤温度升高，有利于散热；当环境温度下降时，该通路关闭，皮肤血流量减少，有利于保存体热。

（二）影响微循环血流量的因素

微循环血流量与微动脉和微静脉之间的血压差成正比，与微循环血流阻力成反比。由于在总的血流阻力中，微动脉的阻力起主要作用，故可把微动脉看作是微循环的总闸门，即微动脉的舒缩活动控制着微循环的血流量。毛细血管前括约肌的舒缩活动控制着毛细血管网的血流量，故也可把它看作是微循环的分闸门。由于微动脉和毛细血管前括约肌都位于毛细血管之前，所以，它们对血流的阻力统称为毛细血管前阻力。微静脉和小静脉所容纳的血量较多，这些血管的舒缩活动可改变毛细血管的后阻力。以致影响血液经毛细血管网流入静脉的血量，故将这部分血管看作是微循环的后闸门。由于微静脉和小静脉在毛细血管之后，所以，它们对血流的阻力统称为毛细血管后阻力。

小动脉、微动脉、微静脉和小静脉均受交感肾上腺素能血管神经支配。而后微动脉和毛细血管前括约肌则主要受体液因素的调节。肾上腺素、去甲肾上腺素和血管紧张素Ⅱ等体液因素可使血管平滑肌收缩。而组织细胞的代谢产物如二氧化碳（CO_2）、腺苷、乳酸及 H^+ 等可使血管舒张。

毛细血管的开放是交替进行的。安静时，肌肉中的毛细血管只有20%左右处于开放状态。一处的毛细血管关闭一段时间后，该处局部代谢产物增多，引起毛细血管前括约肌舒张，相应的毛细血管网开放。代谢产物被运走后，后微动脉和毛细血管前括约肌又收缩，使毛细血管网再关闭。如此反复，使得不同部位的毛细血管网形成交替开放和关闭的现象。每分钟交替5～10次。当组织代谢增强时，开放的毛细血管可增多。因此，微循环的血流量与组织代谢水平是相适应的。微循环血流量的调节如图4－21所示。

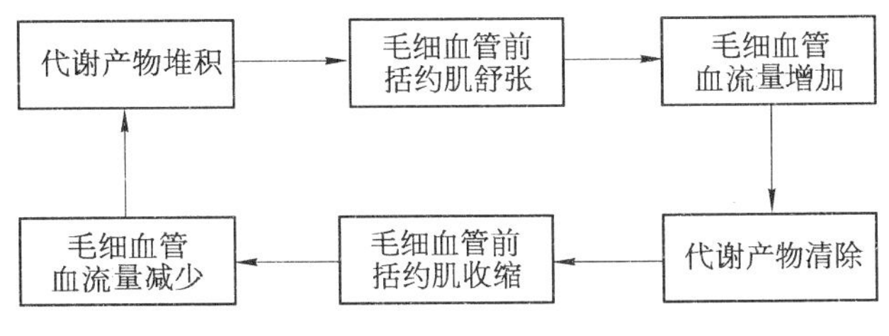

图4－21　肌肉微循环血流调节示意图

（三）血液与组织液之间的物质交换

组织细胞之间的空隙，称为组织间隙，其中充满组织液。组织细胞通过细胞膜与组织液进行物质交换。组织液与血液之间则通过毛细血管壁进行物质交换。因此，组织细胞与血液之间的物质交换需要通过组织液这个中间环节。血液与组织液之间的物质交换有以下几种方式。

1. 扩散　毛细血管内外液体中的物质分子，只要其直径小于毛细血管管壁的空隙，就能通过管壁进行扩散运动。扩散的速率与该溶质分子在血浆中与组织液中的浓度差、毛细血管壁对该物质分子的通透性、毛细血管壁的有效交换面积成正比，与毛细血管壁的厚度成反比。通过毛细血管壁的小孔进行扩散的物质有 Na^+、Cl^-、葡萄糖和尿素等。通过毛细血管内皮细胞进行扩散的物质主要有 O_2、CO_2 等脂溶性物质。

2. 滤过和重吸收　滤过是指液体由毛细血管内向组织液移动的现象；而重吸收则是指液体由组织液向毛细血管回流的现象。在滤过和重吸收过程中，液体中溶质分子也随之移出或进入毛细血管。血液与组织液之间通过滤过和重吸收的方式进行的物质交换，虽然仅占物质交换中的一小部分，但对于组织液的生成却有重要意义。

3. 吞饮　大分子物质如蛋白质，可通过吞饮方式，从毛细血管内皮细胞的一侧包围和吞饮入细胞内，形成吞饮小泡，运送至另一侧，再通过出胞作用排出细胞外，从而使被转运物质穿过整个内皮细胞。

六、组织液的生成、回流与淋巴循环

血浆中的液体经毛细血管壁滤过到组织间隙而形成组织液。组织液是组织细胞生存的内环境。由于组织液绝大部分呈胶冻状，不能流动，所以，组织液不会因重力作用而流到身体低垂部位。组织液也有一部分(1%)呈溶液状态，可以自由流动。自由流动的组织液与不能自由流动的组织液两者之间经常保持动态平衡。组织液中除蛋白质浓度低于血浆外，其他成分与血浆相同。

(一) 组织液的生成与回流

组织液的生成与回流是在毛细血管壁固有通透性的前提下的一种物理现象。在一段毛细血管是生成组织液，还是组织液回流入血液，取决于有效滤过压(图 4-22)。有效滤过压的公式如下：

有效滤过压＝(毛细血管血压＋组织液胶体渗透压)－(血浆胶体渗透压＋组织液静水压)

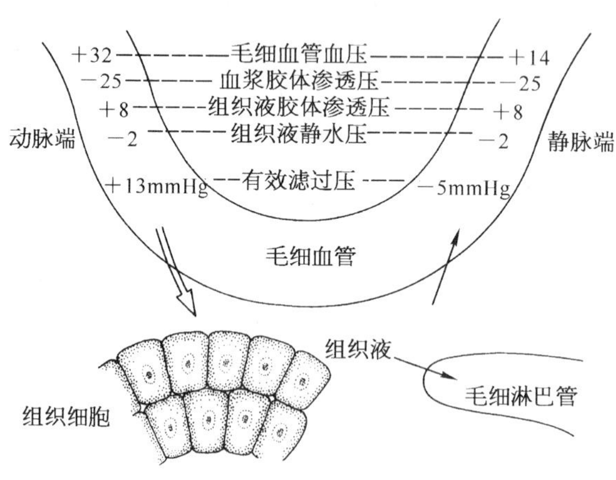

图 4-22　组织液生成与回流示意图

"＋"代表使液体滤出毛细血管的力量　"－"代表使液体吸收回毛细血管的力量

当有效滤过压为正值时，毛细血管内液体滤出，生成组织液；有效滤过压为负值时，组织液回流入毛细血管内。正常时人的毛细血管动脉端血压为 32 mmHg，静脉端毛细血管血压为 14 mmHg，血浆胶体渗透压为 25 mmHg，组织液胶体渗透压为 8 mmHg，组织液静水压为 2 mmHg。将上述数值分别代入公式，计算结果如下：动脉端有效滤过压为 13 mmHg，静脉端有效滤压为－5 mmHg。显然，组织液在动脉端不断生成，在静脉端不断回流。在毛细血管动脉端生成的组织液，大部分在静脉端重吸收入血液，不能由静脉端回流的少量(约 10%)组织液则进入毛细淋巴管，形成淋巴液，再由淋巴管汇入静脉，返回血液。

(二) 影响组织液生成与回流的因素

在正常机体，组织液生成与回流之间保持着动态平衡。如果这种平衡遭到破坏，如组织液生成过多，或回流减少，组织间隙就会有过多的液体潴留，发生组织水肿。

1. 静脉血压升高　全身或局部的静脉血压升高，可使微静脉和毛细血管静脉端的血压也升高，如果其他因素不变，则组织液回流减少，会引起组织水肿。全身性体循环静脉压升高的原因如右心室衰竭，局部性静脉压升高的常见原因如血栓阻塞性静脉炎等。

2. 血浆胶体渗透压降低　某些肾病患者大量血浆蛋白随尿排出；肝病患者，肝合成的血浆蛋白减少，都能使血浆渗透压明显下降，有效滤过压增大，组织液生成增多，导致水肿。

3. 毛细血管壁的通透性增大　在烧伤或过敏反应时，组织细胞释放大量组胺，使毛细血管壁通透性增大，血浆蛋白渗出到组织间隙，血浆胶体渗透压下降，而组织液胶体渗透压则升高，这两种因素均能使组织液生成增多，导致水肿。

4. 淋巴液回流障碍　淋巴液回流受阻(如恶性肿瘤、丝虫病等)，组织液积聚在受阻淋巴管以前部位的组织间隙中，形成局部水肿(如象皮肿)。

(三) 淋巴循环及其生理意义

1. 淋巴液的生成及回流　前已述及，从毛细血管动脉端滤过而生成的组织液，约有 10%进入淋巴管，形成淋巴液。故淋巴液的成分大致与组织液相同。毛细淋巴管的管壁由单层内皮细胞组成，管壁外无基膜，故通透性极高。相邻的内皮细胞边缘呈叠瓦状互相覆盖，形成只向管内开放的单向活瓣。组织液及悬浮于其中的微粒，如红细胞、细菌、蛋白质等可经活瓣进入淋巴管。毛细淋巴管具有收缩性，每分钟能收缩若干次，推送淋巴液向大的淋巴管流动。毛细淋巴管松弛时，淋巴液由于瓣膜作用而不能逆流。此外，内皮细胞还与组织中的胶原纤维相联系。当组织液增多时，可通过胶原纤维牵拉内皮细胞，使内皮细胞之间的缝隙扩大，促进组织液进入淋巴管内。此外，内皮细胞还有吞饮功能，这些特点都有利于组织液进入淋巴管(图 4-23)。淋巴液生成后，经淋巴系统最后又返回血液。

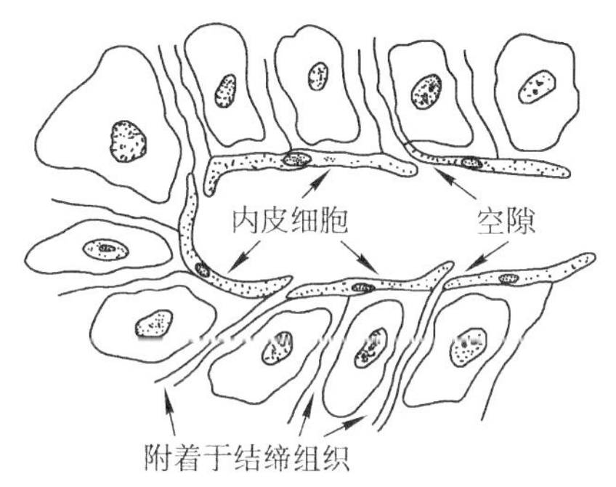

图 4-23　毛细淋巴管末端结构示意图

正常成年人安静时，每小时约有 120 ml 淋巴液进入血液循环。其中约有 100 ml 经胸导管，20 ml 经右淋巴管进入血液。粗略估计，每天生成的淋巴液总量为 2～4 L，大致相当于全身血浆的总量。因此，淋巴系统是血液循环的辅助管道。

2. 淋巴回流的生理意义

(1) 回收蛋白质　由毛细血管动脉端滤出的蛋白质，只能通过毛细淋巴管进入淋巴液，再回到血液。每天由淋巴液回收的蛋白质可达 75～200 g，从而使血浆蛋白浓度保持正常，同时也使组织液的蛋白质浓度保持较低水平。如果某一部位的淋巴管发生阻塞，则该处的组织可因蛋白质积聚而发生严重水肿。

(2) 运输脂类和其他营养物质　食物消化后经小肠黏膜吸收的营养物质，特别是脂类 80%～90%经淋巴管途径被吸收进入血液，因此，小肠的淋巴液呈乳糜状。

(3) 调节体液平衡　前已述及，淋巴液每天回流的量有 2～4 L，相当全身血浆的总量。故淋巴循环在调节血浆量和组织液量的平衡中起重要作用。

(4) 防御和免疫功能　当组织受损时就会有红细胞、细菌或异物进入组织间隙，这些物质可被回流的淋巴液带走。淋巴液在回流途中要经过多个淋巴结，在淋巴结的淋巴窦内有巨噬细胞，能将红细胞、细菌或其他微粒清除掉。此外，淋巴结还能产生具有免疫功能的淋巴细胞和浆细胞，参与机体的体液免疫和细胞免疫。

第四节　心血管活动的调节

随着机体内外环境的变化，机体不断地调节着循环系统的功能，以适应这种变化。这种适应性变化主要是通过神经调节和体液调节，对心搏频率、心肌收缩力、动脉血压和静脉回流量等方面做出相应调整的结果。

一、神经调节

心肌和血管平滑肌受自主神经的交感和副交感神经的双重支配。机体对心血管活动的神经调节是通过各种心血管反射实现的。

(一) 心血管的神经支配及其作用

1. *心的神经支配及其作用*　心接受心交感神经和心迷走神经双重支配。心交感神经可兴奋心的活动，而心迷走神经则抑制心的活动。两者对心的活动作用是相互拮抗又相互协调统一，共同调节心的泵血功能，与整体活动相适应。

(1) 心交感神经及其作用　心交感神经节前纤维来自脊髓胸段 1～5 节的中间外侧柱神经元，终止在星状神经节或颈交感神经节。节后纤维在心的附近形成心神经丛，支配心的窦房结、房室交界、心房肌和心室肌。心交感神经兴奋时，节后神经纤维末梢释放去甲肾上腺素，与心肌细胞膜上 β_1 受体结合后，导致心率加快、房室传导加快、心肌的收缩力加强。这些效应分别称为正性的变时作用、正性的变传导作用，正性的变力作用。

(2) 心迷走神经及其作用　心迷走神经节前纤维神经元位于延髓疑核和迷走神经背核，节前纤维下行进入心，在心内神经节换神经元，节后纤维支配窦房结、房室交界、房室束及其分支、心房肌及部分纤维支配心室肌。心迷走神经兴奋时，节后纤维神经末梢释放乙酰胆碱，与心肌细胞膜上的 M 受体结合，引起心率减慢、房室传导减慢和心房肌收缩力减弱。这种作用称为负性变时、负性变传导和负性变力作用。

2. *血管的神经支配及其作用*　支配血管的神经可分为两大类：一类是缩血管神经，另一类是舒血管神经。除毛细血管无神经支配外，绝大部分血管只接受交感缩血管神经支配，只有一部分血管接受缩血管和舒血管两类神经的支配。

(1) 交感缩血管神经　其节前纤维神经元位于脊髓胸腰段灰质的中间外侧柱，在椎旁或椎前神经节更换神经元。节后纤维末梢兴奋时释放去甲肾上腺素，与血管平滑肌上有 α 和 β_2 受体结合。去甲肾上腺素与 α 受体结合后，可引起血管平滑肌收缩；与 β_2 受体结合后，可引起血管平滑肌舒张。由于去甲肾上腺素与 α 受体结合的能力较与 β_2 受体结合的能力强，故缩血管纤维兴奋时的效应是收缩血管。

安静时交感缩血管纤维持续发放一定频率的冲动，称为交感缩血管紧张。这种紧张性活动使血管平滑肌保持一定程度的收缩状态。当交感缩血管紧张性增强时，血管平滑肌随之收缩，血管口径变小，血流阻力增大，血压升高；而当交感缩血管紧张性减弱时，血管平滑肌的收缩程度减弱，血管口径变大，血流阻力变小，血压下降。

(2) 舒血管神经　根据神经纤维来源，分为交感舒血管神经纤维和副交感舒血管神经纤维两类。

1) 交感舒血管神经纤维：这些神经纤维主要分布于骨骼肌血管上，常与交感缩血管神经纤维共存于神经干中。如果预先应用α受体拮抗剂阻断缩血管神经的作用，再刺激交感神经，则可引起骨骼肌血管的舒张效应。这类神经纤维在平时不表现出紧张性活动，只在情绪激动或准备做剧烈运动时才被激活而发放冲动，使骨骼肌的阻力血管主动舒张，导致血流量增加，以适应肌肉运动的需要。

交感舒血管神经纤维兴奋时，末梢释放的递质为乙酰胆碱，M型胆碱能受体拮抗剂阿托品可阻断其效应。

2) 副交感舒血管神经纤维：这类神经纤维主要分布于脑、舌、唾液腺、胃肠管消化腺和外生殖器的血管上。其节后纤维末梢释放的递质也为乙酰胆碱，与血管平滑肌上的M型受体结合后，使其舒张，局部血流量增加。副交感舒血管纤维的活动主要对所支配的器官组织的局部血流起调节作用，对循环系统总外周阻力的影响很小。

3) 脊髓背根舒血管纤维：皮肤的伤害刺激信号由一些无髓纤维传入脊髓。这些神经纤维在外周末梢处可有分支。当某处皮肤受到伤害性刺激时，感觉冲动一方面沿着传入纤维向中枢传导，另一方面可在末梢分叉处沿着其他分支到达刺激局部临近的微动脉，使其舒张，局部皮肤出现红晕。这种仅通过轴突外周部位完成的反应，称为“轴突反射”。实际上它并不符合反射必须有神经中枢参与这一定义的要求。背根舒血管神经纤维末梢释放的递质还不清楚。可能是组胺、ATP、P物质或降钙素基因相关肽。

(二) 心血管中枢

在中枢神经系统中，控制心血管活动的神经元集中的部位，称为心血管中枢。它分布在从脊髓至大脑皮质的各个部位。它们具有不同的功能，又互相密切联系，使整个心血管系统功能协调统一，又与整体活动相适应。

1. 延髓心血管中枢　延髓是心血管活动的基本中枢。它包括心血管交感中枢和心迷走中枢等。

(1) 心血管交感中枢　延髓腹外侧区在调节心血管活动中具有重要作用，是交感缩血管神经元和心交感神经元紧张性活动的起源部位，分别称为交感缩血管中枢和心交感中枢。刺激该处，能引起心血管活动增强的效应：心率加快、心肌收缩力增强、血管平滑肌收缩，血压升高。

(2) 心迷走中枢　延髓中的迷走神经背核和疑核是心迷走中枢的部位。刺激该处，可引起心活动抑制效应：心率减慢、心肌收缩力减弱和房室传导减慢。

心血管交感中枢和心迷走中枢之间可能存在交互抑制作用(图4-24)。正常人在安静时，心迷走紧张性较高，因而心率较窦房结自身的兴奋频率慢，维持在每分钟75次左右；而在情绪激动或运动时，心血管交感中枢紧张性占优势，心率加快，血压升高。

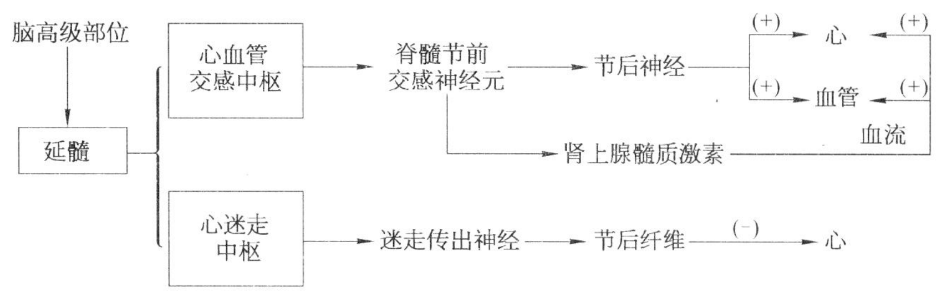

图4-24　延髓心血管中枢作用示意图

2. 延髓以上心血管中枢 在完整机体延髓心血管中枢并不是独立地完成心血管反射的，而是在延髓以上高级中枢的控制下，对心血管活动进行整合调节。所谓整合是指把许多不同的生理反应统一起来，构成一个完整的互相配合的生理活动或过程。延髓以上的脑干、下丘脑、小脑以及大脑皮质都存在与心血管活动有关的神经元，它们对心血管活动和其他生理功能进行协调。在动物实验中看到：电刺激下丘脑前部一个小区域，可诱发迷走神经活动增强，交感神经抑制，出现心率减慢、外周血管舒张、血压下降等。大脑皮质运动区兴奋时，除引起骨骼肌收缩外，还引起骨骼肌的血管舒张。在人们日常生活中可以看到，情绪紧张时，心跳加快，血压升高。这就是大脑皮质高级神经活动对心血管系统控制的表现。

（三）心血管活动的反射性调节

机体内、外环境的各种变化可以被机体各种相应的内、外感受器所感受，通过反射引起心血管效应，以适应机体内、外环境的改变。

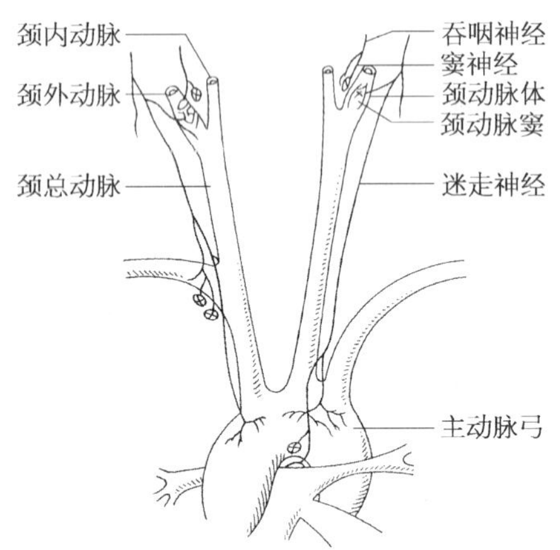

图 4-25 颈动脉窦、主动脉弓压力感受器示意图

1. 颈动脉窦和主动脉弓压力感受性反射 该反射的感受器位于颈动脉窦和主动脉弓（图 4-25）。颈动脉窦是颈内动脉靠近颈动脉分叉处略膨大的部分。在颈动脉窦和主动脉弓血管壁的外膜下，有丰富的感觉神经末梢，其末梢膨大呈卵圆形，分别称颈动脉窦压力感受器和主动脉弓压力感受器。动脉血压波动，可引起的血管壁扩张，牵拉这些感受器，发出传入冲动。当动脉血压升高时，传入冲动增多；动脉血压降低时，传入冲动减少。压力感受器在血压 60～180 mmHg 范围内变化时发挥作用；在 100 mmHg 左右时最敏感。颈动脉窦压力感受器传入神经纤维组成窦神经，经舌咽神经进入延髓；主动脉弓压力感受器的传入神经为主动脉神经，该神经混合在迷走神经内进入延髓（兔的主动脉神经自成一束，称为减压神经，在进入颅腔前并入迷走神经干）。颈动脉窦、主动脉弓的压力感受器的传入冲动进入延髓后，终止于孤束核及其邻近区域，换元后，进一步投射到包括延髓到下丘脑的脑干中的心血管神经元。降压反射的传出神经为心迷走神经、心交感神经和交感缩血管神经，效应器是心和血管。

颈动脉窦、主动脉弓压力感受性反射的调节过程如下：当动脉血压突然升高时，血管壁被扩张，颈动脉窦、主动脉弓压力感受器受刺激而产生传入冲动增多，冲动分别经窦神经和主动脉神经传入延髓及延髓以上心血管中枢，通过整合作用，使心迷走中枢兴奋增强，心血管交感中枢抑制，进而心迷走神经传出冲动增加，心交感神经和交感缩血管纤维的传出冲动减少，结果使心率减慢，心肌收缩力减弱，心排血量减少；血管扩张，外周阻力降低，血压回降到接近原来正常水平（图 4-26）。

故这种压力感受性反射又称降压反射；反之，当动脉血压突然下降时，上述的降压反射减弱，即压力感受器受到的刺激减少，发出的传入冲动也减少，引起心交感神经和缩血管神经传出的冲动增多，而心迷走神经传出冲动减少，结果使心率加快，心肌收缩力增强，心排血量增加；血管收缩，外周阻力增高，使血压回升。

颈动脉窦、主动脉弓压力感受性反射属于典型的负反馈作用机制，具有双向调节的能力。主要生理意义是对急骤变化的血压起缓冲作用，以维持动脉血压稳定，尤其在低血压时的缓冲作用更为重要；相反，对缓慢发生的血压变化不敏感。

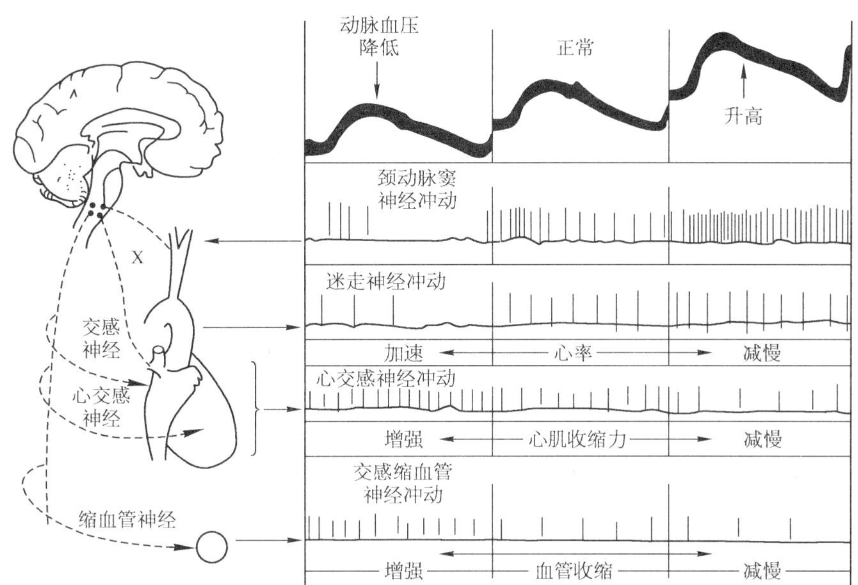

图 4-26 颈动脉窦压力感受器反射图

X:心迷走神经

2. 颈动脉体和主动脉体化学感受性反射 在颈动脉分叉处和主动脉弓下部都有一种球形小体，分别称为颈动脉体和主动脉体。这些小体中有感受血液中 CO_2 含量、O_2 含量以及 H^+ 浓度变化的敏感细胞和神经末梢，称为化学感受器。它们有丰富的血液供应。其传入神经也经舌咽神经和迷走神经进入延髓。当血液的氧分压降低、二氧化碳分压升高、H^+ 浓度增加时，刺激这些感受器，使其兴奋，传入冲动增多，经舌咽神经和迷走神经进入延髓，作用于呼吸中枢和心血管中枢。引起的效应是：呼吸增强、心率加快、血压升高。

化学感受器在平时有维持呼吸中枢紧张性的作用，但对心血管中枢无明显作用。只是在窒息、低氧、脑部供血不足而可能危及生命时增加循环系统的总外周阻力，使全身血量重新分配，以保证心、脑等重要器官的血液供应。

二、体液调节

体液调节是指血液和组织液中所含的化学物质对心血管平滑肌活动的调节。它包括全身性调节和局部性调节。全身性体液调节主要是内分泌腺所分泌的激素，通过血液运输，广泛作用于心血管系统；局部性体液调节是指一些组织代谢产物，主要作用于局部血管，对局部组织的血流量的调节作用。

(一) 全身性体液调节

1. 血管紧张素 血管紧张素是在肾球旁细胞分泌的肾素作用下，体内生成的一组血管活性物质(详见第八章肾的排泄)。血管紧张素有三种，其中最重要的是血管紧张素Ⅱ。其主要生理作用有以下几方面。

(1) 缩血管作用 血管紧张素Ⅱ直接作用于微动脉，使其收缩，升高血压。也能使容量血管静脉收缩，增加回心血量。

(2) 对交感神经的作用 促进交感神经末梢释放去甲肾上腺素(NE)，NE 与血管平滑肌上的 α 受体结合，使血管平滑肌收缩，升高血压。

(3) 对中枢神经的作用　在中枢神经系统中，存在对血管紧张素Ⅱ的敏感区，如在第四脑室后缘区给予微量注射血管紧张素Ⅱ，可使交感缩血管神经元的活动加强，从而使外周阻力增大，血压升高。

(4) 促进醛固酮的合成和分泌　血管紧张素Ⅱ可刺激肾上腺皮质球状带，合成和释放醛固酮，后者参与机体水盐代谢，增加循环血量。

血管紧张素Ⅲ的缩血管作用只有血管紧张素Ⅱ的1/5左右，但其刺激肾上腺皮质球状带合成和释放醛固酮的作用较强。

2. 肾上腺素和去甲肾上腺素　血液中的肾上腺素和去甲肾上腺素，主要是由肾上腺髓质分泌的。其中肾上腺素约占80%，去甲肾上腺素约占20%。而肾上腺素能神经纤维末梢释放的去甲肾上腺素，大部分被突触前膜所吸收或破坏，仅一小部分进入血液。

肾上腺素和去甲肾上腺素对心血管的作用既有共同之处，又各有特点。这是因为它们与不同的肾上腺素能受体的结合能力不同的缘故。

肾上腺素能与 α 和 β 两种受体结合。在心肌，肾上腺素与心肌上的 β_1 受体结合后，可使心肌收缩力加强，传导速度加快，心排血量增加。在血管，肾上腺素的作用取决于血管平滑肌的 α 受体和 β 受体的分布情况。在皮肤、肾、胃肠等器官的血管平滑肌上，α 受体数量占优势。肾上腺素与 α 受体结合后，使这些器官的血管收缩；而在骨骼肌、肝及心肌的冠状血管中 β_2 受体占优势，肾上腺素与 β_2 受体结合后，可使这些器官的血管扩张。故肾上腺素对总的外周阻力影响不大，而只表现在心肌的兴奋方面。因此，临床上常把肾上腺素作为心的兴奋药物使用。

去甲肾上腺素主要与血管平滑肌上的 α 受体和心肌上 β_1 受体的结合，而与 β_2 受体的结合力较弱。静脉注射去甲肾上腺素后，可使全身各器官的血管收缩，动脉血压升高。去甲肾上腺素与心肌的 β_1 受体结合，可兴奋心肌，使心的活动增强，心率加快。但在完整机体内，注射去甲肾上腺素后，血压明显升高，但心率减慢。这是由于血压升高后，通过压力感受器反射，使心率减慢，从而掩盖了去甲肾上腺素对心肌的直接兴奋效应。因此在临床上去甲肾上腺素常作为升压药使用。

3. 血管升压素　血管升压素是由下丘脑视上核、室旁核神经元合成，经下丘脑-垂体束运输到垂体后叶贮存并释放入血。在正常情况下，血管升压素不参与血压的调节，只有抗利尿作用(详见第八章　肾的排泄)，故又称为抗利尿素。但在大失血、失水和血压降低时，血管升压素分泌明显增加，使全身血管收缩，血压迅速回升。

4. 心房钠尿肽　是由心房肌细胞合成和释放的一类多肽。在心房受到牵拉扩张或摄入钠过多时，可引起其释放。心房钠尿肽的生理作用有：①使血管扩张，外周阻力降低；②使心的每搏量减少，心率减慢，心排血量减少；③作用于肾，使其利尿排钠增强，抑制肾近球细胞释放肾素以及抑制肾上腺皮质球状带释放醛固酮；④作用于脑，抑制血管升压素的释放。以上这些作用，均可导致体内细胞外液量减少，血压下降。

5. 前列腺素　是一种脂肪酸衍生物，几乎存在全身各种组织中。前列腺素(PG)有多种，其中PGE族、PGA族和 PGI_2 都有很强的舒血管作用，几乎能舒张所有的微动脉，使局部血流量增加和血压下降，尤其是 PGI_2 的作用更显著。机体在缺血、低氧、腺苷酸和缓激肽增加以及刺激交感神经时，均能刺激心肌产生 PGI_2，增加冠脉血流量。前列腺素的舒血管作用是直接作用于血管平滑肌，使之舒张。PGF族的作用却与上述 PGI_2 等相反，而是使微动脉收缩，减少局部血流量。在肺循环中，$PGF_{2\alpha}$ 有强大的缩血管作用，使肺的血流阻力明显增加。PGE_2 在肺也有增加肺血管阻力的作用，这与它在其他血管的舒血管作用不同。

前列腺素还能调节血管对儿茶酚胺的反应性。PGE、PGI_2 都能抑制血管对交感神经的反应性，而 $PGF_{2\alpha}$ 则能加强某些血管对去甲肾上腺素的反应性。当血管壁的张力增加时，可刺激组织生

成 PGI_2 和 PGE_2 等舒血管物质。如果这一机制减弱，血管平滑肌对交感神经及缩血管物质的反应性就增强。

(二) 局部性体液因素

组织细胞在活动时产生的某些物质，如激肽、组胺、前列腺素等，能使局部微血管扩张，血流量增加。

1. *激肽* 常见的激肽有缓激肽和血管舒张素两种。血管舒张素是血浆中的激肽原，在汗腺、唾液腺、胰腺以及血浆中激肽释放酶的作用下生成。血管舒张素在氨基肽酶的作用下，又可转变为缓激肽。以上这两种物质对血管都有强烈的舒张血管作用，使局部血流量增加，为以上各种腺细胞提供较多的代谢原料。另外，它们也能增加毛细血管壁的通透性。循环血液中的缓激肽和血管舒张素也参与对动脉血压的调节，使血管扩张，血压降低。

2. *组胺* 组胺是组氨酸脱羧生成的，广泛存在于皮肤、肺、胃肠黏膜的肥大细胞中。当上述组织受到损伤、发生炎症或过敏反应时，均能引起组胺的释放。组胺具有强烈的舒张血管作用，并能使毛细血管和微静脉管壁的通透性增加，导致血浆漏入组织，形成局部水肿。

第五节 心、肺、脑循环特点

体内每一器官的血流量既取决于主动脉血压与中心静脉压之间的压差，也取决于该器官阻力血管的舒缩状态。由于各器官的结构和功能不同，器官血管的分布也各有特点。本节主要讨论心、肺、脑的循环特点。

一、冠脉循环的特点

(一) 冠脉循环的解剖和血流特点

心肌的血液循环称为冠脉循环。其血液供应来自左、右冠状动脉。冠脉循环的特点如下。

1. *解剖学特点* 冠状动脉的许多分支垂直穿入心肌至心内膜下，并且在心内膜下方分支成网。这种分支方式使血管在心肌收缩时容易受到压迫。心肌的毛细血管非常丰富，通常每条心肌纤维都有一条毛细血管供血。但当心肌发生病理性肥厚时，毛细血管的数量不能相应增加，因此容易发生心肌缺血。

2. *血流特点* 冠脉循环的血流特点有以下两个方面。

(1) 冠脉血流量大、耗氧量多 在安静状态下，人的冠脉血流量每 100 g 心肌每分钟 60～80 ml。一个中等体重的人，总的冠脉血流量为 200～250 ml/min，占心输出总量的 4%～5%。剧烈运动时可增加 4～5 倍，冠脉血流量可增加到每 100 g 心肌 300～400 ml/min。

心肌收缩的能量来源于有氧代谢，心肌因连续不断地收缩，故耗氧量大。安静时每 100 g 心肌耗氧量每分钟 7～9 ml。动脉血经心肌的循环后，其中 65%～70%的氧被心肌摄取。运动或精神紧张时，心肌的耗氧量则会相应增加。

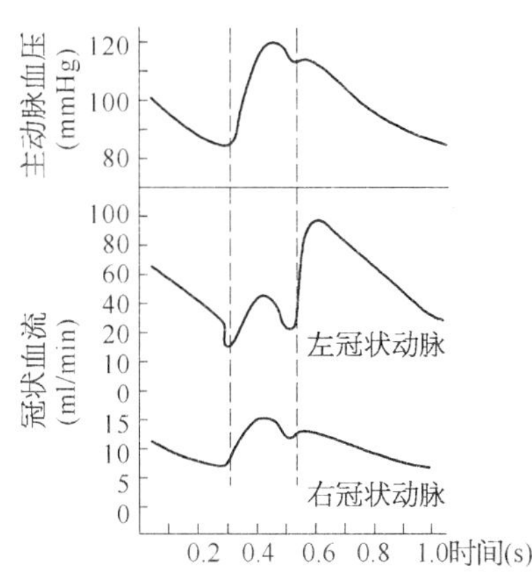

图 4-27 心动周期中，左右冠状动脉的血液变化情况

(2) 冠脉血流存在断续性 由于冠状血管分支垂直穿行于心肌之间，所以，心肌收缩时冠状血管受到挤压，使其血流阻力增大，因而血流量减少。特别是左心室，由于心肌较厚，血流量减少尤为显著(图 4-27)。在心舒期，冠状血管压

迫解除，血流阻力减小，血流量增多。而右心室，由于心室壁较薄，心肌收缩力量也较弱，心室肌的舒缩对冠脉血流量影响不大。

（二）冠脉血流量的调节

冠脉血管的舒缩状态，影响其血流量。冠脉血管收缩，血流量减少；冠脉血管舒张，血流量增加。冠脉血管的舒缩状态，又与心肌代谢水平成正相关。当心肌代谢增强，耗氧量增多时，冠脉血流量能增加至原来的五倍以上。此时冠脉血管扩张的主要原因是心肌代谢产物的作用，其中腺苷的作用最强。当心肌代谢率增高，氧分压下降时，心肌细胞内 ATP 分解为 ADP，后者在 5′-核苷酸酶作用下，分解产生腺苷。腺苷能透过细胞膜具有很强的舒血管作用。腺苷发挥作用几秒后即被破坏，故只能起局部舒血管作用，不会引起远隔部位血管舒张。其他体液因素，如 CO_2、H^+、乳酸等也可扩张冠脉血管，但均较腺苷为弱。

自主神经对冠状血流量的作用很小。

二、肺循环的特点

肺的血液供应有两个途径：一是肺循环，是指右心室射出的静脉血通过肺泡壁进行气体交换而成为动脉血，然后进入左心房的血液循环；二是体循环中的支气管循环，其功能是供给气管、支气管和肺的营养物质。两种循环在末梢部分有少量吻合。

肺循环的特点有以下几个方面。

1. 血流阻力小、血压低　肺动脉管壁薄，分支短而管径粗，故其扩张性较大，对血流的阻力小。肺动脉是一个低血压系统。人的肺动脉收缩压与右心室收缩压相同，平均为 22 mmHg，极受心功能影响。当左心功能不全时，常引起肺淤血和肺水肿，导致呼吸功能障碍。

2. 肺的血容量多、变动范围大　肺的血容量约为 450 ml，约占全身血量的 9%。由于肺组织和肺血管顺应性大，故肺的血容量变化范围较大。在用力呼气时，肺部血容量可减少至约 200 ml；而在吸气时，可增加至 1 000 ml。由于肺的血容量多，而且变动范围也较大，故肺循环血管也起贮血库作用。在失血时，一部分血液可以从肺循环转移至体循环，而起代偿作用。

3. 无组织液生成　肺循环的毛细血管血压仅 7 mmHg，血浆胶体渗透压约 25 mmHg，组织液生成的力量小于重吸收的力量，有效滤过压为负值，故正常时肺组织间隙无组织液存在。另外，有效滤过压为负值的另一个意义是还能使肺泡膜与毛细血管壁紧贴，有利于肺泡气和血液之间的气体交换。在某些病理情况下，如左心衰竭，肺静脉压升高，肺毛细血管血压也升高，因而可以产生肺水肿，气体交换也随之发生障碍。

三、脑循环的特点

脑循环功能主要是为脑组织细胞提供氧和排出代谢产物，以维持脑的内环境恒定，脑循环的特点有以下几个方面。

1. 血流量大、耗氧量多　安静时，每 100 g 脑组织的血流量平均为 50～60 ml/min，整个脑血流量约为 750 ml/min。而脑的重量仅占体重的 2%，但血流量却占心排血量的 15%左右。

安静时，每 100 g 脑组织耗氧量为 3.0～3.5 ml/min。即脑的耗氧量约占全身耗氧量的 20%。

2. 脑血流量变动范围小　脑位于骨质颅腔中，容积固定。颅内为脑组织、脑血管和脑脊液所充满，三者的容积总和也是固定的。由于脑组织和脑脊液是不可压缩的，所以脑血管舒缩受到相当限制，脑血流量变化很小。因此，脑的血液供应主要靠提高脑循环的血流速度。

3. 脑循环中存在血-脑脊液屏障及血-脑屏障　在毛细血管血液与脑脊液之间，存在有限制某些物质自由扩散的屏障,称为血-脑脊液屏障。在毛细血管血液与脑组织之间也存在有类似上述的屏障,称为血-脑屏障。这些结构特征对于物质在血液和脑组织之间的扩散,起着屏障作用,这对保持脑组织周围化学环境的稳定和防止血液中的有害物质进入脑内具有重要意义。

小结

心是血液循环的动力器官。心每收缩和舒张一次,构成一个心动周期,每分钟心动周期的次数称为心跳频率。心动周期分为心缩期和心舒期两期。在心缩期,室内压升高,房室瓣关闭,动脉瓣开放,将血液射入动脉。在心舒期,室内压下降,动脉瓣关闭,房室瓣开放,心房内血液纳入心室。心室每收缩一次射入动脉的血量称为每搏量。每搏量与心率的乘积称为心排血量。心排血量可依靠每搏量和心率增加而具备一定潜力,称为心力储备。

心肌细胞的兴奋来源于自律细胞的自动节律性。窦房结的自律性最高,是正常心跳的起搏点。心肌兴奋的本质是在心肌静息电位上产生的动作电位。心肌细胞的生理特性有自律性、兴奋性、传导性和收缩性。

心动周期变化的特征主要有心音和心电。分析心音的声学性质,心电图的波形、波幅和时间等指标,可以了解心瓣膜状态、心跳频率和节律、心肌兴奋性和传导性及其变化。

血压是血管内血液对血管壁的侧压力。动脉血压取决于心室肌收缩射血的动力、维持动脉血压的稳定,是保证组织血液供应的前提。凡能改变血流动力和阻力的因素都能影响动脉血的数值,如每搏量、心率、外周血管阻力、大动脉弹性和循环血量。

右心房和胸腔内大静脉的血压,称为中心静脉压。它的高低取决于心的射血能力和静脉回心血量之间的相互关系。影响静脉回流的因素有:循环系统平均充盈压、心肌收缩力量、体位改变、骨骼肌挤压作用及呼吸运动。

微动脉与微静脉之间的血液循环,称为微循环。微循环的主要功能是运输营养物质到组织,并带走组织中的代谢产物。微循环与组织之间的物质交换是通过组织液进行的。组织液循环的动力是有效滤过压、毛细血管的通透性和淋巴液回流三种因素。淋巴液回流的生理意义有:回收蛋白质、运输脂类和其他营养物质、调节体液平衡和防御及免疫功能。

心血管的基本调节中枢位于延髓,有心血管交感中枢和心迷走中枢两个效应相反的中枢。前者的效应是兴奋心血管,后者则是抑制作用。另外延髓以上的脑干、下丘脑、小脑以及大脑皮质都存在与心血管有关的神经元,它们对心血管活动进行整合调节。心血管调节中枢是通过颈动脉窦、主动脉弓感受器和颈动脉体、主动脉体化学感受器进行调节的。

交感神经兴奋刺激肾上腺髓质分泌的肾上腺素和去甲肾上腺素或在肾缺血时释放的肾素作用下生成的血管紧张素Ⅱ,可以加强心血管的活动而升高血压。

冠脉血流特点是血流量大、耗氧量多、冠脉血流因心肌舒缩而存在断续性。肺循环特点是血流阻力小、血压低、肺的血容量多、变动范围大。脑循环的特点是血流量大、耗氧量大、脑血流变化小以及脑循环中存在血-脑屏障。

实验一 人体心音听取

【实验理论依据和目的要求】

心音主要是由于心瓣膜关闭和血流撞击心室壁引起的振动所产生的。可在胸壁的一定部位上用听诊器听取。在一个心动周期中一般可听到两个心音，即第一心音和第二心音。第一心音的特点是音调较低，持续时间较长，它标志着心室收缩的开始；第二心音的特点是音调较高，持续时间短，它标志着心室舒张的开始。

通过本实验的学习，初步掌握心音听诊方法，了解第一心音和第二心音的特点和各瓣膜心音的听诊区。

【实验对象】

人。

【实验器材】

听诊器。

【实验步骤和观察项目】

1. 确定听诊部位　受试者解开上衣，面向亮处坐好。检查者坐在对面。肉眼观察或用手触诊受试者心尖搏动位置与范围是否正常。参照实验图，认清心音听诊的各瓣膜区(图 4－28)。

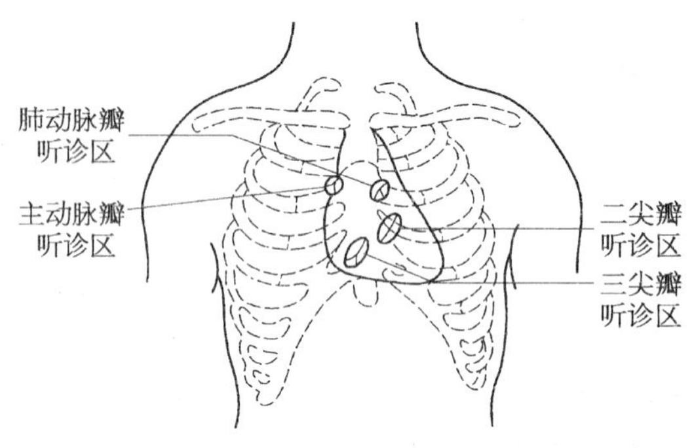

图 4－28　心音听诊部位

(1) 二尖瓣听诊区　左胸第五肋间锁骨中线内侧部位。

(2) 三尖瓣听诊区　胸骨体下端右缘，即胸骨右缘第四、五肋间。

(3) 肺动脉瓣听诊区　胸骨左缘第二肋间。

(4) 主动脉瓣听诊区　胸骨右缘第二肋间。

2. 听诊顺序　心音听诊的规范顺序是顺时针方向依次听诊，即从二尖瓣听诊区开始→主动脉瓣区→肺动脉瓣区→三尖瓣区。

3. 分辨第一心音与第二心音　根据两个心音的音调、持续时间和两者之间的间隔，仔细区分两个心音。分辨不清时可边听边用手指触摸心尖搏动或颈动脉搏动，与搏动同时出现的心音即为第一心音。比较各瓣膜区两个心音的强弱。

4. 测心率、心律　计算心率(次/min)及注意心律是否规律整齐等。

【注意事项】

(1) 室内要保持安静、温暖。

(2) 如果呼吸音影响心音听诊时,可嘱受试者暂停呼吸片刻。

(3) 听诊器胶管勿与衣物等摩擦、碰撞,以免影响听诊。另外,还要注意听诊器的胸件不要按压过紧或过松。

【思考题】

心音听诊部位与心瓣膜的部位是一致的吗?

实验二 人体心电图描记

【实验理论依据和目的要求】

心肌细胞在发生兴奋时,首先出现电位变化。这些电位变化通过心周围组织和体液传到全身,在体表按一定的引导方法,把这些电位记录下来,所记录的图形就称为心电图。心电图只能反映心肌兴奋的产生、传导和恢复过程的电变化,与心肌舒缩的机械变化无直接关系。

本实验目的是要求学生初步掌握心电图的描记方法,辨认正常心电图的波形,了解其生理意义和正常范围,学会心电图的测量和分析方法。

【实验对象】

人。

【实验器材和药品】

心电图机、分规、放大镜、导电糊、盐水、纱布等。

【实验步骤和观察项目】

1. 心电图描记操作步骤

(1) 心电图机准备 接好心电图机的电源线、地线和导联线。打开电源开关,预热 3~5 min。

(2) 受检者准备 受检者静卧检查床上,肌肉放松。裸露腕部、踝部、胸部,用酒精棉球擦净安放电极处皮肤,涂导电糊(或擦盐水),按导联线电极颜色不同分别将红、黄、绿、黑、白顺序连接于右腕、左腕、左足、右足和胸前不同部位。

(3) 开机描记心电图 调整心电图机放大倍数,以 1 mV 标准电压,使描笔恰好上抬 10 mm(10 小格)。纸速选择 25 mm/s 或50 mm/s。然后按压导联键,依次记录标准导联Ⅰ、Ⅱ、Ⅲ、单极肢体加压导联 aVR、aVL、aVF 和胸导联 V_1~V_6 共 12 个常用导联的心电图(图 4-29)。记录完毕,关机,切断电源,取下受检者身上各导联夹。

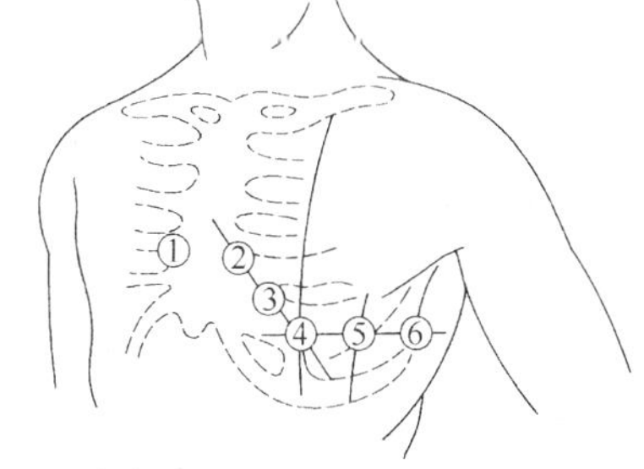

图 4-29 胸导联探查电极安放的位置

2. 填写心电图检查单 将心电图纸标明导联后,写上检测者姓名、性别、年龄、记录日期等。

3. 分析心电图 以标准Ⅱ导联为例,辨认 P 波、QRS 波群和 T 波;测量 P-P 或 R-R 间期,计算心率:纸速如为 25 mm/s 时,横格每小格代表 0.04 s,纵格每小格代表 0.1 mV。用分规测相邻的两个 R 波峰之间的间期(或两个 P 波之间的时间)按下列公式计算心率(次/min)。

心率 = 60/R-R 间期或心率 = 60/P-P 间期

4. 分析心率 在同一心电图中,各 R-R 间期相等为正常心律,若出现各 R-R 间期之间相差 0.12 s 以上,称为心律不齐。

用分规以同样方法测出P－Q间期、Q－T间期和S－T段，讨论是否正常。

【注意事项】

(1) 接好地线，以减少干扰。

(2) 室内温度适宜，避免寒冷战栗，以排除肌电干扰。

(3) 基线不稳或有干扰时，应排除后再进行描记。

【思考题】

心电图各导联的波形有何不同？为什么？

实验三　人体动脉血压的测量

【实验理论依据和目的要求】

人体动脉血压的测量，通常采用间接方法，即用血压计的袖带在上臂施加压力，根据血管音的变化来测定血压。

通过本实验学习，要求学生熟练掌握测量血压的方法。

【实验对象】

人。

【实验器材】

血压计、听诊器。

【实验步骤和观察项目】

1. 血压计结构　常用血压计有汞柱式、弹簧式两种，此外还有电子血压计。汞柱式血压计由检压计、袖套、充气球三部分组成。检压计玻璃管两侧标有刻度(分别是毫米汞柱和千帕)。玻璃管的上端与大气相通，下端与水银槽相通，水银槽又与袖带气囊相通，橡皮管与充气球相连，充气球上有螺丝帽作开关，关紧阀门时充气，袖带内压力上升，松开阀门时袖带放气减压。

2. 测量血压操作步骤

(1) 被检者体位　坐位或仰卧位，脱去一臂衣袖，将暴露的前臂平放在诊断台(或床)上，掌心向上，使前臂与心处于同一水平，捆缚袖带和充气；将血压计的袖带缠在前臂上，袖带下缘距肘关节应有 2 cm，松紧适宜；打开气球的螺旋帽，将袖带空气排空后拧紧。

(2) 放听诊器　在被检者肘窝稍下方，先用手指触摸动脉搏动的位置，然后手持听诊器胸件置于肱动脉搏动处测血压。挤压充气球，向袖带内缓缓充气加压至触不到肱动脉搏动，继续打气加压，驱使泵柱再上升约 20 mmHg，随之放松螺旋帽，徐徐放气使袖带减压，在汞柱缓缓下降过程中听诊，一旦听到第一次“崩崩”样的动脉音响时，检压计汞柱所指刻度，即收缩压。再缓缓放气，这时声音发生一系列变化，先由低而高，再由高突然变低变弱，直至消失。在由强突然变弱而消失的瞬间，血压计汞柱所显示刻度即代表舒张压。

测量完毕，及时放出袖带内的气体，并协助被测者整理衣袖，把血压计收拾好并同时记录收缩压、舒张压的数据。

【注意事项】

(1) 保持室内安静、温暖。测前被检者宜休息片刻，精神放松。

(2) 切忌把听诊器胸件塞于袖带底下进行测量血压，也不要将其压得太紧。

(3) 血压计的水银柱在测血压前，应在“0”点位置，与被检者右心房在同一水平位。

【思考题】

将全部同学的血压数值进行统计，男女同学血压有无差异？

实验四　人体无创性左心功能评定

【实验理论依据和目的要求】

无创性左心功能评定是在对人体无任何损伤的条件下，利用多导生理记录仪在体表同步记录心电图、心音图及颈动脉搏动图，测定左心室在心动周期各时期的时限，根据各时限的长短范围间接评定左心功能的方法。

通过本实验的学习，要求学生掌握无创性左心功能评定(心缩时间间期)各项指标的测定方法及其意义，对心室射血功能进行客观的评定。

【实验对象】

人。

【实验器材和药品】

生物信号记录仪、脉搏换能器、心音换能器、心电图导联线与电极、生理盐水或导电膏、75%酒精等。

【实验步骤和观察项目】

1. 仪器连接与测试　将心电图机、心音换能器、脉搏换能器与记录仪连好，并进行调试备用。

2. 记录　被检者仰卧位，将心电导联连接于四肢，选择标准Ⅱ导联，纸速 50 mm/s 或 100 mm/s，心音换能器置于二尖瓣区或主动脉瓣区，脉搏换能器置于颈动脉搏动明显处。开动仪器进行记录，描记 5～10 个心动周期。

3. 测量各时限　在测量各时限前，注明各波段符号。S_1 代表第一心音二尖瓣成分，S_2 代表第二心音主动脉瓣成分，Q 代表心电图 Q 波的起点(图 4 - 30)。

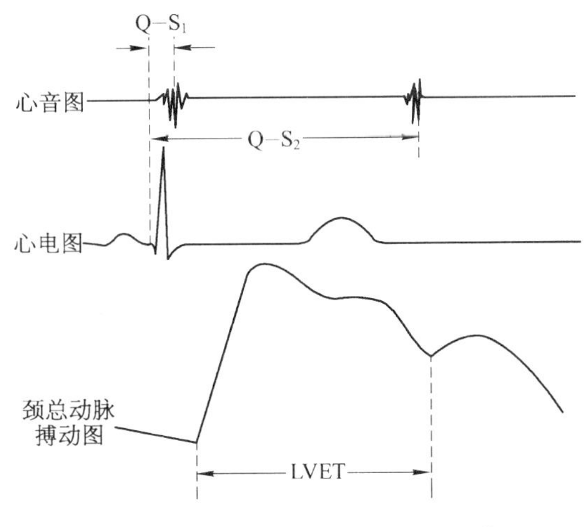

图 4 - 30　心缩时间间期(STI)示意图

(1) 左心室射血时间(LVET)　从颈动脉波上升支起点至颈动脉波降中峡之间的时间。

(2) 电-机械收缩时限(Q - S_2)　从心电图 Q 波起点至心音图主动脉瓣成分 S_1 的第一个高频搏动之间的时限。

(3) 射血前期时限(PEP) 电-机械收缩时限与左心室射血时限之比值,即

$$PEP=(Q-S_2)-LVET$$

(4) 等容收缩期(ICT) 是 PEP-($Q-S_1$)的时限。

(5) 判断左心收缩功能的指标 PEP、ICT 过长,LVET 过短以及 PEP/LVET 比值过大,均表示心室功能欠佳。心功能参考值及分级标准见表 4-2。

表 4-2 心功能正常值及分级标准

心功能等级	LVET(ms) 300.1±14.3	PEP(ms) 94.0±8.2	ICT(ms) 32.5±7	PEP/LVET 0.31±0.02
心功能正常(Ⅰ)	>310	<90	<35	<0.30
心功能大致正常(Ⅱ)	290~310	90~100	35~40	0.3~0.35
心功能可疑(Ⅲ)	270~290	100~110	40~45	0.35~0.4
心功能轻度不正常(Ⅳ)	250~270	110~120	45~50	0.40~0.45
心功能中度不正常(Ⅴ)	230~250	120~130	50~55	0.45~0.50
心功能重度不正常(Ⅵ)	<230	>130	>55	>0.50

【注意事项】

(1) 描记时令受试者吸气后憋住气,以保证颈动脉搏动图的稳定。

(2) 心音换能器启动后,禁止受试者说话、咳嗽或发出其他音响,避免打坏描笔。

【思考题】

为什么说可以通过分析心动周期中各期时限的长短来判断心功能?

实验五 蛙肠系膜微循环观察

【实验理论依据和目的要求】

微动脉与微静脉之间的血液循环,称为微循环。它是组织与血液之间进行物质交换的场所。蛙的肠系膜组织较薄而且透光,借助显微镜,很容易观察到微循环的血流特征,并且根据血管口径大小、管壁厚度、分支情况和血流特点等,区分微循环的各类血管。

通过本实验,要求学生了解血管系统外周部分小动脉、微动脉、毛细血管和微静脉中的血流情况,以及某些因素对微循环血管的舒缩活动的影响。

【实验对象】

蛙或蟾蜍。

【实验器材和药品】

蛙类手术器械、蛙板(有孔洞者)、显微镜、20%氨基甲酸乙酯、注射器、大头针、大烧杯、棉球、3%乳酸、0.01%组胺、0.01%去甲肾上腺素。

【实验步骤和观察项目】

1. 麻醉 取蛙一只,称重,用 20%氨基甲酸乙酯,按每克体重 2 mg 的量从皮下淋巴囊注射,10~15 min 后蛙被麻醉。

2. 固定 将蛙背位固定于蛙板上,四肢用大头针钉牢。

3. 手术　在蛙的腹部侧壁做一切口，轻轻牵拉出一段肠管，将肠系膜展开，并用大头针固定于蛙板的孔上。

4. 观察　将蛙板置于显微镜下进行观察。在低倍镜下观察并区分出小动脉、小静脉、毛细血管、各段血管中血流速度特征以及血细胞在血管内流动的情况。然后换高倍镜观察各种血细胞的形态。滴加3%乳酸2～3滴，观察血管有何变化？看到变化后用林格溶液冲洗两次。滴加0.01%去甲肾上腺素1滴，观察血管和血流有无变化？

【注意事项】

(1) 牵拉固定肠系膜时要轻柔、准确，以免损坏肠系膜。

(2) 注意不要使肠襻发生扭转而影响血液循环。

(3) 实验过程中要不断给肠系膜滴加林格溶液，保持肠系膜的湿润。

【思考题】

通过本实验说出小动脉、小静脉和毛细血管的区别有哪些？

实验六　哺乳动物心血管活动的调节

【实验理论依据和目的要求】

哺乳动物心血管活动的调节方式主要有神经调节和体液调节。心受交感神经和副交感神经节后纤维的支配，副交感神经通过颈迷走神经干入心。心交感神经兴奋的作用是正性的变率、变力、变传导作用，使心排血量增加，动脉血压升高。心迷走神经兴奋时的作用是负性的变率、变力、变传导作用，使心排血量减少，动脉血压下降。

绝大多数血管受交感节后纤维支配，兴奋时使血管平滑肌收缩，外周阻力增加，血压升高。此外，心血管活动的反射性调节中最重要的是颈动脉窦、主动脉弓压力感受性反射。家兔颈部除交感和迷走神经外，还有减压神经，该神经为单纯传入神经纤维。刺激减压神经的效应是心率减慢，心缩力减弱，小动脉舒张，血压下降。

体液调节的主要因素是肾上腺素和去甲肾上腺素。在实验时人为给了上述药物，观察其对心血管活动的作用。

通过本实验使学生了解直接测定哺乳动物(家兔)动脉血压的方法和观察迷走神经、交感神经、减压神经、肾上腺素、去甲肾上腺素、血容量等因素对心血管活动的影响，加深对心活动和动脉血压形成因素以及影响因素的理解，以及对心血管活动调节机制的理解。

本实验要求学生如实记录实验结果，根据实验结果，分析神经、体液因素对心和血管调节的影响。

【实验对象】

家兔。

【实验器材和药品】

兔手术台、哺乳动物手术器械、电刺激器、保护电极、二道生理记录仪(或生物信号记录仪)、血压换能器(或水银检压计)、动脉夹、三通管、铁支柱、双凹夹、注射器、有色丝线、纱布、棉花、20%氨基甲酸乙酯、肝素1 000 u、生理盐水、1∶10 000肾上腺素溶液、1∶10 000去甲肾上腺素溶液等。

【实验步骤和观察项目】

1. 仪器安装和调试

(1) 记录仪、换能器装置　按图4－31将生理记录仪、血压换能器、电子刺激器相连接并将换能器固定于铁支架上，血压换能器的一端连至记录仪的一个前置放大器的输入插孔，另一端通过三通管连动脉插管。然后，通过三通管向血压换能器注入生理盐水并向动脉管插管注入肝素250 u。血压换能器的位置应与心在同一水平。血压换能器一端连至记录仪的输入插管，另一端连至动脉插管。调试记录仪描笔至零，纸速 0.5～1 mm/s。

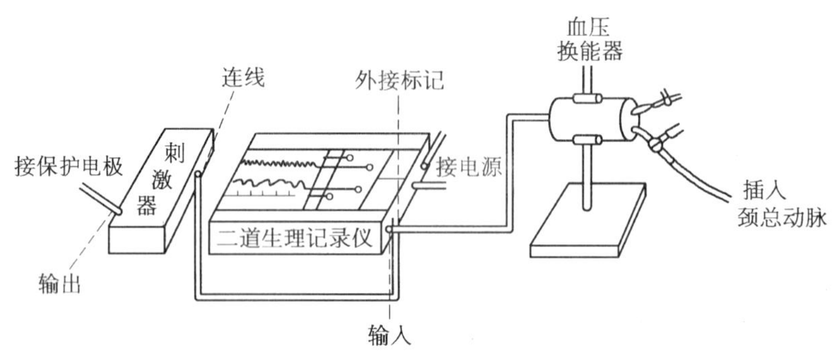

图 4-31　记录血压的二道记录仪及血压换能器

(2) 记纹器、水银检压计装置　安装好水银检压计和两个电磁标。水银检压计的零点应与家兔心在同一水平。水银检压计的两个侧管分别与动脉插管及加压瓶相连。通过打气球向瓶内打气，使瓶内 0.5%肝素生理盐水(预先配制)充满检压系统。然后夹闭检压计通向动脉插管的橡皮管，继续打气，使水银柱上升到 100 mmHg 左右，即夹闭检压计通向加压瓶的橡皮管。此时如检压计中水银柱高度稳定不变，则表明检压系统密闭性良好。两个电磁标应尽可能靠近，上面的与刺激器相连，做刺激标记，下面的与计时器相连，做时间标记。三支描笔的笔尖应在同一垂直直线上，时间标记笔尖所描画的线即代表血压的零线。记录时要使用慢鼓。

2. 动物麻醉及固定　由耳缘静脉注射 20%氨基甲酸乙酯，剂量为每千克体重 1 g，将兔麻醉，仰卧位固定于手术台上，充分暴露颈部，保持呼吸道通畅。

3. 分离和辨认颈部血管、神经　剪去颈部兔毛，沿正中线做一个 5～7 cm 长的切口，分离皮下组织、肌肉，暴露气管，做气管插管。将气管两侧肌肉拉开，即可在气管两侧找到颈总动脉、迷走神经、交感神经和减压神经，其中迷走神经最粗，交感神经较细，减压神经最细(图 4-32)。仔细分离左、右侧血管神经后穿线作为标记。

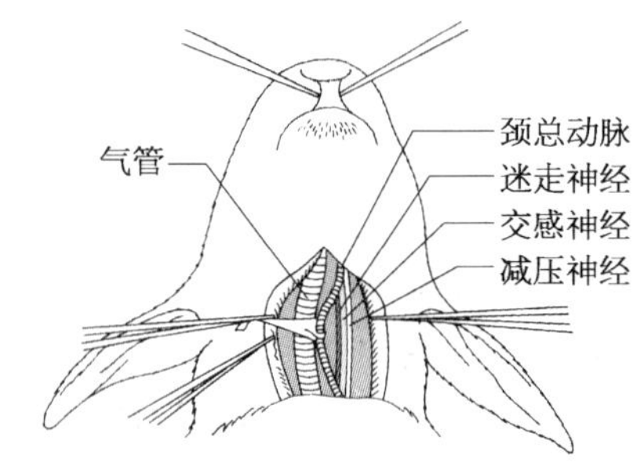

图 4-32　家兔颈部血管、神经毗邻关系

4. 动脉插管　将左侧颈总动脉下穿 2 根丝线备用。在动脉近心端夹一动脉夹，并结扎其远心端，间隔约 3 cm。在结扎线下方用眼科剪做一斜切口，但切勿剪断动脉。将动脉插管插入动脉内，并用丝线结扎固定于动脉插管的侧管，以防插管滑脱。检查各连接部位密闭性良好后，移去动脉夹，准备记录和观察血压。

5. 插心脏毫针　剪去家兔左胸部毛，在 3～4 肋间距胸骨左缘 0.5 cm 处或心搏动最明显处，将毫针(针灸用针)垂直插入胸腔约 2.5 cm 深，如见毫针随心搏而摆动时，说明毫针已插入心脏，否则重新插针。

6. 观察项目

(1) 观察正常血压和心搏曲线　开动记录仪或记纹器，记录血压和心搏曲线。

(2) 夹闭颈总动脉　用动脉夹夹闭右侧动脉 5～10 s，观察血压与心搏有何变化，并做刺激标记。

(3) 牵拉颈总动脉　向下沿动脉长轴牵拉左侧颈总动脉远心端的结扎线约 5 s，观察血压与心搏有何变化，并做刺激标记。

(4) 刺激减压神经　在左侧减压神经上套一保护电极，以中等强度连续刺激该神经，观察血压和心搏有何变化。再将右侧减压神经用两根线分别结扎远心端和近心端，并在中间切开，再用中等强度电刺激分别刺激远心端和近心端，观察血压和心搏变化有何不同？

(5) 刺激迷走神经　结扎右侧迷走神经并切断，用中等强度电刺激其近心端，观察血压和心搏有何变化？

(6) 刺激颈交感神经　首先观察和对比两耳血管网，可见双侧对称，血管口径基本相同。然后结扎并剪断左侧颈交感神经，对比两耳血管网有何变化？继而电刺激左侧交感神经外周端(头端)，观察对比血管网变化。

(7) 静脉注射肾上腺素和去甲肾上腺素　首先从耳缘静脉注射 1∶10 000 肾上腺素溶液 1～3 ml，观察血压、心搏变化。待其恢复后，再从耳缘静脉注射 1∶10 000 去甲肾上腺素溶液 1～3 ml，观察血压和心搏变化。

【注意事项】

(1) 每观察一项后，要等血压基本恢复到原来水平时，再进行下一项实验。

(2) 要保持动脉插管方向与动脉一致，手术要轻柔，避免拉伤血管、神经。

(3) 每次注射药物后，应立即用另一注射器注射生理盐水 1 ml，以防药液残留在针头内，影响下一药物的作用。

(4) 注意动物的保温。

【思考题】

(1) 以上各项实验结果与正常血压维持和调节有何关系？

(2) 夹闭一侧颈总动脉和牵拉一侧颈总动脉的结果有何不同，为什么？

第五章

呼　　吸

导学

了解：延髓、脑桥和大脑皮质对呼吸运动的调节作用。

熟悉：呼吸的概念及意义；肺通气量；肺泡气体交换；组织气体交换及影响气体交换的因素；氧的运输、氧解离曲线；二氧化碳的运输。

应用：肺通气的动力：呼吸运动及呼吸类型、胸膜腔内压、肺内压及人工呼吸；肺通气的弹性阻力和非弹性阻力；基本肺容积和肺容量；呼吸反射：化学感受性反射和肺牵张反射。独立完成人体肺通气功能测定试验，在教师指导下完成哺乳动物呼吸运动调节实验及胸膜腔负压测定。

机体在生物氧化过程中，细胞不断地消耗 O_2（氧气），并产生 CO_2（二氧化碳），因此，机体要不断从外界环境中摄取 O_2，并排出 CO_2，以维持内环境的相对平衡。机体与外环境之间进行的这种气体交换过程，称为呼吸。

在高等动物和人体，呼吸过程由以下三个相互衔接并同时进行的环节组成(图 5－1)。

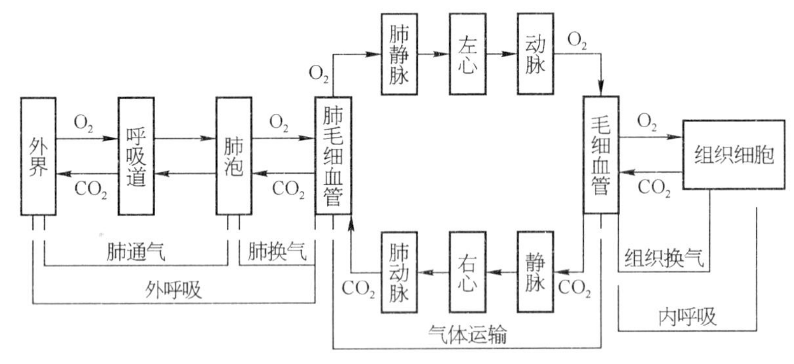

图 5－1　呼吸全过程示意图

1. 外呼吸(肺呼吸)　是指外界空气与肺泡之间的气体交换和肺泡气与肺毛细血管血液之间的气体交换过程，前者称为肺通气，后者称为肺换气。

2. 血液气体运输　血液把自肺吸取的 O_2 运送到组织细胞，同时把组织细胞产生的 CO_2 运送到肺，排出体外。

3. 内呼吸(组织呼吸)　是指组织细胞与组织毛细血管血液之间的气体交换过程。

呼吸是维持机体生命活动所必需的基本过程之一，一旦呼吸停止，生命便将结束。

第一节 肺 通 气

肺通气是指肺与外界环境间进行的气体交换过程。肺通气的结构由呼吸道、肺泡、胸廓和胸膜组成。气体进出肺取决于推动气体的动力与阻止气体流动的阻力之间的相互关系。动力必须克服阻力，才能实现肺通气。

一、呼吸道的主要功能

呼吸道无气体交换功能，但具有重要的通气功能和对机体的保护功能。

（一）通气功能

呼吸道最主要的功能是通气。它不仅是气流进出肺的简单通道，而且从气管到终末细支气管的管壁中都有平滑肌，其中以细支气管的平滑肌最为丰富。平滑肌的收缩、舒张可改变支气管的口径，进而调节气道阻力影响进出肺的气体量和气流速度。

（二）防御、保护功能

人体每天吸入的空气量达 10 000 L 之多，空气中含有大量微生物和其他有害的异物，它们都有导致肺部炎症或其他疾病的可能性。然而，正常人体可通过呼吸道的防御功能将其及时清除或灭活，从而保护机体免受损害。

1. 非特异性防御功能　非特异性防御功能包括：①鼻腔的鼻毛、鼻甲可阻挡和清除吸入空气中的异物。下呼吸道分泌的黏液和纤毛运动可将吸入的异物粘着并排出体外，起到清洁过滤作用；②由于上呼吸道黏膜血流丰富，并能分泌黏液，所以可使吸入气体加温、加湿，以减少对肺组织的不良刺激；③呼吸道分泌物中的溶菌酶、补体以及巨噬细胞等可杀灭吸入气中的微生物，起溶菌、杀菌作用；④若吸入气中的有害气体或粉末刺激呼吸道时，可反射性引起喷嚏或咳嗽，以清除刺激物。

2. 特异性防御功能　特异性防御功能包括：①在呼吸道吸入抗原时，可引起局部免疫反应，形成免疫球蛋白 A(IgA)。它具有凝集微生物、中和病毒和毒素的作用；②呼吸道在吸入抗原的作用下，可通过巨噬细胞激活淋巴细胞，引起全身性特异性免疫反应。

二、肺通气的动力

肺通气的直接动力是肺内压与大气压之间的压差。大气压通常是恒定的，而肺内压可随肺容积的变化而改变。肺容积的改变来源于呼吸运动，因此，肺通气的原动力是呼吸肌舒缩引起的呼吸运动。

（一）呼吸运动

呼吸肌收缩、舒张引起的胸廓节律性扩大、缩小，称为呼吸运动。它包括吸气运动和呼气运动。主要的吸气肌有膈肌和肋间外肌。主要的呼气肌有肋间内肌和腹肌。此外，还有胸锁乳突肌、斜角肌等辅助呼吸肌。人体在不同状态下，参与呼吸运动的呼吸肌也不相同，因而有以下不同的呼吸类型。

1. 平静呼吸　人体在安静状态下的呼吸运动，称为平静呼吸。平静呼吸时，呼吸频率为每分钟 12～18 次，主要由膈肌和肋间外肌有规律地收缩和舒张来完成。膈肌收缩时，膈顶下降，使胸廓上下径增大；肋间外肌收缩时，使胸骨和肋骨上举，胸廓的前后径和左右径增大。胸廓扩大，肺亦随之扩大，致使肺内压低于大气压，产生吸气；平静呼气时，膈肌和肋间外肌舒张，膈顶、胸骨和肋骨回到原位，使胸廓和肺相继缩小，致使肺内压高于大气压，产生呼气。可见，平静呼吸的特点是吸气是主动的，呼气是被动的。

2. 用力呼吸　人体在劳动或运动时，呼吸运动加深加快，称为用力呼吸。它与平静呼吸的不同点在于：用力呼吸时除膈肌、肋间外肌加强收缩外，还有胸锁乳突肌、斜角肌和胸大肌等辅助呼吸肌参加收缩，使胸廓进一步扩大，吸气量进一步增加。用力呼气时，除吸气肌舒张外，还有肋间内肌、腹肌等呼气肌的收缩，使胸廓和肺进一步缩小，呼气量进一步增加。因此，用力呼吸的特点是吸气和呼气运动都是主动的。

3. 胸式呼吸和腹式呼吸　以肋间外肌舒、缩活动为主引起的呼吸运动，主要表现为胸壁的起伏，称为胸式呼吸。以膈肌舒、缩活动为主引起的呼吸运动，主要表现为腹壁的起伏，称为腹式呼吸。正常人一般情况下呼吸呈胸式和腹式混合式呼吸。只有在胸部或腹部活动受限时，才可能出现单一的呼吸形式。如妊娠后期、大量腹水及腹腔巨大肿瘤时，膈肌活动受限，呈现胸式呼吸；胸膜炎、胸腔肿瘤及大量胸水时，胸部活动受限，呈现腹式呼吸。因此，临床上可通过观察呼吸类型，辅助诊断某些胸、腹部疾病的部位。

(二) 胸膜腔负压

呼吸运动时，胸廓的扩大和缩小之所以能带动肺的扩大和缩小，其原因是胸膜腔内压为负压的耦联作用。

胸膜腔是由壁层和脏层胸膜构成的密闭的潜在腔隙。正常时，胸膜腔内没有气体，仅有少量浆液，起润滑作用，以减轻呼吸运动时两层胸膜间的摩擦；而且液体分子之间产生的内聚力，使两层胸膜紧贴在一起，不易分开，从而保证肺可随胸廓的运动而张缩。

用与检压计相连的针头刺入胸膜腔内，直接测量得知，正常人在平静呼吸时，不论吸气和呼气时，胸膜腔内压均低于大气压而为负压(图 5-2)。

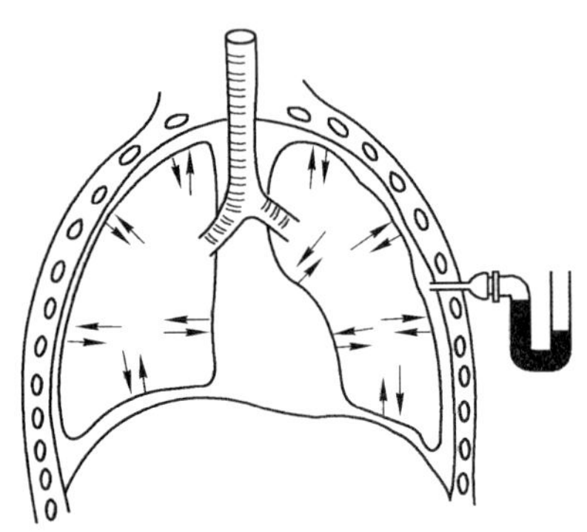

图 5-2　胸膜腔内压直接测量示意图

向外的箭头表示肺内压，向内的箭头表示肺回缩力

1. 胸膜腔负压形成的机制　胸膜腔内压之所以是负压，要从通过胸膜脏层作用于胸膜腔内的两种方向相反的力来分析，一是肺内压，二是肺的回缩力。吸气末或呼气末，气流停止，此时肺内压等于大气压，此压力通过肺作用于胸膜腔，使胸膜腔内压也等于大气压。然而，由于肺扩张后会产生回缩力，此力的作用方向恰好与大气压通过肺作用于胸膜腔的压力方向相反(图 5-2 两种箭头所示)，因而，实际作用于胸膜腔的力为两者的代数和，即：

$$胸膜腔内压 = 大气压 - 肺回缩力$$

若以大气压为 0 值计算，则：

$$胸膜腔内压 = - 肺回缩力$$

可见，胸膜腔内负压是由肺的回缩力形成的。既然胸膜腔负压是由肺的回缩力形成，故吸气时肺扩张，肺的回缩力增大，胸膜腔负压也增大，平静吸气末为 $-0.667 \sim -1.33$ kPa($-5 \sim -10$ mmHg)；呼气时，肺缩小，肺的回缩力减小，胸膜腔负压也减小，平静呼气时为 $-0.40 \sim -0.667$ kPa($-3 \sim -5$ mmHg)。

胸膜腔负压形成的原因，主要与肺和胸廓的自然容积不同有关。人体在生长发育过程中，胸廓生长的速度比肺快，胸廓的自然容积大于肺的自然容积，因此，从人出生后第一次呼吸开始，肺便被充气而始终处于扩张状态，胸膜腔负压形成并逐渐加大。即使在胸廓因呼气而缩小时，肺仍然处于扩张状态，只是扩张程度变小而已。因而，正常情况下，肺总是表现出回缩倾向，使胸膜腔内压为负压。

2. 胸膜腔负压的生理意义

胸膜腔负压具有以下重要的生理意义。

(1) 保持肺和小气道的扩张状态　胸膜腔负压对肺和小气道具有的牵拉作用，可使肺和小气道总是处于扩张状态而不至于萎缩，并可使肺能随胸廓的扩大而扩张。

(2) 有助于静脉血和淋巴液的回流　胸膜腔负压加大了胸膜腔内一些壁薄低压管道的扩张性而有利于静脉血和淋巴液的回流。

由于胸膜腔的密闭性是胸膜腔负压形成的前提，所以，当胸膜腔的密闭性遭到破坏时(如胸壁贯通或肺损伤累及胸膜脏层时)气体将顺压力差进入胸膜腔而形成气胸。此时胸膜腔内负压减小甚至消失，肺将因其本身的回缩力而萎缩。首先严重影响肺的通气功能，同时，胸腔内静脉血和淋巴液的回流也将受阻。最终可因呼吸、循环功能严重障碍而危及生命。

三、肺通气的阻力

肺通气的动力必须克服阻力，才能实现肺通气。肺通气的阻力有两种：①弹性阻力，包括胸廓弹性阻力和肺弹性阻力。它们是平静呼吸时的主要阻力，约占总阻力的 70%；②非弹性阻力，包括气道阻力、黏滞阻力和惯性阻力，约占总阻力的 30%。平静呼吸时的非弹性阻力主要是气道阻力。

(一) 弹性阻力

弹性阻力是指弹性组织具有对抗外力作用所引起的变形的力。胸廓和肺都是弹性组织，因此，它们对呼吸运动都具有弹性阻力。

在同等外力作用下，弹性阻力大的物体，变形程度小；弹性阻力小的物体，变形程度大。弹性阻力的大小一般用顺应性来表示。顺应性是指在外力作用下，弹性组织的可扩张性。容易扩张，顺应性大；不易扩张，顺应性小。因此，顺应性与弹性阻力成反比关系。即：

$$\text{顺应性}(C)=\frac{1}{\text{弹性阻力}(R)}$$

顺应性的大小通常用单位压力变化(Δp)所引起的容积变化(ΔV)来表示，单位是：升每厘米水柱(L/cmH_2O)。即：

$$\text{顺应性}(C)=\frac{\text{容积变化}(\Delta V)}{\text{压力变化}(\Delta p)}\ L/cmH_2O$$

胸廓和肺容积的变化可用肺量计测定，压力变化可分别测定胸廓和肺容积变化前后的跨胸壁压(胸壁外大气压与胸膜腔内压之差)和跨肺压(肺内压与胸膜腔内压之差)。经测算，正常人静态时胸和肺的顺应性均为 0.2 L/cmH_2O。在肺炎、肺水肿和肺纤维化等病理情况下，弹性阻力增大，肺的顺应性减小，肺不易扩张，引起呼吸困难；而肺气肿时，肺的弹性组织被破坏，弹性阻力减小，肺的顺应性增大，但因肺的回缩力减小，也会引起呼吸困难。胸廓的顺应性减小引起的通气障碍见于胸廓畸形、胸膜肥厚和肥胖等患者。

1. 肺弹性阻力与肺泡表面活性物质　肺弹性阻力来自肺本身的弹性纤维和胶原纤维的回缩

力以及肺泡液-气界面的表面张力产生的回缩力。前者仅占肺弹性阻力的 1/3,后者则占 2/3。

根据 Laplace 定律,$P = 2T/r$,式中 P 是肺泡表面张力所产生的回缩力,r 为肺泡半径,T 为肺泡表面张力。该公式表明,肺泡回缩力与 2 倍表面张力成正比,与肺泡半径成反比。当肺泡半径变小时,若表面张力不变,则肺的回缩力增大,这不仅使吸气阻力增大,且使肺泡萎缩的可能性也增大。当肺泡半径增大时,情况正好相反,即肺泡回缩力下降,吸气阻力减小,肺泡可能因过度扩张而破裂。同理,若两个大小相通的肺泡,其表面张力相同,则小肺泡回缩力大,大肺泡回缩力小,由于压差作用,小肺泡内的气体将流向大肺泡,从而使小肺泡趋于萎缩,大肺泡趋于膨胀[图 5-3(b)]。但实际情况并非如此,这是因为肺泡表面覆盖着一层表面活性物质的缘故。

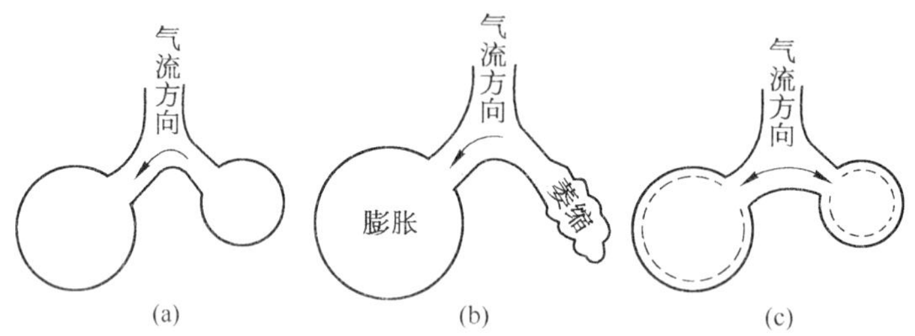

图 5-3 表面活性物质使连通的大小肺泡容积保持相对稳定

(a) 大小肺泡在无表面活性物质时,表面张力相同 (b) 为 a 的结果 (c) 大肺泡表面活性物质分布密度小,表面张力大;小肺泡表面活性物质排列密度大,表面张力小。大小肺泡容积相对稳定。

肺泡表面活性物质是由Ⅱ型肺泡上皮细胞分泌的一种脂蛋白混合物,主要成分是二棕榈酰卵磷脂。它以单分子形式覆盖在肺泡液体层表面,具有降低肺泡表面张力的作用。并且通过此作用产生以下三种生理效应。

(1) 降低吸气阻力,减少吸气作功　由于肺泡表面活性物质能有效降低使肺泡回缩的肺泡表面张力,使肺泡易于扩张,从而降低了吸气阻力,减少了吸气作功。

(2) 防止发生肺水肿　肺泡表面张力使肺泡缩小,可吸引毛细血管内液体渗入肺泡。但由于肺泡表面活性物质可减小肺泡表面张力对肺泡间质液体的抽吸作用,从而减少肺组织液生成量,防止发生肺水肿。

(3) 维持大小肺泡的稳定性　在大肺泡,其表面积较大,表面活性物质的分布比较稀疏,其降低表面张力的作用较小,从而使肺泡回缩力不至于过小;在小肺泡,其表面积较小,表面活性物质分布比较密集,其降低表面张力的作用较大,使肺泡回缩力不至于过大。因此,肺泡表面活性物质能调整大小肺泡内的表面张力,进而调整大小肺泡的回缩力,使小肺泡不会因过度缩小而萎缩,大肺泡不会因过度膨胀而破裂,使大小肺泡都能维持正常的扩张状态。

肺泡表面活性物质不断产生,又不断被灭活。但在肺炎、肺水肿时,由于组织缺血、低氧,Ⅱ型肺泡细胞分泌功能下降,表面活性物质分泌减少,所以,可发生肺不张、肺水肿。胎儿发育至 30 周时Ⅱ型肺泡细胞开始分泌表面活性物质,故早产儿肺内会因缺乏表面活性物质,容易发生肺不张。同时,又因为肺毛细血管内的血浆滤入肺泡,并在肺泡内形成一层"透明膜",阻碍气体交换,从而造成"新生儿呼吸窘迫综合征"。

2. *胸廓的弹性阻力*　胸廓的弹性阻力(回位力)与肺不同,肺的弹性回缩力总是吸气的阻力。而胸廓则不然,其弹性回缩力依其所处位置而定。它既可以是吸气的阻力,也可以是吸气的动力。胸廓处于自然位置(肺容量相当于肺总量的 67%左右)时,即平静吸气末时,无弹性回缩力(图 5-4A)。当胸廓小于自然位置时,即平静呼气末时,其弹性回缩力向外,成为吸气的动力和呼气的阻力(图 5-4B);当胸廓大于自然位置时,即深吸气状态,其弹性回缩力向内,则成为呼气的动力和吸气的阻力(图 5-4C)。

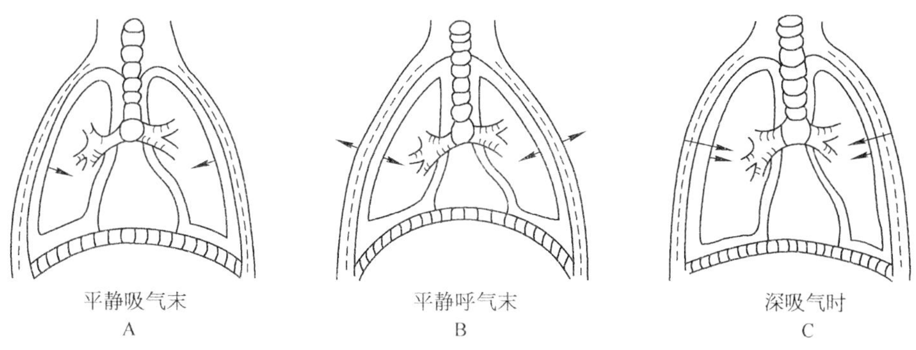

图 5-4 不同情况下胸廓和肺的弹性阻力关系示意图

(二) 非弹性阻力

非弹性阻力包括惯性阻力、黏滞阻力和气道阻力。正常情况下,惯性阻力和黏滞阻力很小,可忽略不计。气道阻力是非弹性阻力的主要成分,占 80%~90%。气道阻力是气体流经呼吸道时气体分子间和气体分子与气道之间的摩擦力。其大小与气流速度、气流形式和气道口径有关。气流速度快,阻力大;气流速度慢,阻力小。气流形式有层流和湍流,层流阻力小,湍流阻力大。气流太快或气管管道不畅(如气管内有黏液、渗出物、肿瘤或异物)时容易发生湍流。气道口径是影响气道阻力的主要因素。层流时气道阻力与气道半径的 4 次方成反比,即气道半径若缩小 1/2,气道阻力将增大 16 倍。大气道(气道口径>2 mm)特别是主支气管以上的气道(鼻、咽、喉、气管),由于总横截面积小,气流速度快,且管道弯曲,容易产生湍流,是产生气道阻力的主要部位,占气道总阻力的 80%~90%;小气道(口径<2 mm)总横截面积约为大气道的 30 倍,且气流速度慢,以层流为主,故形成的气道阻力小,仅占气道阻力的 10%左右。因此,对一些严重通气不良的患者,做气管切开术,可大大减小气道阻力,有效地改善肺通气。

呼吸道管壁上有丰富的平滑肌,且愈到末梢平滑肌相对愈多,尤其是细支气管平滑肌最丰富。呼吸道平滑肌受交感神经和迷走神经双重支配。迷走神经兴奋时,气道平滑肌收缩,管径变小,阻力增大;交感神经兴奋时,气道平滑肌舒张,管径变大,阻力减小。除神经因素外,一些体液因素也能影响气道平滑肌的舒缩,如儿茶酚胺可使气道平滑肌舒张,气道阻力减小;而前列腺素 F_{2a} 及组胺、慢反应物质可使之收缩,气道阻力增加。支气管哮喘患者发作时,因支气管平滑肌痉挛,呼吸道阻力明显增大,表现为呼吸困难。临床上对支气管哮喘发作的患者,应用支气管解痉药物拟肾上腺素可以缓解症状。

四、肺通气功能的指标

肺通气是实现肺换气的基础。肺通气过程受呼吸肌收缩活动、胸廓和肺的弹性特征以及气道阻力等多种因素影响。对受检者进行肺通气功能的测定不仅可以明确是否存在通气功能受损及其损害程度,还可以鉴别肺通气功能降低的类型。

(一) 肺容积

肺容积是指肺所容纳的气体量。在呼吸运动过程中,肺容积呈周期性的变化。通常将肺容积分为潮气量、补吸气量、补呼气量和残气量互不重叠的基本肺容积(图 5-5)。它们相加后等于肺

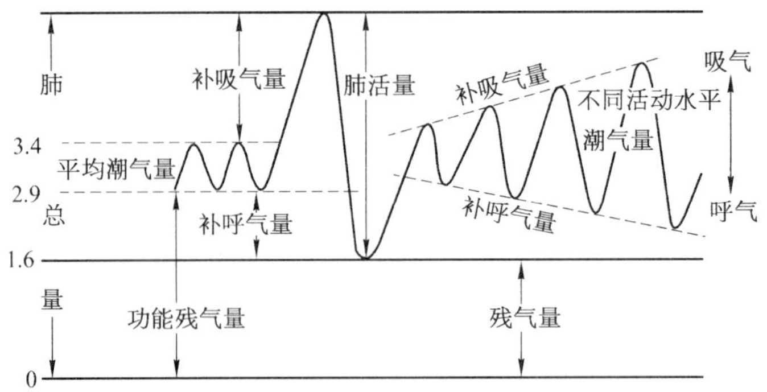

图 5－5 基本肺容积和肺容量图解

总量。

1. 潮气量 潮气量是指每次呼吸时吸入或呼出的气体量。正常成年人平静时潮气量为 400～600 ml。运动、劳动时潮气量增加。潮气量的大小取决于呼吸肌收缩的强度和胸廓、肺的机械特性。

2. 补吸气量 在平静吸气末再尽力吸气，所能吸入的气量，称为补吸气量。正常成年人为 1 500～2 000 ml。补吸气量可反映吸气的贮备量。

3. 补呼气量 在平静呼气末再尽力呼气，所能呼出的气量，称为补呼气量。正常成年人的补呼气量为 900～1 200 ml。补呼气量可反映呼气的贮备能力。

4. 残气量 最大呼气末尚存留于肺内不能再被呼出的气量，称为残气量。正常成年人为 1 000～1 500 ml。支气管哮喘和肺气肿患者残气量增加。

（二）肺容量

肺容量是指肺容积中两项或两项以上的联合气体量。它包括以下四个指标。

1. 深吸气量 平静呼气末，再做最大吸气时，所能吸入的气量，称为深吸气量。它等于潮气量和补吸气量之和，是衡量最大通气潜力的一个重要指标。胸廓、胸膜、肺组织和呼吸肌发生病变时，可使深吸气量减少。

2. 功能残气量 平静呼气末，尚存于肺内的气体量，称为功能残气量。它等于残气量和补呼气量之和，正常成年人约为 2 500 ml。肺气肿时肺弹性阻力减小，可导致功能残气量增加。肺实质性病变（如肺纤维化）时，肺弹性阻力增大，功能残气量可减少。功能残气量的生理意义主要是缓冲呼吸过程中肺泡气氧分压（PO_2）和二氧化碳分压（PCO_2）的变化幅度。由于功能残气量的稀释作用，在吸气时肺泡内 PO_2 不致突然升得太高，PCO_2 不致降得太低；呼气时肺泡内 PO_2 不致降得太低，PCO_2 不致升得太高。这样肺泡气和动脉血中 PO_2 和 PCO_2 不会随呼吸发生大幅度波动，以利于肺换气的正常进行。

3. 肺活量和用力呼气量 尽力吸气后再尽力呼气，所能呼出的最大气量，称为肺活量。它等于潮气量、补吸气量和补呼气量之和。正常成年人男性约为 3 500 ml，女性约为 2 500 ml。肺活量的大小，反映一次呼吸时所能达到的最大通气量，可作为肺通气功能的指标。但由于在测定肺活量时无时间限制，对于某些肺组织弹性降低或呼吸道已狭窄的患者，肺通气功能已有损害，但是，如果延长呼气时间，肺活量仍可在正常范围内，因此，不能真正反映肺通气功能的状态，故又提出了用力呼气量的概念。

用力呼气量过去称为时间肺活量。最大吸气后，以最快速度尽力呼气，分别计算第 1、2、3 s

末呼出的气量占肺活量的百分数。正常成年人第1、2、3 s末的用力呼气量分别为83%、96%、99%。其中第1 s末的用力呼气量临床意义最大。肺组织弹性降低或阻塞性肺疾病患者，用力呼气量可明显降低(<65%)。因此，用力呼气量可反映肺的动态呼吸功能。

4. 肺总量　肺所容纳的最大气量，称为肺总量。它等于残气量和肺活量之和。正常成年人男性约5 000 ml，女性约3 500 ml。

五、肺通气量

上述肺容量变化的各项指标都是一次呼吸中的通气量，不能反映单位时间内的通气效能。肺通气量则是单位时间内进出肺的气体量，即单位时间内的气体交换量，它能更好地反映肺的通气功能。

(一) 每分通气量与最大通气量

1. 每分通气量　每分通气量是指每分钟进肺或出肺的气体总量，它等于潮气量与呼吸频率的乘积，即：

$$\text{每分通气量} = \text{潮气量} \times \text{呼吸频率}$$

平静状态下，正常成年人呼吸频率为每分钟12～18次，潮气量约为500 ml，则每分通气量为6～9 L。每分通气量随性别、年龄、身材和活动量的不同而有差别。从事重体力劳动或剧烈运动时，每分通气量将会增大。

2. 最大随意通气量　尽力做深而快的呼吸时，每分钟所能吸入或呼出的最大气量，称为最大随意通气量。它反映单位时间内呼吸器官发挥最大潜力时所能达到的通气量，是估计一个人能进行多大运动量的生理指标之一。测定时，一般只测量10 s或15 s的最深最快的呼出或吸入气量，再换算成每分钟的最大随意通气量。最大随意通气量一般男性可达100～120 L/min，女性为70～80 L/min。

通气功能的贮备能力通常用贮备量百分比表示：

$$\text{通气贮量百分比} = \frac{\text{每分最大随意通气量} - \text{每分平静通气量}}{\text{每分最大随意通气量}} \times 100\%$$

正常值等于或大于93%。

3. 无效腔与肺泡通气量　每次吸入的气体，一部分留在呼吸性细支气管以上的呼吸道内，不能与血液进行气体交换，这部分呼吸道的容积，称为解剖无效腔，约150 ml。每次吸气能进行气体交换的新鲜气体应是到达肺泡的气体量，但由于解剖无效腔的存在，进入肺泡的气体量应等于潮气量减去无效腔气量。因此，从气体交换的角度考虑，真正有效的通气量是肺泡通气量。其计算公式为：

$$\text{每分肺泡通气量} = (\text{潮气量} - \text{解剖无效腔气量}) \times \text{呼吸频率}$$

如潮气量为500 ml，呼吸频率为每分钟12次，则每分肺泡通气量＝(500－150)×12＝4 200 ml。即每次吸入肺泡的通气量(新鲜空气)为350 ml。若功能余气量为2 500 ml，则每次呼吸仅能使肺泡内的气体更新1/7。

潮气量和呼吸频率的变化对肺通气量和肺泡通气量有不同的影响。若潮气量减半，呼吸频率加倍，或潮气量加倍，呼吸频率减半时，每分通气量均不变，但肺泡通气量却发生了明显的改变，如表5-1所示。可见对肺换气而言，深而慢的呼吸比浅而快的呼吸效率更高。

表 5-1 每分通气量、肺泡通气量与呼吸深度和呼吸频率的关系

呼吸形式	潮气量(ml)	呼吸频率(次/分)	每分通气量(ml/min)	肺泡通气量(ml/min)
平静呼吸	500	12	500×12=6 000	(500-150)×12=4 200
浅快呼吸	250	24	2 500×24=6 000	(250-150)×24=2 400
深慢呼吸	1 000	6	1 000×6=6 000	(1 000-150)×6=5 100

第二节 气体的交换和运输

呼吸气体的交换包括肺泡与肺毛细血管血液之间，以及血液与组织细胞之间的 O_2 和 CO_2 的交换，前者称为肺换气，后者称为组织换气。要完成这两次换气，必须借助于血液来运输气体。通过血液运输 O_2 及 CO_2 将肺换气和组织换气联系起来，构成完整的呼吸过程。

一、气体交换

(一) 气体交换的机制

肺换气和组织换气的部位虽然不同，但两种换气的机制基本相同。

气体分子扩散时总是通过生物膜从分压高处向低处进行的，这一过程称为气体扩散。单位时间内气体扩散的容积，称为气体扩散率，它受以下因素影响。

1. *气体的分压差* 在混合气体中，某一气体所占的压力，称为该气体的分压。分压等于混合气体的总压力乘以该气体所占容积的百分比。例如，空气为混合气体，总压力为 101.33 kPa(760 mmHg)，其中 O_2 的容积百分比为 21%，则 PO_2 为 21.28 kPa(159 mmHg)；CO_2 的容积百分比为 0.04%，则 PCO_2 为 0.04 kPa(0.3 mmHg)。

气体分子不断地溶解于液体，而溶解的气体分子又不断地从液体中逸出，气体分子从溶液中逸出的力，称为张力。当气体分子的溶解与逸出的速度相等时，溶解气体的张力就等于这一气体的分压。

生物膜两侧之间的分压差(ΔP)是气体扩散的动力。分压差大，扩散速率大；反之，分压差小，则扩散速率小。

表 5-2 是肺泡气、血液和组织中 O_2 和 CO_2 的分压(张力)数值，从表中可以看出，O_2 和 CO_2 各自扩散的方向。

表 5-2 肺泡气、血液和组织中 PO_2 与 PCO_2 [kPa(mmHg)]

	肺泡气	静脉血	动脉血	组织
PO_2	13.6(102)	5.33(40)	13.33(100)	4.0(30)
PCO_2	5.33(40)	6.13(46)	5.33(40)	6.67(50)

2. *气体的溶解度和分子量* 气体的扩散除决定于分压差外，还受气体溶解度和分子量的影响。气体的溶解度与扩散速率成正比，与其分子量的平方根成反比。即：

$$气体扩散速率 = \frac{分压差 \cdot 溶解度}{\sqrt{分子量}}$$

(二) 气体交换过程

1. 肺换气 由表 5-2 可以看出肺泡气 PO_2 高于静脉血,而 PCO_2 则低于静脉血,因此,O_2 由肺泡向静脉血扩散;而 CO_2 则由静脉血向肺泡扩散(图 5-6)。由此交换后,静脉血则变为动脉血。

2. 组织换气 由表 5-2 可以看出,组织内的 PO_2 低于动脉血的 PO_2,而 PCO_2 则高于动脉血的 PCO_2,因此,O_2 由动脉血向组织扩散;而 CO_2 则由组织向动脉血液扩散。如此交换后,动脉血又变成了静脉血。

总之,肺循环毛细血管的血液不断从肺泡获得 O_2,放出 CO_2;体循环毛细血管的血液不断放出 O_2,而获得 CO_2。由此肺换气和组织换气密切配合,同步进行,协同完成气体交换过程。

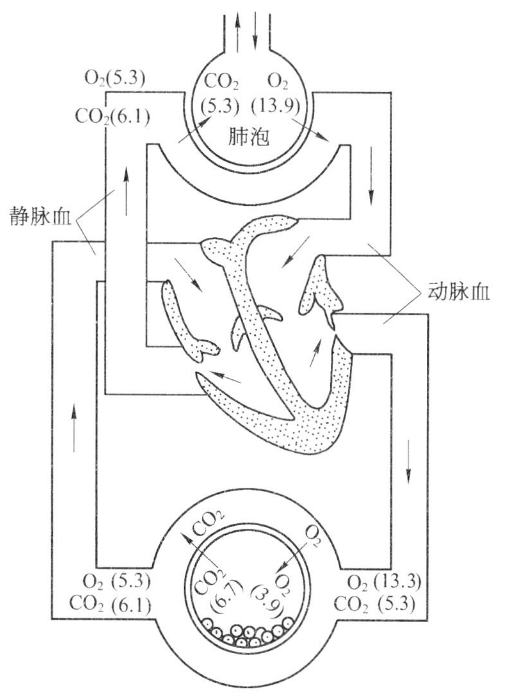

图 5-6 气体交换示意图
[数字代表气体分压,单位千帕(kPa)]

(三) 影响肺换气的因素

影响肺换气的因素有以下三个方面。

1. 气体扩散速率 前面已在气体交换机制中说到,气体扩散速率与气体分压差和溶解度成正比,与气体分子量的平方根成反比。CO_2 在血液中的溶解度为 O_2 的 24 倍,但 CO_2 的分子量(44)大于 O_2 的分子量(32),CO_2 分子量的平方根值比 O_2 大 1.17 倍。因此,在同样的分压下,CO_2 的扩散速率约为 O_2 的 21 倍。然而,气体扩散的动力是分压差,分压差越大,扩散速度越快。肺泡与血液间 O_2 分压差为 CO_2 的 10 倍。如果把影响气体扩散的分压差、溶解度、分子量三个因素综合起来,CO_2 的扩散速度约为 O_2 的 2 倍。在临床上肺部疾患发生气体交换障碍时,首先要考虑缺氧,应给予吸氧治疗。

2. 呼吸膜的面积和厚度 气体扩散量与呼吸膜面积成正比,与其厚度成反比。呼吸膜由 6 层结构组成,但厚度一般不到 1 μm,有的部位只有 0.2 μm,气体分子很容易扩散通过(图 5-7)。正常成年人呼吸膜总面积约 70 m^2,但安静状态下只需要 40 m^2,故有很大的贮备面积。但病理情况下,如肺不张、肺气肿、肺纤维化和肺炎、肺水肿等,均可使呼吸膜面积减少或厚度增加,而影响肺换气效率。

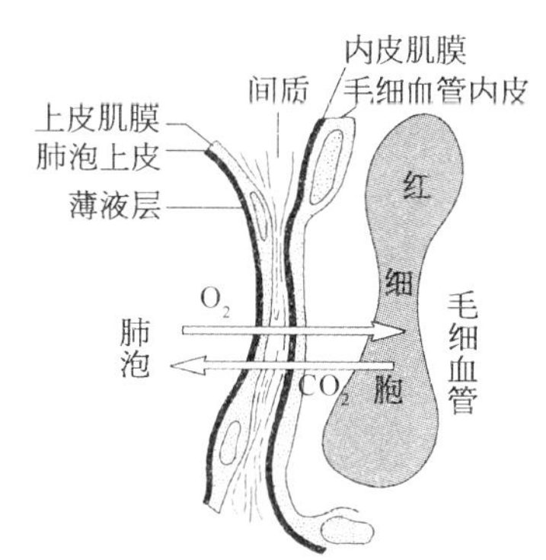

图 5-7 呼吸膜结构示意图

3. 通气/血流比值 通气/血流比值是指每分钟肺泡通气量与每分钟肺血流量的比值。正常成年人安静时通气/血流比值为 4.2/5.0=0.84。平静呼吸时肺泡通气量与肺血流量匹配适宜,气体交换效率最高。若通气/血流比值增大或减小,都表明肺通气与血流匹配不当,使肺换气效率降低。若通气/血流比值大于 0.84,可能由于肺泡通气量过度或肺血流量减少,或两者同时存在,导致过剩的肺泡气不能与血液进行气体交换,使肺泡无效腔增大;反之,如果通气/血流比值小于 0.84,则表明肺泡通气量不足或肺血流量过剩,或两者同时存在,从而使流经肺泡的血液得不到充分的气体交换,就回流入心,意味着出现了功能性动-静脉短路。

正常成年人平静呼吸时，肺总的通气/血流比值为0.84，但肺各部位的通气/血流比值并不相同。人在直立时，肺尖部的通气/血流比值大于0.84，肺下部的通气/血流比值则小于0.84，这主要是肺泡通气量和肺血流量在肺内分布不均所致。直立体位时，由于重力等因素作用，肺尖部血流量少于肺底部，故通气/血流比值大于0.84；而肺底部则相反，肺底部血流大于肺尖部，故通气/血流比值小于0.84。

二、血液气体运输

呼吸气体必须借助于血液运输，才能有效地进行肺换气和组织换气。

O_2 和 CO_2 在血液中运输的形式有两种，即物理溶解和化学结合。物理溶解的量虽少，但却很重要，因为它是实现化学结合和释放的必须的一个重要环节。即必须先有物理溶解才能发生化学结合。在肺换气和组织换气时，进入血液中的 O_2 和 CO_2 都是先溶解在血浆中，提高各自的分压，再出现化学结合；O_2 和 CO_2 从血浆中释放时，是先溶解的先逸出，分压下降，然后化学结合的 O_2 和 CO_2 再分离出来，溶解到血浆中。物理溶解和化学结合两者之间处于动态平衡。其相互关系如下：

肺泡	血		液	组织
O_2 →	物理溶解 O_2 →	化学结合 O_2 →	物理溶解 O_2	→ O_2
CO_2 ←	物理溶解 CO_2 ←	化学结合 CO_2 ←	物理溶解 CO_2	← CO_2

气体的溶解量取决于该气体的溶解度和分压大小。溶解度高、分压高，溶解的气体量就多；反之，溶解度低、分压低，则溶解度的气体量就少。

（一）氧的运输

1. *物理溶解* O_2 在血液中的溶解度较低，在动脉血 PO_2 100 mmHg时，每100 ml血液仅溶解0.3 ml O_2，约占血液运输 O_2 总量的1.5%。

2. *化学结合* O_2 的化学结合是指 O_2 与红细胞血红蛋白(Hb)的结合。正常成年人每100 ml动脉血结合的 O_2 约为19.5 ml，约占 O_2 运输总量的98.5%。

(1) Hb与 O_2 的可逆性结合 Hb是由1个珠蛋白和4个血红素组成的。珠蛋白分子有4条多肽链，每条结合1个血红素。每个血红素又由4个吡咯基组成一个环，其中含有1个 Fe^{2+}，Fe^{2+} 能与 O_2 进行可逆性结合。因为Hb与 O_2 的结合不伴有铁离子价的改变，所以，反应过程不是氧化，而是氧合。在 PO_2 高处，Hb能迅速与 O_2 结合，形成 HbO_2（氧合血红蛋白）；在 PO_2 低处，HbO_2 又能迅速解离，形成去氧血红蛋白(Hb)，释放出 O_2。此过程可用下式表示：

$$Hb + O_2 \underset{PO_2\text{ 低(组织)}}{\overset{PO_2\text{ 高(肺)}}{\rightleftharpoons}} HbO_2$$

在肺内，由于 PO_2 高，Hb便与 O_2 结合；在组织中，由于 PO_2 低，HbO_2 便解离放出 O_2。因此，Hb可将 O_2 由肺运送到组织，供组织利用。

HbO_2 呈鲜红色，去氧血红蛋白呈暗蓝色。如果血液中Hb量达到50 g/L以上时，皮肤、甲床或黏膜便出现浅蓝色，称为紫绀。紫绀一般表现为缺氧。但也有例外，在严重贫血患者，虽然存在组织缺氧，但因Hb总量太少，Hb含量达不到50 g/L，所以，并不出现紫绀。反之，某些红细胞增多症患者（高原性红细胞增多症），虽然不缺氧，但因Hb总量多，毛细血管床血液含Hb可达50 g/L以上，也可出现紫绀。此外，在CO中毒时，CO与Hb结合，生成HbCO（一氧化碳血红蛋白），呈樱桃红色。由于CO与Hb结合的能力是O_2的250倍,故O_2很难再与Hb结合,造成组织缺氧。但此时Hb并未增加,因此,不出现紫绀。

(2) 氧解离曲线 前已述及,O_2在血液中主要与Hb结合,物理溶解的量很少,一般情况下可以忽略不计。每100 ml血液中Hb所能结的最大O_2量,称为血红蛋白氧容量,简称为血氧容量。但血液中的Hb并不一定全部与O_2结合。每100 ml血液中Hb实际结合的O_2量,称为血红蛋白氧含量,简称为血氧含量。血氧含量占血氧容量的百分比,称为血氧饱和度。

血氧饱和度与血氧分压密切相关。反映血氧饱和度与血氧分压之间关系的曲线,称为氧解离曲线。此曲线呈S形(图5-8)。

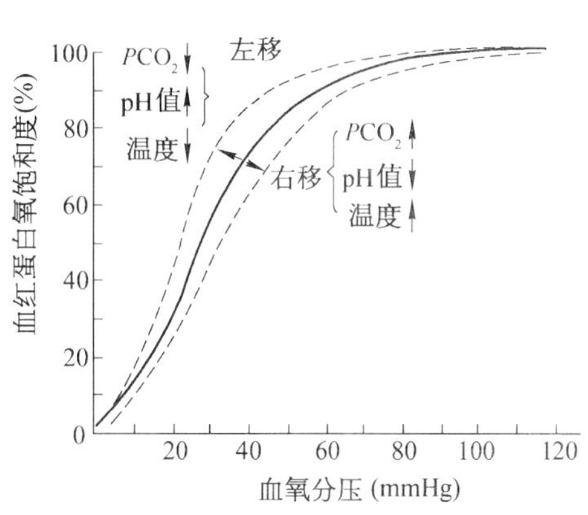

图5-8 氧解离曲线及其影响因素

氧解离曲线S形的特点及其意义如下。

1) 氧解离曲线上段:曲线上段比较平坦,表明PO_2在一定范围变化时,对Hb的饱和度影响不大,从而使机体能够在肺的PO_2适当降低的情况下,如在高原、高空时,血液仍可结合携带足够量的O_2。因而有较大的安全系数。

2) 氧解离曲线中段:中段比较陡直,表明PO_2下降时,有较多O_2被释放出来,供组织利用。

3) 氧解离曲线下段:曲线下段最陡,表明PO_2稍有下降,就有大量O_2被释放出来。如当活动增强时,耗氧量增加,PO_2进一步下降,可促使HbO_2进一步解离,以满足组织活动增强时对O_2的需求。

(3) 影响氧解离曲线的因素

1) pH值和PCO_2的影响:血液的pH值下降或PCO_2升高,均可使曲线右移,Hb对O_2的亲和力减小;反之,血液pH值升高或PCO_2下降,则曲线左移(图5-8)。血液pH值和PCO_2对Hb亲和力的这种影响,称为波尔效应。当血液pH值下降,H^+增多和CO_2浓度增加时,使Hb分子的构型发生变化,从而降低了对O_2的亲和力。因此,血液流经组织时,由于pH值的降低和PCO_2的升高,促使HbO_2解离,有利于对组织的供O_2,是符合生理需要的。

2) 温度:血液温度升高,曲线右移促进O_2的释放;反之,血液温度下降,则曲线左移,不利O_2的释放,以适应生理需要。温度对氧解离曲线的影响,可能是温度影响了H^+活度有关。即温度升高时,H^+活度增加,降低了Hb对O_2的亲和力;反之,温度降低时,H^+活度降低,Hb对O_2的亲和力增加而不易释放O_2。

3) 2,3-二磷酸甘油酸:2,3-二磷酸甘油酸是红细胞在无氧酵解中形成的一种含磷化合物。它能降低Hb对O_2的亲和力,使氧解离曲线右移。贫血和低氧能刺激红细胞产生更多的2,3-二磷酸甘油酸,在相同PO_2下,HbO_2可解离放出更多O_2供组织利用。人登上高原或在高原2~3天后,其红细胞的2,3-二磷酸甘油酸含量即开始增加,这是对低氧的一种适应性反应。

(二) CO_2的运输

1. 物理溶解 血液中物理溶解的CO_2量占运输总量的5%,每1 L静脉血中可溶解30 ml。

2. 化学结合 以化学结合形式运输的CO_2量约占95%,其中以碳酸氢盐形式运输的量约占88%,氨基甲酸血红蛋白形式运输的量约占7%。

(1) 碳酸氢盐形式的运输 从组织扩散进入血液的CO_2,在红细胞内碳酸酐酶的催化作用下,与H_2O发生反应,生成H_2CO_3。H_2CO_3很快又解离成H^+和HCO_3^-。H^+与HbO_2结合,生成酸性

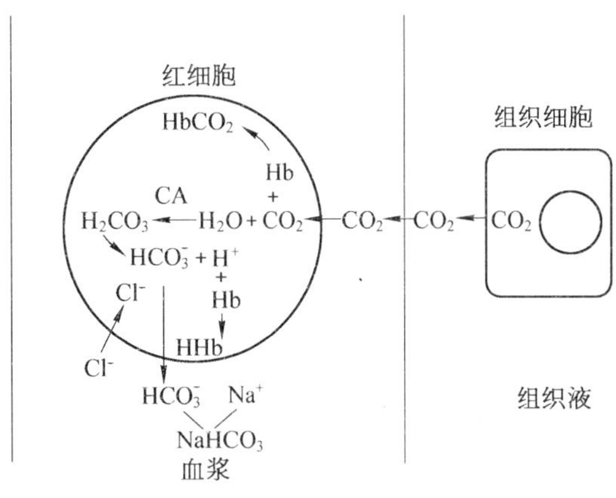

图 5－9　CO_2 在血液中的运输形式示意图

CA. 碳酸酐酶

血红蛋白(HHb)，并促使 O_2 的释放，供组织利用；解离出来的 HCO_3^- 约有 70%扩散到血浆中，与 Na^+ 结合生成 $NaHCO_3$。$NaHCO_3$ 是血浆中重要的碱储备。少量的 HCO_3^- 在红细胞内与 K^+ 结合形成 $KHCO_3$，再扩散入血浆。同时血浆中的 Cl^- 进入红细胞内，以维持红细胞膜内外两侧的电荷平衡，这种现象称为氯转移。

上述反应是可逆的，决定反应的方向是 PCO_2。在 PCO_2 高处(组织)，反应向右进行；在 PCO_2 低处(肺)，反应向左进行(图 5－9)。

(2) 氨基甲酸血红蛋白形式的运输　进入红细胞的 CO_2 还可以与血红蛋白分子中珠蛋白的自由氨基结合，形成氨基甲酸血红蛋白。反应式如下：

$$CO_2 + HbNH_2 \underset{(\text{肺})}{\overset{(\text{组织})}{\rightleftharpoons}} HbNHCOOH$$

这个反应无需酶的催化，是血红蛋白固有的特性，反应是迅速的、可逆的。调节此反应的主要因素是血红蛋白的含氧量。去氧血红蛋白酸性低，容易与 CO_2 结合(组织)；氧合血红蛋白酸性高，使氨基甲酸血红蛋白容易解离，释放出 CO_2(肺)。

第三节　呼吸运动的调节

呼吸运动是一种节律性活动。机体在生存期间，吸气和呼气动作始终不间断地交替进行着，既不因睡眠而中断，也不为各种躯体活动所干扰。呼吸肌是骨骼肌，只有在神经系统控制下，节律性呼吸运动才能进行。中枢神经系统接受由身体各部分传入的信息，通过有关部位的整合，发出冲动以控制呼吸肌的活动、调整呼吸深度和频率，从而使肺通气量能够在内、外环境条件改变的情况下，与机体的代谢水平相适应。

一、呼吸中枢

呼吸中枢是指中枢神经系统内支配和调节呼吸运动的神经细胞群。呼吸中枢广泛分布在大脑皮质、间脑、脑桥、延髓和脊髓各级部位。它们在调节呼吸中所起的作用不同。正常呼吸运动是在各级中枢的相互配合下实现的。

(一) 脊髓

支配呼吸肌的运动神经元位于脊髓颈段第 3～5 节(支配膈肌)和胸段(支配肋间肌和腹肌)脊髓前角。但是，很早就通过实验证明，在延髓和脊髓之间离断后，呼吸立即停止(图 5－10D)，故认为节律性呼吸运动不在脊髓产生。脊髓只是联系上位脑和呼吸肌的中继站及整合某些呼吸反射的初级中枢。

(二) 延髓呼吸中枢

应用微电极记录延髓内单个细胞的自发电活动，发现在延髓有随呼吸运动同步放电的神经元，称为呼吸神经元。它们主要分布在延髓背内侧和腹外侧两个区域，分别称为背侧呼吸组和腹侧呼吸组(图 5－10)。

1. 背侧呼吸组　主要集中在孤束核腹外侧。大部分为吸气神经元,其轴突交叉到对侧,下行至脊髓颈段,支配膈肌运动神经元;也有轴突到达延髓腹侧呼吸组或脑桥等部位。

2. 腹侧呼吸组　主要集中于疑核、后疑核和面神经核附近。有吸气和呼气两种神经元。其轴突交叉下行至胸、腰段脊髓,支配肋间内肌、肋间外肌和腹壁肌的运动神经元,还有部分轴突支配咽喉部的呼吸辅助肌。

用分段横切脑干的方法证明,保留延髓的动物呼吸虽不停止,但呼吸运动的节律很不规则。这表明延髓是呼吸节律的基本中枢,但正常呼吸节律的形成还有赖于上位呼吸中枢的调节(图 5－10)。

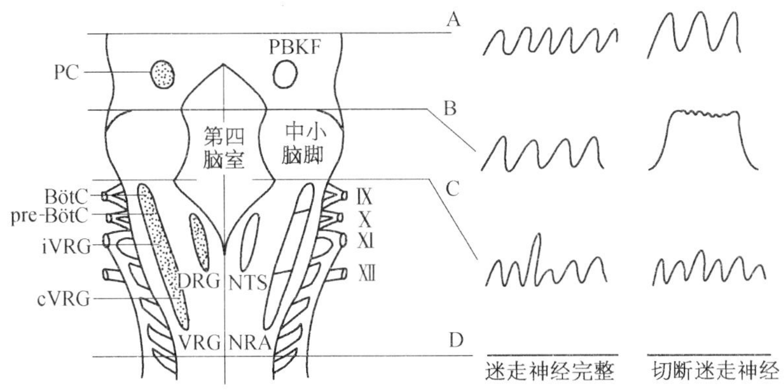

图 5－10　脑干呼吸核团在不同平面横切后呼吸的变化(脑干背侧面)

Böt C. 包钦格复合体　pre－Böt C. 前包钦格复合体　cVRG. 尾段 VRG　iVRG. 中段 VRG　DRG. 背侧呼吸组　VRG. 腹侧呼吸组　NRA. 后疑核　NTS. 孤束核　PBKF. 臂旁内侧核和 Kölliker－Fuse 核　PC. 呼吸调整中枢。A、B、C、D 为不同平面横切

(三) 脑桥呼吸中枢

脑桥的呼吸神经元相对集中于臂旁内侧核和相邻的 KF 核,合称为 PBKF 核团。PBKF 核团与延髓呼吸神经元之间有双向联系,其作用为周期性向吸气神经元发放冲动,抑制吸气神经元,促使吸气向呼气转换,以防止吸气过深过长,加快呼吸频率,故脑桥的呼吸中枢称为呼吸调整中枢。正常呼吸节律的产生,有赖于延髓和脑桥的共同作用。

(四) 高位中枢对呼吸的调节

呼吸节律还受大脑皮质、边缘系统和下丘脑等高位中枢的调节。大脑皮质可以随意控制呼吸,例如在进食、饮水、谈话、唱歌或吹奏乐器时,尽管人们并没有意识到同时存在呼吸运动的变化,但这些活动与呼吸运动的协调变化都是在大脑皮质严密控制和协调下完成的。因此,呼吸运动有两个调节系统:即自主呼吸节律和随意呼吸调节系统。

(五) 呼吸节律的形成

呼吸肌属骨骼肌,由躯体神经支配,无自律性,但人和高等动物的呼吸运动是有节律的。关于呼吸节律的形成机制,呼吸生理的学者进行了广泛深入地研究。正常节律的形成有两种学说:一是起步细胞学说,一是神经元网络学说。起步细胞学说认为,节律性呼吸正如心的窦房结起搏细胞的节律性兴奋引起整个心产生节律性收缩一样,是由延髓内具有起搏样活动的神经元的节律性兴奋引起的。神经元网络学说则认为,呼吸节律的产生依赖于延髓内呼吸神经元复杂的相互联系和相互作用。20 世纪 70 年代,有学者提出了吸气活动发生器和吸气切断机制模型。该模型的核心就是当中枢吸气活动发生器自发地兴奋时,其冲动沿轴突传出至脊髓吸气运动神经元,引起吸

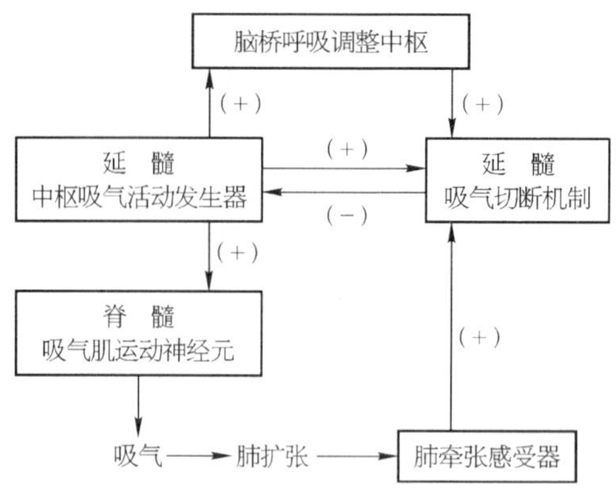

图 5-11 呼吸节律形成机制示意图

"+":表示兴奋 "-":表示抑制

气动作。与此同时,如图 5-11 所示,发生器的兴奋也可以通过三条途径兴奋吸气切断机制,即:①兴奋脑桥呼吸调整中枢的活动抑制吸气神经元;②吸气时的肺扩张,兴奋肺牵张感受器,进而兴奋吸气切断机制;③中枢吸气活动发生器在引起吸气肌运动神经元兴奋的同时,直接兴奋吸气切断机制。

吸气切断机制神经元在以上三个途径的作用下,在吸气相后期活动增强,达到一定阈值时,使吸气活动终止,转为呼气。当吸气切断机制的活动减弱时,吸气活动再次发生,如此周而复始。

二、呼吸的反射性调节

呼吸节律虽然产生于中枢神经系统,但呼吸中枢的活动又受各种感受器传入冲动的影响,使呼吸运动的频率、深度和形式等发生相应地改变。

(一) 肺牵张反射

由肺的扩大或缩小引起的反射性呼吸运动变化,称为肺牵张反射。其感受器位于从气管到细支气管的平滑肌中,阈值低,适应性慢,其传入纤维走在进入延髓的迷走神经中。该反射包括肺扩张反射和肺萎陷反射。

1. *肺扩张反射* 肺扩张或充气时抑制吸气的反射,称为肺扩张反射。当肺扩张,牵拉呼吸道时,感受器受刺激产生冲动,冲动沿迷走神经传入延髓,引起吸气抑制,转入呼气,从而加快呼吸频率。在动物实验中,将两侧的迷走神经切断后,动物的吸气过程延长,吸气加深,即呼吸变得深而慢。

肺扩张反射有种属差异,兔的最强,人的最弱。因此,人在平静呼吸时,肺扩张反射不参与呼吸调节。但在中度到剧烈运动时,该反射在调节呼吸深度和频率中起重要作用。在病理情况下,如肺炎,肺栓塞等肺的顺应性减小,肺扩张时使气道扩张较大,刺激增强,可以引起该反射,患者呈现浅而快的呼吸。

2. *肺萎陷反射* 肺萎陷时引起吸气兴奋的反射,称为肺萎陷反射。该反射的感受器也在气道平滑肌内,传入神经行走于迷走神经干中。该反射在较强肺萎陷时才出现,对防止呼气过度和肺不张有一定意义,但在平静呼吸调节中意义不大。

(二) 呼吸肌本体感受性呼吸反射

肌梭是骨骼肌的本体感受器。肌梭受到牵张刺激时,可以反射性地引起该肌肉的收缩,称为骨骼肌牵张反射,属于本体感受性反射。呼吸肌内也有本体感受器,呼吸肌受到牵张时,通过本体感受性反射，使呼吸肌加强收缩。这一反射在平静呼吸时作用不明显。但在运动或气道阻力增大(如支气管痉挛)时，肌梭受到的刺激增强，可反射性引起呼吸肌加强收缩，有助于克服气道阻力，维持相应的肺通气量。

(三) 化学感受性反射

血液或脑脊液中化学成分的改变，特别是低氧、CO_2 增多和 H^+ 增加，可刺激化学感受器，引起呼吸中枢活动的改变，从而调节呼吸运动的深度和频率，增加肺的通气量，以保证动脉血 PO_2、PCO_2 和 pH 值的相对恒定。

1. 化学感受器　根据感受器所在部位，可以分为以下两类。

(1) 外周化学感受器　外周化学感受器位于颈动脉体和主动脉体。它们能感受血液中 O_2、CO_2 及 H^+ 浓度的变化。实验证明，低氧、PCO_2 升高和 H^+ 浓度增加，都能刺激外周化学感受器，而且这三种刺激对外周化学感受器有协同作用。

(2) 中枢化学感受器　中枢化学感受器位于延髓腹外侧的表浅部位，分为头、中、尾三区。其中头、尾两区是化学感受区。中区是头、尾两区传入冲动投射到呼吸中枢的中继站。中枢化学感受器的生理刺激是脑脊液或局部细胞外液的 H^+ 浓度升高。但 CO_2 可以通过与 H_2O 结合形成 H_2CO_3，H_2CO_3 再解离出 H^+，对中枢化学感受器起刺激作用。而血液中的 H^+ 不易通过血-脑屏障，故血液的 pH 值变化对中枢化学感受器的作用不大。中枢化学感受器不能感受低氧刺激。

2. CO_2、O_2 及 H^+ 对呼吸的影响

(1) CO_2 对呼吸的影响　CO_2 是调节呼吸运动的重要的生理性化学因素。当过度通气使体内大量 CO_2 被呼出时，可引起呼吸暂停或减弱；PCO_2 适当增高时，则使呼吸增强。当吸入混合气体中的 CO_2 浓度增加到 1%～6%时，将使肺泡气中 PCO_2 升高，动脉血中的 PCO_2 也随之升高，导致呼吸加深加快，肺通气量增加，CO_2 清除量也随之增加，因而肺泡气 PCO_2 和动脉血中 PCO_2 还可以维持于接近正常水平。但是，当吸入气中的 CO_2 量超过 7%时，肺通气量不能再相应增加，致使肺泡气 PCO_2、动脉血 PCO_2 直线上升，发生 CO_2 潴留，从而使中枢神经，包括呼吸中枢受到抑制，引起呼吸困难、头痛、头晕甚至昏迷，出现 CO_2 麻醉。

CO_2 对呼吸的刺激作用是通过两条途径实现的。一是刺激中枢化学感受器，再兴奋呼吸中枢；二是通过刺激外周化学感受器，冲动经窦神经和迷走神经传入延髓有关核团，反射性地使呼吸加深加快，肺通气量增加。去掉外周化学感受器的作用后，CO_2 引起的通气反应仅下降 20%，可见中枢化学感受器在 CO_2 引起的通气反应中起主要作用。

(2) H^+ 对呼吸的影响　动脉血 H^+ 浓度增加，呼吸加深加快，肺通气量增加；反之，H^+ 浓度减少时则呼吸受到抑制。H^+ 浓度增加刺激呼吸的效应，与 CO_2 相似，也是通过中枢和外周两条途径实现的。但是以刺激外周化学感受器为主。尽管中枢化学感受器对 H^+ 的敏感性大大高于外周化学感受器，但由于 H^+ 不易通过血-脑屏障，而限制了它对中枢化学感受器的作用。实验表明，在保持动脉血 PCO_2、PO_2 于正常水平的条件下，动脉血 pH 值由 7.45 下降至 7.25 时，颈动脉体化学感受器传入冲动增加 2～3 倍，肺通气量也随之增加到对照组的 2 倍。切断颈动脉传入神经后，肺通气反应显著减弱，并延迟出现。可见外周化学感受器起主要作用。

(3) 低氧对呼吸的影响　吸入气 PO_2 降低时，肺泡气、动脉血 PO_2 也随之降低，可导致呼吸加深、加快，肺通气量增加(图 5-12)。在动物实验中，若摘除外周化学感受器，低氧对呼吸的兴奋作用完全消除，反而出现抑制。由此可见，低氧对呼吸的兴奋作用完全是通过刺激外周化学感受器实现的。低氧对呼吸中枢的直接作用是抑制。并且这种抑制效应随着低氧程度的加重而逐渐加强。故呼吸中枢的活动变化取决于低氧的程度。轻、中度低氧时，外周化学感受器传入冲动的兴奋作用

可对抗低氧对呼吸的直接抑制作用，结果使呼吸运动增强。但在严重低氧时，来自外周化学感受器的兴奋作用不足以抵消对呼吸中枢的直接抑制作用，则表现为呼吸减弱甚至停止。

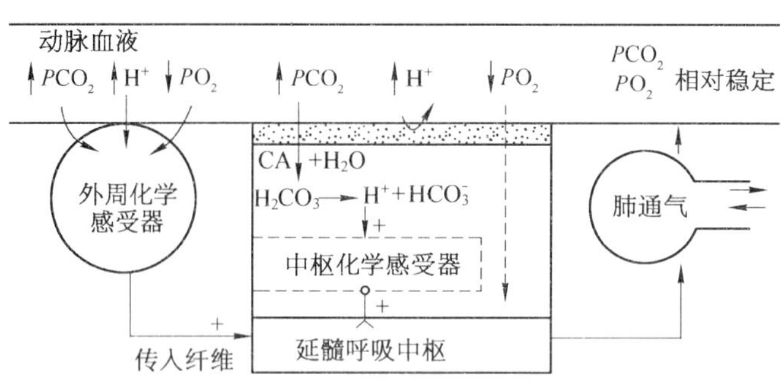

图 5-12 动脉血 PO_2、PCO_2、H^+ 改变对肺通气量的影响

一般情况下，在动脉血 PO_2 下降到 80 mmHg 以下时，才能觉察到肺通气量的增加，低氧对呼吸的兴奋作用才能出现明显的效应。因此，动脉血 PO_2 对正常呼吸的调节作用不大，仅在特殊情况下低氧刺激才有意义。例如严重肺气肿或肺心病患者，肺换气发生障碍，导致低氧和 CO_2 潴留。由于长期的 CO_2 潴留使中枢化学感受器对 CO_2 的刺激作用已经发生适应，而外周化学感受器对低氧的刺激适应很慢，这时低氧对外周化学感受器的刺激成为维持患者呼吸中枢兴奋的主要途径。因此，对于这类患者，不宜快速、大量吸入纯氧，而应采取低浓度、持续给氧，否则将会解除低氧对呼吸的刺激作用，导致呼吸抑制甚至停止。

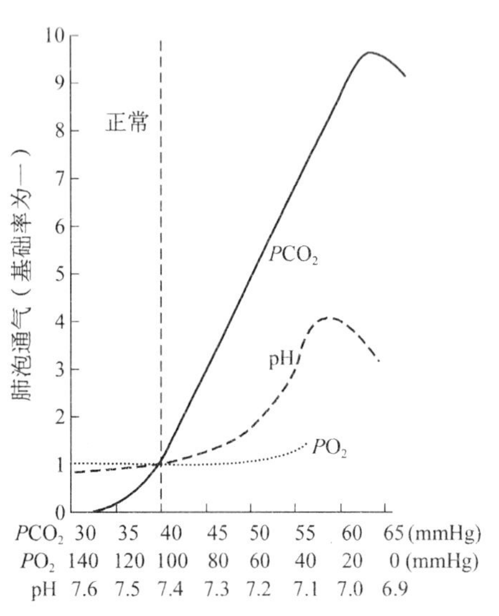

图 5-13 改变动脉血 PCO_2、PO_2、H^+ 浓度三因素之一而不控制另外两个因素时的肺通气反应

综上所述，动脉血 PCO_2 适度升高、PO_2 适度降低和 H^+ 浓度适当增加，三种因素都能使呼吸增强。无论在生理或病理情况下，完整机体在同一时间里，往往受到多种化学因素变动的影响。当某一种因素发生改变时，可引起另外两种因素相继改变；或者多种因素同时发生，三者之间相互影响、相互制约，既可以发生总和而扩大，也可以相互抵消而减弱。图 5-13 为三种因素中的一种因素改变而对另外两种因素不加控制时的情况。可以看出：CO_2 的作用比单一因素作用时增强了，H^+ 和 O_2 的作用减弱了，而且 O_2 的作用减弱最明显。这是因为 PCO_2 升高时，H^+ 浓度也随之升高，两者的作用发生总和，使肺通气反应较单一因素 PCO_2 升高时为大。H^+ 浓度增加时，因肺通气量增大，使 CO_2 排出增多，因此，PCO_2 下降，H^+ 浓度也有所下降，两者可部分抵消 H^+ 的刺激作用，使肺通气量的增加较单一因素 H^+ 浓度升高时为小。PO_2 下降时也因肺通气量增加，呼出较多 CO_2，使 PCO_2 和 H^+ 浓度下降，从而减弱低氧的刺激作用。

三、防御性呼吸反射

由呼吸道黏膜受刺激引起的以清除激惹物为目的的反射性呼吸变化，称为防御性呼吸反射。其感受器分布于整个呼吸道黏膜上。大支气管以上部位的感受器对机械刺激敏感，二级支气管以下部位对化学刺激敏感。传入冲动经迷走神经传入延髓呼吸中枢后，再经迷走神经传出，引起呼气肌强烈收缩，以清除刺激物。

1. 咳嗽反射　是常见的一种清除激惹物，避免其进入肺泡的重要防御反射。咳嗽反射时，首先是短促深吸气，继而声门紧闭，呼气肌强烈收缩，肺内压和胸膜腔内压急剧升高，然后声门突然开放，由于气压差极大，气体顺气压差以极快的速度从肺内冲出，将气道内异物或分泌物排出。剧烈咳嗽时，可因胸膜腔内压显著升高而阻碍静脉回流，使静脉压和脑脊液压升高，对机体不利，并且长期剧烈咳嗽还可导致肺气肿，因而要适当制止。

2. 喷嚏反射　是类似于咳嗽的反射，不同的刺激作用于鼻黏膜的感受器，传入神经是三叉神经，反射效应是腭垂下降，舌压向软腭，气流急速由鼻腔喷出，以清除鼻腔中的异物。

第四节　特殊情况下的呼吸及肺的非呼吸功能

以上各节所讨论的内容，都是正常呼吸生理的一般规律。为了更好地理解这一规律，有必要了解在某些特殊情况下，呼吸活动的变化。此外，人们也已认识到肺除了有通气和换气功能外，还具有许多其他功能，如免疫功能、过滤功能、贮血功能及合成、释放、处理生物活性物质等。

一、特殊情况下的呼吸

（一）运动时呼吸的变化及调节

人体在运动时，随着机体代谢水平的提高，耗氧量增加，呼吸和循环器官的活动都要发生变化，以与机体代谢水平相适应。安静时肺的通气量不超过 9 L/min，但随着运动量的增强，潮气量、呼吸频率均相应增加，肺通气量可达 100 L/min 以上。此时动脉血 PO_2、PCO_2 及 pH 值，也将随着运动强度的增加而发生相应变化。

在运动过程中呼吸活动的突出变化，就是在运动开始时，通气量在 1 s 内即可骤然增加到一定水平，继而比较缓慢地上升，随后达到一稳定水平。在运动停止时，肺通气量先突然下降，然后缓慢地减少，经过一段时间后才恢复到运动前的静息水平（图 5-14）。

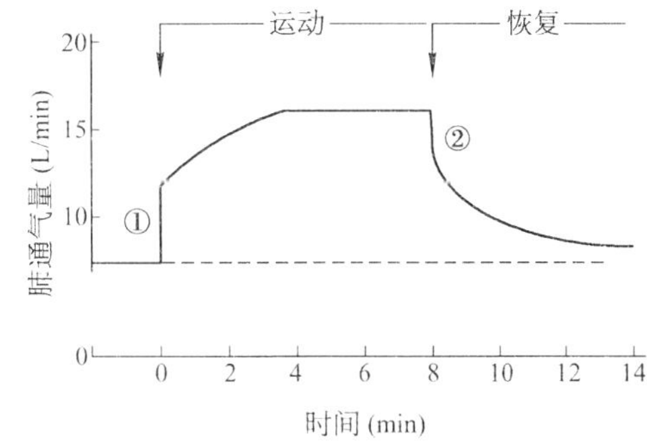

图 5-14　运动时的肺通气量变化曲线

① 运动开始时突然增加　② 运动停止时突然下降

在运动初期，机体的耗氧量增多，氧的供应暂时跟不上，此时所欠下的"氧债"需要在运动停止后偿还。故在运动停止后一段时间内，呼吸仍处于增强状态，肺通气量恢复需较长时间。

运动时调节呼吸的可能机制是：运动开始时肺通气量骤升与条件反射有关，是在运动锻炼过程中形成的。大脑皮质和高位中枢的神经驱运学说认为：人体在接受暗示准备运动时，呼吸往往已经加强，这显然与条件反射有关。大脑皮质在发放传出冲动发动肌肉收缩的同时，必然也发出冲动到达脑干呼吸中枢，以调节呼吸运动。另外，肌肉运动时本体感受器传入冲动也可反射性引起呼吸加强。如被动活动肢体时，可引起快速通气反应；而阻断活动肢体的传入神经，则反应消失。还有运动时肌肉产热增加，体温升高，可通过体温调节过程使呼吸加快。

中等程度运动时，虽然动脉血 PO_2、PCO_2 及 pH 值均可保持相对稳定，但它们却随呼吸而呈周期性波动，波动的幅度随运动强度而变化，运动增强，波动幅度增大；运动减弱，波动幅度变小。其作用途径可能是通过外周和中枢化学感受器实现的。

(二) 低氧对呼吸的影响

低氧是指机体组织的氧供应不足或氧利用障碍。这在生理或病理情况下都可能出现。低氧的形式有以下四种。

1. 低氧性低氧 即动脉血 PO_2 过低，血氧含量减少。包括高空或高原大气压过低，肺泡气 PO_2 过低、肺泡气体弥散障碍等所引起的低氧。

2. 贫血性低氧 是由于血红蛋白数量减少或性质改变，以致尽管动脉血 PO_2 并不低，但氧的化学结合量不足，引起血氧含量降低。

3. 循环障碍性低氧 是由于全身性(如休克)或局部性(如静脉淤血)血液循环障碍，使组织器官血流量减少或血流速度减慢而引起的低氧。

4. 组织中毒性低氧 由毒物等各种原因引起的细胞内生物氧化障碍，使细胞利用氧的能力减弱所致。

不论低氧的原因如何，其结果都对机体不利，特别是心、脑功能将会失常，继而引起机体其他器官的功能障碍。大脑皮质最先受到低氧影响，随后间脑和延髓的功能相继降低。但呼吸仍能进行，并且处于外周化学感受器传入冲动的刺激，呼吸中枢的兴奋还可暂时提高，表现为呼吸频率和深度暂时增加。当低氧使动脉血中去氧血红蛋白含量增加到 50 g/L 时，便会出现口唇、甲床等部位紫绀的缺氧体征。

低氧症状也常见于攀登高山时，故也称之为高山病。但低氧症状可因继续居住高山而逐渐减轻。这时机体逐渐增强对低氧的耐受力，减少了组织的低氧程度，这一过程，称为习服。20 世纪 70 年代我国医务工作者在西藏高原地带所做的调查研究观察到，拉萨(海拔 3 658 m)、江孜(海拔 4 040 m)和那曲(海拔 4 520 m)三处不同高度世居者的红细胞增多症的百分率分别为 13%、31.5%和 38.4%。这说明有一部分人的红细胞数和血红蛋白浓度随着海拔高度的增高而增加。此外，在红细胞增多症的人群中，有肺动脉高压、右心室肥厚等慢性高原适应不全的表现。红细胞增多是由于低氧引起促红细胞生成素增多，刺激骨髓造血增强的结果。

(三) 高气压环境对呼吸的影响

海平面的气压为 1 个大气压，即 760 mmHg。人在潜水作业时，潜水深度每增加 10 m，人体所承受的气压将增加 1 个大气压。若潜水 50 m，潜水员将承受 6 个大气压的压力。

在高气压下，气体密度增加，呼吸阻力加大，呼吸深度增加，潮气量和肺活量也增加。即使每分钟肺通气量因呼吸频率减慢而减少，但肺泡通气量(即有效肺通气量)却是增加的，加上吸入气中 PO_2 的增高，故有利于改善肺内气体交换。

由于 O_2 的溶解量与 PO_2 成直线关系，即吸入气中 PO_2 愈高，物理溶解的 O_2 愈多。研究表明，动脉血在 3 个大气压的 PO_2 下，每 100 ml 血浆中溶解的 O_2 量可达 6.3 ml，比正常人在 1 个大气压下物理溶解的 O_2 2.36 ml 大的多。当血液流经组织时，无需氧合血红蛋白释放化学结合的 O_2，溶解的 O_2 已够组织利用。根据这一理论临床上已用高压氧舱治疗某些疾病。但吸入高压氧的时间不能过长(一般在 30 min，最多不超过 90 min，详见护理学)，否则可造成对机体的伤害，发生氧中毒。

氮是惰性气体，人在高气压下进行呼吸时，体液氮量会相应增高，高压氮会溶解于脂肪组织中，产生麻醉作用，称为氮麻醉。氮麻醉时可出现一系列神经活动障碍。因此，深水作业的潜水员，要呼吸专门配制的氦氧混合气体，以防止氮麻醉。

潜水员从深水升至水平时，若上升速度过快，气压突然降低，可引起减压病。这是由于在高气压下血液中溶解的氮量很多，上升太快时，溶解气体氮来不及从血液中排入肺泡，而以气泡形式存在于血液中，会形成气栓，堵塞小血管。若冠状循环或脑循环的小血管受堵时，将会危及生命。因此，潜水员从深水上升时速度必须严格遵守减压规程，使氮气逐渐顺利地从体内排出，避免减压病的发生。

二、肺的非呼吸功能

长期以来，肺一直被认为只是一个呼吸器官。直到近30年来，人们才逐渐认识到肺除呼吸功能外，还有一些其他功能，如防御功能、过滤功能、贮血功能以及合成、释放和处理生物活性物质等，统称为非呼吸功能。

(一) 防御功能

空气中直径小于2 μm的悬浮颗粒仍可到达呼吸性细支气管、肺泡管和肺泡中。这些部位无纤毛和黏液腺。但肺内的巨噬细胞富含溶菌酶，能包围吞噬吸入的颗粒、杀死细菌，然后游走至终末细支气管壁，借纤毛黏液转运系统向上转运，或穿过肺泡壁进入肺间质，由淋巴清除，保持肺泡无菌。吸烟或吸入有害气体，或环境中 PO_2 过低，均可抑制巨噬细胞的活力。

(二) 过滤功能

肺循环的小血管能阻挡由于自然过程、创伤或治疗措施而进入混合静脉血中的微细颗粒，使它们不能进入体循环，以防引起冠脉血管和脑血管栓塞。这些微细颗粒是指小的纤维蛋白血凝块、脂肪细胞、库存血碎片、脱落的癌细胞、气泡以及静脉注射液中的颗粒物等。

正常情况下，肺毛细血管的数目远多于进行有效气体交换所需要的数量。因此，即使有部分毛细血管被堵塞，也不会引起明显症状。并且由于肺毛细血管内皮细胞代谢活跃，通过酶对栓塞物的分解，巨噬细胞的吞噬等多种机制，可使栓塞于短期内被清除。但当肺内分流加大时，部分混合静脉血直接进入体循环动脉，肺循环的过滤器功能将被削弱。

(三) 合成、释放和处理生物活性物质

肺是合成、释放和降解前列腺素的重要部位。肺还能合成、贮存、释放肝素、组胺、激肽释放酶。肺中凝血致活酶、纤溶酶致活物质的含量也较丰富。肺含多种酶系，当血液中多种生物活性物质循环至肺时，肺成为酶和底物、酶和抗酶相互作用的重要部位，从而对这些物质起着截取、清除或转化等作用。血液一次流经肺循环，其中所含前列腺素E、前列腺素F的90%，5-羟色胺的90%，缓激肽的80%，去甲肾上腺素的25%～50%均被清除；部分乙酰胆碱被灭活；70%～80%的血管紧张素Ⅰ转化为血管紧张素Ⅱ。

(四) 贮血库作用

肺的血管容量约为500 ml，用力呼气时可减至200 ml，深吸气时可增至1 000 ml，卧位较坐、立位时增加约400 ml。因此，肺起着贮血库的作用。

小结

呼吸是指机体与环境间进行的气体交换过程。它包括外呼吸、血液气体运输和内呼吸三个环节。

肺通气是依靠呼吸运动和胸膜腔负压的耦联作用而完成的气体交换过程，为肺换气准备了条件。肺和胸壁的弹性对肺通气是一种阻力。而肺泡表面活性物质有增加肺顺应性从而降低这种阻力的作用。气体通过气道时还会受气道阻力的影响，气道阻力大小与气道半径的4次方成反比。

肺容积是指肺所容纳的气体量，它分为潮气量、补吸气量、补呼气量和残气量，相加后等于肺总量。尽力吸气后再尽力呼气，所能呼出的最大气量，称为肺活量，它等于潮气量、补吸气量和补呼气量之和。肺活量可反映一次呼吸时所能达到的最大通气量。每分钟进或出肺的气体量，称为每分通气量，它等于潮气量和呼吸频率的乘积。每分钟进或出肺泡的气体量，称为肺泡通气量，它等于潮气量减去无效腔与呼吸频率的乘积。肺泡通气量是真正可能与肺血液进行交换的有效气量。

气体交换的动力是各气体呼吸膜两侧的分压差。在肺换气中，涉及到呼吸膜面积厚度和通透性、通气/血流比值等因素。动脉血液中 $PO_2 > PCO_2$，故动脉血流经组织时，O_2 由血液扩散到组织；而组织 $PCO_2 > PO_2$，CO_2 由组织扩散至血液，使动脉血转变成静脉血。当这种静脉血液流经肺泡时，O_2 就会由肺泡扩散至血液，CO_2 就会由血液扩散至肺泡，使其又转变成动脉血。

呼吸气体在血液中以物理溶解形式和化学结合形式（氧合血红蛋白、氨基甲酸血红蛋白和碳酸氢盐）进行运输，红细胞在其中起关键作用。而且血液气体运输同时参与血液酸碱平衡的调节。

呼吸运动是在呼吸中枢控制下完成的。呼吸中枢广泛分布于大脑皮质、间脑、脑桥、延髓和脊髓等部位。神经因素和体液因素都可以作用于感受器或直接作用于呼吸中枢而影响呼吸运动。CO_2、H^+ 和缺氧都是影响呼吸运动的重要因素。某些伤害性刺激还可引起防御反射，如咳嗽、喷嚏等。

实验一　人体肺通气功能测定

【实验理论依据和目的要求】

肺的主要功能是进行气体交换以维持正常的新陈代谢。肺通气量的大小能够随着机体的功能状态发生相应的改变。因此，测定肺通气量可作为评价肺通气功能的指标之一。本试验的目的在于了解肺通气量的测定方法与肺的正常通气量。

【实验对象】

人。

【实验用品】

FJD-80 单筒肺量计及其附件，酒精棉球，蒸馏水等。

【实验步骤和观察项目】

1. 了解肺量计的构造　如图 5-15 所示。主体是两个对口套装的圆筒。外筒口向上，中央有三条管道通入内筒：一条为充气管，下口经阀门与外界相通；另两条分别与呼、吸气导管相通。吸气管道上口有一钠石灰筒用以吸收 CO_2，呼气导管下端有一鼓风机用以推动气流，呼、吸气导管另一端与三通接口相连。内筒为一浮筒，倒扣在盛水的外筒中，顶部通过滑轮与描记笔相连。呼吸时，浮筒因内部气体容积发生变化而上下运动，同时带动描记笔移动。

2. 操作准备　调整台座螺丝，使肺量计保持水平位。将肺量计外筒充水至其总容量的 80%。打开充气阀门，提起浮筒，使筒内充盈空气 4～5 L（描笔位于鼓面的中央位置），关闭阀门；让受试者嘴衔经酒精棉球消毒的橡皮接口，夹上鼻夹（或捏鼻），用口经三通开关平静呼吸外界空气。适应后，转动三通开关，让受试者呼吸浮筒内空气，可见浮筒随呼吸上下移动。按下电源，调整纸速（每 30 s 一大格），记录呼吸曲线。

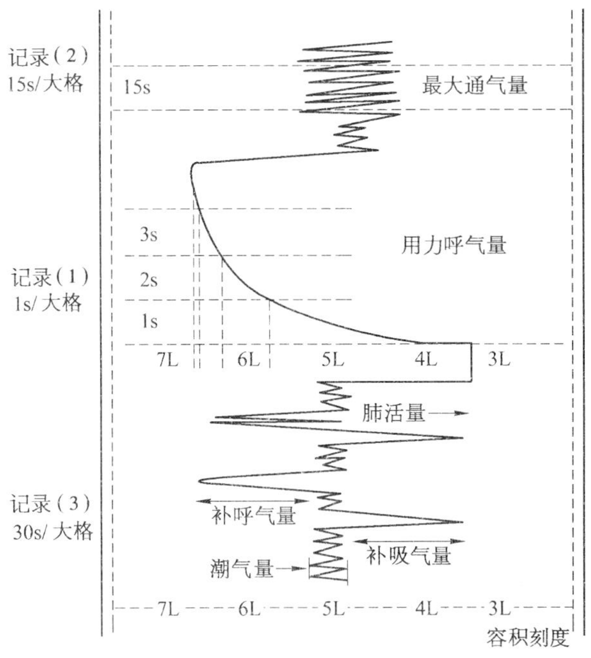

图 5－15　人体肺通气功能记录曲线

3. 观察项目

(1) 潮气量　让受试者平静呼吸，描记曲线即为潮气量。

(2) 补吸气量　让受试者在一次平静吸气末继续做一次最大限度的吸气。平静吸气之后的曲线幅度即补吸气量。

(3) 补呼气量　让受试者在一次平静呼气末继续做一次最大限度的呼气。平静呼气之后的曲线幅度即补呼气量。

(4) 肺活量　让受试者做一次最大限度的吸气，然后再尽力地向外呼气，即可描记出一个完整的肺活量曲线。

根据曲线格数(1 L/大格)算出潮气量、补吸气量、补呼气量和肺活量的数值。

(5) 用力呼吸量　调整纸速(每秒一大格)。让受试者做最大限度的吸气，在吸气末屏气 1～2 s，再用最快的速度向外呼气，直到不能呼出为止。在记录纸上读出第 1 s、第 2 s、第 3 s 末的呼出气量并计算出它们各占全部呼出气量的百分率。

【注意事项】

(1) 注意套筒内的水保持在水平刻度线，防止水溢出，水过多时可通过排水阀放出。

(2) 平静呼吸时，呼吸逐渐加深加快，应检查钠石灰是否失效。

【思考题】

测定肺通气量有什么意义？

实验二　哺乳动物呼吸运动的调节

【实验理论依据和目的要求】

呼吸运动能够节律性地进行，并且能与机体代谢水平相适应，主要是在神经体液的调节下实现的。体内外各种刺激可以直接作用于中枢或通过不同的感受器反射性地影响呼吸运动。本试验的目的在于观察某些因素对呼吸运动的影响。

【实验对象】

家兔。

【实验用品】

兔手术台和哺乳动物手术器械一套、气管插管、长 70 cm 左右的橡皮管、钠石灰瓶一个、CO_2 气袋、气囊、记纹器或二道生理记录仪、刺激器、电磁标、25%氨基甲酸乙酯、3%乳酸、生理盐水、20 ml 和 2 ml 注射器各一套、纱布、棉线等。

【实验步骤和观察项目】

1. 麻醉、固定　兔称重后，由耳缘静脉注射 25%氨基甲酸乙酯(1 g/kg)，待麻醉后将兔仰卧位固定在手术台上。

2. 手术　剪去颈部的毛，在颈部正中切开皮肤，用止血钳钝性分离皮下组织，暴露气管。在气管上做一倒“T”型切口，插入气管插管，用棉线固定。在两侧颈总动脉旁分离出迷走神经，在其下方穿线备用，用温盐水纱布覆盖手术野。

3. 呼吸运动的描记

(1) 记纹器描记　将描记气鼓上的橡皮管和气管插管的一侧开口相连，调整气管插管另一侧管的短橡皮管口径，使气鼓薄膜波动幅度适当，然后使描笔与记纹鼓成切线接触，其下装两个电磁标，分别做刺激和时间标记。使磁标笔尖与气鼓笔尖对齐在同一条垂直线上(图 5-16)。

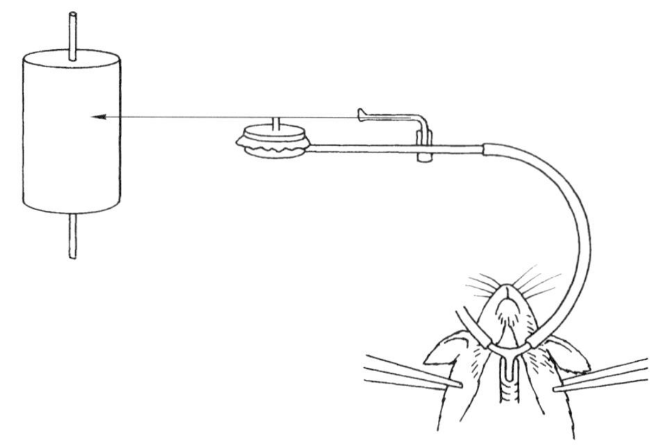

图 5-16　用描记气鼓记录呼吸运动

(2) 记录仪描记　用系有线的弯钩大头针钩在胸部活动幅度较大的胸壁上，线的另一端系在张力换能器上，并与记录仪相连。

4. 观察项目

(1) 描记正常呼吸曲线　描记正常呼吸曲线，作为对照。

(2) CO_2 对呼吸的影响　将装有 CO_2 的气袋开口对准气管插管的开口，使一部分 CO_2 进入气管插管。观察呼吸运动的变化。

(3) 缺氧对呼吸的影响　将气管插管的开口通过一钠石灰瓶与盛有一定量空气的气囊相连，使动物呼吸气囊中的空气。此时动物呼出的 CO_2 可被钠石灰吸收，故随着呼吸的进行，气囊内的 O_2 越来越少。观察呼吸运动的变化。

(4) 增大无效腔对呼吸的影响　将气管插管的开口端对接一根长 70 cm 左右的橡皮管，使无效腔增大。观察呼吸运动的变化。

(5) 血液酸碱度对呼吸的影响　由耳缘静脉注入 3%乳酸溶液 1～2 ml。观察呼吸运动的变化。

(6) 迷走神经在呼吸运动中的作用　剪断一侧迷走神经，观察呼吸运动的变化；然后再剪断另一侧迷走神经，观察呼吸运动频率与深度的变化。

【注意事项】

(1) 每项实验前都要有正常的呼吸曲线对照。

(2) 麻醉过程不可过快，否则会造成动物死亡。

【思考题】

(1) 增加吸入气中 CO_2 浓度对呼吸有何影响？其机制如何？

(2) 注射乳酸后呼吸为什么增强？

实验三　胸膜腔内压和气胸的观察

【实验理论依据和目的要求】

平静呼吸时，胸膜腔内的压力始终低于大气压，即胸膜腔为负压。当胸膜腔的密闭性遭到破坏后，空气进入胸膜腔，形成气胸，胸膜腔负压则减弱甚至消失。本试验的目的在于验证胸膜腔负压的存在及其生理意义。

【实验对象】

家兔。

【实验用品】

兔手术台和哺乳动物手术器械、穿刺针头、水检压计、橡皮管、20 ml 注射器、25%氨基甲酸乙酯、生理盐水。

【实验步骤和观察项目】

1. 实验准备

(1) 兔称重后从耳缘静脉注射 25%氨基甲酸乙酯(1 g/kg)，待麻醉后将兔仰卧位固定在手术台上，施行气管插管术。

(2) 将穿刺针头通过橡皮管与水检压计相连，检压计中的水可加少许染料以便观察液面高度。

在兔右腋前线第 4、5 肋间做一 1 cm 左右的皮肤切口，用与检压计相连的穿刺针头，在肋骨上缘沿肋骨方向斜插入胸膜腔，水柱突然向胸膜腔一侧升高，并且液面随呼吸上下波动。用胶布将针头固定于胸壁上。

2. 观察项目

(1) 平静呼吸时的胸膜腔内压　通过水检压计液面的升降高度比较吸气、呼气时胸膜腔负压有何不同。

(2) 增大无效腔对胸膜腔负压的影响　在气管插管的一侧管上接一根长 70 cm 左右的橡皮管，然后堵塞另一侧管，以增大无效腔，使呼吸加深加快。观察胸膜腔负压的变化，并与平静呼吸时相比较有何不同。

(3) 憋气的效应　在吸气末或呼气末，将气管插管的两只侧管同时堵塞，使动物处于憋气状态。观察此时胸膜腔负压的变化和胸膜腔内压是否高于大气压。

(4) 气胸及其影响　在右侧胸部沿第 7 肋骨上缘切开皮肤，分离第 7 肋，并剪去自腋后线到肋软骨处的肋骨，使胸膜腔与大气相通，造成气胸。观察胸膜腔负压的变化。

【注意事项】

(1) 穿刺针头与橡皮管、水检压计之间的连接必须紧密，切不可漏气。

(2) 做胸膜腔穿刺时，切不可过深过猛，以免刺破肺组织和血管，造成气胸或引发出血。

【思考题】

(1) 平静呼吸时，胸膜腔内的压力为什么总是低于大气压？

(2) 什么情况下，胸膜腔内压高于大气压？

第六章

消化和吸收

导学

了解：消化管平滑肌的生理特性；唾液及其作用；咀嚼与吞咽；小肠液及其作用；小肠的运动；大肠液及其作用；体液调节；社会心理因素对消化功能的作用。

熟悉：消化和吸收的概念；消化的方式；大肠的运动及排便反射；主要营养物质的吸收和部位；消化管活动的神经调节。

应用：胃液及其作用；胃的运动；胰液及其作用；胆汁及其作用；大肠内细菌的作用。在教师指导下，完成对胃肠运动的观察实验。

人体在生命活动过程中，不仅要从外界摄取氧，还需从外界摄取营养物质，为生命活动提供能量和自身组织的更新提供原料。营养物质来源于食物，食物中的主要成分如蛋白质、脂肪和糖类都是较复杂的有机物，不能直接被吸收和利用，必须在消化管内被分解成简单的小分子物质，才能透过消化管黏膜上皮细胞进入血液循环，供组织利用。食物在消化管内被分解为小分子物质的过程称为消化。食物经过消化后透过消化管黏膜进入血液循环的过程称为吸收。

消化的方式有两种，即机械消化和化学消化。机械消化是由消化管的运动来完成的，其作用是磨碎食物，并使之与消化液混合，以及把食物向消化管远端推送和促进吸收；化学消化是由消化腺所分泌的消化液来完成的。消化液中含有各种消化酶，能分别催化蛋白质、脂肪和糖类分解，使之成为被吸收的形式。在整个消化过程中，两种消化方式同时进行，相辅相成。

第一节 消化管平滑肌的生理特性

消化管的运动功能是由消化管的肌肉活动来完成的。在整个消化管中，除口腔、食管上端和肛门外括约肌是横纹肌外，其余部分的肌肉均为平滑肌。消化管平滑肌具有肌肉组织的共性，如肌细胞安静时存在着静息电位，活动时有动作电位，以及具有兴奋性、传导性和收缩性等。在这些性质中，消化管平滑肌本身还有以下一些特点。

（一）自动节律性运动

将消化管平滑肌取出体外，置于37℃并充以氧气的生理溶液中，平滑肌仍能进行良好的节律性运动。但节律性收缩较心肌缓慢且不规则，各个部位平滑肌的节律性运动的形式和节律也不尽相同。消化管平滑肌的节律性运动的产生，一般认为是肌源性的，但在正常体内则受神经系统和激素的调节。

(二) 紧张性

消化管平滑肌经常保持一种微弱的持续收缩状态,称为平滑肌的紧张性。这种紧张性收缩,使胃肠管腔内维持着一定的基础压力,并为胃肠保持正常形态位置所必须。胃肠管的各种不同的收缩运动,也都是在平滑肌紧张性基础上进行的。

(三) 富有伸张性

消化管平滑肌能适应实际需要而做很大的伸张。在进食之后,它可以比平时伸长数倍,特别是胃表现得最为明显。进食后,大量食物暂时储存于胃内而不发生明显的压力升高,因而具有重要的生理意义。

(四) 舒缩迟缓

平滑肌收缩的潜伏期、收缩期和舒张期的时程均比骨骼肌和心肌长得多,而且变异很大。

(五) 对电刺激不敏感,但对化学、温度和牵张刺激很敏感

消化管平滑肌对单个电刺激常不能引起收缩;但它对温度变化、化学和牵张刺激的敏感性较高。例如温度升高、微量的乙酰胆碱或牵拉,均能引起其明显收缩。平滑肌的这一特性是与它所处的生理环境分不开的,消化管的内容物对平滑肌的牵张、温度和化学刺激是引起内容物推进或排空的自然刺激因素。

第二节　口腔内消化

食物在口腔内停留的时间为 15～20 s。在口腔内,食物被咀嚼、湿润而后吞咽,唾液中的淀粉酶可以初步分解食物中的淀粉。

一、唾液及其作用

唾液是由口腔内腮腺、颌下腺、舌下腺以及许多散在的小唾液腺共同分泌的,正常成人每日唾液分泌量为 1.0～1.5 L。唾液无色、无味而近中性,pH 值为 6.6～7.1。唾液中水分约占 99%,其中的无机物主要有 Na^+、K^+、Ca^{2+}、Cl^- 和 HCO_3^- 等,也有一些气体分子。有机物包括黏蛋白、球蛋白、唾液淀粉酶和溶菌酶等。唾液通常为低渗液,随着分泌速度加快,唾液中 Na^+、Cl^- 将升高,但始终低于血浆中的浓度。而 K^+ 浓度却为血浆中的 7 倍,故唾液因异常情况较长时间丢失时,会导致低血钾。

唾液的主要作用包括:①湿润和溶解食物,使食物易于吞咽并引起味觉;②清除口腔中的食物残渣,冲淡和中和进入口腔的有害物质,对口腔起清洁和保护作用;③唾液中的溶菌酶和免疫球蛋白有杀灭细菌和病毒的作用;④唾液淀粉酶可以将淀粉分解为麦芽糖。

二、咀嚼和吞咽

口腔内的机械消化是通过咀嚼和吞咽来实现的。

咀嚼是咀嚼肌由意识控制的按一定顺序进行的收缩运动。咀嚼通常是一种反射活动,由口腔内感受器和咀嚼肌本体感受器的传入冲动引起。咀嚼的主要作用是将食物切碎、研磨并与唾液混合形成食团,便于吞咽。此外,咀嚼还能加强食物对口腔内各种感受器的刺激,反射性地引起胃、肠、胰、肝和胆囊等器官的活动加强,为下一步的消化和吸收过程作好准备。牙齿缺失或进食过快的人,会因食物在口腔内消化不足而加重胃肠的负担。

吞咽是将食团由口腔通过咽部和食管推送到胃的过程。吞咽虽然可以随意发动,但整个过程

通常也是一种复杂的反射活动。首先在主观意识控制下，通过舌肌和下颌舌骨肌的有序收缩，将食团推向咽部。然后是食物刺激咽部感受器引起的一系列反射活动，包括软腭上升、咽后壁前凸，封闭鼻咽通路；喉头上升并紧贴会厌，声带内收关闭声门，呼吸暂停，避免食物误入气管；食团通过咽部时，食管上口舒张，食团进入食管，最后通过食管的蠕动将食团推送到胃内。

蠕动是消化管平滑肌共有的、以环形肌收缩为主的一种向前推进的波形运动。其特点是食团上部的环形肌收缩，下部则舒张，形成蠕动波，由于蠕动波依次下行，从而将食团不断地向前推进（图 6－1）。

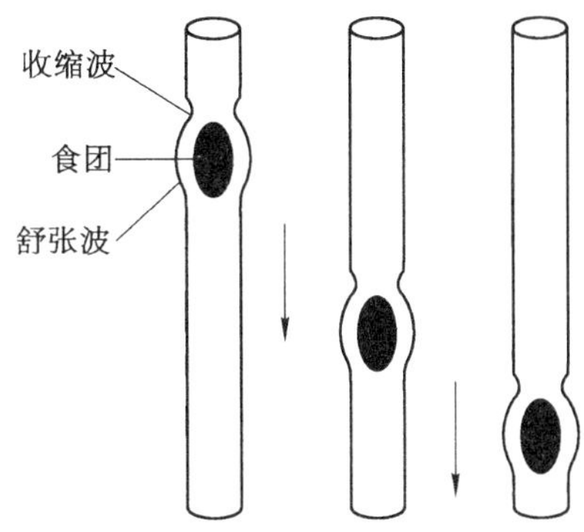

图 6－1 食管蠕动示意图

吞咽反射的中枢在延髓，在昏迷、深度麻醉和某些中枢神经系统疾病的患者，吞咽反射发生障碍，食物和上呼吸道的分泌物易误入气管引起窒息，应引起医护人员的注意。

第三节 胃内消化

成人胃的容量为 1～2 L。胃的主要功能是暂时贮存食物，并对食物进行初步的消化，然后将其内容物逐步、分批地排入十二指肠。胃液中的内因子还具有促进维生素 B_{12} 吸收的功能。

一、胃液及其作用

纯净的胃液是由胃腺分泌的无色的酸性液体，pH 值为 0.9～1.5。胃腺包括贲门腺、泌酸腺和幽门腺。正常成人每日胃液分泌量为 1.5～2.5 L。

（一）胃液的主要成分及其作用

1. 盐酸 盐酸也称为胃酸，是由壁细胞分泌的。胃液中的盐酸有两种形式：一种是蛋白质结合的盐酸蛋白盐，称为结合酸；另一种是游离形式的，称为游离酸，两者合称为总酸。胃液中的盐酸含量通常以单位时间内分泌的毫摩尔（mmol）数来表示，称为盐酸排出量。正常成年人空腹时（胃排空 6 h，没有任何食物刺激情况下）的盐酸排出量，称为基础酸排出量，为 0～5 mmol/h，而且表现出昼夜节律性，即早上 5～11 时分泌率最低，午后 6 时至次晨 1 时分泌量最高。在食物或药物刺激下，胃酸的排出量大大增加，可达 20～25 mmol/h。盐酸的分泌量与壁细胞数目有关，壁细胞数目多，最大排出量也多。另外，排出量还与壁细胞功能有关。

胃液中的 H^+ 浓度最高可达 150 mmol/L，比壁细胞质中的 H^+ 浓度高出约 300 万倍，因此，壁细胞分泌 H^+ 是逆着巨大浓度梯度进行的主动耗能过程。H^+ 来源于壁细胞内氧化代谢所产生的 H_2O，H_2O 解离产生 H^+ 和 OH^-，H^+ 凭借壁细胞的分泌小管膜上的 H^+ 泵（H^+－K^+－ATP 酶）的作用，主动转运入小管腔中(图 6－2)。合成盐酸所需的 Cl^- 来自血浆，Cl^- 进入细胞后通过膜上特异的 Cl^- 通道进入小管腔，与 H^+ 形成 HCl。当需要时，由壁细胞分泌进入胃腔。

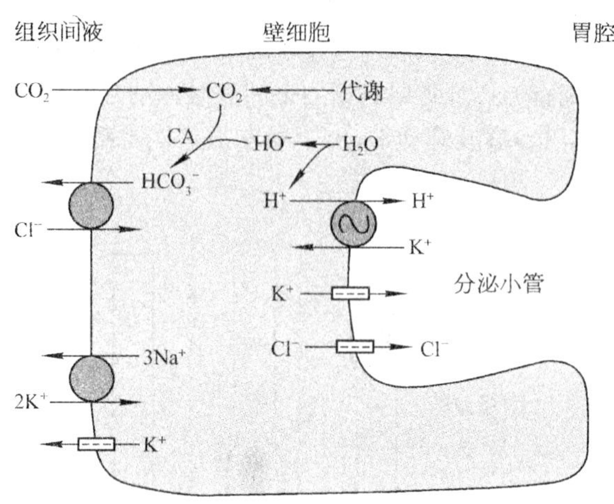

图 6－2 壁细胞分泌盐酸示意图

水在细胞内解离成 OH^- 和 H^+，H^+ 通过 H^+，K^+－ATP 酶主动转运至分泌小管管腔；CA：碳酸酐酶

壁细胞内含有丰富的碳酸酐酶，在它的催化下，由细胞代谢产生的 CO_2 以及由血浆中摄取的 CO_2 可迅速地与 H_2O 结合生成 H_2CO_3，H_2CO_3 又解离出 H^+ 和 HCO_3^-。这样，在 H^+ 分泌后留在细胞内的 OH^- 便与 H_2CO_3 解离出来的 H^+ 结合生成 H_2O，壁细胞内将不致因 OH^- 的蓄积而使 pH 值升高。由 H_2CO_3 产生的 HCO_3^- 则在壁细胞底侧与 Cl^- 交换而进入血液，这可能就是餐后胃酸分泌增高时，血液 pH 值偏高的所谓"餐后碱潮"的原因。

盐酸的主要作用有：①激活胃蛋白酶原，并为胃蛋白酶提供适宜的酸性作用环境；②使蛋白质变性而易于被蛋白酶分解；③杀死随食物进入胃内的细菌；④盐酸进入小肠后可促进胰液、胆汁和小肠液的分泌，从而促进小肠内的消化；⑤盐酸造成小肠内的酸性环境，有利用铁和钙的吸收。因此，盐酸分泌不足时可引起食欲不振、腹胀等消化不良的症状以及贫血等。但若盐酸分泌过多，又可对胃和十二指肠黏膜产生侵蚀作用，诱发消化性溃疡。

2. *胃蛋白酶原* 胃蛋白酶原主要由泌酸腺的主细胞合成并分泌。胃蛋白酶原分泌后在盐酸的作用下水解去掉一段肽链，转变成有活性的胃蛋白酶。在酸性环境下，已激活的胃蛋白酶也可水解胃蛋白酶原使之转变成有活性的胃蛋白酶。胃蛋白酶的作用是将食物中的蛋白质水解成脉和胨，脉和胨为蛋白质的中间消化产物。胃蛋白酶发挥作用的最适 pH 值是 2.0，随着 pH 值升高，其活性逐渐降低，当 pH 值达 5.0 时，胃蛋白酶便失去活性。

3. *内因子* 内因子为泌酸腺壁细胞分泌的一种糖蛋白，分子量为 5 万～6 万。内因子的作用是与食物中的维生素 B_{12} 结合，从而促进维生素 B_{12} 在回肠的吸收(参见第三章)。

4. *黏液和碳酸氢盐* 胃液中的黏液由胃黏膜表面上皮细胞和胃腺中的黏液细胞共同分泌，其主要成分为糖蛋白。黏液具有较强的黏滞性和形成凝胶的特性，可在胃黏膜表面形成厚约 500 μm 的凝胶层，可大大减少粗糙食物对胃黏膜的机械性损伤。同时，黏液与碳酸氢盐共同形成黏液－碳酸氢盐屏障，阻止胃酸和胃蛋白酶对胃壁的损害，有效地保护胃黏膜(图 6－3)。因为黏液的黏滞度极高，可大大减慢 H^+ 向胃黏膜表面扩散的速度。同时，黏液中有胃黏膜上皮细胞分泌的 HCO_3^-，可以中和胃液中向黏液扩散的 H^+，这样就在黏液层形成了一个 pH 值梯度：在靠近胃腔面的一侧，pH 值约为 2.0，呈强酸性；而在靠近胃黏膜的一侧，pH 值逐渐增加到约为 7.0，呈中性或偏碱性。这个 pH 值梯度不但避免了 H^+ 对胃黏膜的直接侵蚀，而且使胃蛋白酶原在黏液中逐渐丧失活性，从而也避免了胃蛋白酶原对胃黏膜本身的消化作用。

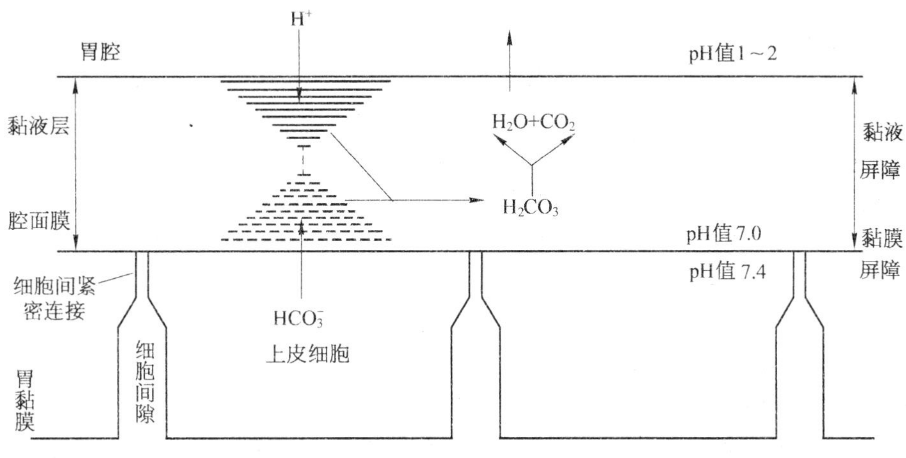

图 6－3　胃黏液-碳酸氢盐屏障示意图

二、胃的运动

胃内的机械消化是通过胃的运动来实现的。进食后胃的运动明显增强。经过胃内的机械消化，食物被加工得越来越细，并且与胃液充分混合，形成半流质状的食糜。食糜经过胃的排空进入十二指肠。

(一) 胃运动的基本形式

1. 紧张性收缩　胃壁平滑肌经常处于一定程度的持续收缩状态，称为紧张性收缩。胃的其他运动形式都是在紧张性收缩的基础上进行的。紧张性收缩对于维持胃的正常形态和位置具有重要意义，如果胃的紧张性收缩过度降低，常会引起胃下垂或胃扩张。紧张性收缩同时还可促进胃液渗入食物内部以及胃的排空。

2. 容受性舒张　当咀嚼和吞咽食物时，食物对口腔、咽和食管等处感受器的刺激可通过迷走-迷走反射(即传入神经纤维和传出神经纤维均在迷走神经中)引起胃壁头区肌肉的舒张，称为容受性舒张。切断迷走神经后，容受性舒张就不能发生。容受性舒张的作用是使胃能容纳大量食物而胃内压并不明显升高，以防止胃内食物过快、过早地排入十二指肠。

3. 蠕动　食物入胃后约 5 min，胃即开始蠕动。胃的蠕动起自胃的中部，逐渐向幽门方向进行，每分钟约 3 次，每个蠕动波约需 1 min 到达幽门。因此，进食后胃的蠕动通常是一波未平，一波又起。蠕动波起初较小，在向幽门传播的过程中，波幅和速度逐渐增加，当接近幽门时明显增强，可将 1～2 ml 的食糜排入十二指肠。如果收缩波比食糜先期到达胃窦终末部，由于胃窦终末部的强力收缩，可将食糜反方向推回到胃体(图 6－4)。食糜经过这样多次的来回蠕动，食物团块被研磨得越来越细，也有利于胃液与之充分混合。

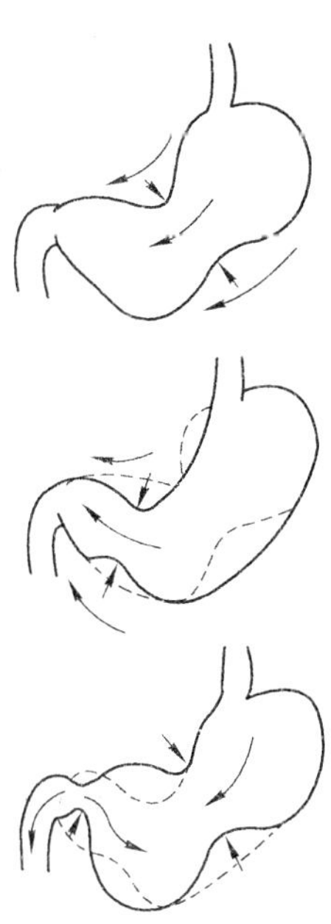

图 6－4　胃的蠕动示意图

胃的蠕动受胃平滑肌的慢波控制，也受神经和体液因素的影响。胃的慢波起源于胃体中部，每分钟约3次，在慢波的基础上引起动作电位和胃的收缩蠕动。迷走神经的冲动、促胃液素和促胃动素可使胃的慢波和动作电位频率增加，从而促进胃的蠕动；交感神经的冲动、促胰液素和抑胃肽的作用则相反。

（二）胃的排空

食糜由胃排入十二指肠的过程称为胃的排空。食物入胃约5 min后即开始排空。速度与食物的物理性状和化学组成有关。流体食物比固体食物排空快，低渗的食物比高渗的食物排空快，颗粒小的食物比颗粒大的食物排空快。在三大类主要营养物质中，糖类的排空速度最快，其次是蛋白质，脂肪的排空速度最慢。一般混合性食物完全排空需4～6 h。

胃排空的动力是胃与十二指肠内的压力差。在消化期，由于食物的刺激，反射性引起胃的紧张性收缩和蠕动增强，当胃内压升高超过十二指肠内压时，就可克服幽门的阻力，使1～2 ml的食糜排入十二指肠；如果胃内压与十二指肠内压相等，胃的排空就暂时停止；如果胃内压低于十二指肠内压，十二指肠内容物可反流入胃内。

胃的排空是受胃内因素和十二指肠内因素共同调控的。胃内食物对胃壁的机械刺激和化学刺激，可通过迷走-迷走反射、壁内神经丛反射以及促胃液素的分泌来使胃的运动加强，胃内压升高，促进胃的排空。食糜进入十二指肠后，对十二指肠的机械刺激和化学刺激，则可通过肠-胃反射以及促胰液素、抑胃肽等的分泌来抑制胃的运动，使胃内压降低，抑制胃的排空。随着食糜在十二指肠内被消化、营养物质被吸收以及盐酸被中和，十二指肠内对胃运动的抑制作用逐渐减弱，胃的运动又逐渐增强，于是又有一部分食糜被排入十二指肠。如此反复进行。因此，胃的排空是间断进行的，以使其速度与小肠内的消化和吸收相适应。总的来说，胃内容物是促进胃排空的因素，而十二指肠内容物则是抑制胃排空的因素。

（三）呕吐

呕吐是将胃内容物甚至肠内容物经口腔强力驱出体外的动作。呕吐是一种反射活动，其中枢在延髓。当舌根、咽部、胃、大小肠、胆总管、泌尿生殖器等处感受器以及前庭器官、视觉器官等受到刺激时，都可以引起呕吐。颅内压升高如脑水肿、脑肿瘤时可直接刺激呕吐中枢而引起呕吐。

呕吐可将胃肠内的有害物质或过于刺激性的物质排出，因而是一种具有保护意义的防御性反射。临床上常用催吐法来达到排出食物中毒或农药中毒患者胃内毒物的目的。但是持续而剧烈的呕吐，不仅影响正常的进食、消化和吸收，而且还导致机体丢失大量的体液，引起水、电解质和酸碱平衡紊乱。

第四节　小肠内消化

小肠内消化是整个消化过程中最重要的阶段。在小肠，食物经过胰液、胆汁和小肠液的化学消化以及小肠运动的机械消化，消化过程基本完成。同时，营养物质也主要是在小肠内被吸收的，未被吸收的食物残渣则由小肠进入大肠。食物在小肠内停留的时间一般为3～8 h。

一、胰液及其作用

胰液由胰腺腺泡和小导管上皮细胞共同分泌，胰液无色、无味，呈弱碱性，pH值7.8～8.4。胰液每日分泌量1～2 L。胰液中的主要成分包括水、碳酸氢盐和多种消化酶。胰液中的水和各种无机盐主要由小导管上皮细胞分泌，各种消化酶则由腺泡分泌。

(一) 碳酸氢盐

胰液中碳酸氢盐的主要作用一是中和随食物进入小肠的盐酸,保护小肠黏膜;二是为小肠内的多种消化酶提供适宜的 pH 值环境。

(二) 胰淀粉酶

可将淀粉以及糖原水解为麦芽糖、麦芽寡糖以及糊精。胰淀粉酶发挥作用的最适 pH 值为 6.7～7.0。

(三) 胰脂肪酶

在有辅脂酶存在的条件下,胰脂肪酶可将三酰甘油分解为甘油、脂肪酸和单酰甘油。胰脂肪酶作用的最适 pH 值为 7.5～8.5。胰液中还有一定量的胆固醇酯酶和磷脂酶 A_2,可分别水解胆固醇和卵磷脂。

(四) 胰蛋白酶原和糜蛋白酶原

两者均以无活性的酶原形式存在于胰液之中。在小肠液中肠致活酶的作用下,可以将胰蛋白酶原激活成有活性的胰蛋白酶。此外,盐酸、组织液以及激活了的胰蛋白酶本身也能激活胰蛋白酶原。糜蛋白酶原可被胰蛋白酶激活为有活性的糜蛋白酶。胰蛋白酶和糜蛋白酶的作用都是将食物中的蛋白质分解为脲和胨。当两者共同作用时,可将蛋白质分解为小分子的多肽和氨基酸。

可见,胰液中含有的消化酶种类最多,消化力最强,是人体内最重要的消化液。如果胰液分泌不足,将造成严重的消化不良,特别是蛋白质和脂肪的消化吸收障碍,并可影响到脂溶性维生素的吸收,但对糖的消化和吸收影响不大。

二、胆汁及其作用

胆汁黏稠味苦,呈金黄色或橘棕色,由肝细胞分泌,每日分泌量为 0.8～1.0 L,pH 值为 7.8～8.4。在消化期,胆汁直接排入十二指肠。在非消化期,胆汁经肝总管、胆囊管先进入胆囊储存。在储存过程中,因其中的水分和碳酸氢盐被胆囊壁吸收而浓缩,颜色加深,呈中性或弱碱性,pH 值为 7.0～7.4,这种胆汁称为胆囊胆汁。由肝细胞分泌出来的胆汁则称为肝胆汁。进食后胆囊收缩,胆囊胆汁和肝胆汁经胆总管一起被排入十二指肠。胆汁中不含有消化酶,但其成分很复杂。除水外,主要包括无机盐、胆盐、卵磷脂、胆汁酸、胆色素和胆固醇等。

胆盐是胆汁酸与甘氨酸或牛黄酸结合形成的钠盐或钾盐。胆盐有三方面的作用:①对脂肪的乳化作用。胆盐、卵磷脂和胆固醇等可作为乳化剂,减小脂肪的表面张力,使脂肪裂解成小的微滴,分散在肠腔内,从而增加与胰脂肪酶的接触面积,促进脂肪的消化;②促进脂类和脂溶性维生素的吸收。胆盐是一种双嗜性分子,当肠腔中的胆盐达到一定的浓度后,即可聚合形成一种水溶性的微胶粒。脂肪消化产物中的脂溶性成分,如脂肪酸、单酰甘油和胆固醇等便渗入到这种微胶粒里形成混合微胶粒。就这样,这些不溶于水的脂肪消化产物就可以通过小肠上皮细胞表面的静水层,到达上皮细胞表面而被吸收。胆汁在促进脂肪消化产物吸收的同时,也促进了脂溶性维生素的吸收;③胆盐的利胆作用。在肠腔发挥作用后,胆盐在回肠又可被吸收入血液,经门静脉返回肝,再组成胆汁,这一过程称为胆盐的肠-肝循环。在肝,胆盐可以直接刺激肝细胞分泌胆汁,称为胆盐的利胆作用。

此外,胆汁在十二指肠也可中和一部分胃酸,机体通过胆汁的分泌还可排泄多种内源性和外源性物质,如胆固醇、胆色素、类固醇激素、某些药物和重金属等。

胆固醇是体内脂肪代谢的产物之一,不溶于水。胆汁中胆盐、卵磷脂和胆固醇的适当比例是维持胆固醇成溶解状态的必要条件。如果胆汁中的胆固醇含量过高,或者胆盐、卵磷脂的含量过低，胆固醇就容易沉积下来，形成结石。

三、小肠液及其作用

小肠液富含黏液，呈弱碱性，pH 值为 7.6～8.0。小肠液由十二指肠腺和小肠腺共同分泌，每日分泌量 1～3 L。富含黏液的碱性小肠液可润滑和保护小肠。小肠液的生理作用有：①大量的小肠液可以稀释消化产物，降低小肠内渗透压，有利于营养物质的吸收。小肠液在分泌后又很快被小肠绒毛吸收，这为营养物质的吸收创造着有利的条件；②小肠液中的肠致活酶可以激活胰蛋白酶原，有利于蛋白质的消化；③在小肠上皮细胞的刷状缘存在许多寡糖酶和肽酶，可以对进入上皮细胞的营养物质继续起消化作用。

四、小肠的运动

小肠运动的功能是继续研磨食糜，使食糜与小肠内消化液混合，促进化学消化；使营养物质与肠黏膜广泛接触，以有利于营养物质的吸收；同时使食糜从小肠上段向下段推进。

（一）紧张性收缩

紧张性收缩是小肠其他运动形式的基础。紧张性收缩增强时，有利于小肠内容物与消化液的混合以及向前推进，也有利于营养物质的吸收。

（二）分节运动

分节运动是以小肠环行肌收缩和舒张为主的节律性运动，是小肠最有特征性的运动形式。在食糜所在的肠管，每相隔一定距离的环行肌同时收缩，将食糜分割成许多节段；随后，原来收缩处舒张，原来舒张处则收缩，使原来的节段分为两半，而相邻的两半又合成一个新的节段。如此反复进行(图 6-5)。分节运动的作用在于使食糜与消化液充分混合，以有利于化学消化；使食糜与肠壁紧密接触，以有利于营养物质的吸收；还能挤压肠壁，有助于血液和淋巴的回流。

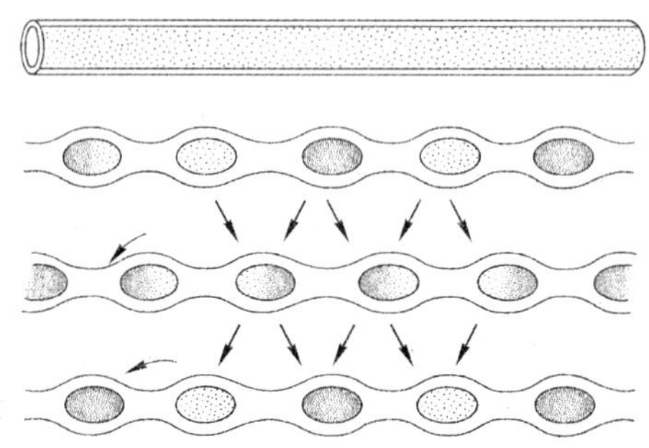

图 6-5　小肠分节运动示意图

（三）蠕动

蠕动可发生在小肠的任何部位，其速度为 0.5～2.0 cm/s，近端小肠的蠕动速度大于远端小肠。小肠蠕动波很弱，通常只进行一段短距离后即消失。蠕动的作用是使肠管内的食糜经过分节运动后向前推进一步，达到一个新的小肠节段，再开始分节运动。

小肠还经常发生一种行进速度很快，传播较远的蠕动，称为蠕动冲。蠕动冲可将食糜迅速从小肠的始端一直推送到小肠的末端，甚至可直接推送到大肠。蠕动冲可由吞咽动作以及食糜进入十二指肠引起，有些药物如泻药也可引起蠕动冲。

小肠蠕动时，由于肠内容物包括水和气体等被推送而产生的声音称为肠鸣音。肠鸣音的强弱可反映肠蠕动的情况。肠蠕动增强时，肠鸣音亢进；而肠麻痹时，肠鸣音减弱甚至消失。

在回肠末端与盲肠交界处的环形肌显著增厚，具有括约肌的作用，称为回盲括约肌。回盲括约肌在平时保持轻度的收缩状态，以阻止小肠内容物过快地进入大肠，有利于小肠内容物的充分消化和吸收，同时也可阻止大肠内容物反流入小肠。当小肠蠕动波到达回肠末端时，回盲括约肌舒张，大约有 4 ml 回肠内容物进入结肠。结肠以及盲肠内容物的机械扩张刺激，可通过壁内神经丛的局部反射，使回盲括约肌收缩。

第五节　大肠内消化

食物经过小肠内的消化和吸收后，剩余的残渣进入大肠。人的大肠没有重要的消化活动，其功能主要是吸收水分和电解质，暂时贮存食物残渣、形成和排出粪便。大肠内细菌还可合成维生素 B、K 等物质。

一、大肠液及其作用

大肠液是由大肠黏膜表面的柱状上皮细胞和杯状细胞分泌的碱性黏液，pH 值为 8.3～8.4，其主要成分是黏液和碳酸氢盐。大肠液的主要作用是保护肠黏膜和润滑粪便。

当大肠受到严重的细菌感染导致肠炎时，黏膜分泌大量的大肠液引起腹泻，其意义是迅速稀释和排出大肠内的刺激因子，促进肠炎的好转。但持续而严重的腹泻会丢失大量的体液，造成机体脱水、电解质和酸碱平衡紊乱，甚至危及生命。

二、大肠内细菌的活动

大肠内的细菌主要来自食物和空气。大肠内酸碱度和温度对许多细菌的繁殖极为适宜，而且大肠内容物停留时间长，细菌便在这里大量繁殖。细菌中含有多种分解食物残渣的酶。细菌对糖和脂肪的分解称为发酵，能产生 CO_2、沼气、醋酸、乳酸、甘油、脂肪酸和胆碱等。细菌对蛋白质的分解称为腐败，能产生氨、硫化氢、组胺和吲哚等，这些物质被肠壁吸收后需转运到肝解毒。如果长期便秘和消化不良，这些腐败产物产生和吸收过多，会对人体有害。

此外，大肠内细菌还能利用大肠内较简单的物质合成维生素 B 族和维生素 K，吸收后可供机体利用。如果长期使用广谱抗生素，大肠内细菌的繁殖受到抑制，可造成体内 B 族维生素和维生素 K 的缺乏。

三、大肠的运动和排便反射

大肠的运动少而慢，对刺激的反应也较迟钝，有利于水分的吸收以及粪便的形成和贮存。

（一）大肠运动的形式

1. *袋状往返运动*　空腹时多见，由环行肌不规则收缩引起，能使结肠袋中的内容物向两个方向作短距离的位移。袋状往返运动有利于对大肠内容物的碾磨与混合，还通过与肠黏膜的充分接触，促进水和无机盐的吸收。

2. *分节或多袋推进运动*　是一个结肠袋或多个结肠袋收缩，将肠内容物向下一肠段推进的运动。

3. *蠕动*　是由一些稳定向前的收缩波所组成。收缩波前方的肌肉舒张，往往充有气体，收缩波后面的肌肉则保持在收缩状态，使这段肠管内容物向前推进。大肠还有一种进行很快而且传播很远的蠕动，称为集团蠕动，常发生于进食后，可将一部分大肠内容物由横结肠推送至降结肠或乙状结肠。

(二) 排便反射

进入大肠的食物残渣经细菌的发酵和腐败，其中部分水分、无机盐和维生素被吸收后形成的产物，加上脱落的肠黏膜上皮细胞和大量的细菌共同构成粪便。据估计，粪便中死的和活的细菌占粪便固体总量的20%～30%。粪便是通过排便反射排出体外的。

人的直肠内通常是没有粪便的。当肠的蠕动将粪便推送入直肠，便可刺激直肠壁的感受器，冲动经盆神经和腹下神经传至脊髓腰骶段的初级排便中枢，同时经脊髓上传至大脑皮质引起便意。如果环境许可，皮质发出下行冲动至脊髓初级排便中枢，加强其活动，初级中枢的传出冲动经盆神经引起降结肠、乙状结肠和直肠收缩，肛门内括约肌舒张。同时，阴部神经的传出冲动减少，肛门外括约肌舒张，粪便便排出体外(图6-6)。此外，腹肌和膈肌收缩，增加腹内压，促进排便。如果环境不许可，大脑皮质则发出下行抑制性冲动，抑制脊髓初级排便中枢的活动，排便反射活动就受到抑制。因此，排便活动是受主观意识控制的。

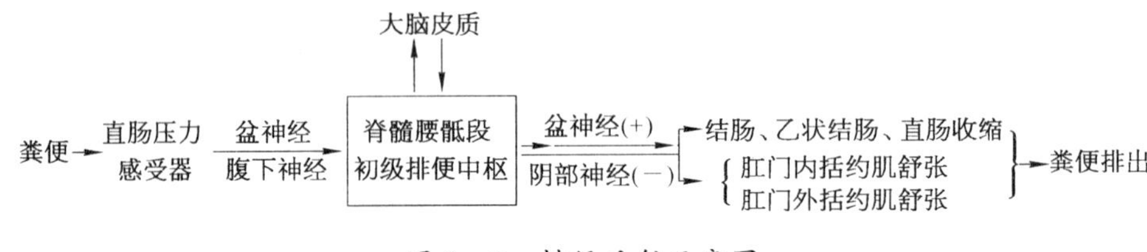

图6-6　排便反射示意图

正常人的直肠对粪便的压力刺激具有一定的阈值，当达到此阈值时，就会引起便意和排便反射。如果经常抑制排便反射，直肠对粪便的压力刺激就会逐渐变得不敏感，阈值升高，从而使粪便在肠腔内停留的时间延长，水分吸收过多而变得干硬，从而导致便秘。

第六节　吸　　收

在消化管不同的部位，具有不同的吸收能力和速度，这主要取决于不同部位的组织结构和对食物的消化程度，以及食物在各段消化管停留的时间。在口腔和食管，食物实际上不被吸收，不过硝酸甘油等药物可以在舌下含化吸收。在胃内对食物的吸收很少，它可以吸收酒精和少量水分。大肠只是吸收水分和无机盐类。可见，小肠是吸收的主要部位。

一、小肠作为主要吸收部位的有利条件

(一) 吸收面积大

人的小肠长4～5 m，其黏膜具有许多环状皱褶，皱褶上有大量绒毛，每一绒毛的周围是一层柱状上皮细胞，其上又有大量微绒毛。这样的结构可使小肠黏膜的面积增大600倍(图6-7、图6-8)。

(二) 小肠壁上毛细血管和淋巴管丰富

小肠黏膜绒毛内富含毛细血管、毛细淋巴管，淋巴管纵贯绒毛中央，称为中央乳糜管。消化期间小肠绒毛的节律性伸缩与摆动，可促进绒毛内的血液和淋巴流动，有利于吸收。

(三) 营养物质在小肠内已被彻底消化

食物经过胰液、胆汁和小肠液的共同消化作用，以及小肠的运动，大分子营养物质都被彻底分

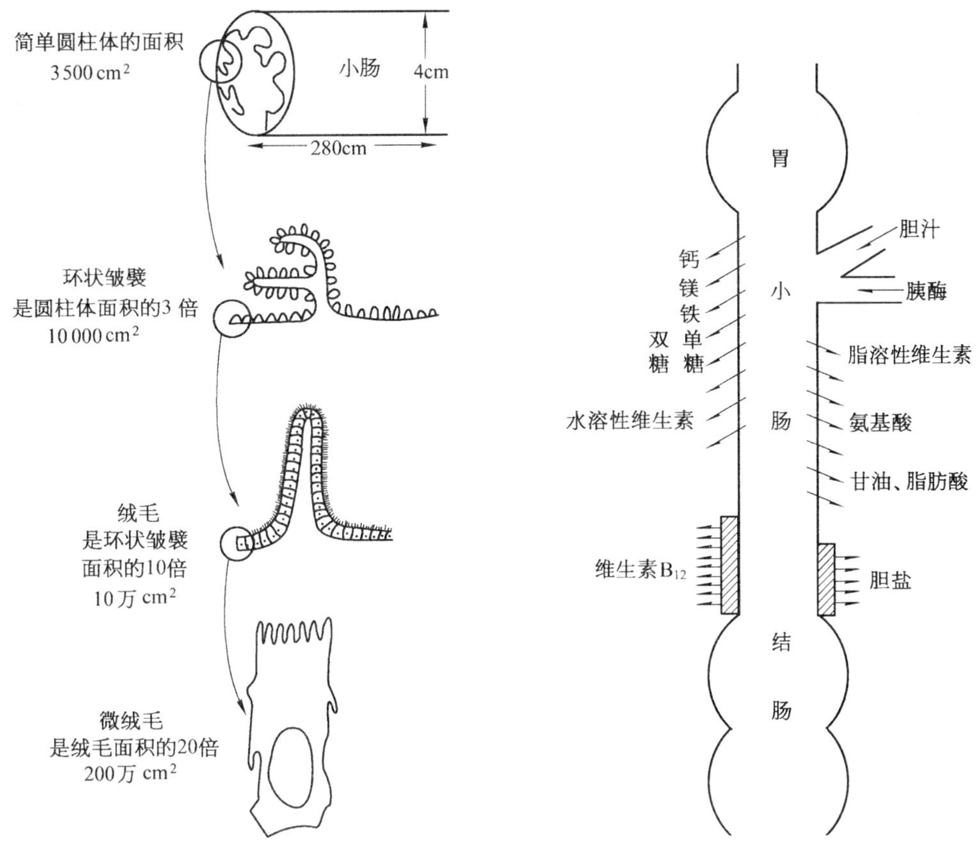

图 6-7 小肠黏膜表面积增大的示意图

图 6-8 在小肠不同部位吸收的物质

解成可被吸收的小分子形式。

(四) 营养物质在小肠内停留时间长

一般营养物质在小肠内停留时间在 3～8 h，使营养物质有充分的时间被消化吸收。

二、小肠内主要营养物质的吸收

(一) 无机盐的吸收

无机盐都是以离子形式被吸收的。一般而言，单价的盐类离子如 Na^+、K^+、NH_4^+ 等吸收很快，多价的盐类离子如 Ca^{2+}、Mg^{2+}、Fe^{2+} 等吸收较慢。不溶性的钙盐沉淀如硫酸钙、磷酸钙等不能被吸收。

1. Na^+ 和负离子的吸收　成人每天摄入的 Na^+ 和消化腺分泌的 Na^+ 有 95%～99%被吸收入血液，达 25～30 g。Na^+ 的吸收都是主动的，与肠黏膜上皮细胞底侧膜上的钠泵活动是分不开的。钠泵将上皮细胞内的 Na^+ 主动转运到肠腔外的组织液中，使细胞内低 Na^+，肠腔内的 Na^+ 借助于刷状缘上的载体，以易化扩散的方式进入细胞内。由于这类载体往往是与单糖或氨基酸共用的，所以 Na^+ 的主动吸收又可为单糖或氨基酸的吸收提供动力(图 6-8)。

在肠腔内吸收的负离子主要是 Cl^- 和 HCO_3^-。肠腔内 Na^+ 的吸收所造成肠腔内外的电位梯度可为负离子的吸收提供动力，但负离子也可单独地被吸收。Cl^- 主要是以被动扩散的方式来吸收的，HCO_3^- 须先在肠腔内变成 CO_2，再以 CO_2 的形式来吸收。

2. 铁的吸收　铁主要在十二指肠和空肠被吸收。人体每日吸收的铁约 1 mg，仅为正常日饮食中铁含量的 10%左右。铁的吸收与人体对铁的需要量有关，如孕妇、儿童以及急性大失血者对铁的需要量大，铁的吸收量也增加。食物中的铁主要是三价的铁，不易被吸收，须还原成二价的铁才能被吸收。维生素 C 能将食物中三价的铁还原成二价的铁、酸性环境可使铁易于溶解，因此，维生素 C 和胃酸均能促进铁的吸收。胃大部切除后患者易伴发缺铁性贫血。

3. 钙的吸收　通常饮食中的钙只有很小一部分被吸收。饮食中只有可溶性的钙如氯化钙、葡萄糖酸钙等才能被吸收，离子状态的钙最易被吸收。钙的吸收受多种因素的影响，维生素 D、胃酸、脂肪酸等均能促进钙的吸收，孕妇、乳母和儿童因对钙的需要量大，钙的吸收量增多。

（二）水的吸收

正常成人每日由消化管吸收的水为 8～9 L，包括饮食中的水分和大量消化液中的水分。水的吸收都是被动的，其吸收方式为渗透，动力是各种溶质成分特别是 Na^+ 和 Cl^- 的吸收所造成的渗透压梯度。

（三）维生素的吸收

维生素分为水溶性维生素和脂溶性维生素两大类。水溶性维生素主要以扩散的方式在小肠上段吸收，但维生素 B_{12} 必须与内因子结合才能在回肠被吸收。脂溶性维生素 A、D、E、K 必须与胆盐结合形成水溶性的复合物，通过小肠黏膜的静水层再与胆盐分离后进入上皮细胞，才能被吸收。

（四）糖的吸收

糖类一般须分解为单糖才能被吸收，只有少量的二糖能被吸收。糖的吸收途径是直接进入血液。单糖包括葡萄糖、半乳糖和果糖等形式，其中主要为葡萄糖，约占 80%。葡萄糖和半乳糖的吸收均为继发性主动转运方式。在肠黏膜上皮细胞刷状缘存在着 Na^+-葡萄糖和 Na^+-半乳糖的同向转运体，能选择性地将葡萄糖和半乳糖从肠腔转运入上皮细胞内，葡萄糖和半乳糖然后以易化扩散的方式经基侧膜进入细胞间隙，再扩散入血液（图 6－9）。上皮细胞基侧膜上钠泵将胞内的 Na^+ 主动转运出细胞，维持胞内的低 Na^+ 状态，从而保证同向转运体不断地转运 Na^+ 入胞，同时为葡萄糖和半乳糖逆浓度梯度转运进入上皮细胞内提供动力。实验证明，用钠泵抑制剂哇巴因能抑制葡萄糖和半乳糖的吸收。由于果糖是以易化扩散的方式进入上皮细胞内的，所以其速度比葡萄糖和半乳糖慢得多。

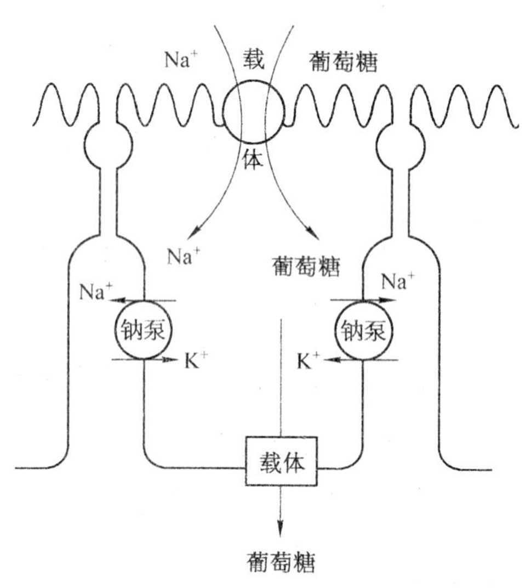

图 6－9　葡萄糖吸收过程示意图

（五）蛋白质的吸收

蛋白质主要是以氨基酸的形式吸收的，其途径也是直接吸收入血液。氨基酸与葡萄糖的吸收过程相似，也是与 Na^+ 的吸收相耦联进行的继发性主动转运，但转运体可能不同（图 6－9）。研究证明，蛋白质也可以二肽、三肽的形式吸收。在小肠黏膜刷状缘上存在着二肽和三肽的转运系统，这类转运系统也是以继发性主动转运的方式来转运二肽和三肽的。二肽和三肽进入上皮细胞后，再被胞内的二肽酶和三肽酶进一步分解为氨基酸，然后以易化扩散的方式进入细胞间隙，再扩散入血液循环。

在某些情况下，少量完整的蛋白质也可能通过小肠上皮细胞进入血液，这样吸收的蛋白质没有营养学意义，相反可成为抗原而引起过敏反应。

(六) 脂肪的吸收

脂肪的消化产物包括甘油、脂肪酸、单酰甘油和胆固醇等。其中脂肪酸、单酰甘油和胆固醇等都是脂溶性分子，不能通过小肠黏膜表面的静水层，必须与胆盐结合形成水溶性的混合微胶粒，才能通过静水层到达黏膜上皮细胞的微绒毛表面。在刷状缘表面，脂肪酸、单酰甘油和胆固醇等又逐渐从混合微胶粒中释放出来，然后扩散进入上皮细胞，而胆盐又返回肠腔与另外的脂肪酸、单酰甘油和胆固醇等分子形成新的混合微胶粒。

长链脂肪酸和单酰甘油在上皮细胞内又重新合成三酰甘油（甘油三酯），并与载脂蛋白结合形成乳糜微粒，随后乳糜微粒进入高尔基复合体，许多乳糜微粒被包裹在一起形成囊泡。当囊泡移行到上皮细胞侧膜时，就以出胞方式进入细胞间液，最后进入毛细淋巴管而被吸收（图 6－10）。甘油和中、短链脂肪酸进入上皮细胞后，可经上皮细胞基侧膜直接扩散到组织间液，随后进入毛细血管而被吸收。

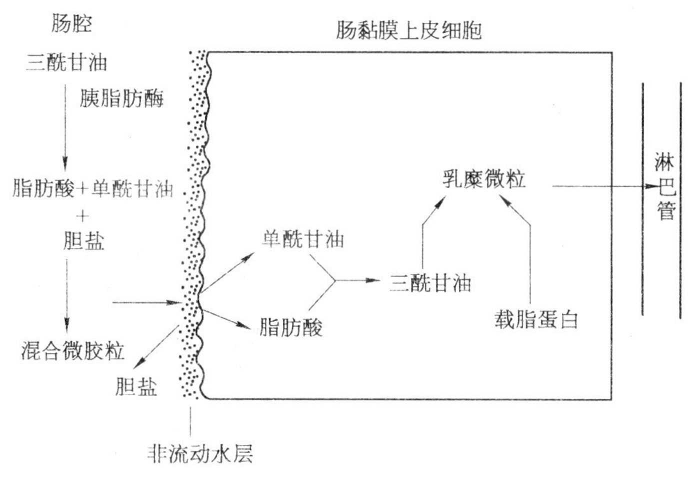

图 6－10 脂肪消化产物的吸收过程示意图

由此可见，脂肪的吸收包括血液吸收和淋巴吸收两条途径。由于饮食中脂肪含有的脂肪酸主要为 15 个碳原子以上的长链脂肪酸，所以脂肪的吸收以淋巴途径为主。

第七节 消化器官活动的调节

消化器官的主要功能是消化食物，吸收营养物质。不同的消化器官结构和功能各有特点，在消化吸收过程中，它们的功能相互协调，密切配合。而作为整个机体的一部分，消化器官的功能活动又必须与整体的功能活动相适应。所有这一切，都是在神经和体液因素的调节下完成的。

一、神经调节

(一) 消化器官的神经支配及其作用

支配消化器官的神经有消化管的壁内神经丛和外来的自主神经，共同调节消化管的运动和消化腺的分泌。

1. 支配消化器官的自主神经 除口腔、咽、食管上段和肛门外括约肌受躯体神经支配外，消化器官的其他部位都受自主神经的支配。支配消化器官的自主神经分为交感神经和副交感神经(图6-11)。支配消化器官的交感神经起自脊髓胸腰段，在相应的神经节换元后，支配胃、小肠、结肠以及唾液腺、肝、胰腺和胆囊等。支配消化器官的副交感神经包括第Ⅶ、第Ⅸ对脑神经、迷走神经和盆神经中的副交感纤维。其中，第Ⅶ、第Ⅸ对脑神经中的副交感纤维支配唾液腺；迷走神经中的副交感纤维支配食管下段至横结肠右2/3的消化管以及肝、胆囊和胰腺等；盆神经中的副交感神经纤维支配余下的结肠、直肠和肛门内括约肌。交感和副交感神经从中枢发出后，都必须在相应的外周神经节交换神经元，由神经节内的神经元发出节后纤维支配其效应器。

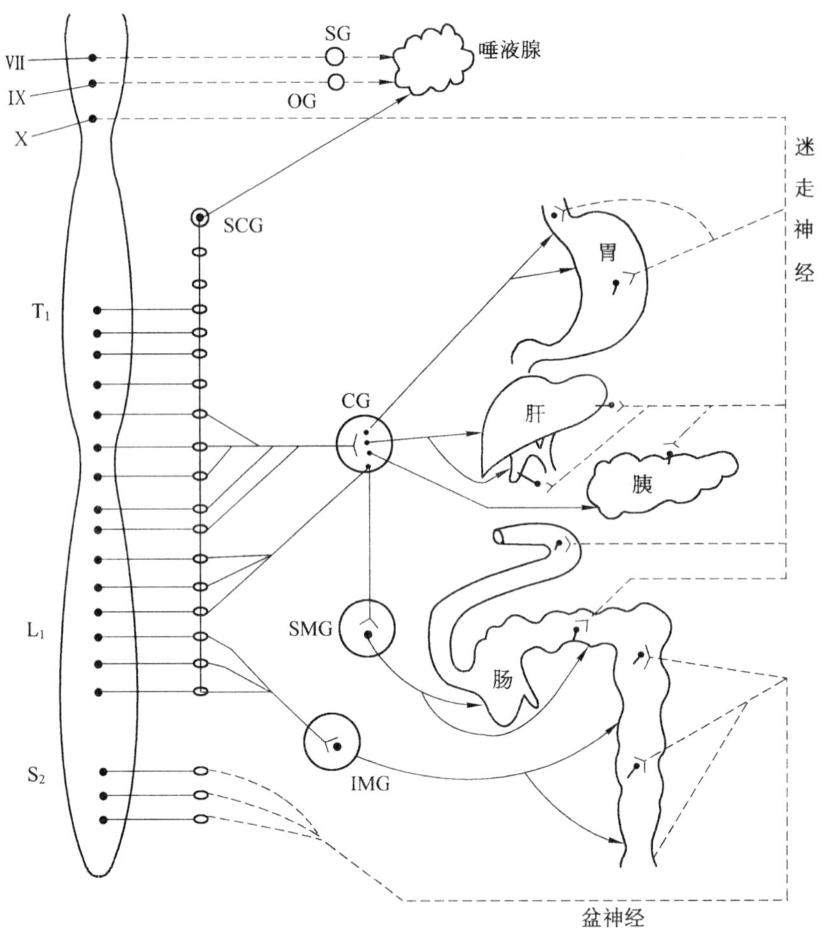

图6-11 消化器官的神经支配

Ⅶ. 上涎核 Ⅸ. 下涎核 Ⅹ. 迷走神经背核 SG. 颌下神经节 OG. 耳神经节 SCG. 颈上神经节 CG. 腹腔神经节 SMG. 肠系膜上神经节 IMG. 肠系膜下神经节(虚线代表副交感神经 实线代表交感神经)

交感神经兴奋时，节后纤维释放去甲肾上腺素，引起消化腺的分泌减少，消化管的运动减弱，但消化管括约肌收缩，从而抑制消化和吸收活动。副交感神经兴奋时，节后纤维主要释放乙酰胆碱，引起消化管的运动增强，消化腺的分泌增加，从而促进消化和吸收活动。一般而言，交感神经和副交感神经对同一消化器官的作用既相互拮抗，又相互协调，通常以副交感神经的作用占优势。

2. 消化管内在的壁内神经丛　壁内神经丛又称为肠神经系统，是指由分布于消化管壁内的大量神经元和神经纤维组成的复杂的神经联系。壁内神经丛中含有大量的感觉神经元、中间神经元和运动神经元。其中感觉神经元感受胃肠管内机械、化学和温度等刺激；运动神经元支配胃肠管平滑肌、腺体和血管；中间神经元将二者联系起来，形成一个局部的神经网络系统。

壁内神经丛可分为黏膜下神经丛和肌间神经丛两部分。黏膜下神经丛的神经元分布于消化管黏膜与环行肌之间，其神经递质为乙酰胆碱或血管活性肠肽，主要调节腺细胞、上皮细胞以及内分泌细胞的功能，也有些支配黏膜下血管。肌间神经丛的神经元分布于消化管纵形肌和环形肌之间，其神经递质有兴奋性的乙酰胆碱和P物质，也有抑制性的血管活性肠肽和一氧化氮等，主要支配消化管的运动。黏膜下神经丛和肌间神经丛之间由中间神经元形成相互联系，同时又都接受感觉神经元的感觉传入信号，可以独立完成局部的神经反射。在整体内，壁内神经丛的活动又受外来的自主神经纤维的支配。

（二）消化器官活动的反射性调节

神经系统对消化器官活动的调节是通过反射的方式来完成的，包括非条件反射和条件反射。

食物在口腔内咀嚼及吞咽的过程中，刺激口腔内黏膜、舌、咽等处的感受器，主要是引起唾液分泌的增加，以便进行口腔内的消化。同时也能反射性地引起胃的容受性舒张以及胃液、胰液、胆汁等分泌的增加，从而为食物在胃肠管内的消化创造有利的条件。唾液分泌的调节都是反射性的，不存在体液调节。交感神经纤维和副交感神经纤维兴奋都可促进唾液的分泌，只不过前者主要促进分泌黏稠的唾液，而后者主要促进分泌稀薄的唾液。

食物入胃后，刺激胃黏膜的感受器，主要可引起两方面的反射。一是通过壁内神经丛反射，引起胃运动的增强和胃液分泌的增加；二是通过迷走-迷走反射引起胃运动的增强以及胃液、胰液、胆汁等消化液分泌的增加，以促进食物在胃肠管的消化。

食糜进入小肠后，刺激小肠壁的感受器，又可以引起三方面的反射。一是通过迷走-迷走反射引起胃液、胰液、胆汁等消化液分泌的增加，以利于小肠内的化学消化；二是通过壁内神经丛反射引起小肠运动的增强，以促进小肠内的机械消化；三是通过肠-胃反射，抑制胃的运动，延缓胃的排空，使胃的排空速度与小肠内的消化和吸收相适应。

条件反射在人类消化器官的功能活动中起着非常广泛而重要的调节作用。如食物的色、香、味、形，进食的环境，以及与进食有关的语言、文字等都可以成为条件刺激，通过刺激相应的感受器，反射性地引起消化腺分泌和消化管运动的改变，从而影响消化活动。“望梅止渴”就是一个条件反射引起唾液分泌增加的典型例子。除唾液分泌外，在胃液、胰液、胆汁的分泌以及消化管的运动的调节中，也都存在着条件反射。

可见，在神经系统的调节下，食物在口腔内、胃内以及小肠内的消化是相互影响、密切配合的，以使各个消化器官的功能活动能协调地进行。

二、体液调节

在胃肠管黏膜中存在着大量的内分泌细胞，能合成多种肽类激素，统称为胃肠激素。这些胃肠激素以远距离分泌、旁分泌和神经分泌等不同方式发挥调节作用。胃肠激素的主要作用是调节消化管的运动和消化腺的分泌，调节其他激素的释放以及营养作用。胃肠激素中较重要的有促胃液素、促胰液素、缩胆囊素和抑胃肽等，它们的分泌细胞、主要作用和引起释放的因素见表6-1。

表 6-1　几种主要胃肠激素的分泌细胞、主要作用和引起释放的因素

激　素	分泌的部位与细胞	主 要 作 用	引起释放的因素
促胃液素	胃窦、十二指肠 G 细胞	促进胃液分泌和胃的运动，促进胰酶和胆汁的分泌	迷走神经兴奋、蛋白质的消化产物
促胰液素	十二指肠、空肠 S 细胞	促进胰液和胆汁中 HCO_3^- 的分泌，抑制胃酸分泌和胃的运动	盐酸、脂肪酸、蛋白质的消化产物
缩胆囊素	十二指肠、空肠 I 细胞	促进胰酶分泌、促进胆囊收缩和胆汁排放、加强促胰液素的作用	蛋白质和脂肪的消化产物、盐酸
抑胃肽	十二指肠、空肠 K 细胞	抑制胃液分泌和胃的运动、刺激胰岛素的分泌	葡萄糖、氨基酸、脂肪酸

近年来的研究发现，胃肠激素不仅仅存在于胃肠管，也可以存在于中枢神经系统中，而原来认为只存在于中枢神经系统的神经肽也可以存在于胃肠管。这些双重分布的肽类物质统称为脑-肠肽。已知的脑-肠肽有促胃液素、缩胆囊素、P 物质、生长抑素和神经降压素等 20 余种。

除胃肠激素外，还有其他很多体液因素也参与对消化器官功能活动的调节，如由胃泌酸区黏膜中肠嗜铬细胞分泌的组胺，通过旁分泌方式作用于邻近壁细胞的Ⅱ型组胺受体（H_2 受体），具有很强的刺激胃酸分泌的作用。由于肠嗜铬样细胞的细胞膜上具有促胃液素受体和 M 型胆碱能受体，促胃液素和 ACh 均可刺激组胺的释放。H_2 受体阻断剂甲氰咪呱通过阻断组胺与壁细胞的结合而抑制胃酸的分泌，临床常用来治疗消化性溃疡。

三、社会心理性因素对消化功能的影响

社会、心理性因素通过神经系统、内分泌系统和免疫系统对消化器官的功能活动产生重要的影响。如情绪压抑时，胃肠管的运动减弱，消化腺的分泌减少，食欲减退，甚至导致消化不良。研究表明，在愤怒和焦虑时，胃黏膜充血变红，胃酸分泌大大增加，可以诱发和加剧胃肠溃疡。人在过度悲伤时，消化液分泌抑制，可导致厌食、恶心，甚至呕吐。精神性呕吐就是心理因素对胃肠功能影响的结果。另外，忧虑沮丧的情绪可使十二指肠-结肠反射受到抑制，结肠运动减弱，也可引起便秘。长期不良的社会心理因素不仅影响正常的消化功能，甚至也可导致消化系统的某些疾病，如胃黏膜出血或溃疡。在精神高度紧张或极度悲伤等情况下，由于体内糖皮质激素分泌显著增多，促进胃酸和胃蛋白酶的分泌，并使胃黏膜的保护和修复功能减弱，可诱发或加剧溃疡，这可能是应激性溃疡发生的主要机制。临床上一些消化系统疾病的发生和发展往往也与社会心理性因素的变化有关。如有些患者的病情已经好转或痊愈，因不良的心理刺激又可使病情恶化；相反，精神乐观、情绪稳定可使消化器官活动旺盛，增进食欲，有利于疾病的康复。因此，临床医护人员应该重视社会心理性因素对消化系统疾病的影响，加强对患者这方面知识的指导。

消化系统的功能主要是通过消化和吸收为机体提供所需的营养物质。消化是指食物在消化管内被分解为小分子物质的过程。吸收是指食物经过消化后透过消化管黏膜进入血液循环的过程。机械消化与化学消化之间，消化与吸收之间，在时间上协调一致，才能发挥消化系统的最大工作效率。此外，消化系统还承担一部分排泄任务。

口腔和食管通过咀嚼和吞咽而完成收纳食物入胃的基本功能，并对食物进行初步加

工。唾液中的淀粉酶可以将食物中的淀粉分解为麦芽糖；溶菌酶和免疫球蛋白有杀灭细菌和病毒的作用。在吸收方面，口腔有微弱的吸收药物的能力。

胃是贮存并定时排空食物的器官，同时还凭借盐酸和胃蛋白酶对蛋白质进行初步加工。胃只能吸收少量酒精和水分。小肠则是消化吸收的主要场所。在小肠中，除小肠分泌的消化液外，还有胰液和胆汁。三者同时发挥作用，即可完成对食物的最后加工。加之小肠黏膜表面积大，食物在小肠内停留时间又长，所以小肠是消化吸收的最重要场所。大肠内细菌中含有多种分解食物残渣的酶，对食物中的糖和脂肪具有发酵作用，对蛋白质具有腐败作用，此外，还能利用简单物质合成维生素B族和维生素K。大肠具有吸收水、无机盐和维生素等功能，但其主要功能在于腐化粪便和参与排便。排便是一种反射动作，其基本中枢在腰骶段脊髓。

消化系统除口腔、食管上段和肛门外括约肌之外，都受自主神经支配。通过条件反射和非条件反射，对消化管和腺体的运动、分泌发挥调节作用。此外，胃肠黏膜的内分泌细胞还分泌胃肠激素，对胃肠活动进行精细而持久的调节。

实验　胃肠运动的观察

【实验理论依据和目的要求】

胃肠管平滑肌的运动受神经和体液因素的影响。本实验的目的是通过观察胃肠管的正常运动以及神经和体液因素对胃肠管运动的影响，以加深对胃肠管平滑肌生理特性的了解。

【实验对象】

家兔。

【实验器材和药品】

哺乳动物手术器械1套、电刺激器、保护电极、注射器、20%氨基甲酸乙酯、1∶10 000肾上腺素、1∶10 000乙酰胆碱、阿托品注射液、新斯的明注射液等。

【实验步骤】

1. 麻醉与固定　耳缘静脉缓慢注射20%氨基甲酸乙酯(4～5 ml/kg)，待家兔麻醉后仰卧位固定于兔手术台。

2. 颈部手术　沿颈正中线切开皮肤，分离气管并行气管插管，游离一侧迷走神经，或从膈肌下食管前方游离迷走神经前支，并穿线备用。

3. 腹部手术　将腹部毛发剪去，在剑突下沿正中线切开腹壁，打开腹腔，充分暴露胃肠。用温热生理盐水纱布将肠管轻轻推向右侧，在左侧腹后壁肾上腺上方游离内脏大神经，穿线备用。

【观察项目】

(1) 观察正常情况下的胃肠运动，注意胃肠的紧张度、蠕动和小肠的分节运动。

(2) 结扎并剪断颈部迷走神经，用中等强度和频率的连续电流刺激其外周端，或用同样的电流刺激膈肌下迷走神经前支，观察胃肠运动的变化。

(3) 用中等强度和频率的连续电流刺激内脏大神经，观察胃肠运动的变化。

(4) 在胃肠表面滴加1∶10 000乙酰胆碱0.5 ml，观察胃肠运动的变化。

(5) 在胃肠表面滴加1∶10 000肾上腺素0.5 ml，观察胃肠运动的变化。

(6) 注射新斯的明1～2 ml，发挥作用后再由耳缘静脉注射阿托品0.5 ml，观察胃肠运动的变化。

【注意事项】

打开腹腔后，注意动物保温，防止干燥；刺激电流应根据动物功能状态和反应进行调整。

【思考题】

刺激迷走神经、内脏大神经以及胃肠滴注乙酰胆碱和肾上腺素，为什么会引起胃肠运动的改变?

第七章
能量代谢与体温

导学

了解：能量代谢的测定机制及方法。

熟悉：能量代谢的概念、能量的来源与去路及影响能量代谢的主要因素；体温调节的机制。

应用：基础代谢的概念、正常值及临床意义；正常体温及其生理变动。

机体在与外界进行物质交换以及物质在体内合成和分解过程中，都伴有能量的释放、转移、贮存和利用过程，称为能量代谢。食物中的糖、蛋白质和脂肪在体内氧化时，可释放能量供机体进行各种生命活动，如神经兴奋、肌肉收缩和腺体分泌等。这些能源物质氧化时所释放的能量，只有一小部分是可通过 ATP 作为载体以供肌肉做功的自由能，其余大部分则以热能的形式发散出去，用以保持体温。事实上机体所做的机械功最终也要转变为热能，因此，通常都以热量单位作为测量能量代谢的单位。

人类的体温是相对恒定的。一方面，机体不断进行新陈代谢而产生热能；另一方面，机体的热量又通过不同形式和渠道而向外发散。产热过程与散热过程经常保持着动态平衡。这一平衡有赖于中枢神经系统各部位，特别是下丘脑的体温调节中枢的调节。在人类，大脑皮质的活动则是机体能够主动适应各种外界温度变化所不可缺少的。

由上所述，能量代谢与体温调节之间既有联系，又有区别。

第一节　能 量 代 谢

生理学研究的能量代谢主要是整体的能量代谢，从整体上探讨能量的来龙去脉，亦即研究机体对能量的获取，机体所释放能量的去路及测定，以及影响机体能量代谢的因素等。研究这些问题，对于营养学、劳动卫生以及预防和临床医学都是十分重要的。

一、能量的来源和去路

(一) 能量的来源

人类自身能够利用的能量是食物中的化学能。摄入人体的糖、蛋白质和脂肪三大营养物质的分解产物，既可以构筑机体结构，实现组织的自我更新，又是机体的能源物质。

1. 糖　人体所需能量的70%来源于糖。糖的消化产物葡萄糖被吸收入血后，可直接供全身组织细胞利用，也可以肝糖原和肌糖原形式贮存于肝和肌肉中。肝还能利用乳酸、丙酮酸、甘油和某些氨基酸等非糖物质来合成糖原。肌糖原是骨骼肌中随时可以动用的储备能源,用来满足骨骼肌在紧急情况下的需要。

糖原供能的途径随供 O_2 的情况不同而异。在供 O_2 充足时,糖通过有氧氧化途径供能,葡萄糖完全氧化分解成 CO_2 和 H_2O,释放大量能量。在供 O_2 不足时,则通过无氧酵解途径供能,葡萄糖只分解到乳酸阶段,释放的能量一般只有有氧氧化的 1/18。糖酵解所释放的能量虽然很少,但在人体处于缺氧时却极为重要,因为这是人体内能源物质唯一不需要 O_2 的供能途径。脑组织所消耗的能量均来自糖的有氧氧化,故对缺氧非常敏感。加之脑组织细胞中糖原贮量很少,代谢消耗的糖主要靠血糖来补给,故脑的功能对血糖水平有较大的依赖性。若血糖水平过低,可引起昏迷甚至抽搐。

2. *脂肪*　脂肪既是人体内重要的供能物质,又是能源物质储存的主要形式。储存脂肪不仅直接来自食物中的脂肪,还可由糖和氨基酸在体内转化而来。由于糖可以转化成脂肪,所以,摄取过多的糖可能是导致肥胖的重要原因之一。目前国人体重超重和肥胖的人越来越多。由于超重和肥胖可以引发许多不良后果,所以,人们应该适当控制饮食量。

从供能物质的角度来看,脂肪氧化时所释放的能量是同重量糖或蛋白质在体内氧化释放能量的两倍。正常情况下,机体所消耗的能量中,有 30%来自脂肪的氧化分解。但在短期饥饿时,脂肪则成为主要的供能物质。

3. *蛋白质*　体内蛋白质主要是用来构成机体组织的成分和实现自我更新,也可用来合成酶、激素等生物活性物质。在满足机体代谢后,多余蛋白质只有在长期不能进食或消耗量极大时才作为能源物质被氧化供能,以维持机体基本的生命活动。

(二) 能量的去路

各种能源物质在体内氧化时所释放的能量,其总量的 50%直接转变为热能。在人体内,热能不能再转化为其他形式的能,因而也不能用来做功,主要用来维持体温。其余部分的能量则转移到三磷酸腺苷(ATP)的高能磷酸键中贮存,供机体完成各种生理功能活动。如肌肉的收缩、神经传导、腺体分泌、物质的主动转运等。ATP 供能时断裂一个高能磷酸键变成二磷酸腺苷(ADP),释放能量。因此,ATP 既是体内重要的贮能物质,又是直接的供能物质。除 ATP 外,还有一种含有高能磷酸键的贮能物质——磷酸肌酸(CP),它主要存在于肌肉中。当物质氧化释放能量过多时,ATP 将高能磷酸键转移给肌酸,生成 CP 而将能量贮存起来。当 ATP 被消耗而减少时,CP 可将所贮存的能量再转移给 ADP 分子,生成 ATP,以补充 ATP 的消耗,使 ATP 含量保持相对稳定。体内能量的释放、转移、贮存和利用的关系概括为图 7-1。

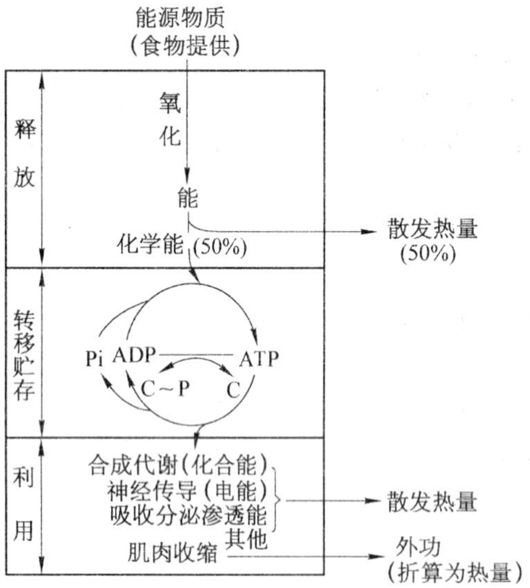

能源物质
(食物提供)
释放
氧化
能
化学能(50%)
散发热量
(50%)
转移贮存
Pi ADP
ATP
C~P
C
利用
合成代谢(化合能)
神经传导(电能)
吸收分泌渗透能
其他
肌肉收缩
散发热量
外功
(折算为热量)

图 7-1　能量的释放、转移、贮存与利用示意图

二、能量代谢的测定

（一）能量代谢的测定机制

根据能量守恒定律，能量由一种形式向另一种形式的转化过程中，既不增加，也不减少。机体的能量代谢也遵循这一规律。机体所利用的蕴藏于食物中的化学能等于最终转化成的热能及所作外功的和。因此，在避免作外功的情况下，通过测定机体在单位时间内向外散发的热量，就可以计算出能量代谢率。

（二）测定方法

测定机体在单位时间内发散的总热量，通常有两种方法：直接测热法和间接测热法。

1. 直接测热法　直接测热法是将受测者置于一特殊的隔热小屋中，利用各种类型的热量计直接测定其在一定时间内所发散的总热量方法。这种方法比较精确，但所用仪器比较复杂，价格昂贵，使广泛应用受到限制，主要用于科学研究。

2. 间接测热法　在一般化学反应中，反应物的量与产物的量之间成一定的比例关系，即定比定律。下面的反应式可表明这种定比关系：

$$\underset{\text{（葡萄糖）}}{C_6H_{12}O_6} + 6O_2 = 6CO_2 + 6H_2O + \Delta H$$

此式表示：氧化 1 mol 葡萄糖需要 6 mol O_2，同时产生 6 mol CO_2 和 6 mol H_2O，并释放出一定能量。同一种化学反应，只要反应物和生成物不变，不论经过什么样的中间步骤和发生反应的外部条件有何差异，这种定比关系都不会改变。人体内的营养物质的氧化供能反应也是如此。间接测热法就是根据食物的消耗量与耗氧量、CO_2 产生量之间以及耗氧量与产热量之间的定比关系，通过测定单位时间的耗氧量推算出该时间的产热量。为了更好地理解间接测热法的机制和过程，必须了解以下几个概念。

（1）食物的热价　1 g 食物氧化（或在体外燃烧）时所释放出的热量，称为该食物的热价。食物的热价分为生物热价和物理热价。前者是指食物在机体内经生物氧化时所产生的热量；后者是指食物在体外燃烧时所释放的热量。糖和脂肪由于在体内氧化与在体外燃烧时的产热量相等，故其生物热价与物理热价相等。蛋白质由于在体内不能被彻底氧化分解，一部分以尿素形式排出体外，所以，蛋白质的生物热价小于物理热价（表 7－1）。

表 7－1　三种营养物质氧化时的几种数据

营养物质	产热量(kJ/g)		耗氧量(L/g)	CO_2 产生量(L/g)	氧热价(kJ/L)	呼吸商
	物理热价	生物热价				
糖	17.00	17.00	0.83	0.83	21.00	1.00
脂肪	39.80	39.80	2.03	1.43	19.60	0.71
蛋白质	23.40	18.60	0.95	0.76	18.80	0.80

食物的热价不仅是间接测定能量代谢的基础，而且也是临床工作中合理配制营养膳食的理论依据。

（2）食物的氧热价　某种食物氧化时，消耗 1 L O_2 所产生的热量，称为该食物的氧热价。氧热价表示某物质氧化时耗氧量与产热量之间的关系。它在能量代谢的测算方面有重要意义。三种营养物质的氧热价见表 7-1。

(3) 呼吸商　营养物质氧化时，在一定时间内机体呼出的 CO_2 量与吸入的 O_2 量的比值(CO_2/O_2)称为呼吸商。糖、蛋白质和脂肪由于各自分子结构中碳、氧含量不同，所以，氧化时的 CO_2 产生量和耗氧量便不同，故三者的呼吸商也不同。葡萄糖氧化时所产生的 CO_2 量与消耗的 O_2 量相等，因此呼吸商等于 1.00。脂肪分子的化学结构中，氧的含量远较碳和氢少，氧化时消耗的 O_2 不仅用来氧化脂肪分子中的碳，还用来氧化其中的氢，所以，脂肪的呼吸商小于 1.00，等于 0.71。蛋白质在体内不能完全氧化，经推算为 0.80(表 7-1)。

一般认为，呼吸商能比较准确地反映一段时间内机体三种营养物质氧化分解的比例情况。因此，可以根据呼吸商数值的大小来推算能量的主要来源。如某人的呼吸商接近 1.00，则该人的能量主要来自糖的氧化分解；若某人呼吸商接近 0.70，则该人的能量来源主要是脂肪；在长期饥饿的情况下，能量主要来自机体本身的蛋白质和脂肪，则呼吸商接近 0.80。正常人的能量主要来自混合性食物，呼吸商在 0.85 左右。

在一般情况下，体内能量主要来自糖和脂肪的氧化，蛋白质的因素可忽略不计。为了计算方便，可根据糖和脂肪按不同比例混合氧化时，所产生的 CO_2 量和消耗的 O_2 量计算出相应的呼吸商，这种呼吸商称为非蛋白呼吸商。非蛋白呼吸商与氧热价之间有一定的比例关系(表 7-2)。

表 7-2　非蛋白呼吸商

非蛋白呼吸商	氧化的百分比(%)		氧热价(kJ/L)
	糖	脂肪	
0.70	0.00	100.0	19.66
0.71	1.10	98.9	19.62
0.75	15.6	84.4	19.83
0.80	33.4	66.6	20.09
0.82	40.3	59.7	20.19
0.85	50.7	49.3	20.34
0.90	67.5	32.5	20.60
0.95	84.0	16.0	20.86
1.00	100.0	0.0	21.12

3. 能量代谢的简易测算法　简易测算法的依据是因为一般人食混合性食物，机体所需能量主要由糖和脂肪氧化提供，蛋白质代谢的呼吸商可忽略不计，故呼吸商定为 0.85，由表 7-2 可查得 0.85 时的氧热价为 20.34 kJ/L。这样，只要测出受试者在一定时间内的耗氧量，就可以按下式计算产热量。

$$产热量 = 20.34\ kJ/L \times 耗氧量(L)$$

实践证明，用简易测算法所测得的结果与用复杂方法所测得的结果在数值上是很接近的。因此，简易测算法在实际应用中也是可靠的。

（三）能量代谢的衡量标准

多年研究表明，机体的能量代谢率（即单位时间内产热量）的高低与体重并不成比例关系，而与体表面积基本上成正比。若以每千克体重的产热量进行比较，则瘦小者每千克体重的产热量将显著地高于高大者。若以每平方米体表面积的产热量进行比较，则无论瘦小者或高大者，其每平方米体表面积每24 h的产热量很接近。因此，能量代谢率通常是以每小时、每平方米体表面积的产热量来计算的，其单位是千焦每平方米时[kJ/(m² · h)]。

人的体表面积可根据图 7-2 直接查出，也可按身高和体重两项数据用下列公式求得：

$$体表面积(m^2) = 0.006\,1 \times 身高(cm) + 0.012\,8 \times 体重(kg) - 0.152\,9$$

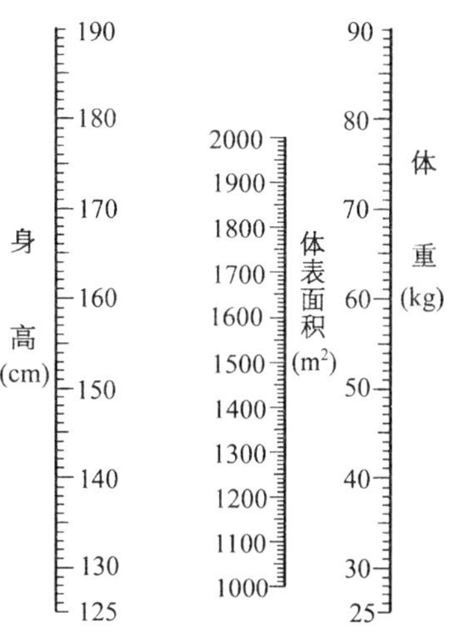

图 7-2 人体表面积检索图

三、影响能量代谢的主要因素

影响能量代谢的主要因素有肌肉活动、食物的特殊动力效应、环境温度、精神活动等方面。

（一）肌肉活动

肌肉活动对能量代谢的影响最为显著。机体任何轻微的活动都可以提高能量代谢率（表 7-3）。研究表明，肌肉活动的强度与耗氧量的增加成正比关系。轻微活动比安静时的耗氧量增加25%～60%；中等强度活动是安静时耗氧量的 2～3 倍；剧烈活动时耗氧量最多可达安静时的10～20 倍。因此，实际工作中常把能量代谢率作为评估劳动强度（肌肉活动强度）的指标。

表 7-3 劳动或运动时的能量代谢率

肌肉活动的方式	平均产热量[kJ/(m² · h)]	肌肉活动的方式	平均产热量[kJ/(m² · h)]
躺 卧	163.68	扫 地	681.82
开 会	203.84	打排球	1 022.23
擦 窗	497.81	打篮球	1 452.27
洗 衣	592.96	踢足球	1 497.45

（二）食物的特殊动力效应

人在进食后一段时间内，虽然同样处于安静状态，但所产生的热量却比空腹时有所增加。从进食后 1 h 开始，2～3 h 增至最大，以后逐渐下降，一直延续到 7 h 左右。食物的这种使机体“额外”产热的作用，称为食物的特殊动力效应。各种营养物质，其食物的特殊动力效应的数值不同。蛋白质的特殊动力效应可使人体额外产热增加 30%，糖和脂肪分别为 4%和 6%，混合食物为 10%左右。从以上数据可以看出，三种营养物质中，蛋白质的特殊动力效应最大。因此，为了补充能量的这种额外消耗，在进食时必须加上这部分多消耗的热量，以达到机体能量的收支平衡。

食物的特殊动力效应产生的机制，目前还不十分清楚。有人在实验后提示可能是进食后，肝在处理蛋白质分解产物，如进行脱氨基反应时额外消耗能量所产生。但与消化管和消化腺的活动增强无关。

(三) 环境温度

人体安静时的能量代谢，在环境温度为 20～30℃时最为稳定。当环境温度低于 20℃时，能量代谢率开始上升。其原因主要是由于寒冷刺激反射性地引起战栗以及肌肉紧张度增加所致。当环境温度超过 30℃时，能量代谢率也会增加，这可能与体内生物化学反应速度加快，以及呼吸、循环和汗腺活动增强等因素有关。

(四) 精神活动

当机体处于精神紧张状态时，能量代谢率将显著升高。这是由于一方面精神紧张特别是情绪激动，将引起肾上腺素、肾上腺皮质激素以及甲状腺激素的分泌增加。由于这些激素的作用，机体的代谢加速，产热量即增加；另一方面，由于精神紧张时，骨骼肌的紧张度也增强，这时尽管没有明显的肌肉活动，但产生的热量也已经提高很多。

精神活动虽然在紧张、焦虑、恐惧或情绪激动时，机体的产热量会显著增加，但在平静思考问题时，对能量代谢率的影响并不大，其产热量增加一般不会超过 4%。因此，在一般精神活动时，中枢神经系统本身对能量代谢的影响可以忽略不计。

四、基础代谢

(一) 基础代谢的概念

影响能量代谢的因素很多，为了把上述 4 种影响能量代谢的因素降到最低，提出基础代谢的概念，作为测定能量代谢的标准。基础代谢是指在基础状态下的能量代谢。所谓基础状态是指尽量排除上述 4 种影响能量代谢的因素后，机体所处的状态。

在测定基础代谢时，具体要求有以下 4 点：①清晨、空腹，排除食物的特殊动力效应的影响，要求距前次用餐 12 h 以上；②室温保持在 20～25℃，以排除环境温度的影响；③测前静卧 0.5 h 以上，使肌肉松弛，以排除肌肉活动的影响；④安静，以排除精神紧张的影响。

(二) 基础代谢率的概念、正常值及临床意义

基础代谢率(BMR)是指单位时间内的基础代谢。BMR 的测定通常采用前面所述的间接测热法。即只测单位时间内(一般 6 min，再折算成 1 h)的耗氧量，将呼吸商定为 0.85，其对应氧热价为 20.34 kJ/L。即可计算出每小时的产热量。

在人体，若以单位体表面积为标准，则不论高大或瘦小的人，其单位时间内的产热量都是接近的。因此，就以 kJ/(m^2 · h)来表示能量代谢率。表 7－4 是不同年龄组正常人 BMR 的平均值。

表 7－4 我国正常人的基础代谢率平均值[kJ/(m^2 · h)]

年龄(岁)	11～15	16～17	18～19	20～30	31～40	41～50	51 以上
男性	195.5	193.4	166.2	157.8	158.6	154.0	149.0
女性	172.5	181.7	154.0	146.5	146.9	142.4	138.6

正常人的 BMR 可因性别、年龄不同而有所差异。在相同条件下，男性高于女性；幼年高于成年；年龄越大，则 BMR 越低。在实际工作中，BMR 常用相对值来表示，即：

$$\text{BMR} = \frac{\text{实测值} - \text{正常平均值}}{\text{正常平均值}} \times 100\%$$

人的 BMR 正常情况下是比较稳定的。一般认为 BMR 的实测值与正常平均值比较，相差在 ±15%以内均属于正常。若超过±20%就可能是病态。测定 BMR 是诊断甲状腺功能的重要辅助

方法。甲状腺功能亢进时，BMR可比正常平均值高出25%～80%；甲状腺功能低下时，BMR将比正常平均值低20%～40%。其他疾病如肾上腺皮质功能减退、脑垂体功能低下、病理性饥饿等，BMR也会降低。而糖尿病、红细胞增多症及白血病等，BMR则会升高。发热时，BMR也会升高。体温每升高1℃，BMR一般要升高13%。

为方便BMR的计算，特举例如下：

某受试者，男性，20岁，体表面为1.55 m^2，在基础状态下测试，6 min耗氧量为1.5 L，试计算其BMR。

(1) 计算该受试者1 h的耗氧量　1.5 L×10 = 15 L/h。

(2) 计算1 h的产热量　按呼吸商为0.85时的氧热价为20.34 kJ/L计算，则为20.34×15 = 305.10 kJ/L。

(3) 该受试者在1 h内，每平方米体表面积的产热量：305.10÷1.55 = 196.83[kJ/(m^2·h)]。再查表7-4，20岁男性BMR平均值为157.80，则该受试者的BMR是：$BMR = \frac{196.83 - 157.80}{157.80} \times 100\% = +24.80\%$。该受试者的BMR显然高于正常。

第二节　体　　温

体温可分为表层体温和深层体温(体核温度)两个不同层次。人和高等动物的深层体温是相对稳定的。一般所说的体温是指人体深层温度的平均值。正常的体温是机体进行新陈代谢和生命活动的必要条件。机体的各种理化过程，尤其是各种酶参与的生化过程，必须在一定范围内才能正常进行。体温过高或过低，都会影响酶的活性。人的体温若超过42℃，中枢神经系统将会丧失正常功能，出现谵妄、神志不清，很可能危及生命；反之，若体温降低至27℃以下时，也会使人丧失意识。体温过低，也会危及生命。

一、人体的正常体温及其生理变动

(一) 体温的测量部位和正常值

由于测量深部体温不便于操作，所以，临床上通常以腋窝、口腔和直肠等部位的温度代表体温。

腋窝温度是在腋窝皮肤测得的温度。测定时，上臂必须紧贴胸廓，形成封闭的人工体腔。如果上臂不紧贴胸廓，腋窝处皮肤不能吸收和保持相当多的热量，测得的温度便只是腋窝处皮肤体表的温度。若要使腋窝温度上升到接近身体深部温度需要一定的时间，因此，测得腋窝温度一般需要10 min左右。此外，测量时先将腋窝内的汗液擦净，以免汗液吸热而影响测量结果。腋窝温度的正常值为36.0～37.4℃。

口腔温度是在闭口的情况下从舌下测得的温度，测量时应将温度计含于舌下。口腔温度易受进食、饮水等因素的影响。对于烦躁不安和哭闹的患者和小儿不宜测量口腔温度。口腔温度的正常值为36.7～37.7℃。

直肠温度比较接近身体的深部温度。但直肠温度易受下肢温度的影响。当下肢温度较低时，下肢静脉回流至髂静脉，通过吻合支使直肠温度降低。直肠温度测定也不方便，因此，临床上并不常用，只是在昏迷等情况下的患者才采用直肠测体温。测定直肠温度时，要将体温计插入直肠6 cm以上。直肠温度正常值为36.9～37.9℃。

(二) 体温的生理变动

人的体温是相对稳定的，但在生理情况下可因昼夜、性别、年龄和运动等不同因素而发生变化，不过这种变化幅度一般不会超过1℃。

1. *昼夜波动*　正常人的体温在一昼夜之间呈现周期性波动。清晨2～6时最低，下午1～6时最高，体温的这种昼夜周期性波动称为昼夜节律。研究结果表明，体温的昼夜节律与肌肉活动状态及耗氧量等没有因果关系，而与下丘脑的生物钟功能有关。是一种内在的生物节律所决定的(见第一章生物节律)。

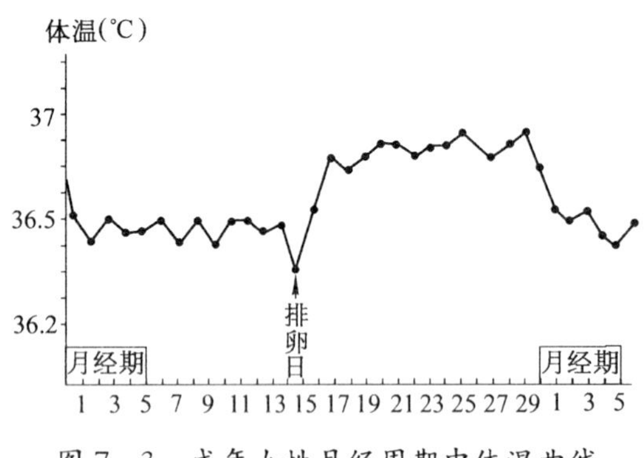

图7-3　成年女性月经周期中体温曲线

2. *性别差异*　成年女性的体温平均比男性约高0.3℃，这可能与女性皮下脂肪较多，散热较少有关。女性的体温还随月经周期而呈现节律性波动：月经期和排卵前期体温较低，排卵日最低，排卵后体温升高为0.3～0.6℃，直到下一次月经周期的开始(图7-3)。因此，测量成年女子的基础体温(早晨清醒后起床前测量的体温)有助于了解有无排卵和排卵日期。女性排卵后的体温升高，很可能与性激素分泌有关。一般认为女性在排卵后，孕酮分泌增多，而孕酮有产热作用。

3. *年龄差异*　一般情况，幼儿体温略高于成年人。新生儿，特别是早产儿，由于体温调节机制发育还不完善，调节体温的能力差，其体温易受环境因素的影响而变动。所以，对婴幼儿要加强保温护理。老年人因基础代谢率较低，体温也偏低，因而也应注意保暖。

4. *肌肉活动*　可提高能量代谢率，产热量增加，使体温升高。在剧烈运动或劳动时，体温可升高1～2℃，肌肉活动停止后可逐渐恢复。故测量体温前要让受检者安静休息一段时间。测量小儿体温时也要防止其哭闹。

此外，情绪紧张时，肌张力增加以及激素的作用，可使产热量增加，体温升高。还有进食和环境温度变化对体温也有影响。炎热的夏季体温会比寒冷的冬季时略高。在相同季节，生活在南方的人体温略高于生活在北方的人。进食可影响能量代谢，增加产热量，也会影响体温。因此，在测量体温时也要考虑这些因素的影响。

二、机体产热与散热的平衡——体热平衡

机体热含量的相对平衡取决于机体的产热和散热过程的平衡。当机体产热增多或散热不足时，机体热含量增加，体温就会升高；相反，当机体产热不足或散热增加时，机体热含量减少，体温就会降低。恒温动物及人类之所以能维持相对稳定的体温，就是因为在体温调节机构的控制下，产热和散热两个生理过程能取得动态平衡的结果。

(一) 产热过程

机体的产热主要是三大营养物质在机体组织器官中分解代谢时所释放的化学能。由于新陈代谢水平的不同，各组织器官的产热量也不相同。安静时，人体的主要产热器官是内脏和脑。其中肝的代谢最旺盛，产热量最多。劳动或运动时，产热的主要器官则是骨骼肌。由于骨骼肌的总重量约占体重的40%，所以，其产热量最大，可占全身总产热量的90%(表7-5)。当机体处于寒冷环境时，散热量增多，此时机体的产热量也增多，以维持体热平衡。增加产热的形式主要有战栗产热和非战栗产热两种。战栗是指骨骼肌同时发生的节律性收缩。其产热量很高，能量代谢率可增加4～5倍。非战栗产热也称为代谢产热，是指机体处于寒冷环境时，机体发生广泛的代谢率升高，产

热量增加的现象。褐色脂肪组织的非战栗产热量最大，约占70%。褐色脂肪组织主要分布在胸、腹腔大血管周围、腹股沟、腋窝、肩胛区以及颈背部等处。褐色脂肪组织的细胞内含有丰富的线粒体，它具有很高的代谢潜力。在寒冷环境中，交感神经活动增强，使褐色脂肪细胞分解代谢和线粒体脂肪氧化活动增强，从而增加产热量。由于新生儿褐色脂肪组织较多，而不能发生战栗，所以，非战栗产热对新生儿来说意义尤为重要。

表7-5　几种组织在安静和活动情况下的产热量百分比

组　织	占体重的百分比(%)	产热量(%)	
		安静状态	劳动或运动
脑	2.5	16	1
内脏	34.0	56	8
肌肉、皮肤	56.0	18	90
其他	7.5	10	1

此外，产热活动的调节还有神经、体液因素。在寒冷环境中，甲状腺激素分泌增加，可使能量代谢率增高20%～40%。其次是肾上腺素和去甲肾上腺素以及生长素也都刺激机体产热。在寒冷环境中，也可兴奋交感神经，进而引起肾上腺髓质分泌肾上腺素和去甲肾上腺素增多，使机体产热量增加。

（二）散热过程

人体的主要散热部位是皮肤。当环境温度低于人体表层体温时，人体的大部分热量可以通过皮肤的辐射、传导和对流方式向周围环境发散；当环境温度接近或高于表层体温时，则通过蒸发散热。一小部分热量则随呼出的气体和排出的尿、粪等发散(表7-6)。

表7-6　机体散热方式及其所占百分比

散热方式	散热量(kJ)	百分数(%)
辐射、传导、对流	8 786.40	70.0
皮肤水分蒸发	1 820.04	14.5
呼吸道水分蒸发	1 004.16	8.0
呼出气	439.32	3.5
吸入气加温	313.80	2.5
尿、粪	188.28	1.5
合　计	12 552.00	100

1. 皮肤的散热方式

(1) 辐射散热　机体以热射线(红外线)形式将体热传给外界较冷物体的方式，称为辐射散热。这是机体在常温和安静状态下的最主要的散热方式，大约占机体总散热量的60%。辐射散热量的多少主要取决于以下两个因素：①当体表温度高于环境温度时，其温差越大，散热量越多；反之，若环境温度高于体表温度时，则机体不仅不能散热，而且会吸收周围环境的热量。②是机体的有效辐射面积。有效辐射面积越大，散热量越多。由于四肢伸展时的面积占有效辐射面积的85%，所以，在辐射散热中，四肢的辐射散热起重要作用。

(2) 传导散热　机体将热量传给同它接触的较冷物体的一种散热方式，称为传导散热。传导散热量的多少与物体接触面积、温差和导热性能有关。接触面积越大、温差越大散热越多；反之，接触面积越小、温差越小散热越少。人体脂肪是不良导热体，因此，男性肥胖者和女性(女性皮下脂肪一般大于男性)的散热量较少些，故在夏天感到闷热而容易出汗。由于水的导热性好，热容量又大，所以，临床上可用冰袋、冰帽给高热患者降温。

(3) 对流散热　通过气体流动来交换热量的一种散热方式，称为对流散热。人体周围总有一被体热加温了的空气薄层，由于空气不断流动，热空气被带走，冷空气则填补其位置，体热便不断散发到空间，如此反复进行而使体热得以散发。通过对流所散发热量的多少，受风速和气温的影响较大。夏天用电风扇使空气对流速度加快，散热量增多，就感到凉爽。冬天穿棉、毛衣物，由于棉毛纤维间的空气不易流动，可在体表形成一层不流动的空气层，散热量减少，而感到温暖。

(4) 蒸发散热　机体通过体表水分汽化时吸收并带走热量而散发体热的一种方式，称为蒸发散热。当环境温度等于或高于体表温度时，机体已不能用辐射、传导和对流方式进行散热，蒸发散热便成为唯一有效的散热方式。据测定，在常温下体表每蒸发 1 g 水可使机体散发 2.43 kJ 的热量。临床上，常用乙醇(酒精)给高热患者擦浴，就是通过乙醇蒸发散热而降温的。蒸发散热分为不感蒸发和发汗两种形式。不感蒸发是指机体中水分渗透到体表而汽化蒸发的现象。这种蒸发不为人们所觉察，并持续不断地进行，即使在低温环境中也同样存在。室温在 30℃以下时，机体通过不感蒸发的水分约为 1 000 ml，其中通过皮肤蒸发的水分为 600～800 ml；通过呼吸道黏膜蒸发的水分为 200～400 ml。在活动或发热时，不感蒸发量相应增加。皮肤的不感蒸发又称为不显汗，与汗腺活动无关。发汗是汗腺主动分泌汗液的过程。汗液蒸发可有效地带走体热。因汗腺分泌汗液是人可以感觉到的，所以汗液蒸发又称为可感蒸发。当环境温度达 30℃以上或人在进行劳动、运动时，汗腺便分泌汗液。值得注意的是，汗液必须在皮肤表面汽化，才能吸收体热，达到散热效果。汗液若被擦去，就起不到散热作用。发汗受环境温度、空气对流速度、空气湿度等因素影响。环境温度越高湿度越大，发汗速度越快。但是，人若在高温环境中停留太久，其发汗速度会因汗腺疲劳而明显减慢；空气对流速度越快，汗液越易蒸发；环境湿度大时，汗液不易蒸发，体热不易散发，结果会反射性地引起大量出汗。

2. 散热的调控　人体散热的调控主要有发汗和皮肤血流量的改变两种形式。

(1) 发汗　发汗是一种反射性活动。人体的汗腺有大汗腺和小汗腺两种。大汗腺主要分布在腋窝和外阴部等处，开口于毛根附近。小汗腺分布于全身皮肤。与蒸发散热关系密切的是小汗腺。小汗腺受交感神经胆碱能纤维支配，其节后纤维释放的递质是乙酰胆碱。

发汗分为温热性发汗和精神性发汗两种。在温热环境中引起的全身性小汗腺分泌汗液，称为温热性发汗。其功能是参与体温调节；精神紧张或情绪激动时，反射性地引起前额、腋窝、掌心和足底等处的出汗，称为精神性发汗。精神性发汗与体温调节关系不大。温热性发汗和精神性发汗常同时进行，如劳动和运动时就是如此。

汗液中的水分占 99%以上，固体成分不足 1%，其中主要是氯化钠(NaCl)，还有少量氯化钾(KCl)、尿素和乳酸等。汗液在流经汗腺管时，有部分 NaCl 被重吸收，使汗液变为低渗液。因此，大量出汗时，可造成机体高渗性脱水。但在出汗过快时，汗腺管来不及重吸收 NaCl，使 NaCl 丢失过多，会引起水和电解质紊乱，因此，对大量出汗的人，应及时补充水分和 NaCl。

(2) 皮肤血流量的改变　机体通过辐射、传导和对流散热机制所散发的热量的多少，取决于皮肤与环境间的温度差。而皮肤温度则为皮肤血流量所控制。机体可通过交感神经系统调节皮肤血管口径，改变皮肤血流量，以改变皮肤温度来控制散热。在炎热的环境中，交感神经紧张性降低，皮肤血管舒张，动-静脉吻合支开放，皮肤血流量因而大大增加，皮肤温度升高，散热作用增强；反之，在寒冷环境中，交感神经紧张性增强，皮肤血管收缩，动-静脉吻合支关闭，皮肤血流量减少，散热作用减弱，以保持体热；在环境温度适中或机体的产热量没有多大幅度变化时，机体既不发汗，也无寒战，仅靠调节皮肤血管口径，增减皮肤血流量以改变皮肤温度，就可以使散热量符合当时情况下体热平衡的要求。

三、体温调节

人体体温所以能保持相对稳定，是在中枢神经的调控下，产热和散热两个过程保持平衡的结果(图 7-4)。体温调节分为自主性体温调节和行为性体温调节两种方式。自主性体温调节又称为生理性体温调节，是指恒温动物和人类的体温，在下丘脑体温调节中枢的控制下，通过改变皮肤血流量、发汗、战栗等生理性调节反应，使体温维持在相对稳定的水平。行为性体温调节是指为了保温或降温所采取的措施，如增减衣着、踏步和跑步御寒，以及使用空调等。下面着重讨论自主性体温调节。

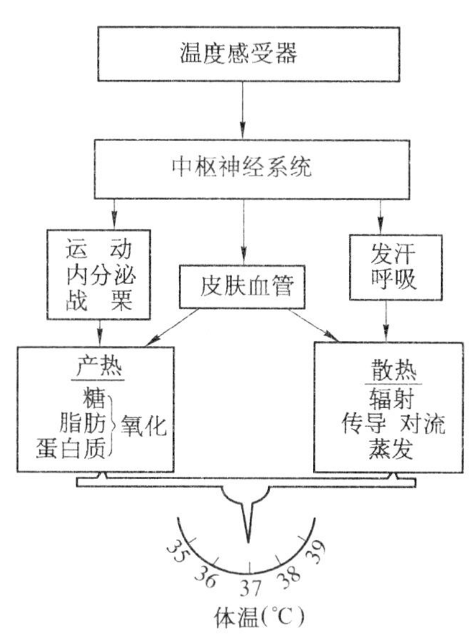

图 7-4　产热和散热相对平衡的示意图

(一) 温度感受器

温度感受器是指能感受机体各部位温度变化的特殊结构。它包括外周温度感受器和中枢温度感受器。根据温度感受器感受温度的性质，又可将它们分为冷感受器和热感受器。

1. 外周温度感受器　此种温度感受器广泛分布在皮肤、黏膜和内脏中，分为热感受器和冷感受器两种。当局部温度升高时，热感受器兴奋；反之，当局部温度下降时，冷感受器兴奋。

2. 中枢温度感受器　此种温度感受器分布在脊髓、延髓、脑干网状结构和下丘脑等处的对温度敏感的神经元。分为热敏神经元和冷敏神经元。其中在脑干网状结构和下丘脑的弓状核以冷敏神经元居多，而在视前区-下丘脑前部以热敏神经元居多。当局部脑组织温度变动 0.1℃时，这两种神经元放电频率就会改变。视前区-下丘脑前部中某些温度敏感神经元除能感受局部脑温度变化外，还能对下丘脑以外的温度变化传入信息发生反应。这表明来自中枢和外周的温度信息可会聚于这类神经元。

(二) 体温调节中枢

体温调节中枢存在于从脊髓到大脑皮质的中枢神经系统中，但是其基本中枢则位于下丘脑。实验表明，如果在下丘脑头端平面切除大脑皮质和部分皮质下结构，动物的体温仍能够维持相对恒定；但是，如果在下丘脑尾端与中脑之间横断脑干，则动物的体温不能维持恒定。故视前区-下丘脑前部是体温调节中枢的关键部位。由视前区-下丘脑发出的传出信号可通过自主神经系统参与血管舒缩反应、发汗反应；通过躯体神经系统参与行为性调节反应和骨骼肌的紧张性的改变；以及通过内分泌系统参与代谢性调节反应，以维持体温的稳定。

(三) 体温调节的机制

1. 自主性体温调节　目前关于体温调节的机制，多用调定点学说来解释。该学说认为，视前区-下丘脑前部温度敏感神经元起着调定点的作用。其中热敏神经元感受温度增高的刺激，而产生散热效应；冷敏神经元感受温度降低的刺激，而产生产热效应。这种能通过调节热敏神经元和冷敏神经元的活动使散热和产热维持相对平衡的温度值，称为调定点。该学说认为，体温的调节类似于恒温器温度的调节。正常人体体温一般维持在37℃左右，就是热敏神经元和冷敏神经元活动相协调，引起机体散热和产热相对平衡的结果。当体温超过37℃时，热敏神经元活动增强，引起机体散热增多，冷敏神经元活动抑制减弱，引起机体产热减少，从而使升高的体温调回到37℃；相反，当体温低于37℃时，冷敏神经元活动增强，引起机体产热增多，热敏神经元活动减弱，机体散热减少，使体温又回升到37℃。因此，正常人的体温总是维持在37℃左右的水平(图7-5)。

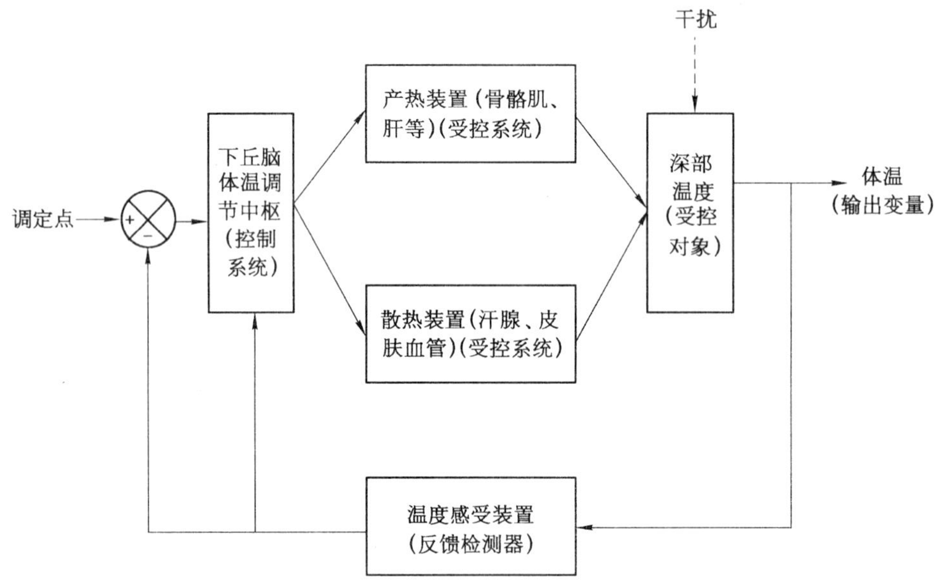

图7-5　体温调定点及其作用示意图

调定点学说表明，正常人体体温的维持是视前区-下丘脑前部冷、热敏神经元正常功能活动的结果。这就不难理解，任何原因引起视前区-下丘脑前部冷、热敏神经元功能状态的改变，势必会引起调定点的位移——体温水平的升高或降低。例如，由细菌所引起的机体发热，可能是在其致热原的作用下，使热敏神经元对温度感受的阈值升高，即调定点上移，如调定点上移至39℃，但体内没那么多体热，而体温在39℃以下时，即可兴奋冷敏神经元而引起机体产热增加，患者表现畏寒、战栗、无汗等发热的临床表现。当体温升高至39℃时才出现散热反应。只要致热因素不消除，产热和散热过程就继续在此新的体温水平上保持平衡。这就是说，发热时体温调节功能并无障碍，而是由于调定点上移，体温才升高到发热水平。某些解热药如阿司匹林之所以能够降低体温，可能是阻断了致热原的作用，使调定点恢复到正常水平的结果。当环境温度过高引起机体中暑时，体温也升高，但这并不是因为体温调节中枢的调定点上移，而是由于体温调节中枢本身的功能障碍(散热不良)所致。

2. 行为性体温调节　行为性体温调节是指机体通过有意识的、适应性的行为活动来保持体温的相对稳定。例如，人在寒冷中如果衣着不多，在发生战栗的同时，还会有意识地采取拱肩缩背、踏步或跑步等御寒行为。人类还能随环境温度的改变增减衣着、创造人工气候环境以御寒或祛暑。

综上所述，机体通过自主性体温调节和行为性体温调节使其体温在复杂多变的温度环境中维持相对稳定。

四、对冷热环境的习服

如果人体长期居住(或处于)寒冷或高温环境中,便可逐渐产生对环境温度的适应性变化,使机体最大调节能力增强,这种现象称为习服。

1. 热习服 是指机体对高温环境习服的适应性变化。表现为引起发汗的体温阈值降低,发汗反应的潜伏时缩短,发汗量增加,汗液中钠盐含量减少;引起皮肤血管扩张的体温阈值降低,皮肤血流量增加等,因而能适应高温环境,维持正常生理活动。

2. 冷习服 是指机体暴露于冷环境后逐渐出现的适应性变化。例如,基础代谢率增加,非寒战性产热增加,皮肤血管紧张度较高,皮肤温度较一般人低,皮下脂肪增多等,因而能适应冷环境,维持正常生理活动。

五、体温的异常变化

(一) 发热

发热是指机体受到致热因素作用后引起的体温异常调节,主要表现为体温升高。发热是许多疾病的共同症状。

自从 20 世纪 50 年代有人从炎症的渗出物中提取一些外源性致热原,将它注射到动物体内引起动物发热以来,在多种传染性细菌、真菌和病毒中也都提取到外源性致热原,当它们进入体内后,就与粒细胞、单核细胞、巨噬细胞及肝巨噬细胞(库普弗细胞)等发生作用,从而产生内源性致热原,它经血流至视前区-下丘脑前部,可升高体温调定点水平而引起发热反应。这种内源性致热原已经提纯,是分子量为 14 000 的蛋白质。内源性致热原与外源性致热原有明显的差异,后者是脂多糖的复合物,其分子量为数百万,远远高于内源性致热原的分子量。内源性致热原使体温升高的机制可能是通过前列腺素 E(PGE)这一最后途径。因为注射致热原或内毒素于动物体内,即可使其脑脊液中的 PGE 含量增加。若给予抑制前列腺素合成的药物阿司匹林,则可阻止发热。

(二) 人体在寒冷环境中的反应

人体在寒冷环境中,散热过快、过多,而产热虽也增加,但不能达到与散热平衡时,将使体温下降。在体温下降的过程中,人体将发生一系列变化:当体温降至 34℃时,产热过程可加强而出现战栗;若体温继续降低至 26～27℃时,中枢神经则由兴奋转向抑制,原来增强的代谢转而下降,呼吸心跳变慢;体温降至 20℃以下时,人体将进入麻痹期,此时呼吸更微弱,血压显著下降,脉搏几乎摸不到,各种反射消失。此时若不进行抢救,将会死亡。

低温对人体的影响虽有不利的一面,但也有可利用的一面。当人体体温适当降低时,人体代谢率降低,组织细胞,特别是神经细胞的耗氧量亦降低,这就提高了细胞对缺氧的耐受性,可以减轻或消除因暂时缺氧引起神经细胞等不可逆的损害。实验表明,在常温下脑循环只能阻断 3～5 min,但在体温降至 15～25℃时,大脑可耐受血流阻断 15～30 min。因此,根据这个道理,临床上可采用人工低温麻醉方法,开展心血管直视手术,以及低温保存离断肢体、器官,为断肢再植和器官移植手术,提供有利条件。

(三) 热痉挛、热衰竭和中暑

热痉挛、热衰竭和中暑是在高温环境中劳动或运动时发生的三种异常反应。

若工作环境非常干热(如工厂锅炉间),劳动者出汗过多,大量丢失水分和 NaCl,发生肌肉痉挛的现象,称为热痉挛。此时患者体温并不升高,只要补充含有一定量 NaCl 的饮料,便可缓解痉挛。

因此，工厂内的高温车间应备有含盐饮料，以预防热痉挛的发生。

热衰竭是指在高温环境中劳动时，引起的血液循环功能衰竭。如血压下降，脉搏和呼吸加快、大量出汗、皮肤变凉、血浆和细胞间液减少、眩晕和虚脱等症状。此时患者体温亦可正常。

中暑是指高温、高湿环境中劳动或运动过久时，体内产生的热量不能及时散发，引起的体热过度蓄积和体温失调的表现。中暑的突出表现是体温升高，严重者可达40℃以上，患者出现头痛、头晕、脉搏细弱、血压下降，甚至意识丧失，严重者可引起死亡。其死亡的直接原因主要是高温损害了脑组织和心功能的结果。

热痉挛、热衰竭和中暑都是危害人体健康，甚至危及生命的严重状态，必须进行积极的预防和及时地抢救。

小结

能量代谢是机体伴随物质代谢过程而发生的能量释放、转移、贮存和利用过程。营养物质氧化释放的能量，一部分转化成热能，一部分转移给ATP，机体细胞只能利用ATP分解释放的化学能进行各项功能活动，而且除肌肉所做外功之外，细胞所利用的化学能最终也都转化成热能。因此在不做外功的条件下，机体的产热量可反映其能量代谢情况。临床上常使用一种简化的间接测热法，这种方法是以氧热价为依据，通过测量耗氧量而推算产热量的。为满足计算上的要求，还要运用非蛋白呼吸商和体表面积等数据。

单位时间内的产热量，称为能量代谢率，其单位为kJ/(m^2・h)。基础状态下的能量代谢率，称为基础代谢率。它可以揭示某些病理过程对能量代谢的影响，如甲状腺的功能状态。

体温是指机体深部的平均温度，比较稳定。它是保证机体代谢的必要条件之一。临床上在体表某些部位测得的温度代表体温，数值随测试部位而异。腋窝温度的正常值为36.0～37.4℃、口腔温度为36.7～37.7℃、直肠温度为36.9～37.9℃。体温的恒定有赖于机体产热与散热的平衡，而这种平衡是由下丘脑体温调节中枢调定点决定的。正常体温调定点为37℃。当脑部温度高于此值时，热敏神经元放电增加，通过中枢而反射性地加强散热活动，减弱产热活动，使体温下降至正常；当脑温低于37℃时，则与上述活动相反，散热活动减弱，产热活动加强，使体温上升至正常。在某些病理情况下，热敏神经元兴奋性降低，体温调定点升高，致使体温被稳定于较高数值上，导致发热。

第八章
肾的排泄

导学

了解：肾的结构和血液循环特点；尿的浓缩和稀释的基本过程；肾髓质高渗梯度的形成和保持；影响尿浓缩和稀释的因素。

熟悉：排泄的概念和途径；肾血流量调节；肾小球的滤过作用：滤过膜及通透性；有效滤过压；影响肾小球滤过的因素；肾小管和集合管的重吸收和分泌功能。

应用：影响和调节尿生成的因素。在教师指导下，完成影响尿生成因素的实验。

排泄是指机体将物质代谢中产生的各种终产物、进入体内的异物（包括药物）和过剩的物质经血液循环由排泄器官排出体外的过程。人体的排泄途径有四条：①由呼吸器官排出 CO_2 及少量水分。②由消化器官排出胆色素及一些无机盐，如 Ca^{2+}、Mg^{2+} 等。③由皮肤通过汗腺分泌汗液，排出一部分水分、少量 NaCl、尿素等。④由肾以尿液的形式排出水分、多种无机盐和有机物等。其中肾排泄的物质种类最多，数量最大，而且可随着机体的需要选择性保留对机体有用的营养物质和重要的电解质。因此，肾在调节机体的水、电解质和酸碱平衡中起着重要作用，是机体最重要的排泄器官。此外，肾也是一个内分泌器官，能够合成和分泌肾素、促红细胞生成素、维生素 D_3 和前列腺素等。

第一节 肾的结构和血液循环特点

肾为实质性器官，分为皮质和髓质，肾实质由肾单位和集合管构成，肾单位是肾结构和功能的基本单位。人的两肾有 200 多万个肾单位。集合管虽不包括在肾单位中，但功能上与远曲小管密切联系，在尿生成过程中，尤其在尿浓缩过程中起主要作用。每条集合管接收多条远曲小管的液体，许多集合管汇合并开口于肾乳头，最后形成的终尿，经肾盏、肾盂及输尿管流入膀胱。肾的血液供应丰富，且血流分布不均，肾血流量的 94%分布在肾皮质，约 5%分布在髓质。肾的血液循环要经过两套毛细血管网，且血压高低不同，有利于肾小球的滤过和肾小管的重吸收。

一、肾单位和集合管

肾单位包括肾小体和肾小管，是尿生成的基本结构。肾小体由肾小球和肾小囊组成（图8－1）。肾小球是由一簇毛细血管组成的血管球。血管球外包以肾小囊。构成肾小球毛细血管壁的是一层内皮细胞，其外有一层基膜。肾小囊是肾盲端膨大部分凹陷而成两层上皮细胞的杯状小囊，

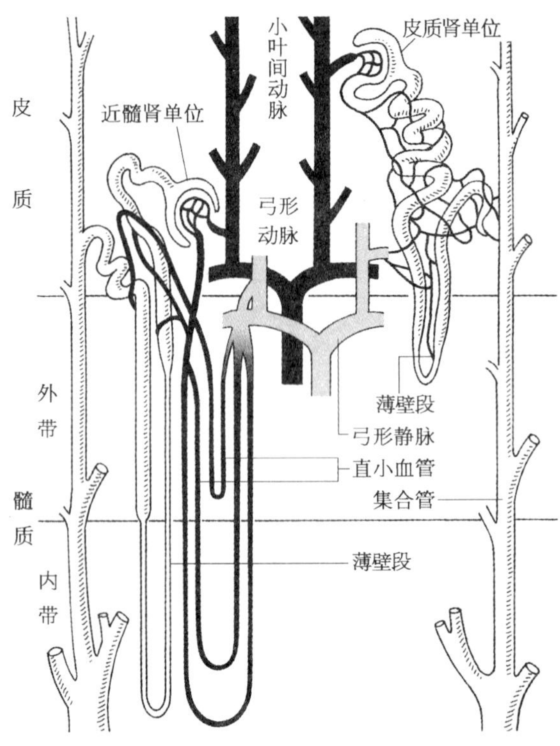

图 8-1　肾单位和肾血管示意图

其内层紧贴在基膜上，外层与肾小管的管壁相接。两层之间有狭窄的腔隙，称为囊腔。

肾小管可分为近端小管、髓襻、远端小管。近端小管经连接小管与集合管相接，在结构上，集合管虽不包括在肾单位中，但功能上与肾小管相似，在尿生成过程中起主要作用。

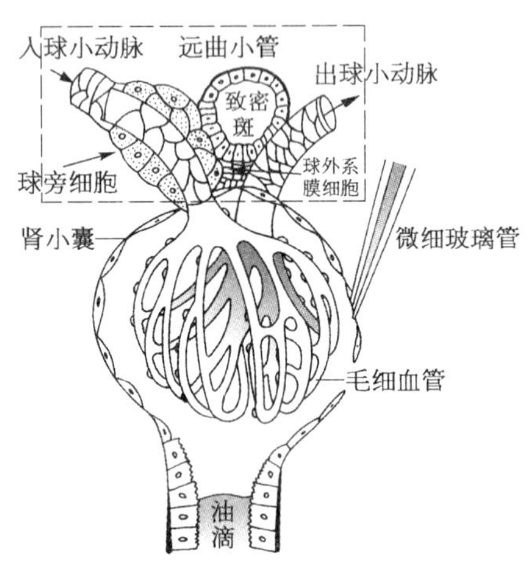

图 8-2　肾小球、肾小囊微穿刺和球旁器示意图(方框为球旁器)

二、球旁器

球旁器又称近球小体，由球旁细胞(也称颗粒细胞)致密斑和球外系膜细胞组成(图 8-2)，主要分布在皮质肾单位。

1. 球旁细胞　是由入球小动脉中膜层的平滑肌细胞特殊分化成的肌上皮细胞，内含分泌颗粒，能分泌肾素。

2. 致密斑　为远端小管穿过出入球小动脉夹角，紧靠肾小体一侧的上皮细胞，排列紧密，为高柱状，局部呈现斑状隆起，称致密斑。它能感受到小管液中 NaCl 浓度的变化，并传递信息给球旁细胞，调节肾素的分泌。

3. 球外系膜细胞　是位于入球小动脉、出球小动脉和致密斑之间的一群细胞，具有吞噬和收缩功能。

三、肾血液循环特点

1. 肾血液供应丰富　正常成人安静时每分钟流经肾的血流量约为 1 200 ml，相当于心排血量的 20%～25%。

2. 肾血流分布不均　肾血流量的 94%分布在肾皮质，约 5%分布在外髓，其余不足 1%供应内髓。通常所说的肾血流量主要指肾皮质血流量。

3. 肾血流经过两套毛细血管网　入球小动脉进入肾小体后，分支成肾小球毛细血管网，汇集成出球小动脉。出球小动脉再次分支形成肾小管周围毛细血管网，缠绕于肾小管和集合管的周围。因此，肾血液供应要经过两次毛细血管网，然后才汇合成静脉。皮质肾单位入球小动脉的口径比出球小动脉粗一倍，因而肾小球毛细血管血压较高，有利于肾小球的滤过；肾小管周围毛细管网的血压较低，有利于肾小管的重吸收。

四、肾血流量的调节

1. 肾血流量的自身调节　肾血流量通过自身调节与肾的泌尿功能相适应。动脉血压在 80～180 mmHg(10.7～24 kPa)的范围内变动时，肾血流量和肾小球滤过率仍然保持相对恒定(图 8-3)。这种现象在离体肾灌注实验或切断肾神经时依然存在，说明肾血流量的调节是通过肾血管本身活动实现的一种自身调节。

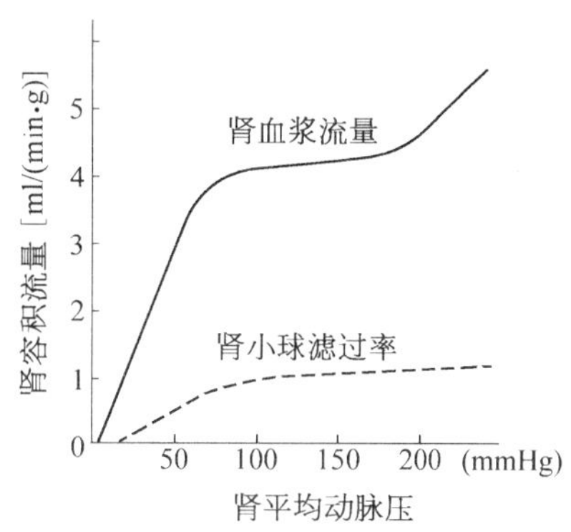

图 8-3　肾血流量和肾小球滤过率的自身调节

关于肾血流自身调节的机制，多用肌原学说解释。该学说认为，在一定范围内，当肾动脉灌注压增高时，入球小动脉平滑肌紧张性增高，血管口径缩小，血流阻力增大，以保持肾小球血流量相对稳定。当灌注压降低时，入球小动脉舒张，血流阻力减小，使肾血流量不致减少。

2. 肾血流量的神经体液调节　肾血流量的神经体液调节使肾血流量与全身的血液循环相适应。支配肾血管的神经主要是交感神经。一般情况下肾交感神经的紧张度较低，调节作用不明显。但当剧烈运动、失血、休克、低氧等情况时，肾交感神经的活动反射性增强，引起肾血管收缩、肾血流量减少，以保证心、脑等重要生命器官的血液供应。

体液因素中，肾上腺素、去甲肾上腺素、抗利尿激素、血管紧张素等都能使肾血管收缩，肾血流量减少；前列腺素、一氧化氮、缓激肽等可使肾血管扩张。

第二节　尿的生成过程

尿的生成是在肾单位和集合管完成的，它包括三个基本过程：①肾小球的滤过作用；②肾小管和集合管的重吸收作用；③肾小管和集合管的分泌和排泄作用。

一、肾小球的滤过作用

肾小球的滤过作用是尿生成的第一步。当血液流经肾小球毛细血管时，除血细胞和血浆蛋白质外，其他血浆成分均可通过滤过膜滤入肾小囊内形成肾小球滤液，又称原尿(超滤液)。由于血细胞和血浆中大分子蛋白质均不能通过滤过膜，因此原尿就是血浆的超滤液。用微穿刺技术从肾小囊抽取原尿进行微量化学分析，结果表明原尿与血浆的主要区别在于前者蛋白质含量甚少，其他成分及渗透压和酸碱度等均与血浆相似(表 8-1)，由此证明原尿实际上就是血浆的超滤液。

表 8-1　血浆、原尿和终尿的主要成分比较(g/L)

成分	血浆	原尿	终尿
水	900	980	960
蛋白质	80	微量	0
葡萄糖	1	1	0
Na^+	3.3	3.3	3.5
K^+	0.2	0.2	1.5
Cl^-	3.7	3.7	6.0
磷酸根	0.03	0.03	1.2
尿素	0.3	0.3	20.0
尿酸	0.02	0.02	0.5
肌酐	0.01	0.01	1.5
氨	0.001	0.001	0.4

肾小球生成原尿的量与其滤过膜的通透性、有效滤过压和肾血浆流量有关。

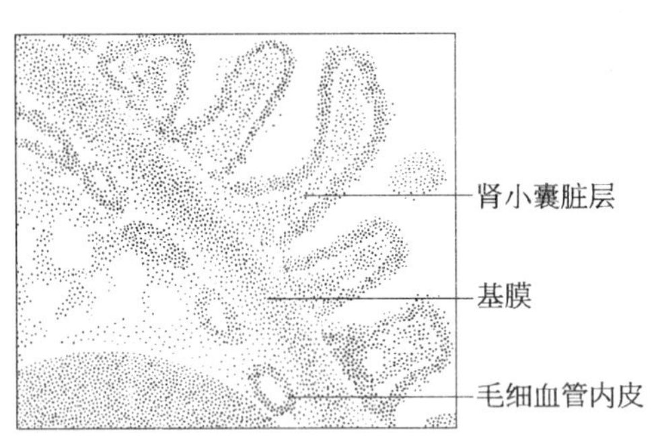

图 8-4　滤过膜示意图

1. 滤过膜　肾小球滤过的结构基础是滤过膜。电镜观察滤过膜的超微结构由三层结构组成(图 8-4):①内层是肾小球毛细血管内皮细胞层,其上有许多直径 50～100 nm 的小孔,称为窗孔,能阻挡血细胞通过;②中间层是基膜,主要由水合凝胶构成,含有致密微细纤维网,其上有 3～7.5 nm 的多角形小孔,称为网孔,是滤过膜的主要滤过屏障;③外层是肾小囊脏层上皮细胞,有许多足状突起称足细胞,相互交错的足突之间形成许多裂隙,称为裂孔。以上三层形成滤过膜的机械屏障,正常情况下只允许分子量 69 000 以内的物质通过。

滤过膜三层结构上都覆盖有一层带负电荷的唾液蛋白,形成滤过的电学屏障。它能排斥血浆中带负电荷的物质通过滤过膜。但起主要作用的仍是机械屏障。当物质分子大到不能通过膜的孔道时,即使带正电荷,也不能通过,而微小物质,虽带负电荷,也可顺利通过。所以,电学屏障只是对那些刚能通过滤过孔道的大分子物质因其所带电荷而有选择性的阻挡作用。在病理情况下,滤过膜上带负电荷的唾液蛋白减少或消失,可致带负电荷的血浆蛋白滤出,发生蛋白尿。

2. 有效滤过压　肾小球滤过的动力是有效滤过压,它与组织液生成的有效滤过压相似,但因超滤液中蛋白质含量极微,囊内胶体渗透压可忽略不计。

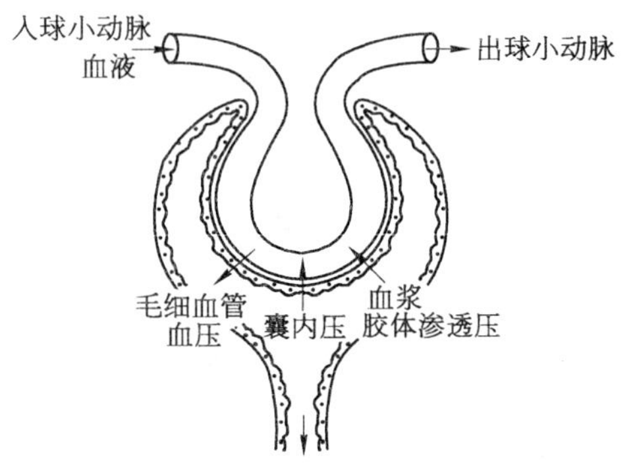

图 8-5　有效滤过压示意图

促进肾小球滤过的力量是肾小球毛细血管血压,阻碍肾小球滤过的力量是血浆胶体渗透压和肾小囊内压(图 8-5)。因此肾小球有效滤过压等于这三种力量的代数和。即：

肾小球有效滤过压 = 肾小球毛细血管血压 −（血浆胶体渗透压 + 肾小囊内压）

在慕尼黑大鼠及松鼠和猴类用微穿刺法测知，肾小球毛细血管血压平均值为 45 mmHg（6.0 kPa），入球端和出球端几乎相等。肾小囊内压约为 10 mmHg（1.3 kPa），血浆胶体渗透压在毛细血管入球端为 25 mmHg（3.3 kPa）。当血液流经肾小球毛细血管时，血浆中水分和小分子物质不断滤出，血浆蛋白浓度相对增加至出球小动脉端，血浆胶体渗透压也随之升高达到 35 mmHg（4.7 kPa）。根据以上数值计算出肾小球有效滤过压是：

入球端 = 45 −（25 + 10）= 10（mmHg）[1.3 kPa]

出球端 = 45 −（35 + 10）= 0（mmHg）[0 kPa]

这表明，在入球小动脉端有效滤过压为正值，生成原尿，出球小动脉端有效滤过压为零，原尿生成逐渐停止。由于从入球端至出球端血浆胶体渗透压逐渐升高，故肾小球有效滤过压逐渐递减至零。

3. 肾小球滤过率及滤过分数　肾小球滤过率是指单位时间内（1 min）两肾生成的原尿量。据测定，正常成人肾小球滤过率约为 125 ml/min，经此推算，一昼夜两肾经肾小球滤出的血浆量高达 180 L，相当于体重的 3 倍，而终尿量仅占滤出量的 1%左右。

肾小球滤过率与每分钟肾血浆流量之比，称为滤过分数，每分钟肾血浆流量约 660 ml，故滤过分数为 125/660×100%≈19%。由此得知，流经肾小球的血浆约 1/5 滤入肾小囊内形成原尿，其余 4/5 进入出球小动脉。

肾小球滤过率与滤过分数都是衡量肾小球滤过功能的重要指标。

二、肾小管与集合管的重吸收作用

1. 重吸收的概念、方式和部位

（1）重吸收的概念　原尿从肾小囊进入肾小管后称为小管液。小管液中的水和某些物质经肾小管和集合管上皮细胞转运至血液的过程，称为重吸收。肾小管与集合管的重吸收能力强，人的两肾每天生成原尿 180 L，而终尿仅 1.5 L 左右，只占原尿的 1%左右，这说明原尿中的水 99%被肾小管与集合管重吸收。原尿中的葡萄糖、氨基酸、维生素等营养物质全部被重吸收；Na^+、K^+、Cl^-、尿素等大部分被重吸收。

（2）重吸收方式　肾小管重吸收的方式有主动重吸收和被动重吸收。肾小管上皮细胞逆电-化学梯度将小管液中的溶质转运到小管外组织液的过程称为主动重吸收。主动重吸收需要消耗能量，一般机体所需要的物质如葡萄糖、氨基酸、Na^+、K^+、Ca^{2+} 等都是主动重吸收。小管液中的溶质顺电-化学梯度通过小管上皮细胞转移至小管外组织液的过程，称为被动重吸收。被动重吸收不消耗能量，其动力来自管腔内外的溶质的浓度差、电位差以及渗透压差；重吸收数量除与动力有关外，还与小管壁对被重吸收物质的通透性有关。

两种重吸收方式之间有着密切的联系，如 Na^+ 主动重吸收，使小管内电位降低造成管内外电位差，Cl^- 则顺电位差被动重吸收；NaCl 向管外转移后，使管周组织液渗透压增高，形成小管内外的渗透压差，又促进水以渗透方式被动重吸收。

（3）重吸收部位　重吸收的主要部位在近端小管。小管液中全部葡萄糖、氨基酸、维生素和大部分水、Na^+、K^+、Cl^-、HCO_3^- 等物质在此处被重吸收（图 8-6）。其他各段小管可重吸收部分 Na^+、K^+、Cl^-、HCO_3^-、水及尿素等。

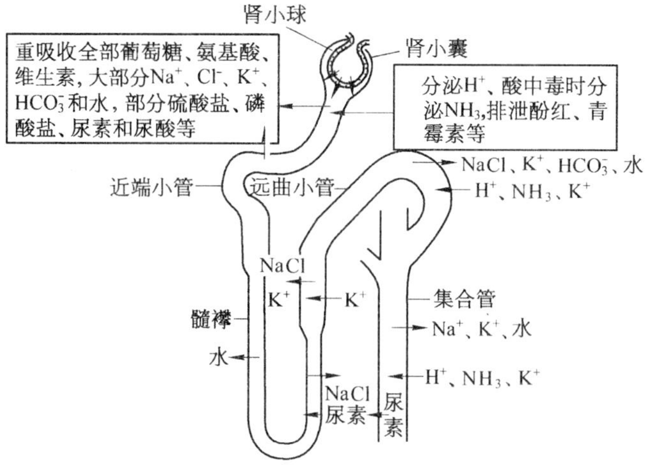

图 8-6　肾小管、集合管的重吸收及其分泌作用

2. 重吸收的特点　肾小管和集合管对重吸收的物质具有选择性。对机体有用的物质如葡萄糖、氨基酸、水、Na^+ 等全部或大部分被重吸收；对机体无用或有害的物质如肌酐、尿酸等不被重吸收。肾小管重吸收物质的数量有一定的限度，当血浆中某种物质的浓度超过了肾小管重吸收的限度时，尿中即可出现该物质。通常把尿中刚开始出现该物质的血浆浓度称为肾阈值。

3. 几种主要物质的重吸收

(1) Na^+、HCO_3^-、Cl^- 的重吸收　每天由肾小球滤过的 Na^+ 约有 540 g，但随尿排出的 Na^+ 仅 3～5 g。表明小管液中的 Na^+ 99% 被重吸收了。其中近端小管重吸收最多，占滤过量的 65%～70%，远曲小管约为 10%，其余部分在髓袢升支和集合管重吸收。

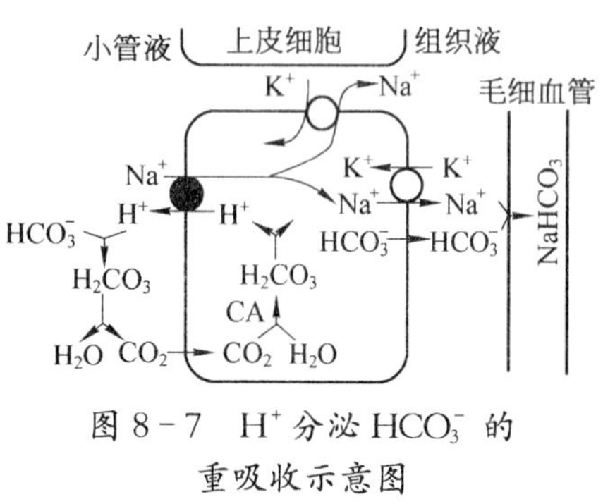

图 8-7　H^+ 分泌 HCO_3^- 的重吸收示意图

CA：碳酸酐酶　实心圆表示载体　空心圆表示钠泵

Na^+ 在近端小管经 Na^+ 泵主动重吸收。在近端小管前段，Na^+ 主要与葡萄糖、氨基酸的重吸收相伴联进行协同转运或叫同向转运，并且与 H^+ 的分泌耦联进行。被吸收入细胞内的葡萄糖、氨基酸通过易化扩散回到血液中；小管液中的 HCO_3^- 不易透过管腔膜，它以 CO_2 形式进入小管上皮细胞，再以 HCO_3^- 的形式进入血液，H^+ 的分泌决定着小管液中 HCO_3^- 的重吸收量（图 8-7），这在体内酸碱平衡调节中起重要作用。

在近端小管的后段，Na^+ 主要与 Cl^- 一同被重吸收。Cl^- 的重吸收大部分是在近端小管前段伴随 Na^+ 的主动重吸收形成的小管内外的电位差而被动重吸收的，经前段 Na^+ 主动重吸收后，后段小管液中 Cl^- 浓度相对增高，Cl^- 顺浓度梯度经细胞旁路（即通过紧密连接进入细胞间隙）重吸收回血，使小管液中正离子相对较多，Na^+ 顺电位梯度通过细胞旁路而被动重吸收。该段 Cl^- 顺浓度梯度重吸收，Na^+ 顺电位梯度重吸收，因此 NaCl 的重吸收都是被动的。

在髓袢升支粗段，以 Na^+ ∶ $2Cl^-$ ∶ K^+ 的比例三种离子由管腔膜上同一载体进行协同（同向）转运。在此过程中 Na^+ 是主动重吸收，Cl^- 则是继发性主动重吸收的。实验证明，如果 Na^+、K^+、Cl^- 三种离子中缺少任何一种，协同转运都将受到影响。

呋塞米（速尿）和依他尼酸（利尿酸）等利尿剂就是与髓袢升支粗段管腔膜载体上的 Cl^- 位点结

合，使 Na^+、K^+、Cl^- 的协同转运受到抑制而产生利尿作用的。

远曲小管和集合管能重吸收滤液中剩余 10%的 Na^+，并且受醛固酮的调节。远曲小管和集合管中 Cl^- 中的重吸收主要是随 Na^+ 的主动重吸收而被动进行的。

(2)葡萄糖的重吸收　葡萄糖在近端小管全部被重吸收。葡萄糖是随 Na^+ 主动重吸收的一种继发性主动转运。血糖浓度在一定范围内，原尿中的葡萄糖在近端小管全部被重吸收。但血糖浓度过高时，部分肾小管对葡萄糖的重吸收达到极限，尿中就会出现葡萄糖。通常把尿中开始出现葡萄糖的血糖浓度，称为肾糖阈。正常的肾糖阈为 8.88～9.99 mmol/L[160～180(mg/100 ml)]。若近端小管不能全部重吸收，葡萄糖就必然从尿中排出，称为糖尿。

(3) K^+ 的重吸收　每天从肾小球滤过的 K^+ 总量约为 35 g，随尿排出的 K^+ 仅 2～4 g。肾小球滤过的 K^+ 绝大部分在近端小管被主动重吸收，余下部分在肾小管各段几乎全部被重吸收回血。尿中排出的 K^+ 主要是由远曲小管和集合管分泌的。

(4) 水的重吸收　小管液中的水 99%被重吸收，排出仅 1%，其中，近端小管吸收 65%～70%，髓襻 10%～15%，远曲小管 10%，集合管 10%～15%。在近端小管伴随 Na^+、Cl^-、HCO_3^-、葡萄糖和氨基酸等溶质被重吸收，称为渗透性重吸收，占重吸收水量的 60%～70%，与体内是否缺水无关；在远曲小管和集合管，水的重吸收受抗利尿激素调解，与体内是否缺水有关。水的重吸收与尿量的多少有很大关系。若重吸收减少 1%，尿量将增加一倍。

三、肾小管与集合管的分泌作用

分泌作用是指小管上皮细胞将新陈代谢的产物或血液中的某些物质转运入小管腔的过程。

1. H^+ 的分泌　肾小管各段和集合管上皮细胞都能分泌 H^+，但近端肾小管分泌 H^+ 能力最强，H^+ 的分泌是一个逆电-化学梯度进行的主动转运过程。由小管液及周围组织液扩散入小管上皮细胞的 CO_2 及细胞本身代谢产生的 CO_2 和 H_2O 在碳酸酐酶催化下生成 H_2CO_3(图 8-7)，H_2CO_3 解离为 HCO_3^- 和 H^+。H^+ 被管腔膜上的 H^+、Na^+ 共用载体与 Na^+ 反向转入小管液，形成 H^+-Na^+ 交换。在 Na^+ 转运的同时随着 HCO_3^- 的增多，HCO_3^- 顺浓度差扩散入组织液并随 Na^+ 一起经管周膜转运回到血液中，H^+ 则分泌进入管腔内。可见肾小管上皮细胞每分泌一个 H^+ 到小管液中，即可从小管液中重吸收一个 Na^+ 和一个 HCO_3^- 入血，Na^+ 和 HCO_3^- 再形成 $NaHCO_3$，而 $NaHCO_3$ 是体内最重要的“碱储”，因此这一过程具有排酸保碱作用。肾的这一功能对维持机体酸碱平衡具有十分重要的意义。

分泌到小管腔中的 H^+ 与 HCO_3^- 结合生成 H_2CO_3，H_2CO_3 再分解成 CO_2 和 H_2O，CO_2 再扩散入小管上皮细胞，形成良性循环。

2. NH_3 的分泌　近端小管、髓襻升支粗段、远端小管、集合管均可泌 NH_3，其中 NH_3 的 60%由肾小管上皮细胞内谷氨酰胺脱氨生成，其余 40%来自其他氨基酸。NH_3 是脂溶性物质，通过单纯扩散进入小管液，与小管液中的 H^+ 结合生成 NH_4^+，然后与小管液中 Cl^- 结合生成铵盐(NH_4Cl)随尿排出。这样就促进了小管液中 H^+ 和 NH_3 的分泌。同时，强酸盐的 Na^+ 则通过 H^+-Na^+ 交换进入细胞，再与 HCO_3^- 一起转运回血液。因此，NH_3 不仅有排酸作用，而且促进了 $NaHCO_3$ 的回收，同样具有保碱作用，对维持机体酸碱平衡起重要作用(图 8-8)。

3. K^+ 的分泌　小管液中的 K^+ 绝大部分在近端小管已被重吸收。尿液中的 K^+ 主要是远曲小管和集合管分泌。K^+ 的分泌与 Na^+ 的重吸收密切相关。由于 Na^+ 的主动重吸收使小管腔内电位降低，这种电位差是 K^+ 分泌的动力。K^+ 则顺电位差被动扩散到小管液中。K^+ 分泌与 Na^+ 重吸收的这种耦联关系称为 K^+-Na^+ 交换。

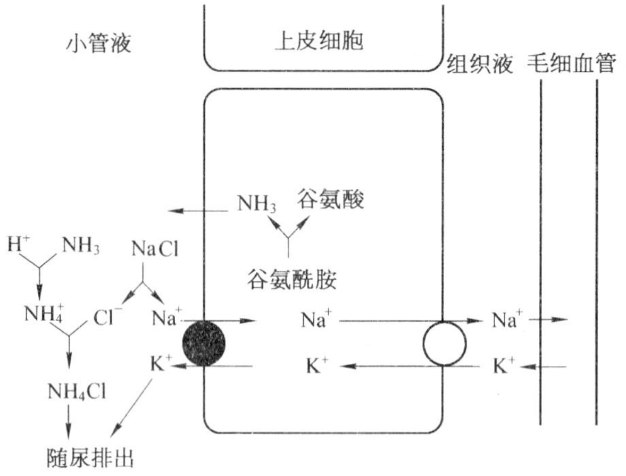

小管液 上皮细胞 组织液 毛细血管

图 8-8 NH_3 和 K^+ 分泌示意图

实心圆表示载体 空心圆表示钠泵

在远曲小管与集合管内 H^+-Na^+ 交换和 K^+-Na^+ 交换之间具有竞争性抑制现象。即 H^+-Na^+ 交换增多时 K^+-Na^+ 交换则减少；当 K^+-Na^+ 交换增多时 H^+-Na^+ 交换则减少。何者占优势取决于小管上皮细胞内 H^+ 和 K^+ 的浓度。例如，酸中毒时，小管上皮细胞内碳酸酐酶活性增强，H^+ 生成增多，H^+-Na^+ 交换增强，K^+-Na^+ 交换受到抑制，尿中排酸增多而排 K^+ 减少，导致血钾浓度升高，因此酸中毒时可出现高钾血症。相反，高钾血症时，由于 K^+-Na^+ 交换增强而 H^+-Na^+ 交换受到抑制，尿中排 K^+ 增多而 H^+ 减少，导致 H^+ 在体内聚积，因此高钾血症时可出现酸中毒。

4. 其他物质的排泄　小管上皮细胞可将机体代谢产生的肌酐、尿素等物质，以及进入人体的青霉素、酚红、碘锐特等药物排泄到小管液中。临床上常用酚红排泄试验(PSP)来检查肾小管的排泄功能是否正常。

第三节 影响和调节尿生成的因素

由肾小球滤出的原尿，经肾小管与集合管的重吸收以及分泌后即形成终尿。尿形成过程的任何一个环节发生改变都可影响尿的生成。

一、影响原尿生成的因素

(一) 肾小球有效滤过压的改变

构成有效滤过压三个因素中任何一个发生变化，都会影响肾小球的滤过率。

1. 肾小球的毛细血管血压　当动脉血压在 80～180 mmHg(10.6～24 kPa)范围内变化时，通过肾血流量的自身调节，使肾小球毛细血管血压保持相对稳定，因而肾小球滤过率基本不变。当动脉血压低于 80 mmHg(10.6 kPa)时，超过了肾血流量自身调节范围，肾小球毛细血管血压就会下降，从而使有效滤过压及肾小球滤过率降低，引起尿量减少。当动脉血压低于 40 mmHg(5.3 kPa)时，肾小球毛细血管压急剧下降，有效滤过压和肾小球滤过率下降到零，导致无尿。高血压病晚期，因入球小动脉器质性病变而狭窄，也可使肾小球毛细血管血压显著降低，肾小球滤过率减少，导致少尿甚至无尿。

2. 血浆胶体渗透压　正常情况下血浆胶体渗透压比较稳定。如若静脉快速注入大量生理盐水或某些病理原因致血浆蛋白浓度下降，可使血浆胶体渗透压降低，有效滤过压升高，肾小球滤过率增大，引起尿量增加。

3. 囊内压 正常人囊内压力一般都比较稳定。只有当肾盂或输尿管结石、肿瘤压迫等原因引起尿路发生阻塞时，才会发生囊内压升高，使有效滤过压降低，肾小球滤过率减小。

（二）滤过膜面积和通透性改变

1. 滤过膜面积改变 正常人两肾有效滤过膜面积约为 1.5 m^2，始终处于活动状态，保持滤过面积相对稳定，某些病理情况如急性肾小球肾炎，可致部分肾小球毛细血管管腔狭窄或阻塞，有效滤过面积减少，肾小球滤过率降低，出现少尿或无尿。

2. 滤过膜通透性改变 生理状态下，滤过膜通透性比较稳定。但在病理情况下，如炎症时滤过膜损伤、破裂，膜上带负电荷的唾液蛋白减少，机械屏障和电-化学屏障作用减弱，致使血浆蛋白甚至血细胞由此漏入肾小囊内，出现蛋白尿或血尿。

（三）肾血流量改变

肾血流量对肾小球滤过率有较大影响。如果肾血流量增大，肾小球毛细血管内血浆胶体渗透压的上升速度减慢，与毛细血管血压达到平衡的时间延后，有效滤过压下降速度变慢，即具有滤过作用的毛细血管延长，因而滤过率增加。相反，当肾血流量减少时，血浆胶体渗透压的上升速度加快，肾小球毛细血管有效滤过压下降速度快，因而滤过率减小。在严重缺氧、休克等病理情况下，由于交感神经兴奋，致使血管收缩，肾血流量显著减少，因而肾小球滤过率明显下降，出现少尿。

二、影响和调节终尿生成的因素

（一）小管液溶质浓度的影响

小管液中的溶质形成的渗透压是对抗肾小管、集合管重吸收水的力量。如果小管液溶质浓度增加，渗透压增高，对抗水重吸收的力量就会增强，水重吸收就会减少，尿量就会增多。例如，糖尿病患者的多尿就是由于血糖浓度超过肾糖阈，肾小管不能将小管液中的葡萄糖全部重吸收，致使小管液渗透压升高，妨碍了水重吸收所致。根据这一机制，临床上给患者静脉内注射甘露醇、山梨醇等能经肾小球滤过而不被肾小管重吸收的药物，通过提高小管液溶质浓度，达到利尿消肿的目的。这种利尿方式称为渗透性利尿。

（二）球-管平衡

近端小管对小管液中溶质和水的重吸收量随肾小球滤过率的变动而发生相应变化。肾小球滤过率与近端小管的重吸收率之间存在一定的比例关系，无论肾小球滤过率增多或减少，近端小管的重吸收率始终占肾小球滤过率的 65%～70%，这种现象称为球-管平衡。球-管平衡的生理意义在于：使尿中排出的溶质和水不致因肾小球滤过率的增减而出现较大的波动。当肾小球滤过率增高时，尿量不致过多，滤过率降低时，尿量不致过少。

（三）肾交感神经的作用

肾的活动主要受交感神经支配。肾交感神经兴奋通过三个方面影响尿生成：①通过兴奋肾血管平滑肌上的 α 受体引起肾血管收缩，入球小动脉比出球小动脉收缩更明显，使肾小球毛细血管血浆流量减少，肾小球毛细血管血压下降，肾小球的有效滤过压减小，导致肾小球滤过率降低；②通过兴奋 β 受体，刺激球旁器中的近球细胞释放肾素，激活肾素-血管紧张素-醛固酮系统，增加肾小管对 Na^+、Cl^- 和水的重吸收；③直接刺激近端小管和髓襻对 Na^+、Cl^- 和水的重吸收。

（四）抗利尿激素

抗利尿激素（ADH）是下丘脑视上核（为主）和室旁核的神经元细胞体合成的含 9 个氨基酸残

基的肽类激素。其分泌颗粒沿下丘脑-垂体束通过轴浆运输运送到神经垂体贮存，然后释放入血。其主要作用是兴奋 V_2 受体，提高远曲小管和集合管上皮细胞对水的通透性，促进水的重吸收，使尿液浓缩，尿量减少，从而起到抗利尿作用。

调节抗利尿激素合成和释放的主要因素是血浆晶体渗透压和循环血量的变化。它们分别通过刺激位于下丘脑前部的渗透压感受器和位于左心房及胸腔大静脉内的容量感受器，调节抗利尿激素的合成和释放(图 8-9)。

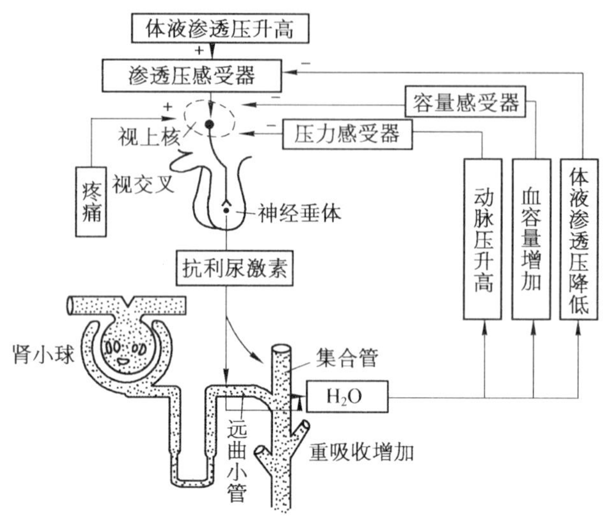

图 8-9 抗利尿激素分泌与调节

(+)表示促进 (−)表示抑制

1. *血浆晶体渗透压* 下丘脑视上核及其周围区域有渗透压感受器，它对血浆晶体渗透压的改变很敏感。当大量出汗、严重呕吐、腹泻等情况引起机体失水时，血浆晶体渗透压升高，刺激下丘脑视上核、室旁核的渗透压感受器，引起抗利尿激素释放增多，远曲小管和集合管对水重吸收增加，导致尿液浓缩，尿量减少。相反，如短时间内饮大量清水，则可稀释血液，降低血浆晶体渗透压，减弱对渗透压感受器的刺激，抗利尿激素释放减少，远曲小管和集合管对水的重吸收随之减少，尿液稀释，尿量增多。这种因大量饮清水而引起尿量增多的现象，称为水利尿。

2. *循环血量改变* 在左心房和胸腔大静脉上存在着容量感受器，当循环血量增多时，左心房和大静脉被扩张，刺激容量感受器，冲动经迷走神经传入下丘脑，反射性抑制抗利尿激素的释放，使远曲小管和集合小管对水重吸收减少，尿量增多，以排出过多的水分，恢复正常血量。反之循环血量减少，对容量感受器的刺激减弱，传入冲动减少，抗利尿激素的释放量增多，尿量减少以利血量恢复。

3. *其他* 动脉血压升高时，刺激颈动脉窦压力感受器，可反射性抑制抗利尿激素的释放；疼痛、情绪紧张可促进抗利尿激素的释放；心房钠尿肽可抑制其释放。当下丘脑病变累及视上核或下丘脑-垂体束时，抗利尿激素的合成与释放发生障碍，可排出大量(每日达 10 L 以上)低渗尿，临床上称为尿崩症。

(五) 醛固酮

醛固酮是由肾上腺皮质球状带分泌的一种类固醇激素。其生理作用主要是促进远曲小管和集合管对 Na^+ 的主动重吸收，并促进 K^+ 的排泄。通过重吸收 Na^+，增加对 Cl^- 和水的重吸收，因此，醛固酮有保 Na^+ 排 K^+ 保水、维持细胞外液量的作用。醛固酮的分泌受肾素-血管紧张素-醛固酮系统及血 K^+、血 Na^+ 浓度的调节。

1. 肾素-血管紧张素-醛固酮系统　肾素是由肾球旁器的近球细胞分泌的一种蛋白水解酶，它能水解血浆中由肝合成的血管紧张素原（α_2 球蛋白），生成有活性的血管紧张素Ⅰ(10 肽)。血管紧张素Ⅰ可经肺的转换酶分解生成血管紧张素Ⅱ(8 肽)。后者可被氨基肽酶进一步降解为血管紧张素Ⅲ(7 肽)。

肾素-血管紧张素-醛固酮系统的激活主要取决于肾素，肾素分泌受多种因素调节。目前认为，肾内入球小动脉处的牵张感受器和致密斑 Na^+ 感受器可调节肾素分泌。当动脉血压下降或循环血量减少时，入球小动脉压力和血流量随之降低，于是对小动脉壁的牵张刺激减弱，使肾素释放增加；同时，由于入球小动脉的压力降低和血流量减少，肾小球滤过率减少，滤过的 Na^+ 量亦减少，进而激活致密斑感受器，也使肾素释放量增加。此外，支配肾的交感神经兴奋，可激活近球细胞上的β受体，也可引起肾素释放增加；肾上腺素和去甲肾上腺素也可直接刺激球旁细胞增加肾素释放（图 8－10）。

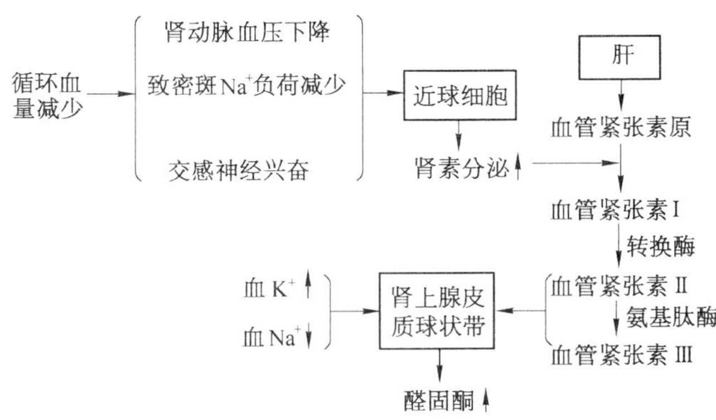

图 8－10　醛固酮分泌的调节示意图

血管紧张素Ⅱ有很强的缩血管作用，还可以刺激肾上腺皮质球状带分泌醛固酮；血管紧张素Ⅰ能刺激肾上腺髓质分泌肾上腺素，血管紧张素Ⅲ也能刺激肾上腺皮质球状带分泌醛固酮。血管紧张素对尿生成的调节作用包括：①刺激醛固酮的合成和分泌，从而调节了远曲小管和集合管上皮细胞对 Na^+ 和 K^+ 的转运；②可直接刺激近端小管对 NaCl 的重吸收，减少 NaCl 从尿中排出；③使神经垂体释放抗利尿激素增加，从而增加远曲小管和集合管对水的重吸收，使尿量减少。

2. 血 K^+ 和血 Na^+ 浓度　血 K^+ 浓度升高或血 Na^+ 浓度降低，可直接刺激肾上腺皮质球状带使醛固酮分泌增加，促进肾保 Na^+ 排 K^+。相反，血 K^+ 浓度降低或血 Na^+ 浓度增高则醛固酮分泌减少。这对维持血 K^+、血 Na^+ 浓度的平衡具有重要作用。醛固酮的分泌对血 K^+ 浓度升高十分敏感，血 K^+ 只增加 0.5～1.0 mmol/L，就能引起醛固酮分泌，而血 Na^+ 浓度必须明显降低才能引起同样的反应。

(六) 心房钠尿肽

心房钠尿肽是由心房肌细胞合成分泌的一类多肽激素，又称心钠素。其主要作用是抑制 Na^+ 的重吸收，有较强排 Na^+、利尿作用，从而使血容量减少，血压降低。

第四节　尿的浓缩与稀释

尿的渗透压可因体内缺水或水过剩而出现较大变化。当机体缺水时，尿液的渗透压高于血浆称为高渗尿，即尿被浓缩；反之体内水过多时，尿液的渗透压低于血浆称为低渗尿，即尿被稀释。当肾浓缩和稀释尿的能力发生障碍时，则不论体内缺水或水过剩，尿的渗透压均与血浆相近，称为等渗尿。肾对尿的浓缩和稀释这一功能在维持机体水平衡方面具有极为重要的意义。

一、尿液浓缩与稀释的过程

用冰点降低法测定鼠肾分层切片的渗透压，观察到肾皮质组织间液的渗透压与血浆的渗透压相同，髓质部组织液与血液的渗透压之比，由髓质外层向乳头部逐渐升高，分别是 2.0、3.0、4.0（图 8－11），呈现出明显的渗透压梯度，越向内髓，渗透压越高。当机体缺水、抗利尿激素分泌较多时，远曲小管和集合管对水的通透性增大，由髓襻升支粗段因 NaCl 的主动重吸收而来的低渗小管液流经远曲小管和集体管的过程中，在管外高渗透压的作用下，水不断被吸出，小管液便逐渐被浓缩而变为高渗液，尿量减少，尿被浓缩。可见，肾髓质渗透梯度的建立是尿液浓缩的必要条件。若体内水过多、抗利尿激素分泌减少时，远曲小管和集合管对水的通透性降低，水重吸收减少，但在醛固酮作用下，NaCl 被不断重吸收，就使得原本低渗的小管液的渗透压进一步降低，结果形成低渗尿，尿量增多，尿被稀释。当抗利尿激素完全缺乏时，肾小管对 Na^+ 主动重吸收而对水不通透，每日可排出多达 10 L 以上的低渗尿，见于严重尿崩症患者。

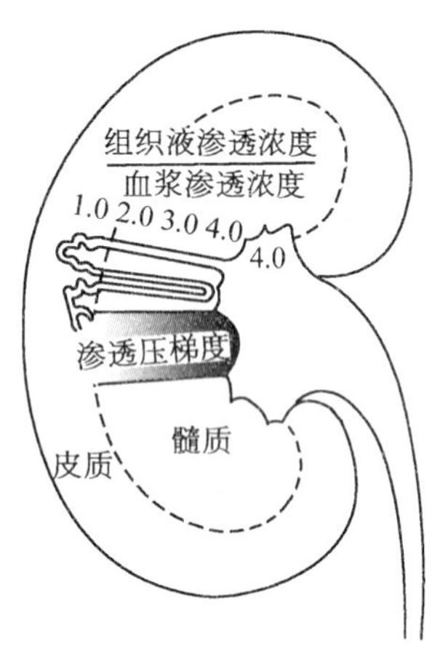

图 8－11 肾髓质渗透梯度示意图

颜色越深，表示渗透浓度越高

二、肾髓质渗透梯度的形成与保持

（一）肾髓质渗透梯度的形成

肾髓质渗透梯度的形成与肾小管各段不同的生理特性有关（图 8－12）。

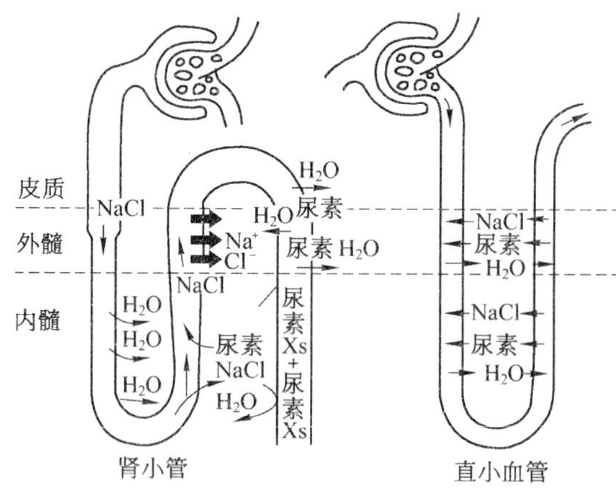

图 8－12 尿浓缩机制示意图

粗箭头表示髓襻升支粗段重吸收 Na^+ 和 Cl^-。粗线表示髓襻升支粗段和远曲小管前段对水不通透。X_s 表示未被重吸收的溶质

1. 外髓部高渗梯度形成机制 外髓部的髓襻升支粗段能主动重吸收 Na^+ 和 Cl^- 而对水不易通透，因此小管液流经该段时，管内 NaCl 浓度不断降低，形成低渗液；而管外 NaCl 浓度不断升高，组织间液形成高渗压。因逆流倍增作用，愈近内髓部渗透压愈高，形成渗透压梯度。因此外髓部的渗透梯度主要是由髓襻升支粗段对 NaCl 主动重吸收形成的。

2. 内髓部渗透梯度的形成机制 内髓部渗透梯度的形成与尿素的重吸收和再循环及 NaCl 重吸收有密切关系。①远曲小管和外髓部的集合管对尿素不易通透，但在抗利尿激素作用下，被渗透性重吸收，因而管内尿素浓度逐渐升高，至内髓部集合管时，因管壁对尿素有较大通透性，尿素即顺浓度梯度向管周组织液扩散，造成了内髓部组织液形成高渗；②髓襻降支细段对尿素、Na^+、Cl^- 不易通透，但对水易通透，因此水被重吸收，小管液被浓缩，到达内髓髓襻降支底部时 NaCl 浓度达最高值，而髓襻升支细段对 Na^+ 和 Cl^- 的通透性很高，对水则不易通透，小管液折反流向升支细段时 Na^+、Cl^- 顺浓度梯度扩散进入内髓部组织液，使内髓部组织液渗透压进一步提高，而管内 NaCl 浓度进一步降低，降支细段和升支细段形成逆流倍增系统，使内髓组织液形成渗透压梯度，愈近乳头部渗透压越高；③髓襻升支细段对尿素具有中等程度的通透性，从内髓部集合管扩散到组织液的尿素可进入升支细段，而后流经升支粗段、远曲小管、皮质部及外髓集合管后又回到内髓部集合管，再扩散到内髓部组织液，从而形成了尿素的再循环，尿素再循环提高了内髓组织液的渗透压，促进了髓质渗透压梯度的建立。

综上所述，外髓部的高渗透压是髓襻升支粗段对 Na^+ 和 Cl^- 的主动重吸收形成的，内髓部组织液的高渗透压是由该处集合管扩散出来的尿素和髓襻升支细段扩散出来的 NaCl 两个因素形成的，尿素、NaCl 是建立髓质高渗压梯度的主要溶质。

（二）髓质渗透梯度的保持

直小血管呈 U 形与髓襻平行深入到内髓，也形成逆流交换系统，其降支对 NaCl、尿素及水都具有通透性，周围组织液中的 NaCl 和尿素可顺浓度梯度向血管内扩散，而水则不断渗出，使血管内 NaCl 和尿素的浓度不断升高，渗透压亦成倍增高，至顶端时达到最高。折返向升支后，因血管内 NaCl 和尿素的浓度比同一水平组织液的浓度高，于是 NaCl 和尿素就顺浓度梯度不断向组织液扩散，并可再次透入直小血管降支，形成 NaCl 和尿素在直小血管降支与升支之间的逆流循环，所以髓质组织液形成高渗状态的溶质就不会被血流大量带走。同时，直小管折返处和升支的溶质浓度高，渗透压高于组织液，通过渗透作用，使组织液中多余的水不断进入直小血管升支，随血流返回体循环，从而使肾髓质的渗透梯度得以保持(图 8-12)。

三、影响尿浓缩与稀释的因素

（一）远曲小管和集合管的功能状态

抗利尿激素分泌增多时，远曲小管和集合管对水通透性增加，水重吸收增多，尿液被浓缩。抗利尿激素分泌减少时，远曲小管和集合管对水重吸收减少，排出大量稀释尿，如尿崩症时。

（二）髓质高渗梯度的变化

临床上使用呋塞米、依他尼酸等利尿药物，能抑制髓襻升支粗段对 NaCl 的主动重吸收，使髓质高渗压梯度不能建立而产生利尿作用。蛋白质摄入不足，尿素产生减少，也会影响髓质高渗透压梯度的建立，使尿浓缩能力减弱。

（三）直小血管的血流状态

直小血管的血流速度过快，使 NaCl 和尿素不能充分交换，溶质被血流带走，以致髓质高渗透压梯度降低；若直小血管血流减慢，则髓质组织液中水不能被血流带走，也会降低髓质高渗透压梯度。两者均使尿浓缩能力减弱。某些高血压患者尿浓缩能力减弱,可能就是因髓质血流不能自动调节,直小血管血流过快,髓质高渗透压梯度降低所致。

第五节 尿液及其排放

人体组织代谢的终产物,绝大部分由尿中排出,尿的质和量可反映机体内环境的变化。因此,测定尿量和尿的理化性质,不仅能反映肾功能,而且也能反映许多器官和系统的功能情况。

尿液在肾的生成是不断进行的,生成后经输尿管流入膀胱,在膀胱中暂时贮存,待积存到一定量后才一次排出体外。膀胱的排尿过程接受神经系统的控制。

一、尿液

(一) 尿量及尿的成分

正常人每昼夜尿量一般在 1 000～2 000 ml,平均 1 500 ml。尿量的多少取决于每日摄入水量和其他途径排出的水量。若出汗、腹泻等排水量增多,则尿量减少;若其他途径排水量不变,则摄入水量越多,尿量越多。如果尿量长期保持在每昼夜 2 500 ml 以上,称为多尿;100～500 ml 范围内,称为少尿;少于 100 ml,称为无尿。多尿会导致机体脱水;少尿或无尿会使代谢尾产物难以排出而蓄积体内,破坏机体内环境稳态,甚至产生尿毒症。

尿的主要成分是水,占 95%～97%。溶质仅占 3%～5%,主要是电解质和非蛋白质含氮化合物(非蛋白氮),电解质离子主要有钠、钾、钙、镁、磷酸盐等;非蛋白氮主要有尿素、尿酸、肌酐、氨、胆色素等。

正常尿液中有微量的糖、蛋白质、胆色素等成分,但用常规临床检验方法,一般不能测出,若能检测出尿液中有蛋白质或糖,则分别称为蛋白尿和糖尿。

(二) 尿的理化性质

新鲜尿呈淡黄色的透明液体,尿量少则色深,尿量多则色淡。尿比重一般在 1.015～1.025 之间。当大量饮水,尿量增加,尿中溶质浓度降低时,则尿比重减小;反之,尿量减少,尿比重增大。尿渗透压变动在 30～1 450 mmol/L 之间,但多数情况下高于血浆。

正常尿液一般呈弱酸性,pH 值在 5.0～7.0 之间。尿的 pH 值主要受食物成分影响。荤素杂食者,蛋白质分解后产生的硫酸盐、磷酸盐等酸性物质由肾排出,使尿呈酸性。素食者因植物中所含的酒石酸、苹果酸等可在体内氧化,酸性产物减少,碱基相对较多,故尿呈碱性。

二、尿的排放

尿的排放是在意识的控制下,由自主神经和躯体神经共同参与完成的。

(一) 膀胱和尿道的神经支配

膀胱的逼尿肌和尿道内括约肌受交感和副交感神经双重支配,尿道外括约肌受躯体神经支配(图 8-13)。

1. 盆神经副交感纤维　起自骶髓 2～4 节侧角,兴奋时能使膀胱逼尿肌收缩,尿道内括约肌松弛,促进排尿。

2. 腹下神经交感纤维　起自脊髓胸 12～腰 2 节,兴奋时能使膀胱逼尿肌松弛,尿道内括约肌收缩,抑制排尿。

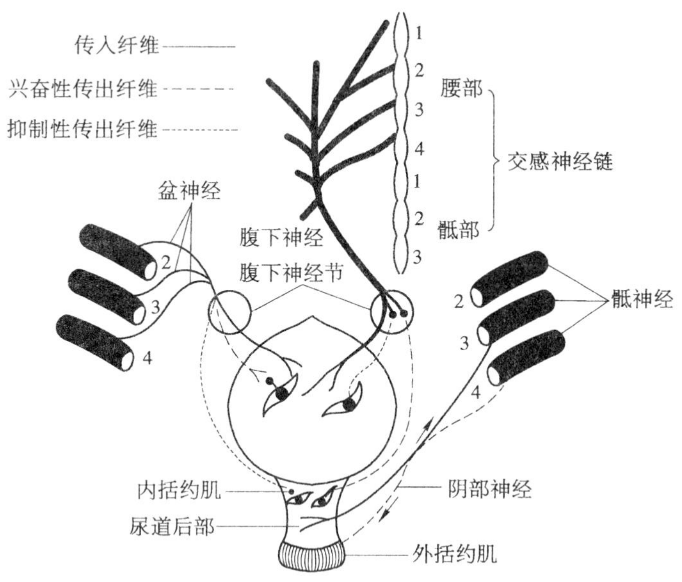

图 8-13 膀胱和尿道的神经支配

3. 阴部神经 起自骶髓 2～4 节前角细胞，属躯体神经，它的兴奋可使尿道外括约肌收缩，抑制排尿活动。这一作用是受意识控制的。

(二) 排尿反射

当膀胱内尿液在 50 ml 以内时，膀胱内压力维持在 10 cmH_2O 以内。随着贮量增加，膀胱内压可因平滑肌有良好的伸展性，并不发生太大的压力上升。当尿量大于 300～400 ml 时，膀胱内压才开始出现明显升高，有尿意可不排尿。当尿量充盈至 400～500 ml 时膀胱内压显著升高，但仍可控制排尿。尿量增到 700 ml 以上，膀胱内压急剧升高。逼尿肌出现节律性收缩会出现疼痛感觉，排尿活动很难控制。

排尿是一种复杂的反射活动。当膀胱充盈量达 400～500 ml 时，膀胱壁及后尿道牵张感受器受刺激兴奋，冲动沿盆神经传至骶髓排尿反射初级中枢；同时，冲动也上传至脑干和大脑皮质的排尿反射高位中枢，并产生尿意。若环境条件不允许，骶髓初级排尿中枢受大脑皮质的抑制，使腹下神经兴奋，抑制尿的排出。当环境条件允许，高位中枢发出兴奋冲动经盆神经引起膀胱逼尿肌收缩，尿道内括约肌松弛，尿液进入后尿道，再刺激尿道感受器，冲动沿阴部神经再传到骶髓排尿中枢，进一步反射性增强反射中枢的活动，并反射性抑制阴部神经使尿道外括约肌开放，将尿液排出体外，这是一种正反馈。它使排尿反射一再加强，直至尿液排完。

婴幼儿因大脑皮质发育尚未完善，对初级排尿中枢的控制能力较弱，因此排尿次数较多或有遗尿现象。

某些病理情况可出现排尿异常，常见的有尿频、尿潴留、尿失禁。排尿次数较多称为尿频，多因膀胱、尿道炎症或膀胱结石等刺激所致。膀胱内尿液充盈过多而不能排出称为尿潴留，多因支配膀胱的传出神经(盆神经)或骶段脊髓受损，排尿反射丧失等原因所致。不受主观意识控制的排尿称为尿失禁，一般发生在脊髓损伤，初级排尿中枢与大脑皮质失去功能联系的患者。

第六节 血浆清除率

一、血浆清除率的概念和计算方法

血浆清除率是指肾在单位时间(一般指每分钟)内能将多少毫升血浆中所含的某物质完全清除出去,这个被完全清除了某种物质的血浆毫升数就称为该物质的血浆清除率。血浆清除率表示肾从血浆中清除(排泄)某种物质的能力。也就是说,在 1 min 内,从肾排到尿中的某物质的量,相当于多少毫升血浆中的量。例如,某物质从尿中排出的量每分钟为 0.1 g,而此物质当时在血浆中的浓度为 0.1%,那就是说,在 1 min 内,有相当于 100 ml 血浆中的此物质在流经肾脏时被清除了出去。

从上述血浆清除率的概念和举例中可以看出,要测定血浆清除率(C),就必须测量下列三个数值:尿中某物质的浓度(U, mg/100 ml),每分钟尿量(V, ml/min),血浆中某物质的浓度(P, mg/100 ml)。因为尿中该物质均来自血浆,所以,$U \cdot V = P \cdot C$ 亦即 $C = \frac{U \cdot V}{P}$。

例如,测定某一物质(x)的血浆清除率时,先测得的三个数值是:U=100 mg/100 ml, V=1 ml/min, P=1 mg/100 ml,则 C=100 ml/min 即 1 min 内,有相当于 100 ml 血浆中的该(x)物质被完全清除,或者说,1 min 内从尿中排出的该物质的量相当于 100 ml 血浆中的含量。

二、测定血浆清除率的意义

(一) 测定肾小球滤过率

如果已知某物质只能在肾小球滤过,不能被肾小管重吸收和分泌,那么,这一物质的血浆清除率便等于肾小球滤过率。菊粉是一种多糖,分子量约 5 200,对人无害,由于它分子量不大,故在血中经肾小球时可被滤过,在肾小管不被重吸收也不被分泌。测定菊粉的清除率时,给机体缓慢静脉滴注菊粉溶液,使其在血浆中的浓度保持在 1 mg/100 ml,然后开始收集受试者的尿若干分钟,再计算每分钟的尿量(V, ml/min),并测定此尿中菊粉的浓度(U, mg/100 ml)。

如测得 V 为 1 ml/min, U 为 125 mg/100 ml, P 为 1 mg/100 ml 则 C_{in}=125×1/1=125 ml/min。

菊粉的清除率为 125 ml/min。

也就是肾小球滤过率为 125 ml/min。前文所述肾小球滤过率为 125 ml/min 的数据,就是根据菊粉的血浆清除率测得的。

(二) 测定肾血浆流量

如果血浆中某一物质(其浓度为 P),在经过肾循环一周后即通过滤过和分泌两过程可以完全被清除,使其在肾静脉血中的浓度接近于 0,那么,该物质每分钟从尿排出的量($U \cdot V$),应等于该物质每分钟通过肾的血浆中所含的量,此物质的血浆清除率即为每分钟血浆流量。

例如,用少量碘锐特或对氨基马尿酸的钠盐注入静脉,在血浆内浓度恒定为 1 mg/100 ml,尿中浓度为 220 mg/100 ml,尿液为 3 ml/min,便可求出肾血浆流量为 660 ml/min。

(三) 推测肾小管功能

如尿素的清除率为 70 ml/min,说明尿素从肾小球滤出后,有一部分被肾小管重吸收回血,因为它的清除率比菊粉的清除率(125 ml/min)小;葡萄糖的血浆清除率为零,说明葡萄糖在流经肾小管是全部被重吸收;肌酐的清除率为 175 ml/min,比菊粉的清除率大,说明肌酐从肾小球滤出后,在通过肾小管时小管壁还分泌一部分加入小管液中。可见以菊粉的清除率(C_{in})为标准，凡清除率小于C_{in}者，表示该物质的清除方式是既有滤过，还有重吸收；凡清除率大于C_{in}者，表示该物质的清除方式是既有滤过，还有分泌；凡清除率等于C_{in}者，表示该物质只有滤过，没有重吸收和分泌。

机体将物质代谢中产生的各种终产物、进入体内的异物(包括药物)和过剩的物质经血液循环由排泄器官排出体外的过程，称为排泄。在所有排泄器官中，肾的排泄物质种类最多，数量最大，所以肾脏是最重要的排泄器官。

肾脏的泌尿过程，实质是种净化和调整血浆成分的过程。它包括三个基本过程：①是肾小球的滤过作用；②是肾小管和集合管的重吸收作用；③是肾小管和集合管的分泌作用。原尿是血液流经肾小球毛细血管时，除血细胞和血浆蛋白质外，其他血浆成分通过滤过膜所形成的超滤液。终尿是原尿经肾小管和集合管的重吸收和分泌作用后形成的最终要排出体外的液体。影响原尿生成的因素有：①肾小球有效滤过压的改变；②滤过膜面积和通透性改变；③肾血浆流量改变。影响和调节终尿生成的因素有：①小管液溶质的浓度；②球-管平衡；③肾交感神经；④抗利尿激素；⑤醛固酮；⑥心房钠尿肽。

排尿是一种由意识控制的反射动作，脊髓排尿中枢与其高位中枢失去联系时，出现尿失禁，脊髓排尿中枢本身毁坏时，出现尿潴留。

实验　影响尿生成的因素

【实验理论依据和目的要求】

肾是人体的主要排泄器官，以尿的方式不断排出体内的代谢终产物及进入人体过剩的物质和异物。尿的生成包括肾小球的滤过、肾小管与集合管的重吸收和分泌三个环节。凡能影响上述过程的因素均可以影响尿的生成，从而使尿的质或量发生变化。

【实验目的要求】

观察并分析若干因素对尿生成的影响，记录并分析实验结果。初步学会输尿管引流尿液的方法。

【实验器材和药品】

哺乳动物手术器械、动脉血压记录装置、电刺激器、20%的氨基甲酸乙酯、20%的葡萄糖、生理盐水、1∶10 000的去甲肾上腺素、垂体后叶素、呋塞米(速尿)。

【实验对象】

家兔。

【实验步骤】

1. 称重和麻醉　动物称重后，用20%氨基甲酸乙酯从家兔耳缘静脉注射麻醉，用量为每千克体重5 ml。

2. 固定　将麻醉的家兔仰卧位固定于兔用手术台上，剪除颈部和腹部兔毛。

3. 手术

(1) 颈部手术　于颈部正中线切开皮肤5～7 cm，用止血钳依次分离皮下组织及肌肉，暴露气管(穿双线备用,需要时做气管插管)。于气管左侧动脉鞘内分离出左颈总动脉,插入预先充满肝素溶液的动脉插管并连接二道仪记录血压;于气管右侧动脉鞘内分离出右迷走神经,穿双线备用。

(2) 腹部手术　由耻骨联合上作腹正中切口 6～9 cm,用止血钳依次分离皮下组织及肌肉,打开腹腔,找出膀胱并将其翻至腹腔外面,仔细辨认膀胱三角以确认输尿管。钝性分离双侧输尿管,并将近膀胱端用线结扎。于结扎线上方不远处将输尿管剪一 V 字形切口,将充满生理盐水的细塑料管向肾脏方向插入输尿管内,用线结扎固定。

【观察项目】

(1) 计算每分钟流出体外的尿液滴数,作为正常尿量的对照值。

(2) 由耳缘静脉注射生理盐水 20 ml,观察并记录尿量有何变化。

(3) 剪断右侧迷走神经,用保护电极刺激迷走神经末梢端至血压下降并维持在 50 mmHg (6.65 kPa) 30 s,观察并记录尿量有何变化。

(4) 耳缘静脉注射 20%的葡萄糖 5 ml,观察并记录尿量有何变化,并做尿糖定性实验。

(5) 耳缘静脉注射 1∶10 000 的去甲肾上腺素 0.5 ml,观察并记录尿量有何变化。

(6) 耳缘静脉注射速尿,每千克体重 5 mg,观察并记录尿量有何变化。

(7) 耳缘静脉注射垂体后叶素 2 单位,观察并记录尿量有何变化。

【注意事项】

(1) 静脉注射时宜从耳尖部开始,逐渐移向耳根。

(2) 每项观察项目结束后,宜等待片刻使前一个因素的影响消除,并重新计算每分钟尿液滴数,作为下次尿量是否发生变化的对照。

(3) 实验过程中随时防止输尿管发生扭结。

【思考题】

(1) 大量输液时,尿量为何增加?

(2) 刺激迷走神经和尿量变化之间有什么联系?

第九章 感觉器官

导学

了解：感受器、感觉器官的概念和分类；感受器的生理特性；视网膜的信息传递；双眼视觉的意义；暗适应及明适应的概念及意义；前庭反应；嗅觉、味觉及皮肤感觉功能。

熟悉：眼的折光系统及其调节；外耳和中耳的传音功能；声波传向内耳的途径；内耳的感音功能；椭圆囊和球囊的功能；半规管的功能。

应用：近视、远视及散光的矫正；视力、视野及色觉的概念及意义。学会做视力、视野及声波传导途径试验。

感觉是客观事物在人脑主观上的反映。客观事物作用于人的感觉器官后，后者产生的神经冲动，经过传入途径到大脑皮质而产生感觉。因此，感觉是由感觉器官、传入途径和大脑皮质三个部分共同完成的。

第一节 感受器及其一般生理特性

感受器是指分布在体表或组织内部的专门感受机体内、外环境条件改变的结构和装置。感受器的形式是多种多样的，有的感受器就是外周感觉神经末梢，体内还有一些结构和功能上都高度分化的感受细胞，如视网膜中的视杆细胞和视锥细胞是光感受细胞，耳蜗中的毛细胞是声波感受细胞，这些感受细胞连同它们的附属结构，便构成了复杂的感觉器官。人和高等动物最主要的感觉器官有眼、耳、鼻、舌等。

一、感受器的分类

（一）根据感受器的部位分类

根据感受器的部位不同，可分为外感受器和内感受器两类。外感受器位于皮肤和头部，能感受外界环境的变化，如声、光、嗅、味觉等感受器和皮肤的触、压、温度、痛觉感受器。它们的活动常引起清晰的感觉，并能清楚定位。内感受器分布在内脏、血管、关节、肌肉和脑等处，接受体内的各种刺激。它们的活动往往不能产生明确的主观感觉，或仅产生不能清晰定位的模糊的感觉，如颈动脉窦压力感受器、颈动脉体化学感受器及脑内的渗透压感受器等。

（二）根据刺激的性质分类

感受器还可根据接受刺激的性质不同而分为机械感受器、化学感受器、温度感受器、光感受器、声感受器以及伤害感受器等。

二、感受器的一般生理特性

（一）感受器的适宜刺激

各种感受器都有自己最敏感、最容易接受的刺激，这种刺激被称为感受器的适宜刺激。如一定波长的电磁波——可见光，是视网膜感光细胞的适宜刺激；一定频率的机械振动——声波是耳蜗毛细胞的适宜刺激等。这里所说的“适宜”，除刺激的性质要适宜外，还需要一定的刺激强度。但各种感受器对其适宜刺激的感觉阈并不是固定不变的。在不同情况下，感觉阈会发生一定程度的改变。例如，在阳光下停留过久后，视网膜对光的感觉阈将会升高；而在暗室中停留较久后，则对光的感觉阈将会降低，也就是对光更加敏感。

（二）感受器的换能作用

各种感受器都能把所感受的刺激能量转变成传入神经纤维的动作电位，这种作用称为换能作用。当刺激作用于感受器时，一般是先在感受末梢或感受细胞上产生一个局部去极化，称为发生器电位。发生器电位类似于局部兴奋或终板电位的电位变化，它的大小在一定范围内和刺激强度成比例，有总和现象。当发生器电位达一定值时，便触发感觉神经产生动作电位。

（三）感受器的编码作用

感受器在感受刺激的过程中，不仅有能量形式的转换，还能把刺激包含的环境变化的全部信息转移到动作电位的序列中，传入中枢，这就是感受器的编码作用。各种感觉中枢根据这些电信号的特定排列组合进行分析综合，才获得了对外界的各种主观感觉。

（四）感受器的适应现象

当一定强度的刺激持续作用于感受器时，其感觉传入神经纤维上的冲动频率随刺激时间延长而逐渐减少，这种现象称为感受器的适应现象。各种感受器都可产生适应现象，但出现的快慢不同，嗅、触觉感受器适应最快，痛觉感受器很难适应。只要伤害性刺激作用于感受器，痛觉则持续产生。快适应有利于机体不断接受新刺激，慢适应则使感受器不断向中枢报告某种刺激的存在，有利于机体对某些功能作经常性的调节。

第二节 视觉器官

眼是视觉器官，它具有折光系统和感光系统。视觉感受器是视网膜上的视锥细胞和视杆细胞，它们的适宜刺激是波长在 370～740 nm 的光波。外界物体射来的光线，经过眼折光系统的折射后，在视网膜上形成清晰的物像，视网膜上的感光细胞接受物像光能的刺激，把它转变成动作电位，沿着视神经传到视觉中枢，产生视觉。

一、眼的折光功能

（一）眼的折光与成像

眼的折光系统的功能在于使外界物体能清晰地成像在视网膜上。眼的折光系统由角膜、房水、晶状体和玻璃体组成，它是一个非常复杂的光学系统。眼的成像机制与凸透镜的成像机制基本相似，但很复杂。为了研究和应用的方便，通常将复杂的折光系统设计成与正常眼折光效果相同，但结构更为简单的等效光学模型，称为简化眼。简化眼假定眼球的前后径 20 mm，内容物是均匀的折光体，折光指数 1.333，外界光线进入眼时，只在角膜折射一次。节点 n 在角膜后方 5 mm

处，后主焦点在节点后方 15 mm 处，即视网膜上。此模型与正常安静时的人眼一样，使 6 m 以外物体发射来的光线在视网膜上聚焦，形成清晰的缩小的倒立的实像（图 9－1）。视网膜物像的大小可按下列公式求出：

$$\frac{AB(\text{物体的大小})}{Bn(\text{物体至节点的距离})}=\frac{ab(\text{物像的大小})}{nb(\text{节点至视网膜的距离})}$$

式中 nb 为 15 mm，固定不变，若已知物体的大小及物体距眼的距离，就可以算出视网膜上物像的大小。

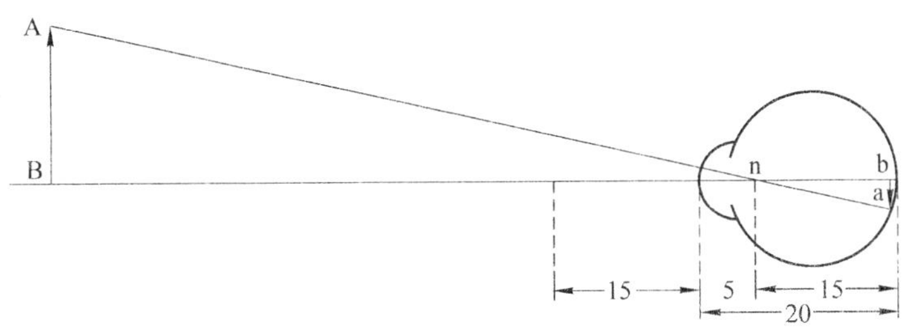

图 9－1　简化眼成像示意图

n 为节点，AnB 和 anb 是两个相似三角形。如果物距已知，就可由物体大小算出物像大小。也可以算出两三角形对顶角——视角大小

（二）眼的调节

来自 6 m 以外的物体表面的光线都可以近似地认为是平行的，因而可以成像在视网膜上。从理论上说，任何远处的物体都可成像在视网膜上。正常眼不需任何调节就能将远处物体（6 m 以外）发出的平行光经折射后恰好聚焦在视网膜上，形成清晰的物像。但视近物（6 m 以内）时，如果眼不作调节，近物发出的散射光线，经折射后到达视网膜时，尚未聚集成像，造成视物模糊不清。但是，正常眼能看清一定近距离的物体。这是因为视近物时，眼进行了调节的结果。眼的调节包括晶状体调节、瞳孔调节以及眼球会聚三个方面，其中以晶状体的调节最为重要。

1. 晶状体的调节　晶状体是一个富有弹性的组织，形似双凸透镜。晶状体四周附着于睫状体上，因此晶状体四周受悬韧带的牵张可改变其曲率。当看近物时视网膜上模糊的物像反射性地引起动眼神经中的副交感神经纤维兴奋，使睫状体的环形肌收缩，悬韧带松弛，晶状体靠自身弹性变凸，使眼的折光能力增大，近物发出的辐散光线就能聚焦成像于视网膜上。视物距离愈近，到达眼的光线的辐散程度愈大，睫状肌收缩幅度就愈大，晶状体变凸程度也愈大。人眼看近物时的调节能力，主要取决于晶状体变凸的最大限度，也就是取决于晶状体弹性的大小。晶状体的调节能力一般用近点来表示。所谓近点，是指人眼能看清眼前物体的最近距离。近点越近，表示晶状体的弹性越好，也就是眼的调节能力越强。儿童时期过久地注视近物可引起睫状肌疲劳而影响眼的调节能力。年龄越大，晶状体弹性越差，眼的调节能力也越弱。人眼在 8 岁、20 岁、60 岁的平均近点分别为 8. 6 cm、10. 4 cm、83. 3 cm。一般人在 40 岁后眼的调节能力显著减退，表现为近点远移，这种人看近物不清楚，称为老视。

2. 瞳孔的调节　一般人瞳孔的直径可变动在 1. 5～8. 0 mm 之间进行调节，引起瞳孔调节的情况有两种，一种是由所视物体的远近引起的调节，另一种是由进入眼内光线的强弱引起的调节。

视近物时，动眼神经中副交感神经纤维兴奋引起睫状肌收缩的同时，还引起瞳孔括约肌收缩，使瞳孔缩小，这种现象称为瞳孔近反射。其意义是减少射入眼内的光量，保护视网膜，并可减少球面像差和色像差，增加视觉的清晰度。

当用不同强度的光线照射眼球时，瞳孔的大小可随光照强度而改变，称为瞳孔对光反射，当强光照射到视网膜时瞳孔缩小。瞳孔对光反射的效应是双侧性的，即一侧眼被照射时，除被照射眼的瞳孔缩小外，另一侧眼的瞳孔也缩小，这种现象称为互感性对光反射。瞳孔对光反射的生理意义在于，随着所视物体的明亮程度，改变瞳孔的大小，调节进入眼内的光线，以便既可以在光线弱时能看清物体，又可以在光线强时使眼睛不致受到损伤。瞳孔对光反射的中枢在中脑，其反应灵敏，又便于检查，临床上常把它作为判断中枢神经系统病变的部位、全身麻醉的深度和病情危重程度的重要指标。

3. 眼球会聚　看近物时，两侧眼球同时向鼻侧聚合的现象，称为眼球会聚。它是由于眼球的内直肌收缩造成的。其意义在于视近物时，两眼所形成的物像分别落在两眼视网膜的对称位置上，产生单一的清晰的视觉，避免复视。

（三）眼的折光异常

正常人的眼，在看远物时，折光系统不需要进行调节，就可以使来自远处的平行光线聚焦在视网膜上；看近物时，如果物体离眼的距离不小于近点，经过调节也可以看清，这种眼称为正视眼。若眼的折光能力异常或眼球的形态异常，使平行光线不能聚焦在视网膜上，则称为折光异常或屈光不正，包括近视、远视和散光三种(图 9-2)。

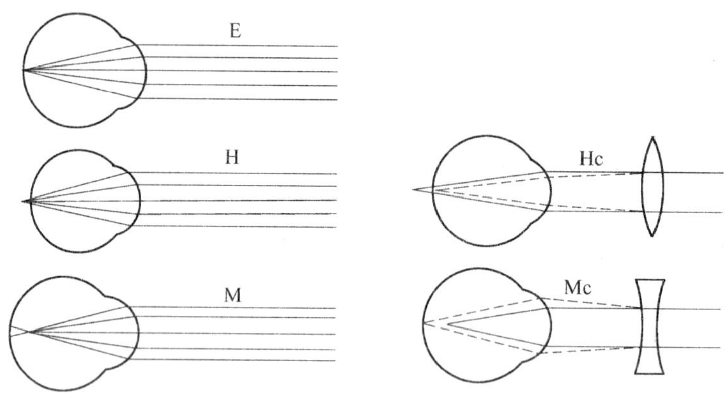

图 9-2　眼的折光异常及其矫正

E. 正视眼　H. 远视眼　M. 近视眼　Hc. 远视眼的矫正　Mc. 近视眼的矫正

1. 近视　近视是指看远物时不清楚，其原因多数是由于眼球前后径过长或折光系统的折光力过强。近视眼看远物时，因远物发出的平行光线聚焦在视网膜之前，故视物模糊。但看近物时，由于物体发出的光线呈辐散状，眼不需要调节或只进行较小程度的调节就可在视网膜上成像。近视眼的近点比正视眼近。近视眼可配戴适宜的凹透镜加以矫正。

2. 远视　远视眼是由于眼球的前后径过短或折光系统的折光力太弱，使物像聚焦在视网膜之后。远视眼看近物时，需要进行更大程度的调节才能看清物体。由于晶状体的调节能力有一定限度，所以远视眼的近点比正视眼远。由于远视眼不论看近物还是看远物都需要进行调节，故容易发生疲劳。远视眼可配戴适宜的凸透镜进行矫正。

3. 散光　正常眼折光系统的折光面都是由球面构成的，折光面的每一个经、纬线的曲度都是一致的，因而从整个折光面折射来的光线都聚焦于视网膜上。散光眼多由于角膜表面的经线和纬线曲度不一致，部分也可因晶状体的曲度异常所致。这样，由不同的经、纬线射入的光线，经折射后，曲度过大的部分将聚焦于视网膜前，曲度正常的部分将聚焦于视网膜上。因此，视网膜上所成的物像不清晰或与物体原形不符。散光眼可用适宜的柱面透镜加以矫正。

二、眼的感光功能

视网膜是眼的感光系统，它的功能是感受物像光能的刺激，并把物像刺激转变成神经冲动传入视觉中枢。

（一）视网膜的感光系统

视网膜结构十分复杂，细胞种类很多，但具有感光换能作用的是视锥细胞和视杆细胞。它们分别与双极细胞构成突触联系，双极细胞再与神经节细胞形成突触联系。神经节细胞发出的轴突构成了视神经（图9-3）。在视神经穿过视网膜时形成了视神经乳头，由于视神经乳头处不存在感光细胞，因而没有感光功能，即此处的物像不能引起视觉，称为生理性盲点。人眼视网膜上存在两种感光换能系统。一种是视锥系统，另一种是视杆系统。

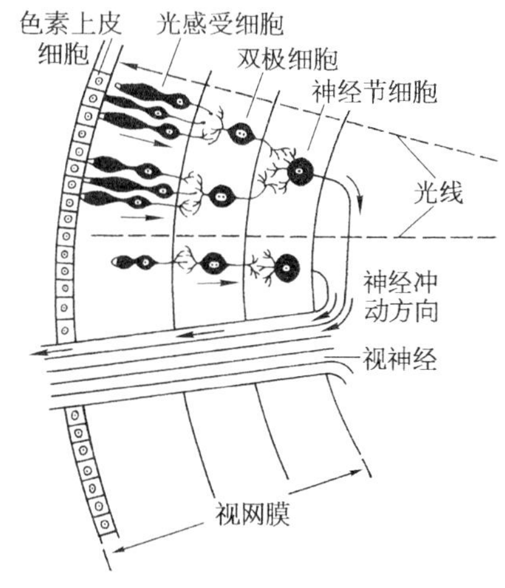

图9-3 视网膜的主要细胞层次及其联系模式图

1. 视锥系统 由视锥细胞和与它有关的传递细胞如双极细胞及神经节细胞等组成。视锥细胞主要分布在视网膜的中心部分，愈向视网膜的周边分布愈少。而且视锥细胞与双极细胞、双极细胞与神经节细胞之间的联系是单线式突触联系，形成了视锥细胞到大脑的专线。视锥细胞对光的敏感性较低，只感受强光刺激，能分辨颜色，且对物体的分辨能力高。其主要功能是白昼视物，引起昼光觉。以白昼活动为主的动物，如鸡、鸽，其视网膜的感光细胞几乎全是视锥细胞。

2. 视杆系统 由视杆细胞和与它有关的传递细胞如双极细胞和神经节细胞组成。视杆细胞主要分布在视网膜的周边部分，它与双极细胞、神经节细胞之间形成了聚合式联系。视杆细胞对光的敏感度高，能在昏暗的环境中感受弱光刺激引起暗光觉。由于视杆细胞不能分辨颜色，只能区别明暗，而且分辨能力低，所以，在弱光下视物只能看见物体的大致轮廓。以夜间活动为主的动物，如鼠、猫头鹰，其视网膜的感光细胞以视杆细胞为主。

（二）视网膜的光化学反应

现已证明，视杆细胞的感光色素是视紫红质。它是由视蛋白和11-顺视黄醛组成的结合蛋白质。当视紫红质受到光线照射时，它迅速分解成全反型视黄醛和视蛋白，在异构酶的作用下，全反型视黄醛转变成11-顺视黄醛，再与视蛋白重新合成视紫红质（图9-4）。

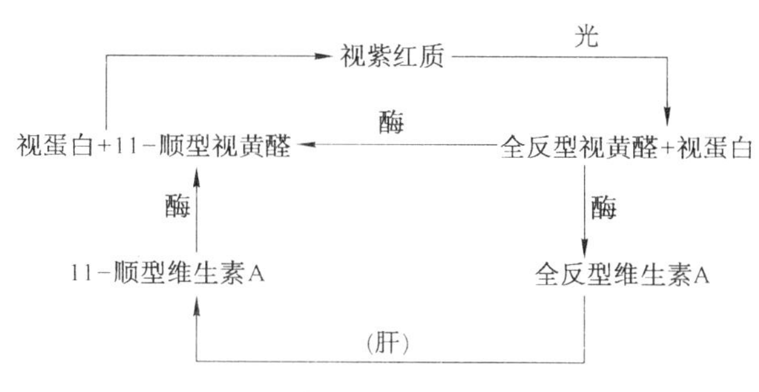

图9-4 视紫红质的光化学反应图解

人在暗光条件下视物时，既有视紫红质的分解，又有它的合成，总的来说，是合成多于分解，光线越暗，合成过程也就越强，视杆细胞内的视紫红质就越多，视网膜对弱光的敏感性越高；相反，人在光亮处视物时，视紫红质的分解过程大于合成过程，光线越强，视紫红质的分解越多，合成越少，视杆细胞内视紫红质的量越少，视网膜对光的敏感性越低，几乎没有感受光刺激的能力。事实上，在光亮处的视觉是由视锥细胞的感光色素来完成的。

在视紫红质的分解与再合成过程中，有一部分视黄醛被消耗，需要由血液中的维生素 A 来补充。维生素 A 又与视黄醛的化学结构相似，经氧化脱氢可转变成视黄醛。如果摄入的维生素 A 长期不足，将导致视紫红质的再合成障碍，影响人在暗光下的视觉，引起夜盲症。

视锥细胞内也含有特殊的感光物质。近年来有人发现，在人的视网膜中有三种不同的感光色素，分别存在于三种视锥细胞中。它们最敏感的波长分别为 445 nm、535 nm 和 570 nm，相当于蓝光、绿光、红光的波长。

(三) 视网膜的信息传递

视网膜上除含有两种感光细胞外，还有双极细胞、神经节细胞和水平细胞等。它们之间的排列和联系既错综复杂又高度有序，细胞间还存在多种递质进行信息传递。因此，在光照条件下，视锥细胞和视杆细胞产生的感受器电位，在视网膜内经过复杂的神经元网络传递，最后由神经节细胞产生动作电位，并作为视网膜的最后输出信号沿视神经传到视觉中枢，经中枢神经的分析处理，产生主观意识上的视觉。

三、与视觉有关的几种生理现象

(一) 暗适应与明适应

1. 暗适应　人从明亮的地方突然进入暗处，最初对任何东西都看不清楚，经过一段时间后，视觉敏感度逐渐升高，在暗处的视觉逐渐恢复，这种现象称为暗适应。在暗适应过程中，人眼对光线的敏感度是逐渐升高的。暗适应的过程主要决定于视杆细胞的视紫红质在暗处再合成的速度。在亮处时，由于受到强光的照射，视杆细胞中的视紫红质大量分解，视紫红质的存量减少，到暗处后不足以引起对暗光的感受；而视锥细胞又只感受强光不感受弱光，所以，进入暗环境的开始阶段什么也看不清。等待一段时间后，由于视紫红质的再合成增多，对暗光的感受能力增强，于是在暗处的视力又逐渐恢复。整个暗适应过程约需 30 min。

2. 明适应　从暗处突然来到亮处，最初只感到耀眼的光亮，看不清物体，需经一段时间后才能恢复视觉，这种现象称为明适应。明适应较快，约需 1 min 即可完成。其产生机制是，在暗处视杆细胞内蓄积了大量视紫红质，到亮处时遇强光迅速分解，因而产生耀眼的光感。待视紫红质大量分解后，视锥细胞在亮光下才得以发挥作用。

(二) 色觉

辨别颜色是视锥细胞的重要功能。人眼可区分波长在 380～760 nm 之间的约 150 种颜色，主要是赤、橙、黄、绿、青、蓝、紫 7 种颜色。有关色觉的形成，最早提出的是三原色学说，并得到许多实验的证实。三原色学说认为，视网膜中有 3 种视锥细胞，分别含有对红、绿、蓝 3 种色光敏感的感光色素，因此，它们吸收光谱的范围各不相同。当某一种颜色的光线作用于视网膜上时，会使 3 种视锥细胞以一定的比例兴奋，这样的信息传到中枢，就会产生某一种颜色感觉。当 3 种视锥细胞受到同等程度的三色光刺激时，将引起白色的感觉。

三原色学说可以较好地解释色盲或色弱的发病机制。如临床上常见的红绿色盲，可能是因为缺乏相应的感受红光或绿光的视锥细胞，而不能分辨红色或绿色。色盲患者绝大多数是由遗传引起的，也有极少数是由于视网膜病变所引起的。有些人对某种颜色的识别能力较差，称为色弱。色弱常由健康或营养不佳引起的。

（三）视力

视力又称视敏度，是指眼能分辨物体两点间最小距离的能力，它表明了眼对物体细微结构的分辨能力。通常以眼分辨的最小视角作为衡量标准。视角是指物体上两点的光线投射入眼内时，通过节点相交时所形成的夹角。视角越小，表明视力越好。国际视力表就是根据这一机制设计的。在良好的光照条件下，人眼能看清 5 m 远处视力表上第 10 行 E 字形符号的缺口方向时，说明该眼具有正常视力，以 1.0 表示，此时视角为 1 分角（1/60 度，也称 1 分度）。若在同样条件下，只能看清视力表上第 1 行 E 字形符号时，其视力仅为正常眼的 1/10，以 0.1 表示。当视角为 1 分角时，在视网膜上所形成的物像大致相当于视网膜上一个视锥细胞的平均直径，这样两条光线分别刺激两个视锥细胞，而两点间刚好间隔有一个未被刺激的视锥细胞，冲动传入中枢后可形成清晰的视觉（图 9－5）。

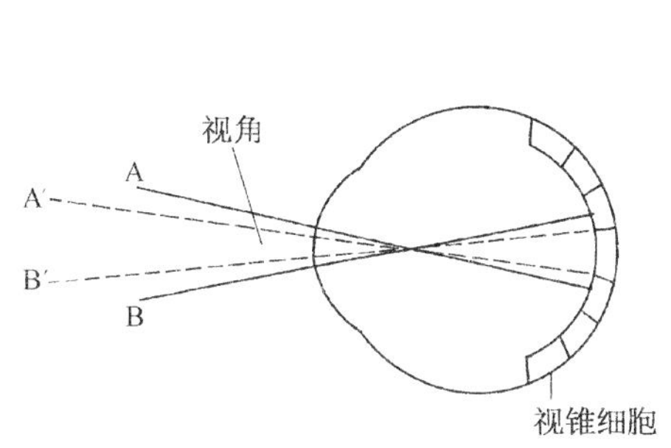

图 9－5　视力与视角示意图

A、B 两点光源发出的光经节点不折射，形成的物像兴奋了两个被隔开的视锥细胞，人眼能分辨出两点；A′、B′为远移了的两点光源，形成的物像集中在一个视锥细胞上，人眼不能分辨出两点

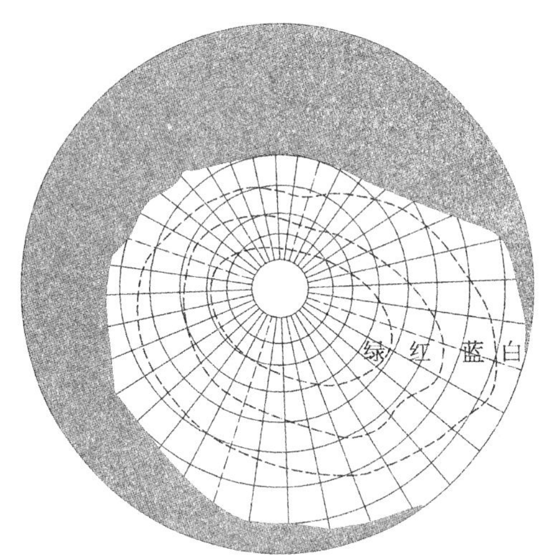

图 9－6　人右眼的颜色视野

（四）视野

单眼固定不动，注视正前方某一点时，该眼所能看到的空间范围，称为视野，视野可用视野计测量。正常人的视野受面部结构的影响，由于鼻和额部的阻挡，鼻侧和上侧视野较小，颞侧和下侧视野较大。在同一光照条件下，各种颜色的视野大小也不一致，白色视野最大，其次是黄色、蓝色，再次是红色，绿色视野最小（图 9－6）。临床上检查视野，有助于对某些视网膜、视觉传导通路病变的诊断。

（五）双眼视觉

双眼同时看同一物体的视觉称双眼视觉。双眼视觉显然优于单眼视觉，它可以补充视野中盲点的缺陷，扩大单眼视觉时的视野；在形成立体视觉中，可增强对物体的大小和距离判断的准确性。双眼视物物体成像于两眼视网膜的相称点上，分别由两眼的视神经传至中枢，在主观感觉上产生一个物体的感觉。两眼黄斑互为相称点，在黄斑以外，一眼的颞侧视网膜与另一眼的鼻侧视网膜互相对称。如果两侧视网膜上的物像不在相称部位，就会产生两个物体的感觉，即复视。

双眼视物不仅可看到物体的高度、宽度，而且可看到物体的深度，故双眼视物有立体感觉。立体感觉的产生主要由于同一物体在双眼视网膜形成的物像并不完全相同。右眼看到物体的右侧面较多，左眼看到物体的左侧面较多，由两眼传入的这些信息通过中枢部位的整合，则产生立体视觉。

第三节　位、听觉器官

耳是位、听觉器官，它由外耳、中耳和内耳组成。其中外耳、中耳和内耳的耳蜗构成了听觉器官，分别传导和感受20～20 000 Hz的声波，并将声波转变成神经冲动，由蜗神经传入听觉中枢，产生听觉。内耳的前庭和半规管组成了前庭器官，由它们传到中枢的信息，能引起位置觉，并引起前庭反应和前庭感觉，从而对维持身体平衡起一定的作用。

一、外耳与中耳的传音功能

（一）外耳的功能

外耳包括耳郭和外耳道。耳郭的形状有利于收集声波，通过头部运动，对声源方向的判断起一定作用。外耳道是声波传导的通路，可作为一个共鸣腔，其最佳共振频率约为3 800 Hz，当这样的声音由外耳道到鼓膜时，作用于鼓膜上的声压可增强10分贝(dB)。

（二）中耳的功能

中耳包括鼓膜、听小骨和咽鼓管等结构。其主要作用是将声波振动的能量高效率地传递到内耳淋巴液中去，其中鼓膜和听骨链在传音过程中起着重要作用。

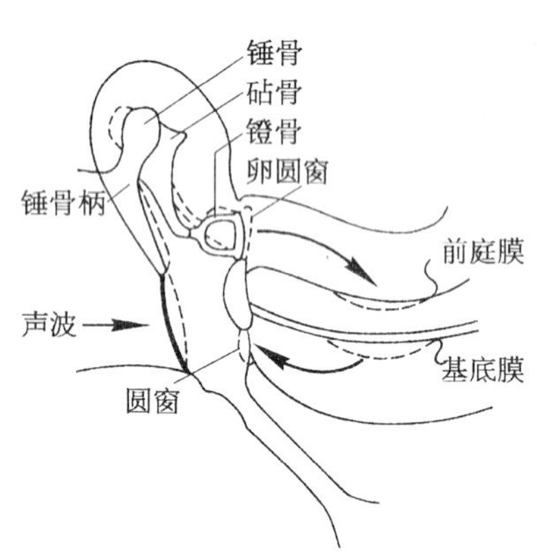

图9-7　听骨链与耳蜗关系示意图
虚线表示鼓膜向内侧震动时各有关结构的移动情况

鼓膜呈椭圆形，面积50～90 mm^2，厚度约0.1 mm，它不是一个平面膜而像一个浅漏斗，其顶点朝向中耳，内侧与锤骨柄相连。它具有较好的频率响应和较小的失真度，而且与声波振动同始同终，很少有残余振动，因此能将声音如实地传到内耳。

听骨链从外向内依次由锤骨、砧骨和镫骨相连组成。锤骨柄附着于鼓膜，镫骨底与前庭窗膜相连。听骨链构成一个有固定角度的杠杆，锤骨柄为长臂，砧骨长突为短臂，两臂长度之比为1.3∶1，杠杆的支点刚好在听骨链的重心上，因此在能量传递过程中惰性最小，效率最高(图9-7)。声波由鼓膜经听骨链传至前庭窗膜时，其振幅减小，而振动的压强增大，发生中耳的增压作用，这样不仅可提高传音效率，还可避免对内耳造成损伤。由于上述两方面因素的作用，声波在整个中耳传递过程中的增压效应约为22.4倍，极大地提高了传递声波的效率。

咽鼓管是连通鼓室和鼻咽部的小管道，借此鼓室内的空气与大气相通。在通常情况下，其鼻咽部的开口处于闭合状态。在吞咽、打哈欠或打喷嚏时，由于鼻咽部某些肌肉的收缩，可使管口开放。咽鼓管的主要功能是调节鼓室内空气的压力，使之与外界大气压保持平衡，这对于维持鼓膜的正常位置、形状和振动性能都具有重要意义。如果咽鼓管发生阻塞，鼓室内的空气将由于被组织吸收而使压力降低，引起鼓膜内陷而导致听觉障碍。

（三）声波传入内耳的途径

声波传入内耳的途径有气导和骨导，正常时，以气导为主。

1. 气导　声波经外耳道空气传导引起鼓膜振动，再经听骨链和前庭窗传入耳蜗，这种传导方式称为气导。气导是引起正常听觉的主要途径。

在前庭窗的下方有一蜗窗，其正常生理作用是缓冲内耳淋巴液的压力变化，有利于耳蜗对声波的感受。但是，当正常气导途径遭到破坏时，如鼓膜或听骨链严重受损，声波也可通过外耳道和鼓室内的空气传至蜗窗，经蜗窗传至耳蜗，使听觉功能得到部分代偿。

2. 骨导 声波直接引起颅骨的振动，从而引起耳蜗内淋巴的振动，这种传导方式称为骨导。在正常情况下，骨导的效率比气导的效率低得多，因此，人们几乎感觉不到它的存在。在平时，我们接触到的一般声音不足以引起颅骨的振动，只有较强的声波，或者是自己的说话声，才能引起颅骨较明显的振动。

在临床工作中，常用音叉检查患者气导和骨导受损的情况，帮助诊断听觉障碍的病变部位和性质。

二、内耳耳蜗的感音功能

内耳又叫迷路，包括耳蜗、前庭和半规管，其中耳蜗内存在声音感受器。

(一) 耳蜗的结构特点

耳蜗的管道长约 30 mm，绕蜗轴旋转 2.5～2.75 周。在耳蜗的横断面可见两个分界膜，一个为斜行的前庭膜，一个为横行的基底膜。它们把耳蜗管分为三个腔：即前庭膜与骨壁间的前庭阶，基底膜以下的鼓阶，前庭膜和基底膜间的蜗管。前庭阶和鼓阶内充满外淋巴液，其成分与脑脊液相似，它们通过蜗顶的蜗孔相通。蜗管内充满内淋巴液，其成分与细胞内液相似。蜗管的顶端是封闭的盲端，与外淋巴液不相通。

基底膜是耳蜗内的重要结构。其长度约 30 mm，宽度不一，在耳蜗底部最窄，越往顶部越宽。基底膜上有柯蒂器(又叫螺旋器)，是声波感受器，柯蒂器有毛细胞和支持细胞群。柯蒂器内的毛细胞是声音感受细胞。在毛细胞的顶端表面有 50～100 条排列整齐的听纤毛。在毛细胞的底部，有耳蜗神经末梢与之形成的突触联系(图 9-8)。

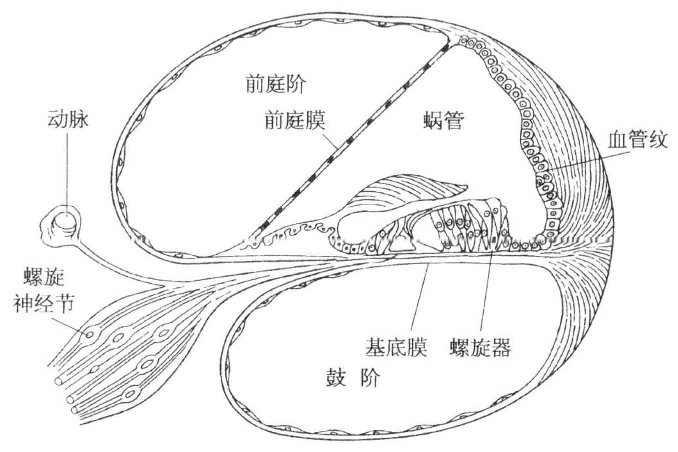

图 9-8 耳蜗的横断面示意图

(二) 耳蜗的感音换能作用

耳蜗的功能是把传入耳蜗的机械振动转变成听神经纤维的动作电位。在这一换能过程中，基底膜的振动是个关键因素。声波经外耳道到达鼓膜，引起鼓膜振动。鼓膜振动又主要通过听骨链而传至前庭窗，使外淋巴和内淋巴振动，造成基底膜的振动。当基底膜向上或向下位移时，使毛细胞顶端和盖膜之间发生交错的移行运动，引起毛细胞纤毛的摆动。毛细胞的弯曲或摆动使毛细胞兴奋，并将机械能转变为电能，可使耳蜗内发生一系列过渡性电变化，最后引起位于毛细胞底部的神经纤维产生动作电位。

当耳蜗受到声音刺激时，在耳蜗及其附近结构可记录到一种特殊的电位变化，此电位变化的波形和频率与作用于耳蜗的声波的波形和频率相似，称为耳蜗微音器电位。这是一种交流性质的电位变化，在一定强度范围内，它的振幅与刺激强度成线性关系。微音器电位潜伏期极短，小于0.1 ms，没有不应期；对缺氧和深麻醉相对不敏感；不易疲劳和适应。目前认为，微音器电位是引发听神经纤维动作电位的关键因素。

（三）耳蜗对声音频率和强度的分析

基底膜的振动是以所谓行波的方式进行的。即振动最先发生在靠近前庭窗处的基底膜，随后以行波的方式沿基底膜向耳蜗顶部传播，就像有人在规律地抖动一条绸带，形成的波浪向远端有规律地传播一样。声波频率不同时，行波传播的远近和最大振幅出现的部位也有所不同。声波振动频率越高，行波传播越近，引起最大振幅出现的部位越靠近前庭窗处；反之，声波频率越低，则行波传播越远，最大振幅出现的部位越靠近蜗顶部，这是行波学说的主要论点，也是被认为耳蜗能区分不同声音频率的基础，即耳蜗的底部感受高频声波，耳蜗的顶部感受低频声波。动物实验也得到证实，如破坏动物耳蜗底部时，对高频音的感受发生障碍，破坏耳蜗顶部时，则对低频音的感受发生障碍。临床上对于不同性质耳聋原因的研究也得到了类似的结果。

对于声音强度的分析研究认为，听觉的强度决定于耳蜗神经传入冲动频率。声音刺激强度愈强，传入冲动的频率就愈高，对声音产生的感受愈强。另外，不同强度的声音刺激引起兴奋的神经纤维数量不同。声音刺激愈强，参与反应的神经纤维的数量也愈多，因此主观上产生的音觉愈强。

三、听阈和听域

只有一定频率范围和一定强度的声波作用于耳时才能引起听觉。人耳所能感受的声波振动频率为20～20 000 Hz。对于每一种频率的声波，都有一个能引起听觉的最小振动强度，称为听阈。如果振动频率不变，随着强度在听阈以上增加时，听觉的感受也相应增强，但当强度增大到某一限度时，除了引起听觉外，还有鼓膜的疼痛感，这个限度称为最大可听阈。每一频率的声波都有它自己的听阈和最大可听阈。听阈与最大可听阈曲线包绕的面积称为听域，它显示人耳对声频和声强的感觉范围。正常人在声音频率为1 000～3 000 Hz时听阈最低，即听觉最敏感，随着频率的升高或降低，听阈都会升高。声音强度通常以分贝(dB)为相对单位。一般讲话的声音强度在30～70 dB之间。长期在60 dB以上声音强度刺激下，可使听力下降(图9-9)。

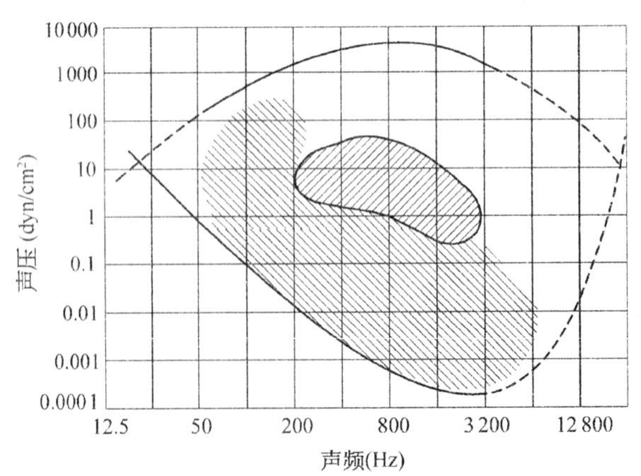

图9-9　人的正常听阈图

中心斜线区：通常的语言区；下方斜线区：次要的语言区

四、双耳听觉与声源方向的判定

声源方向的判定需要双耳同时听，亦需要大脑两半球的协同活动。实验证明，切除狗的胼胝体后，狗即丧失对声源的定位能力。

由某一声源发出的声音，到达两耳的强度和时间均不相同。低频声音由于其波长较长，头部对声波的阻挡作用小，声波到达两耳的强度差异不大，但声音到达两耳的时间先后不同，故对低频音方向的判定，主要是依据两耳感受声音的时相差。高频声音，因其波长短，头部对声波的阻挡作用大，两耳感受到声音强度的差别大，故主要依据两耳感受到声音强度差判定声源方向。

五、前庭器官的功能

前庭器官由椭圆囊、球囊和三个半规管组成，是头部位置觉与运动觉的感受器，在维持身体平衡中占重要地位。

前庭器官的感受细胞都是毛细胞，每个毛细胞顶端都有60～100条纤毛，按一定规律排列，其中最长的一条叫动毛，位于细胞顶端的一侧边缘部，其余的毛较短，称为静毛（图9－10），实验证明，当纤毛由动毛侧倒向静毛一侧时，毛细胞出现超极化，传入神经发放的神经冲动减少，表现为抑制效应；当纤毛由静毛侧倒向动毛一侧时，毛细胞出现去极化，传入神经发放的神经冲动增多，表现为兴奋效应。

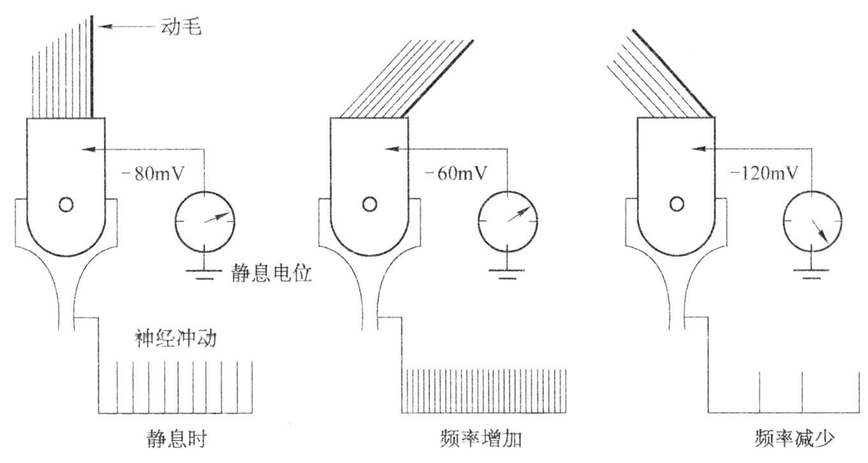

图9－10　前庭中毛细胞纤毛受力侧弯时对静息电位和神经冲动频率的影响

（一）椭圆囊和球囊的功能

椭圆囊和球囊是膜质的小囊，内部充满内淋巴液，囊内各有一个囊斑。囊斑中含有感受性毛细胞，其纤毛常伸入耳石膜的胶质中（图9－11）。耳石膜内含有许多微细的耳石，主要由碳酸钙组成，其比重大于内淋巴。椭圆囊和球囊中的囊斑与人体的相对位置是不一样的。当人体直立时，椭圆囊的囊斑处于水平位，毛细胞的顶部朝上，耳石膜在纤毛的上方；球囊的囊斑则处于垂直位，毛细胞的纵轴与地面平行，耳石膜悬在纤毛外侧。

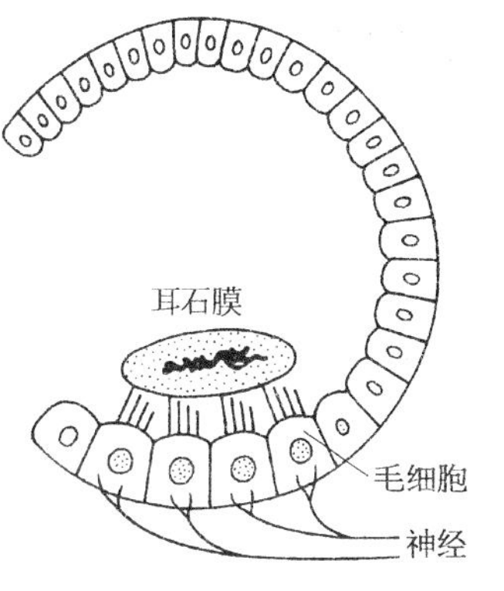

图9－11　囊斑模式图

椭圆囊和球囊的功能是感受头部的空间位置和直线变速运动。当头部的空间位置发生改变时，由于重力的作用，耳石膜与毛细胞的相对位置将发生改变；或者躯体作直线变速运动时，由于惯性的作用，耳石膜与毛细胞的相对位置也将发生改变。以上两种情况均可使纤毛发生弯曲，倒向某一方向，从而使传入神经纤维发放的冲动发生变化，这种信息传入中枢后，可产生头部空间位置的感觉或直线变速运动的感觉，同时引起姿势反射，以维持身体平衡。

（二）半规管的功能

人体两侧内耳有三条互相垂直的半规管，每个半规管的一端膨大，称为壶腹，壶腹内的隆起称为壶腹嵴。壶腹嵴内有毛细胞，其纤毛较长，顶端的纤毛埋植在终帽中。毛细胞上动毛和静毛的相对位置是固定的，当管腔中的内淋巴由管腔向壶腹嵴方向移动时，正好使毛细胞顶端的静毛向动毛一侧弯曲，于是壶腹嵴向中枢发放的神经冲动增多。

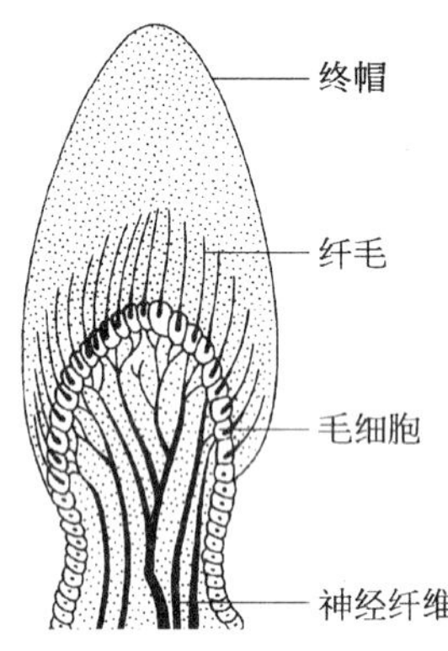

图9－12　壶腹嵴模式图

半规管壶腹嵴的适宜刺激是旋转变速运动。旋转开始时，管腔内淋巴由于惯性作用，它的起动要比人体和半规管的运动滞后，因此，一侧半规管的内淋巴冲向壶腹，毛细胞受刺激增强，传向中枢的冲动增多；对侧的内淋巴则背向壶腹，毛细胞受刺激减弱（图9－12），传向中枢的冲动减少。大脑根据两侧半规管传来信息的不同，来判断旋转方向和旋转状态。三对互相垂直的半规管，可以感受来自任何平面不同方向的旋转变速运动，产生不同的旋转感觉。

（三）前庭反应

当前庭器官受刺激而兴奋时，其传入冲动到达有关的神经中枢后，除引起一定的位置觉、运动觉以外，还能引起各种不同的骨骼肌和内脏功能的改变，这种现象称为前庭反应。

1. 前庭器官的姿势反射　当进行直线变速运动时，可刺激椭圆囊和球囊，反射性地改变颈部和四肢肌紧张的强度。例如人们在乘电梯升降的过程中，由于电梯突然上升，肢体伸肌抑制而腿屈曲；电梯突然下降时，伸肌紧张而腿伸直。这是前庭器官的姿势反射，其意义是维持机体一定的姿势和保持身体平衡。

同样，在作旋转变速运动时，也可刺激半规管，反射性地改变颈部和四肢肌紧张的强度，以维持姿势的平衡。例如，当人体向左侧旋转时，可反射性地引起左侧上、下肢伸肌和右侧屈肌的肌紧张加强，使躯干向右侧偏移，以防歪倒；而旋转停止时，可使肌紧张发生相反方向的变化，使躯干向左侧偏移。

从上述例子可以看到，当发生直线变速运动或旋转变速运动时，产生姿势反射的结果，常同发动这些反射的刺激相对抗，其意义在于有利于使机体尽可能地保持在原有空间位置上，以维持一定的姿势和平衡。

2. 前庭器官的自主神经反应　前庭器官受到过强或过长时间的刺激，或前庭器官功能相对敏感时，常会引起恶心、呕吐、眩晕、皮肤苍白等现象，称为前庭自主神经反应。在有些人中，这种现象特别明显，出现晕车、晕船等。

3. 眼震颤　躯体做旋转运动时引起的眼球不随意颤动，称为眼震颤（图9－13）。眼震颤主要是半规管受刺激引起的，最常见的是水平震颤。水平震颤有两个运动时相，一个是两眼球缓慢向一侧移动，称为慢动相；另一个是向相反方向的快速回位，称为快动相。当人体头部前倾30°绕人体垂直轴向左旋转时，水平半规管的感受器受刺激最大，引起两眼球缓慢向右移动，称为眼震颤的慢动相，当眼球移动到向右侧顶端不能再继续移动时，突然返回到眼裂正中，称为眼震颤的快动相。此后又出现新的慢动相和快动相，反复不已。当旋转变成匀速旋转时，眼球居于眼裂正中不再震颤;旋转停止时,出现与旋转开始时方向相反的慢动相和快动相眼震颤,临床上常用快动相代表眼震颤方向,正常人眼震颤持续的时间为 15~40 s。检查眼震颤的情况,有助于判断前庭功能是否正常。

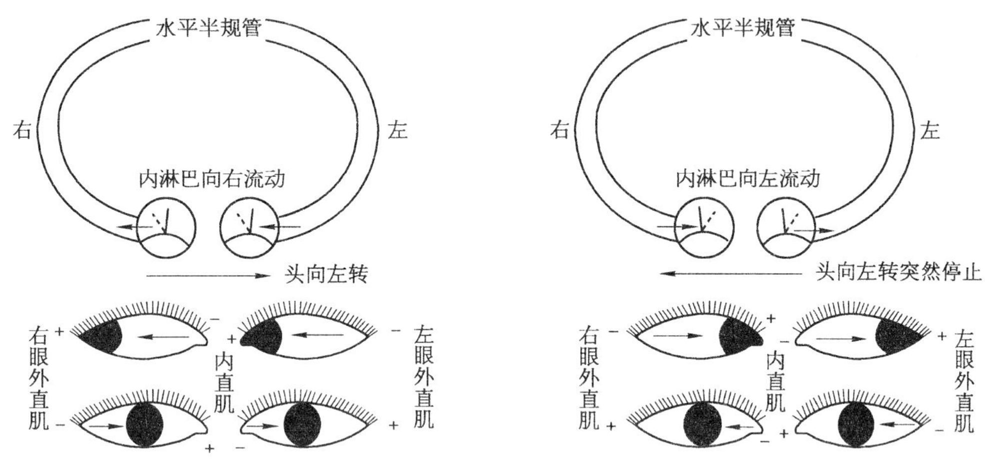

图 9-13 旋转变速运动时水平半规管壶腹嵴毛细胞受刺激情况和眼震颤方向示意图

(+、-表示眼肌的收缩、舒张)

(a) 头前倾 30°,旋转开始时的眼震方向 (b) 旋转突然停止后的眼震方向

第四节 其他感觉功能

其他感觉包括躯体感觉和嗅觉、味觉。一般认为,躯体感觉包括浅感觉和深感觉两大类,浅感觉又包括触-压觉、温度觉和痛觉;深感觉即为本体感觉,主要包括位置觉和运动觉。

一、躯体感觉

(一) 本体感觉

躯体深部肌肉、肌腱和关节等处的组织结构,主要对躯体的空间位置、姿势、运动状态和运动方向的感觉,称为本体感觉。肌梭、腱器官和关节感受器属于本体感受器。

肌梭位于肌肉的深部,是检知骨骼肌的长度、运动方向、运动速度和速度变化率的一种本体感受器。肌梭的功能是将肌肉受牵拉而被动伸展的长度信息编码为神经冲动,传入中枢。一方面产生相应的本体感觉,另一方面反射性地产生和维持肌紧张,并参与对随意运动的调节。

腱器官大部分位于骨骼肌的肌腱部位,是检知骨骼肌张力变化的一种本体感受器。腱器官的功能是将肌肉主动收缩的信息编码为神经冲动,传入中枢,产生相应的本体感觉。

(二) 触-压觉

触觉是微弱的机械刺激兴奋了皮肤浅层的触觉感受器引起的感觉,压觉是指较强的机械刺激引起深部组织变形时引起的感觉,两者在性质上类似,可统称为触-压觉。

不同部位的皮肤对触觉的敏感度有很大差异。某些部位的皮肤对触觉特别敏感,如舌尖、口唇、指尖等处。躯干背部和腰、股的外侧面对触觉的敏感度最低。凡敏感度较高的部位,感受器的密度较大。触觉的感受器可以是游离神经末梢(如在角膜表面)、毛囊感受器或有各种附属结构的环层小体等。

触觉感受器的活动很容易发生适应。

触-压觉感受器的适宜刺激是机械刺激。机械刺激引起感觉神经末梢变形，导致机械门控 Na^+ 通道开放和 Na^+ 内流，产生感受器电位。当感受电位使神经纤维膜去极化并达到阈电位时，就产生动作电位，传入冲动到达大脑皮质感觉区，产生触、压觉。

(三) 温度觉

冷觉和热觉合称为温度觉。皮肤表面分布有温热点和冷点。前者对稍高于体温的温热刺激最敏感；后者对稍低于体温的冷刺激最敏感。皮肤表面的冷点比温热点多 4 倍以上。当皮肤温度低于 30℃时，冷感受器开始发放冲动。当皮肤温度超过 30℃时，温热感受器开始发放冲动，47℃时冲动频率最高。冷和热感受器均为游离神经末梢，其中冷感受器由 A_δ 纤维传导冷觉信号；热感受器由 C 类纤维传导热觉信号。

(四) 痛觉

痛觉是由伤害性刺激引起，它们除引起不愉快的痛苦感觉外，尚伴有强烈的情绪反应。痛觉感受器是游离神经末梢，传入纤维有 C 类纤维和 A_δ 纤维(详见第十章)。

二、嗅觉

嗅觉感受器即嗅觉细胞，属于神经元，位于鼻腔上端的嗅黏膜中。每个嗅细胞的顶部有 6～8 条短而细的纤毛，埋于 Bowman 腺所分泌的黏液中；细胞的中枢端是由无髓纤维组成的嗅丝，穿过筛骨直接进入嗅球。

嗅觉细胞的适宜刺激是气体状态的化学物质。气体分子可沿两条途径到达嗅细胞：一条是随着吸气由鼻孔进入；另一条是从口腔进入，如食物的气味，气体分子再循咽部而出鼻腔。自然界能引起嗅觉的气味物质可达两万余种，而人类能分辨和记忆一万种不同的气味。某些动物的嗅觉更灵敏，如狗对醋酸的敏感度比人高 1 000 万倍。

嗅觉的一个特点是有明显的适应现象，但这不等于嗅觉的疲劳，因为对某种气味适应之后，对其他气味仍很敏感。

三、味觉

味觉的感受器是味蕾，主要分布在舌背部表面和舌缘，也有一些味蕾分布在会厌、咽后壁、前腭帆及软腭等处。每个味蕾都由味细胞、支持细胞和基底细胞组成。味细胞顶端有纤毛，称为味毛，是味觉感受的关键部位。味细胞的更新率很高，平均每 10 天更新 1 次。

人舌表面的不同部位对不同味刺激的敏感程度不一样，一般是舌尖对甜味较敏感，舌两侧对酸味较敏感，舌两侧前部对咸味较敏感，软腭和舌根对苦味敏感。人的味觉可以感受和区分出多种味道，但它们都是由酸、甜、苦、咸这四种基本味道组合而成。食物的味道是由多数神经纤维的冲动组合编码在中枢产生的复杂的感觉。

味觉的敏感度往往受食物或其他刺激物温度的影响。在 20～30℃时味觉的敏感性最高，低于或高于这个温度范围，都将使味觉敏感度下降。

味觉具有适应快现象，某种味质长时间刺激时，此种味道的敏感度会迅速下降，但此时对其他物质的味觉并不影响。

感觉是客观事物在人脑主观上的反映。感觉是由感受器、传入途径和大脑皮质三个部分共同完成的。感受器的一般生理特性一是适宜的刺激；二是换能作用；三是编码作用；四是适应现象。

眼是视觉器官，依靠折光和感光功能将外环境中的视觉形象信息传向大脑皮质视觉区，引起视觉。眼的折光系统的特点是像距固定而焦距可变。其中晶状体调节和瞳孔调节是保证视物清晰的重要条件。视远物时，来自6 m以外的物体的平行光线不需调节即可成像在视网膜上，看清物体。但视近物时，眼要进行调节，副交感神经兴奋，睫状体环形肌收缩，悬韧带松弛，晶状体变凸，使眼的折光力增大，瞳孔缩小（近反射）。人眼的调节能力用近点表示，所谓近点是指眼能看清眼前物体的最近距离。近点越近，表示人眼的调节力越强。近点随年龄增长而增加。光照强时瞳孔缩小，称为对光反射。对光反射的中枢在中脑，临床上常把它作为判断中枢神经系统病变的部位、全身麻醉的深度和病情危重程度的指标。眼的折光异常分为近视、远视和散光，分别需要配戴适宜的凹透镜、凸透镜和柱面透镜加以矫正。

视网膜的感光系统中，视紫红质是视杆细胞的感光物质。在视紫红质的分解与再合成过程中，有一部分视黄醛被消耗，需要由血液中的维生素A来补充。故维生素A缺乏时可引起夜盲症。

色觉是视锥细胞的功能。人眼能区别150多种颜色。对某些颜色不能分辨者，称为色盲。临床上最常见的色盲是红绿色盲。有些人对某种颜色的识别能力较差，称为色弱。

单眼固定不动，注视正前方某一点时，该眼所能看到的空间范围，称为视野。视力和视野是人眼的主要健康指标。

耳是位听觉器官，可将声音和体位状态的信息传向中枢，引起听觉和姿势反射。声波可通过气导和骨导两条途径到达内耳。中耳在气导中起着调整鼓膜张力和阻抗匹配作用。声波到达内耳后，振动基底膜，刺激毛细胞，转变成电能，传到听觉中枢，引起听觉。音调感觉取决于基底膜产生最大振动的部位（高音偏靠于蜗底，低音偏靠于蜗顶）。响度感觉取决于基底膜振动幅度。

身体或头部做直线加速运动时，可刺激前庭囊斑中的毛细胞，引起变速觉和姿势反射；身体或头部做旋转加速运动时，可刺激半规管壶腹中的毛细胞，引起旋转觉和姿势反射。

人体的其他感觉有本体感觉、触-压觉、温度觉、痛觉、嗅觉及味觉。

实验一　视力测定

【实验理论依据和目的要求】

视力是指眼能分辨物体细微结构的能力。视力以其最小视角来衡量，国际上规定能够分辨离眼球5 m远相距1.5 mm两点的视力为1.0，作为正常视力的标准。此时来自两点的光线进入眼球所形成的视角为1/60度，即1分角，在视网膜上两点物像之间正好隔一个视锥细胞。我国目前使用的“标准对数视力表”的正常视力为5.0。

通过本实验的学习，要求学生学会测定视力的方法，了解视力测定原理。

【实验对象】

人。

【实验器材】

标准对数视力表、遮眼板、指示棒、米尺。

【实验步骤和观察项目】

1. 正确悬挂视力表　将视力表悬挂在光线充足处，使视力表的第 11 行 E 字与被测者双眼视线在同一高度。

2. 划定被测人距视力表界线　在距离视力表 5 m 处地面上画一横线，被测者面对视力表，站在横线处进行测定。

3. 检测双眼视力

(1) 检测右眼视力　被测者用遮眼板遮住左眼，检查者用指示棒从上而下逐行指示表上 E 字，令被测者说出 E 字缺口方向，直到不能辨认为止。被测者能分辨的最后一行 E 字，即代表其视力，记录在检查表上。

被测者如不能看清第一行 E 字，则让其向前逐渐靠近视力表，直到能看清为止。记录此时被测者离视力表的距离，按下列公式计算出视力。

$$\frac{\text{被测者视力}}{\text{正常视力}}=\frac{\text{被测者辨清某 E 字的最远距离(m)}}{\text{视力正常者辨清某 E 字的最远距离(m)}}$$

(2) 检测左眼视力　用上述同样方法检测左眼视力。

【注意事项】

用遮眼板遮挡眼睛时，切勿施加压力，以免眼发生视力模糊，影响该眼的测定结果。

【思考题】

被测者站在 0.5 m 处只能看清第一行 E 字，计算一下，该人的视力为多少？

实验二　视 野 测 定

【实验理论依据和目的要求】

视野是指单眼固定注视前方一点所能看到的空间范围。视野测定可了解视网膜的感光功能、视觉传导通路和视觉中枢等部位病变。正常人由于鼻梁、额部等面部结构的阻挡光线，故鼻侧和上侧视野较窄。在同一光照条件下，用不同颜色的视标测得的视野大小不一，依次为白色视野＞蓝色视野＞红色视野＞绿色视野。

通过本实验学习，要求学生学会视野计使用方法，了解正常人视野的白色、蓝色、红色及绿色视野的大小。

【实验对象】

人。

【实验器材】

视野计、白色、蓝色、红色、绿色视标、视野图纸、铅笔、遮眼板等。

【实验步骤和观察项目】

1. 视野计的结构及其使用方法　临床上常用的视野计为弧形视野计。其结构主要由底座、分度盘、弧架、托颌架和眼眶托等部分组成。弧架可转动 360°范围的视野。分度盘附有随着视标移动的针尖，针尖能准确地指着安放在它对面的视野图纸的相应经纬度，在每找到一个刚能看见视标之点时，只要将放视野图纸的盘向前一推，就能在视野图纸的相应经纬度上扎上一个记号。

2. 实验准备　在充足光线条件下，被测者下颌放在视野计的颌架上，眼眶下缘放在眼眶托上。调整托颌架的高度，使眼与弧架的中心点处于同一水平面上。用遮眼板遮住一眼，被测眼注视弧架的中心点。

3. 测试观察　将弧架转到水平位。将白色视标从周边向中心慢慢移动，边移动边问被测者是否看见视标，当回答看见时，则将视标稍往回移，然后再向前移，重复测试一次，待前后测试的结果一致时，就将被测者刚能看到视标时所在的点画在视野图纸的相应经纬度上（或将放视野图纸的盘向前一推，在视野图纸的相应经纬度上扎出一个记号）。

将弧架转动 45°角，重复上述操作。如此进行下去，共操作 4 次，得 8 个点。将视野图纸上的 8 个点连接起来，就能画出被测眼的视野范围（图 9－14）。

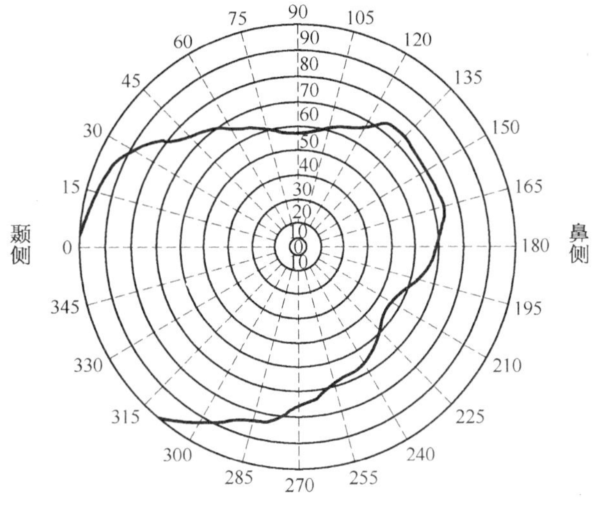

图 9－14　视野图（左眼、白色）

按照同样的操作方法，测定红、蓝、绿各色的视野。

依同样方法测定另一眼的视野。

【注意事项】

被测者眼必须始终注视视野计弧架的中心点，不能随视标移动；否则，测出的视野不准确。

【思考题】

被测者左眼颞侧视野、右眼鼻侧视野发生缺损，试判断其病变的部位。

实验三　声波的传导途径

【实验理论依据和目的要求】

声波经外耳道、鼓膜、听骨链传到内耳，这是声波传导的主要途径，称为气导。声波也可直接经颅骨，耳蜗骨壁传入内耳，此途径的声波传导，称为骨导。正常骨导的效果远较气导差，但在气导发生障碍时，骨导则相对增强。

本实验是将振动的音叉置于颅骨处，然后再置于外耳道口处，以证明声音的两种传导途径的存在和强弱，借此来鉴别听力障碍的类型。

本实验要求学生掌握声波传导的两条途径的检查方法。

【实验对象】

人。

【实验器材】

音叉两个，分别为 256 Hz 和 512 Hz、棉球、橡皮锤、秒表。

【实验步骤和观察项目】

1. 比较同侧耳的气导和骨导试验(任内试验)

(1) 任内试验阳性试验法　室内保持安静，受试者取坐位。检查者用橡皮锤敲响音叉后，立即将音叉柄置于受试者一侧颞骨乳突部。此时，受试者可听到音叉响声，并随时间逐渐减弱。当受试者听不到响声时，立即将音叉移至外耳道口，则受试者又可以听到音叉响声。记下气导和骨导时间。反之，先将音叉置于外耳道口处，当听不到响声时，再将音叉移至乳突部，受试者仍听不到响声，这说明正常人的气导比骨导时间长，称为任内试验阳性(图 9 - 15)。

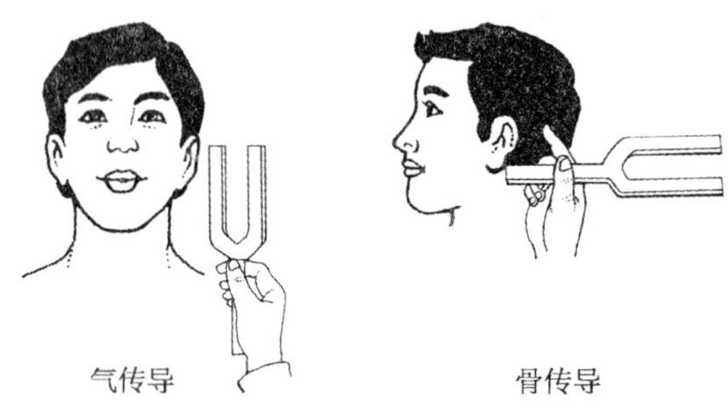

图 9 - 15　气传导、骨传导比较试验方法

(2) 任内试验阴性试验法　用棉球塞住一侧耳孔(模拟气导障碍)，重复上述试验，如气导时间短于或等于骨导时间，称为任内试验阴性。

2. 骨导偏向试验(魏伯试验)

(1) 正常人　将振动的音叉柄置于受试者额部正中，这时两耳听到的声音强度相等，即受试者听到音叉响声在额部正中。

(2) 一侧气导障碍者　用棉球塞住一侧耳孔(模拟气导障碍)，重复上述操作试验，这时受试者塞棉球侧感受的声音强度高于对侧，即声响偏于气导障碍侧。

【注意事项】

(1) 室内必须保持安静，否则将影响实验效果。

(2) 敲击音叉时不可用力过猛，更不可在坚硬物体上敲击，以免损坏音叉。

(3) 音叉置于外耳道口时，不要接触耳郭皮肤和头发。

【思考题】

某人一侧耳重听(听力轻重障碍)，怎样鉴别是传音性耳聋，还是感音性耳聋?

实验四　人体前庭功能简易检查法

【实验理论依据和目的要求】

人体头部做旋转运动时，由于半规管受刺激，出现前庭反应，除引起各种姿势反射和自主神经功能改变外，最特殊的是引起眼外肌活动而造成眼球反复移动，称为眼震颤。眼震颤的方向因受刺激的半规管的不同而异。当人体头部向前倾 30°，使水平半规管与地面平行而旋转时，由于刺激了水平半规管，即出现水平方向的眼震颤。在临床上，通过检查眼球震颤来判断前庭功能。

通过本实验学习，要求学生掌握人体前庭功能的检查方法，观察水平眼震颤现象，判断受试者前庭功能是否正常。

【实验对象】

人。

【实验器材】

转椅、秒表。

【实验步骤和观察项目】

1. 体位　受试者端坐于转椅上手握两侧扶手，闭眼，头部向前倾 30°，此时水平半规管与地面平行。

2. 转动转椅进行试验　检查者推动转椅，以 2 s 一周的转速向某一方向作匀速旋转，连续旋转 10 周后，突然停止。

3. 观察眼球震颤情况　转椅停转后，立即令受试者睁眼，观察眼球震颤的方向，持续时间，并记录之(正常人眼球震颤持续时间为 15～40 s)。

4. 观察受试者有无其他反应　询问受试者有无恶心、呕吐、眩晕等反应和感觉。

【注意事项】

旋转停止时，受试者睁眼后，可能有跌向一侧的倾向，要准备搀扶。

【思考题】

当以不同方向开始或停止旋转时，要求观察眼球震颤的方向和持续时间有何不同?

第十章
神经系统

了解：神经纤维的分类及其传导兴奋的特征；基底核对躯体运动的调节；神经系统对内脏活动的调节；大脑皮质的电活动；觉醒与睡眠。

熟悉：突触的概念、分类及突触传递过程；中枢神经元的联系方式、中枢兴奋传布的特征及中枢抑制；小脑对躯体运动的调节；脑的高级功能：条件反射、学习与记忆及语言功能。

应用：脊髓的感觉传导功能；丘脑的感觉功能及其投射系统；大脑皮质的感觉分析系统；脊髓对躯体运动的调节方式：牵张反射、屈肌反射和交叉伸肌反射；脑干网状结构对肌紧张的调节；锥体系、锥体外系及其功能；自主神经的主要功能及其生理意义。学会做人体腱反射试验。

神经系统是人体主要的功能调节系统。神经系统一方面把人体各器官联系成一个完整的统一体，另一方面又使机体的活动适应内外环境的变化，从而保证机体内环境的相对稳定和与周围环境的协调和对立统一。

神经系统一般分为中枢神经系统和周围神经系统两大部分，前者是指脑和脊髓部分，后者则为脑和脊髓以外的部分。本章主要介绍中枢神经系统的生理功能。

第一节　组成神经系统的细胞及其功能活动的一般规律

组成神经系统的细胞主要包括神经细胞（神经元）和神经胶质细胞两大类。神经元是一种高度分化的细胞。它们通过突触联系形成复杂的神经网络，完成神经系统的各种功能性活动，因而是神经系统中结构和功能的基本单位。神经胶质细胞远远大于神经元，但它们不能承担神经系统的主要功能性活动，其主要功能是对神经元起支持和保护等作用。

一、神经元和突触

神经元即神经细胞，是高等动物和人类神经系统的结构和功能单位。神经元在结构上分为胞体和突起两部分。突起又分为树突和轴突。轴突和第一级感觉神经元的长树突外面包有髓鞘或神经膜，构成神经纤维。一般认为，胞体和树突能接受体机内、外传来的各种信息；胞体能对不同来源的信息进行分析、整合；轴突则能把信息传递给另一神经元或效应器。

(一) 神经纤维的分类

神经纤维可按传导兴奋速度的快慢,即电生理学特性,分为A、B、C三类,其中A类纤维又分为α、β、γ、δ四类(表10-1)。这种方法多用于传出神经纤维的分类;还可按神经纤维的直径与来源分为Ⅰ、Ⅱ、Ⅲ、Ⅳ四类,其中Ⅰ类纤维中又包括Ⅰa、Ⅰb两个亚类。这种方法多用于对传入神经纤维的分类。

表10-1 神经纤维的分类

按电生理学特性分类	传导速度(m/s)	直径(μm)	来 源	按来源及直径分类
A类				
Aα	70～120	13～22	肌梭、腱器官传入纤维 支配梭外肌传出纤维	Ⅰ
Aβ	30～70	8～13	皮肤触压觉传入纤维	Ⅱ
Aγ	15～30	4～8	支配梭内肌传出纤维	
Aδ	12～30	1～4	皮肤痛温觉传入纤维	Ⅲ
B类	3～15	1～3	自主神经节前纤维	
C类				
sC	0.7～2.3	0.3～1.3	自主神经节后纤维	
drC	0.6～2.0	0.4～1.2	脊后根痛觉传入纤维	Ⅳ

(二) 神经纤维传导兴奋的特征

1. 生理完整性 神经冲动的传导首先要求神经纤维在结构和功能上保持完整。如果神经纤维被切断、损伤、麻醉、冷冻或生理功能的完整性遭到破坏时,神经冲动的传导便会发生阻滞。

2. 绝缘性 一条神经干内包含有许多条神经纤维,由于每条纤维之间存在着结缔组织,所以每条纤维上兴奋的传导只能沿本条纤维进行,基本上不会波及到邻近的纤维,这就是神经纤维传导的绝缘性。其生理意义是保证神经调节的精确性。

3. 双向传导性 人工刺激神经纤维的任何一点引发神经冲动时,由于局部电流可在刺激点的两端发生,因此神经冲动可同时向两端传导。

4. 相对不疲劳性 连续电刺激神经纤维数小时至十几小时,神经纤维始终能保持其传导兴奋的能力。这是由于传导神经冲动耗能极少,相对突触传递而言,神经纤维传导兴奋具有相对不疲劳性。

(三) 神经纤维传导兴奋的速度

神经纤维传导兴奋的速度见表10-1。通常直径较粗、有髓鞘的神经纤维传导速度快;而直径较细、无髓鞘的神经纤维传导速度慢。另外,神经纤维传导速度还受温度影响,随着温度的降低,其传导速度将减慢,当降至0℃以下时,传导就要发生阻滞,人体局部可暂时失去感觉,这就是临床上运用局部低温麻醉的依据。

神经纤维的传导速度也可因神经纤维的病变而发生变化。如神经纤维髓鞘发生病变时,传导速度明显减慢。因此,在临床上测定患者的神经纤维传导速度有助于诊断神经纤维疾患和估计神经损伤的预后。

(四) 神经的营养性作用和支持神经的营养性因子

1. 神经的营养性作用 神经对其所支配的组织除能发挥功能性作用外,神经末梢还能经常性地释放某些物质，持续地调整被支配组织的内在代谢活动，影响其组织结构和生理功能，这种作用与神经冲动无关，称为神经的营养性作用。神经的营养性作用在正常情况下不易被察觉，但在神经被切断、变性时就十分明显。当运动神经被切断或损伤后，神经所支配的肌肉内糖原合成减慢，蛋白质分解加速，肌肉逐渐萎缩。临床上运动神经损伤（如脊髓灰质炎及周围神经损伤）患者所出现的肌肉萎缩就是由于肌肉失去了神经营养性作用所致。

2. 支持神经的营养性因子　神经纤维所支配的组织也可以产生神经营养性因子，作用于神经元，它们被神经末梢摄入，经逆向运输抵达胞体，促进胞体合成有关蛋白质，从而维持神经元的生长、发育和维持其功能的完整性。这些因子的本质都是蛋白质，目前已发现和分离到多种营养性因子，较重要的有神经生长因子、脑源性神经营养因子等。

（五）神经元间的功能联系

神经元之间在结构上并没有原生质的直接连续，而是通过突触联系、非突触性化学传递、缝隙连接等不同联系方式传递信息，其中最重要、最基本的联系方式是突触联系。

1. 突触和突触联系

（1）突触的概念与分类　一个神经元的轴突末梢与其他神经元的胞体或突起相接触所形成的特殊结构称为突触。按神经元接触部位的不同，将突触分为轴-体突触、轴-轴突触、轴-树突触三类（图 10－1）；根据兴奋通过突触时对下一个神经元功能的影响不同，将突触分为兴奋性突触和抑制性突触两类。

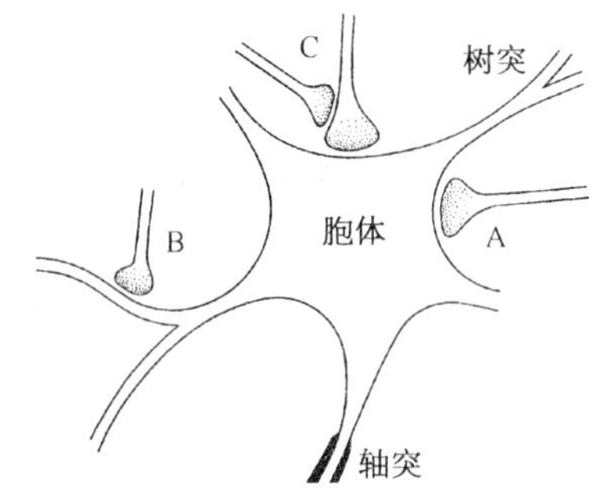

图 10－1　突触的类型

A. 轴-体突触　B. 轴-树突触　C. 轴-轴突触

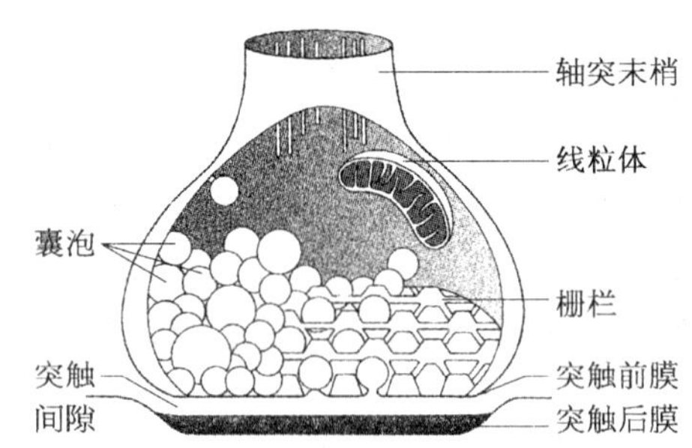

图 10－2　突触结构模式图

（2）突触的基本结构　突触由突触前膜、突触间隙、突触后膜三部分构成。神经元的轴突末梢常分成许多小支，其末端膨大成球状，称为突触小体。突触小体内有较多的线粒体和含递质的囊泡，它贴附在另一个神经元的表面，在此接触处各有一层膜隔开（图 10－2）。轴突末梢的膜称为突触前膜；与之相对的另一个神经元的胞体膜或突起膜称为突触后膜；两膜之间为突触间隙，宽约 20 nm。

（3）突触传递的过程　信息从一个神经元经突触传到另一个神经元的过程，称为突触传递。其过程为：神经冲动即动作电位传到轴突末梢，使末梢膜对 Ca^{2+} 的通透性增加，细胞外 Ca^{2+} 进入突触小体，引起囊泡向突触前膜移动，通过出胞作用，将递质释放到突触间隙中。释放的递质迅速与突触后膜上的特异性受体或化学门控通道结合，引起突触后膜某些离子通道开放，由于离子的流动，使突触后膜产生电位变化，该电位称为突触后电位，根据突触后电位的不同，突触后神经元呈现兴奋或抑制效应。

1）兴奋性突触后电位（EPSP）：它的产生是由于突触前膜释放兴奋性递质，作用于突触后膜，

使突触后膜对 Na^+、K^+ 等离子，特别是 Na^+ 的通透性增高，Na^+ 进入膜内，引起后膜发生去极化，这种电位变化称为 EPSP。

EPSP 是局部电位，当突触前神经元活动增强或参与活动的神经元数目增多时，兴奋性突触后电位经时间总和和空间总和，使电位幅度增大到阈电位水平，便产生动作电位，并沿神经纤维传导下去。如果兴奋性突触后电位没有达到阈电位水平，虽然不能引起动作电位，但这种局部电位能使膜电位与阈电位的距离变近，因而使突触后神经元兴奋性升高，产生易化作用，容易产生动作电位。

2）抑制性突触后电位（IPSP）：它的产生是由于突触前膜释放抑制性递质，作用于突触后膜上的受体，使突触后膜对 Cl^-、K^+ 等离子，尤其是 Cl^- 的通透性增高，Cl^- 进入膜内，引起后膜发生超极化，这种电位变化称为 IPSP。

IPSP 也可以总和。突触后膜处于超极化状态下，突触后神经元轴突始段部位不易发生兴奋，从而出现抑制效应。

2. 非突触性化学传递　近年，随着荧光组织化学技术的发展，发现神经元间还存在一种非突触性化学传递。实验观察到，在交感神经肾上腺素能神经元轴突末梢有许多分支，分支上有很多呈念珠状的曲张体，内含大量递质小泡。曲张体与效应器不构成经典的突触联系，当神经冲动抵达时，递质就从曲张体的小泡内释放出来，通过扩散到达附近的效应细胞并与相应的受体结合，从而发挥生理效应（图 10－3）。

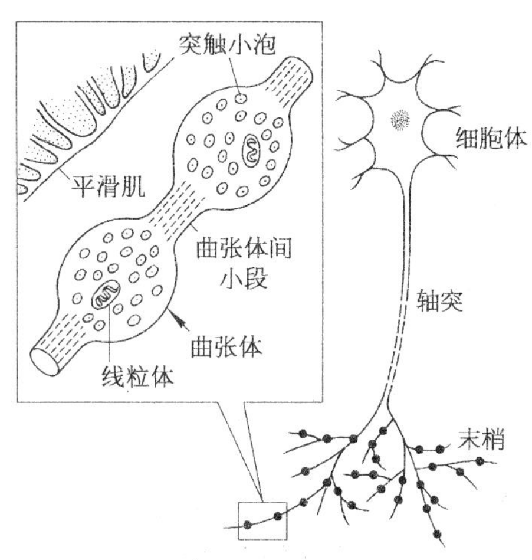

图 10－3　交感神经肾上腺素能神经元示意图

3. 电突触传递　见第二章。

二、神经递质

神经递质是指神经末梢释放的在神经元之间或神经元与效应器细胞之间起传递信息作用的化学物质。目前已知的神经递质已有 100 多种。根据它们产生部位的不同，可将其分为外周神经递质和中枢神经递质两大类。

（一）外周神经递质和以外周神经递质命名的神经纤维

1. 乙酰胆碱（ACh）　凡末梢释放 ACh 作为递质的神经纤维，称为胆碱能纤维。它包括交感和副交感神经节前纤维、副交感神经节后纤维、躯体运动神经纤维以及小部分交感神经节后纤维如支配汗腺的交感神经节后纤维和支配骨骼肌的交感舒血管神经纤维。

2. 去甲肾上腺素（NE）　凡末梢释放 NE 作为递质的神经纤维，称为肾上腺素能纤维。大部分交感神经节后纤维末梢都释放 NE，故它们属于肾上腺素能纤维。

3. 嘌呤类和肽类递质　凡释放三磷酸腺苷或肽类作为递质的神经纤维，称为嘌呤能或肽能神经纤维。它们主要存在于胃肠管中。这类神经元的胞体位于胃肠壁神经丛中，接受副交感神经节前纤维支配，其主要作用是引起胃肠平滑肌舒张。

（二）中枢神经递质

中枢神经递质较多，主要有四类。其分布部位和功能特点见表 10－2。

表 10－2　主要的中枢神经递质

名　称	主要分布部位	功能特点
乙酰胆碱	脊髓、脑干网状结构、丘脑、边缘系统	与感觉、运动、学习记忆等活动有关
单胺类：		
去甲肾上腺素	低位脑干网状结构	与觉醒、睡眠和情绪活动等有关
多巴胺	多沿黑质-纹状体投射系统分布	为锥体外系的重要递质
5-羟色胺	主要分布于中缝核	与镇痛、睡眠、自主神经功能等活动有关
氨基酸类：		
γ氨基丁酸	小脑、大脑皮质	为抑制性递质
甘氨酸	脊髓	为抑制性递质
谷氨酸	大脑皮质和感觉传入系统	为兴奋性递质
肽类：		
下丘脑神经肽	下丘脑	调节自主神经等活动
阿片样肽	脑内	调节痛觉
胃肠肽	脑内	与摄食活动等有关

三、反射活动的一般规律

中枢神经系统活动的基本方式是反射。有关反射及反射弧的基本概念已在绪论一章中讨论过，这里将进一步介绍中枢神经系统反射活动的一般规律。

（一）中枢神经元的联系方式

中枢神经系统是由亿万个神经元组成。它们之间主要有以下几种联系方式（图 10－4）。

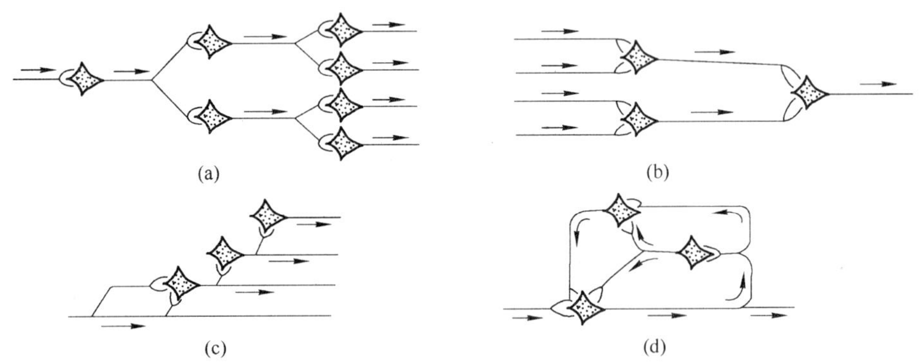

图 10－4　中枢神经元的联系方式

（a）辐散式　（b）聚合式　（c）链锁式　（d）环式

1. 单线式　是指一个突触前神经元仅与一个突触后神经元发生突触联系。这种联系方式见于视网膜中央凹处的视锥细胞与双极细胞及节细胞之间的联系，特点是信息传递准确，使视锥细胞在视物方面表现较高的分辨力。

2. 辐散式　一个神经元的轴突通过分支与许多神经元建立突触联系，它能使一个神经元的兴奋引起许多神经元兴奋或抑制。辐散式联系在感觉传导途径上多见。

3. 聚合式　许多神经元的轴突末梢同时与同一个神经元建立突触联系，它能使许多神经元的作用集中到同一神经元，从而发生总和或整合作用。聚合式在运动传出途径上多见。

4. *链锁式与环式*　中间神经元的联系方式更为复杂，有的呈链锁式，有的呈环式。在这些联系方式中，辐散和聚合都是同时存在的。兴奋通过链锁式联系可以在空间上扩大作用的范围。环式联系是一个神经元通过轴突侧支与中间神经元相连，中间神经元反过来再与该神经元发生突触联系，构成闭合环路。这种联系方式是反馈作用的结构基础，若中间神经元为抑制性神经元，则产生负反馈；若中间神经元为兴奋性神经元，则产生正反馈。

（二）中枢兴奋传布的特征

在进行反射活动时，兴奋通过中枢传布，要比在神经纤维上的传导复杂得多。因为兴奋在反射弧的中枢部分至少要经过一次以上的突触传递，而且神经元的联系方式又很复杂，因而兴奋在中枢的传布具有以下特征。

1. *单向传递*　兴奋通过突触传递时，一般是从突触前神经元传向突触后神经元，即单向传递。因为在突触部位，只有突触前膜能释放神经递质，因而兴奋不能逆向传布。

2. *中枢延搁*　兴奋在中枢内传布较慢，耽搁时间较长，这种现象称为中枢延搁。这是因为兴奋通过突触传递时需要经历递质的释放、扩散、与突触后膜受体结合、产生突触后电位等一系列过程，据测定，兴奋通过一个突触需时 0.3～0.5 ms。因此，反射通过的突触数目越多，中枢延搁时间越长。

3. *兴奋的总和*　EPSP 是局部电位。中枢内的神经元如果接受连续不断的冲动，或在同一时间内接受多个传入冲动，EPSP 可以相加，使 EPSP 加大，达到阈电位水平时，该神经元产生动作电位，引起扩布性兴奋，这一现象称为兴奋的总和。前者称为时间总和，后者称为空间总和。聚合式联系是产生空间总和的结构基础。总和在中枢神经系统的活动中具有重要作用。

4. *兴奋节律的改变*　在反射活动中，如同时分别记录传入神经和传出神经的放电频率，可见两者的频率不同。因为传出神经元的兴奋节律，不仅取决于传入冲动的频率，还取决于其本身和中间神经元的功能状态及联系方式。

5. *后发放*　在神经反射活动中，当刺激停止后，传出神经仍可继续发放神经冲动，使反射效应仍持续一段时间，这种现象称为后发放。其产生的原因主要是神经元间的环路联系及中间神经元的正反馈作用。

6. *对内环境变化敏感和易疲劳性*　因为突触间隙与细胞外液相通，因此内环境的各种变化如缺氧、二氧化碳增多、酸碱度的改变以及使用麻醉剂和某些药物等均可影响突触传递。另外，在整个反射弧中，突触是最容易发生疲劳的部位。实验表明，用较高频率连续刺激突触前神经元时，几毫秒或几秒钟后，突触后神经元的放电频率即很快减少，反射活动明显减弱。疲劳产生的原因可能与突触前膜内递质的耗竭有关。疲劳的出现，可避免长时间过度刺激的伤害，因此具有一定的保护作用。

（三）中枢抑制

中枢的活动既有兴奋过程，又有抑制过程，两者都是主动过程。例如屈肌反射中枢兴奋时，伸肌反射中枢抑制，这样反射活动之间才能协调进行。一般将中枢抑制分为突触后抑制和突触前抑制两类。

1. *突触后抑制*　突触后抑制是通过抑制性中间神经元实现的。当抑制性中间神经元兴奋时，其末梢释放抑制性递质，使突触后神经元产生抑制性突触后电位，从而呈现抑制现象。由于这种抑制是突触后膜超极化的结果，所以又称超极化抑制。根据中间神经元的联系方式不同，将突触后抑制分为两种类型。

(1) 传入侧支性抑制　一个传入神经纤维在兴奋某一个中枢神经元的同时，其侧支以同样的方式兴奋另一个抑制性中间神经元，再通过后者的活动抑制另一个中枢神经元，这种现象称为传入侧支抑制。例如，引起屈肌反射的传入纤维进入脊髓后，一方面兴奋支配屈肌的运动神经元，另一方面通过侧支兴奋抑制性中间神经元，使支配伸肌的神经元抑制，从而引起屈肌收缩而伸肌舒张，以完成屈肌反射[图 10－5(a)]，这种抑制又称交互抑制。这种形式的抑制不仅在脊髓中发生，也可在中枢其他部位发生。这可使不同中枢之间的活动协调起来。

(2) 回返性抑制　某一中枢神经元兴奋后，其冲动沿轴突外传，同时又经轴突侧支兴奋另一个抑制性中间神经元，该神经元兴奋后，经轴突回返抑制原先发动兴奋的神经元及邻近的其他神经元，这种现象称为回返性抑制[图 10－5(b)]。回返性抑制的结构基础是神经元之间的环式联系。这是一种负反馈，它的意义在于防止神经元过度和过久的兴奋，及时终止其活动，促使同一中枢内许多神经元之间相互制约和协调一致。

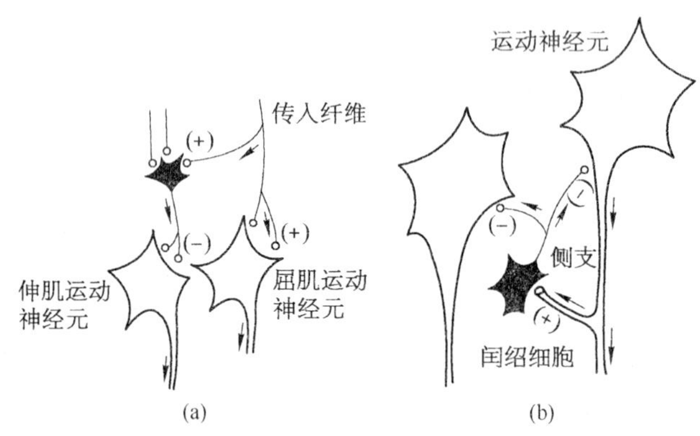

图 10－5　两类突触后抑制示意图

(＋) 兴奋　(－) 抑制

(a) 传入侧支性抑制　(b) 返回性抑制黑色星形细胞为抑制性中间神经元

2. 突触前抑制　通过改变突触前膜的活动而使突触后神经元产生抑制的现象，称为突触前抑制。由于这种形式的抑制是由兴奋性突触前神经元的轴突末梢的去极化造成的，故又称为去极化抑制。其结构基础是轴-轴突触(图 10－6)。

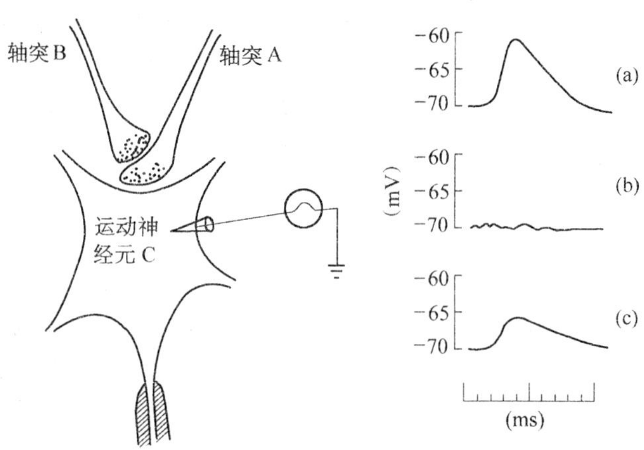

图 10－6　突触前抑制产生机制示意图

(a) 单独刺激轴突 A，在神经元 C 引起的兴奋性突触后电位(10 mV)

(b) 单独刺激轴突 B，不会引起神经元 C 突触后电位

(c) 先刺激轴突 B，再刺激轴突 A，神经元 C 引起的突触后电位减小(5 mV)

图中所示：轴突B与轴突A构成轴-轴突触，轴突A的末梢又与运动神经元C的胞体形成轴-体突触。当刺激轴突A时，可使神经元C产生10 mV的兴奋性突触后电位。假如在刺激轴突A之前先行刺激轴突B，则通过B、A轴突之间的轴-轴突触可使神经元C发生的兴奋性突触后电位减小，仅有5 mV，说明轴突B的活动能降低轴突A的兴奋作用。其发生机制是由于轴突B末梢释放的兴奋性递质，使轴突A末梢去极化，跨膜静息电位减小，在这种情况下，当轴突A兴奋时，其产生的动作电位幅度减小，它与神经元C之间的轴-体突触处释放的兴奋性递质量也减少，从而使运动神经元C的兴奋性突触后电位减小。

突触前抑制在中枢神经系统内存在比较广泛，尤其多见于感觉传入途径中。它的生理意义是控制从外周传入中枢的感觉信息，使感觉更加清晰和集中，故对感觉传入活动具有重要调控作用。

四、胶质细胞的特征和主要功能

胶质细胞广泛分布于中枢神经系统和周围神经系统中。人类神经系统中的胶质细胞数量巨大，为神经元的10～50倍，其重量约占脑重量的一半。中枢神经系统内的胶质细胞主要包括星形胶质细胞、少突胶质细胞、小胶质细胞等。周围神经系统内的胶质细胞有神经膜细胞(施万细胞)和卫星细胞。胶质细胞也具有突起，但无树突和轴突之分，与邻近细胞不形成突出样结构，但普遍存在缝隙连接。它们的膜电位也随细胞外液K^+浓度改变而改变，但不能产生动作电位。目前关于神经胶质细胞与神经元的交互作用，越来越引起人们的关注。

胶质细胞具有支持和保护神经元的多种功能。它对神经元形态、功能的完整性和维持神经系统微环境的稳定性等都很重要。胶质细胞一旦发生异常变化，将会产生脑瘤或癫痫等疾病。

胶质细胞的主要功能如下所述。

(一) 支持、绝缘和屏障作用

神经元及其突起间的空隙主要由胶质细胞填充，它们构成神经元的网架，以支持神经元的胞体和纤维。胶质细胞可在中枢及外周形成神经纤维髓鞘，防止神经冲动在轴突上传导时电流扩散，以免神经元的活动相互干扰。此外，胶质细胞尚可参与构成血-脑屏障。

(二) 物质代谢和营养作用

星形胶质细胞一方面通过血管周足和突起连接毛细血管与神经元，对神经元摄取营养物质与排泄代谢产物起着十分重要的作用。此外，星形胶质细胞还能产生营养性因子，以维持神经元的生长、发育和功能的完整性。

(三) 修复和再生作用

当神经元由于疾病而死亡时，胶质细胞即可增生，填补神经元死亡造成的缺损，从而起到修复和再生的作用。但在增生过强的情况下也可能形成脑瘤。

(四) 维持神经元正常活动

星形胶质细胞膜上的钠泵活动可将细胞膜外过多的K^+泵入细胞膜内，并通过缝隙连接将其分散到其他胶质细胞，以维持细胞膜外适宜的K^+浓度，有助于神经元活动的正常进行。但当胶质细胞发生疤痕变化时，其泵K^+能力减弱，可导致细胞膜外高K^+，致使神经元的兴奋性升高，从而促发癫痫放电。形成局部癫痫病灶。

星形胶质细胞还能合成并分泌血管紧张素原、前列腺素、白细胞介素以及多种神经营养因子等生物活性物质。

第二节　神经系统的感觉功能

来自机体内、外环境的各种刺激，作用于感受器，通过换能与传导，它所产生的神经冲动被传送到中枢神经系统，经过中枢神经系统的分析与整合，形成各种各样的感觉。

一、脊髓的感觉传导功能

躯体感觉的传导路径一般分为两大类：浅感觉传导路径和深感觉传导路径。浅感觉包括皮肤与黏膜的痛觉、温度觉和触压觉，这些感受器位置较浅。深感觉即本体感觉，主要包括位置觉和运动觉。两类感觉的传导路径的共同特征是：一般由三级神经元接替，第一级神经元位于脊神经节和脑神经节内；第二级神经元位于脊髓后角或脑干的有关神经核内；第三级神经元位于丘脑的感觉接替核内。

（一）浅感觉传导路径

传导痛觉、温度觉和触压觉的传入纤维由后根外侧进入脊髓背外侧束，在束内上升 1～2 个脊髓节，在灰质后角换神经元后发出纤维经白质前联合交叉至对侧，分别经脊髓丘脑侧束（痛觉、温度觉）和脊髓丘脑前束（轻触觉）上行抵达丘脑。皮肤触觉中辨别觉的传导路径和下述深感觉传导路径一致。

（二）深感觉传导路径

传导肌肉本体感觉和深部压觉的传入纤维由后根的内侧部进入脊髓，其上行支在同侧后索上行，抵达延髓下部的薄束核和楔束核后换神经元，再发出纤维交叉到对侧，经内侧丘系至丘脑。

由于深、浅感觉的传导通路不同，所以，脊髓半离断后，大部分浅感觉障碍发生在离断的对侧，而深感觉障碍则发生在离断的同侧。

二、丘脑及其感觉投射系统

丘脑是感觉传导的总换元接替站。各种感觉通路（嗅觉除外）都要在此处换神经元，然后再向大脑皮质投射。同时，丘脑还可对感觉进行粗略的分析与综合。

（一）丘脑核团的分类

丘脑的核团或细胞群大致分为三大类（图 10 - 7）。

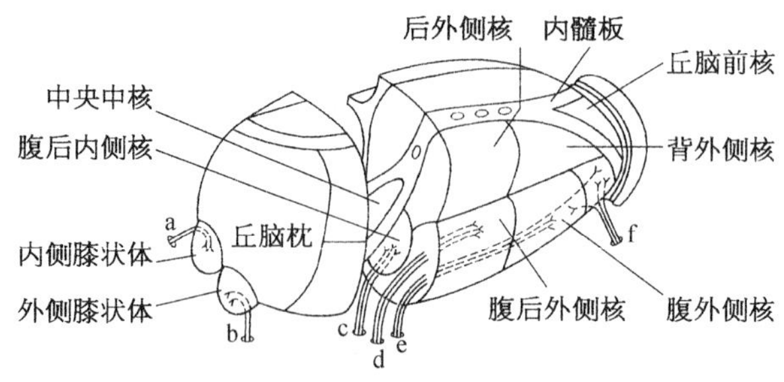

图 10 - 7　丘脑主要核团示意图

图示丘脑的核群。图中 a. 听觉传来的纤维　b. 视觉传来的纤维　c. 来自头面部的感觉纤维　d. 来自躯干、四肢的感觉纤维　e. 来自小脑的纤维　f. 来自苍白球的纤维

1. 感觉接替核　包括腹后内侧部分和外侧部分、内侧膝状体和外侧膝状体。它们接受由脊髓和脑干上行的特异感觉纤维(嗅觉除外)，换神经元后发出特异投射纤维，投射到大脑皮质相关的感觉区。

2. 联络核　包括丘脑前核、腹外侧核和丘脑枕等。它们接受丘脑感觉接替核和其他皮质下结构(包括网状结构)来的纤维，换神经元后发出纤维投射到大脑皮质特定区域。

3. 髓板内核群　包括中央中核、束旁核、中央外侧核等。它们一般不与大脑皮质直接联系，而是通过多突触的接替换元，再弥散地投射到整个大脑皮质，起着维持大脑皮质兴奋状态的作用。

(二) 感觉投射系统

由丘脑投射到大脑皮质的感觉投射系统，根据其投射特征的不同，分为两大系统。

1. 特异投射系统　经典的感觉传导通路上行到丘脑，在丘脑感觉接替核换神经元后，发出纤维投射到大脑皮质的特定区域，称为特异投射系统。每一种感觉的传导与投射都是专一的，具有点对点投射特征。但特殊感觉(听觉、视觉、嗅觉)的传导情况比较复杂。联络核在结构上大部分也与大脑皮质有特定的投射关系，因此也归入该系统。

特异投射系统主要功能是引起特定的感觉，并激发大脑皮质发出传出神经冲动(图 10－8)。

2. 非特异投射系统　是指上述经典感觉传导通路的纤维经过脑干时，发出许多侧支与脑干网状结构内的神经元发生突触联系，经短突触多次换元后抵达丘脑的髓板内核群，并由此发出纤维，进一步弥散性地投射到大脑皮质的广泛区域(图 10－8)，这一投射途径称为非特异投射系统。

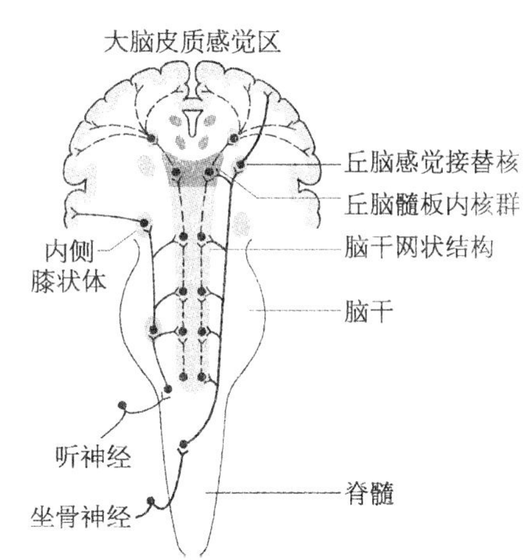

图 10－8　感觉投射系统示意图
实线代表特异投射系统，
虚线代表非特异投射系统

非特异投射系统由于各方面的传入纤维传到脑干发出分支进入网状结构，经许多短突触传递，就失去了感觉传入的专一性，加之由丘脑的髓板内核群发出的纤维弥散地投射到大脑皮质的广泛区域，不具有点对点的投射特征，因此不能形成特定的感觉。但它是各种不同感觉的共同上传途径，故其主要功能是维持和改变大脑皮质的兴奋状态。

实验发现，在中脑头端切断动物网状结构，动物呈现昏睡，刺激中脑网状结构能唤醒动物。说明脑干网状结构中存在有上行唤醒作用的功能系统，因此也将这一系统称为脑干网状结构上行激活系统。现在认为，这种上行激活作用主要是通过丘脑非特异投射系统来实现的。上行激活系统是一种多突触接替的系统，易受药物影响而发生传导阻滞，如巴比妥类催眠药的作用，可能就是由于阻断这一系统所致。一些全身麻醉药，如乙醚也可能是首先抑制该系统和大脑皮质的活动而发挥作用的。

正常情况下，由于有特异和非特异两个感觉投射系统的存在，以及它们之间的作用和配合，才使大脑皮质既能处于觉醒状态，又能产生各种特定的感觉。

三、大脑皮质的感觉分析功能

大脑皮质是产生感觉的最高级中枢。各种感觉传入冲动最终到达大脑皮质，通过对传入信息的分析与整合，大脑皮质产生不同的感觉。皮质的不同区域在功能上具有不同的作用，这就是大脑皮质的功能定位。不同性质的感觉在大脑皮质有不同的代表区。

(一) 体表感觉代表区

1. 第一体表感觉区　位于中央后回，其感觉投射规律如下。

(1) 交叉投射　即一侧躯体感觉传入纤维向对侧皮质投射，但头面部的感觉投向双侧皮质。

(2) 投射区域具有一定的分布规律，呈倒置状态　即下肢的代表区在顶部，上肢代表区在中间，头面部代表区在底部。但头面部代表区内部的安排是正立的。

(3) 投射区域的大小与体表相应部位的感觉精细灵敏程度有关　即体表感觉愈敏感的区域在中央后回的代表区也愈大。如拇指和示指的代表区面积比躯干代表区的面积还大(图 10-9)。

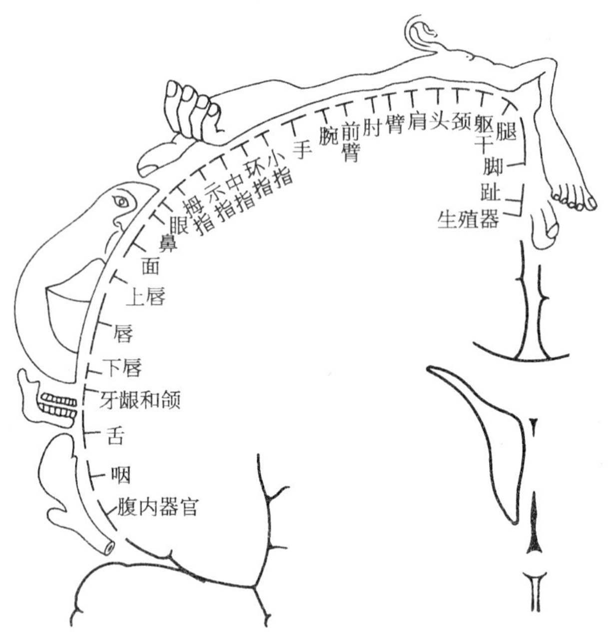

图 10-9　大脑皮质的感觉区

2. 第二体表感觉区　位于中央前回和岛叶之间，面积远比第一体表感觉区小。体表感觉在第二体表感觉区内的投射是双侧性的，投射分布安排是正立的，定位的精确性较差。有人认为，第二体表感觉区可能接受痛觉传入纤维的投射。但在人类，切除第二体表感觉区后并不产生显著的感觉障碍。

(二) 内脏感觉代表区

位于大脑皮质的体表第一、第二体表感觉区，运动辅助区和边缘系统的皮质部分。它与体表感觉代表区有较多的重叠。其投射区不仅面积小，而且不集中，这可能是内脏感觉定位不够准确的原因。

(三) 本体感觉代表区

肌肉、关节等的运动觉称为本体感觉。本体感觉代表区位于中央前回。中央前回既是运动区，又是本体感觉的投射区。

(四) 视觉代表区

位于大脑半球内侧面枕叶距状裂的上下缘。一侧皮质接受同侧眼颞侧、对侧眼鼻侧视网膜传入纤维的投射。视网膜的上半部传入纤维投射到距状裂的上缘，下半部传入纤维投射到距状裂的下缘，视网膜中央的黄斑区投射到距状裂的后部，视网膜周边区投射到距状裂的前部(图 10－10)。当一侧皮质枕叶损伤时，引起两眼对侧偏盲；只有双侧皮质枕叶损伤时，才会引起全盲。

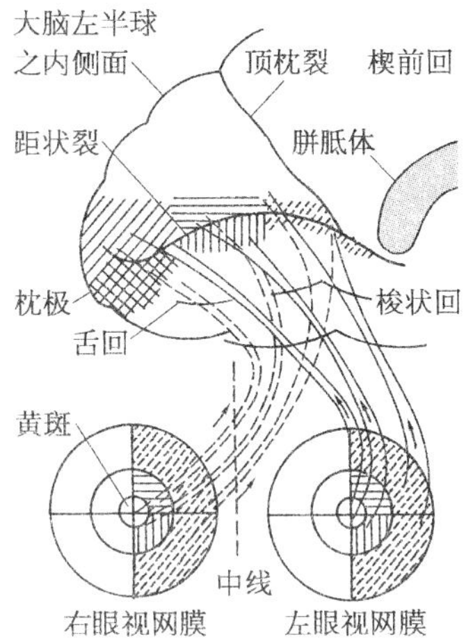

图 10－10 视网膜各部分对大脑皮质视觉区投射示意图

(五) 听觉代表区

位于颞叶皮质的颞横回和颞上回。不同音频感觉投射区有一定分布，耳蜗底部(高音频感)投射到后部，耳蜗顶部(低音频感)投射到前部。听觉的投射是双侧性的，即一侧皮质代表区接受双侧耳蜗感觉传入的投射。因此，一侧颞叶皮质受损，不致引起全聋。

(六) 嗅觉代表区和味觉代表区

嗅觉代表区位于边缘叶的前底部，包括前梨状区、杏仁核等处嗅皮质。味觉代表区位于中央后回头面部感觉投射区的下方。

四、痛觉

疼痛是伤害性刺激作用于人体，引起的一种复杂的不愉快感觉，常伴有情绪变化和防御反应。痛觉对机体有一定的保护意义。疼痛是许多疾病的临床症状之一，因此，了解疼痛产生的原因和不同疾病疼痛的特征，对疾病的诊断和治疗有一定意义。

(一) 皮肤痛觉

一般认为，痛觉感受器是游离神经末梢。任何刺激只要达到伤害程度，都能引起痛觉。痛觉的产生过程是：伤害性刺激作用于组织细胞，使组织产生致痛性化学物质，如 K^+、H^+、组胺、5－羟色胺、缓激肽、前列腺素等。这些致痛物质作用于游离神经末梢，使其去极化，发放神经冲动，传入大脑皮质，产生痛觉。

当伤害性刺激作用于皮肤时，可先后引起两种性质不同的痛觉。快痛在先，慢痛在后。快痛是一种尖锐的“刺痛”，由 A_δ 类纤维传导，特点是产生和消失迅速，感觉清楚，定位明确。慢痛为强烈的“烧灼痛”，一般在刺激后 0.5～1.0 s 出现，由 C 类纤维传导。特点是定位不太准确，持续时间较长，常常难以忍受，伴有心率加快、血压升高、呼吸改变以及情绪变化。

(二) 内脏痛与牵涉痛

内脏痛是内脏器官受到伤害性刺激时产生的疼痛感觉。与皮肤痛相比，内脏痛具有某些显著的特点：①发生缓慢，持续时间较长；②定位不准确，对刺激分辨能力差；③对于机械牵拉、痉挛、缺血、炎症等刺激敏感，而对于切割、烧灼等刺激不敏感；④常伴有牵涉痛。

内脏疾病引起体表部位发生疼痛或痛觉过敏的现象，称为牵涉痛。常见内脏疾病牵涉痛的部位见表 10－3。了解牵涉痛的部位，对诊断某些内脏疾病具有一定的意义。

表 10－3 常见内脏疾病牵涉痛的部位和压痛区

患病器官	心(绞痛)	胃(溃疡)、胰(腺炎)	肝(病)、胆囊(炎)	肾(结石)	阑尾(炎)
体表疼痛部位	心前区	左上腹	右肩胛	肾区	上腹部脐区
	左上臂尺侧	肩胛间		腹股沟区	

关于牵涉痛的发生原因，现在通常用会聚学说和易化学说来解释。前者认为可能是患病内脏的传入纤维与发生牵涉痛的皮肤部位的传入纤维，在同一后根进入脊髓，它们的纤维末梢会聚在同一脊髓后角神经元上，来自内脏的痛觉传入被误认为来自体表；后者认为可能来自内脏和躯体的传入神经到达脊髓后角同一区域内彼此非常接近的不同神经元，当内脏传入冲动增加时，可提高邻近躯体感觉神经元的兴奋性，即产生易化作用，使其阈值降低。当有轻度躯体传入冲动到达脊髓时，就会使脊髓神经元兴奋，上传冲动增多，产生躯体疼痛。这可能是内脏疾病引起体表相应部位发生疼痛或痛觉过敏的缘故。

第三节　神经系统对躯体运动的调节

人体的各种运动，都是在骨骼肌活动的基础上进行的，而骨骼肌在运动过程中的收缩与舒张，各肌群之间的相互协调与配合，都是由大脑皮质、皮质下核团、脑干和脊髓共同配合完成的。

一、脊髓对躯体运动的调节

（一）脊髓运动神经元与运动单位

脊髓是完成躯体运动最基本的反射中枢。在脊髓前角存在大量运动神经元，主要为 α 和 γ 运动神经元。它们的轴突经前根离开脊髓直达所支配的骨骼肌。α 运动神经元接受来自皮肤、肌肉、关节等外周传入的信息；也接受大脑皮质、基底核、小脑、脑干等高位中枢下传的信息。α 运动神经元的轴突纤维支配梭外肌，兴奋时引起梭外肌收缩。α 运动神经元的轴突末梢在所支配的肌肉中分成许多小分支，每一小分支支配一根肌纤维。由一个 α 运动神经元及其所支配的全部骨骼肌纤维组成的功能单位，称为运动单位。运动单位的大小，取决于 α 运动神经元轴突末梢分支数目的多少。如一个眼外肌运动神经元支配 6～12 根肌纤维，而一个支配四肢肌肉的运动神经元，可支配 2 000根肌纤维。前者有利于完成精细的肌肉运动，后者有利于产生较大的肌张力。

γ 运动神经元的胞体小，轴突较细，支配骨骼肌内的梭内肌纤维。γ 运动神经元的兴奋性较 α 运动神经元高，常以较高的频率持续放电，调节肌梭对牵张刺激的敏感性。

α 运动神经元和 γ 运动神经元末梢兴奋时，释放的递质均为 ACh。

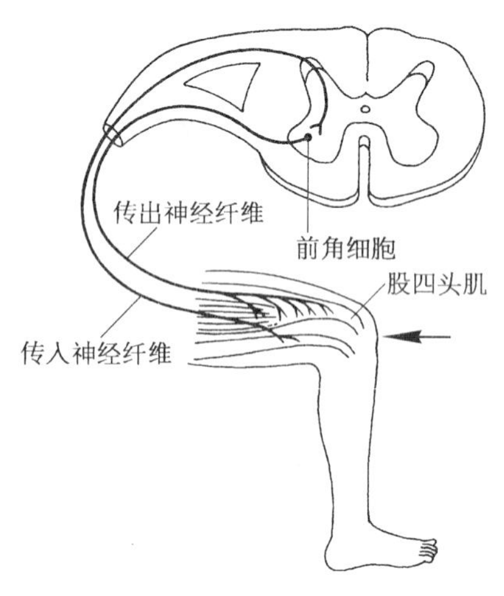

图 10－11　膝跳反射弧示意图

（二）牵张反射

有神经支配的骨骼肌在受到外力牵拉时，能引起受牵拉的同一肌肉发生反射性收缩，称为牵张反射。牵张反射包括腱反射和肌紧张两种类型。

1. 腱反射　是指快速牵拉肌腱时发生的牵张反射，它表现为被牵拉肌肉迅速而明显地缩短。例如膝跳反射，当膝关节处于半屈曲状态时，叩击髌骨下方的股四头肌肌腱，可使股四头肌发生快速的反射性收缩（图 10－11）。除膝跳反射外，跟腱反射、肱二头肌反射、肱三头肌反射都是腱反射。腱反射的传入纤维直径较粗，传导速度较快，反射的潜伏期很短（约 0.7 ms），只够一次突触传递的时间延搁，因此腱反射是单突触反射。正常情况下腱反射受高位脑中枢的控制。腱反射的意义是：临床上常采用检查腱反射的方法，来了解神经系统的某些功能状态。如果腱反射减弱或消失，常提示该反射弧的某个部分有损伤；而腱反射亢进，说明控制脊髓的高级中枢的作用减弱，可能是高级中枢有病变。

2. 肌紧张　是指缓慢持续牵拉肌腱时发生的牵张反射，它表现为受牵拉的骨骼肌轻微而持续地收缩，阻止被拉长。肌紧张的中枢神经元接替不止一个，为多突触反射。肌紧张是维持躯体姿势最基本的反射活动，是姿势反射的基础。

(三) 牵张反射的反射弧

1. 感受器　牵张反射的感受器包括肌梭与腱器官。肌梭(图 10－12)外形呈梭形，长约几毫米，附着在梭外肌纤维之间，与梭外肌平行排列，呈并联关系。肌梭外层被结缔组织囊包裹，囊内含6～12 根特殊的肌纤维，称为梭内肌纤维，梭内肌纤维的中间部分是感受装置，收缩成分在两端，它们呈串联关系。当梭内肌从两端收缩时，可使中间部分受牵拉而敏感性增高；当梭外肌收缩时，感受装置受到的牵拉刺激减少。可见，肌梭是一种长度感受器。

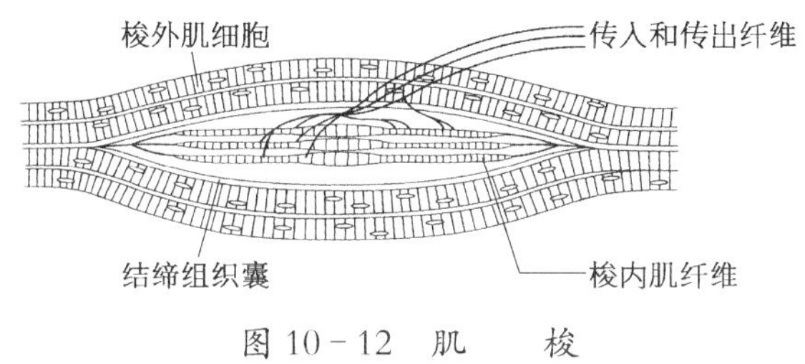

图 10－12　肌　　梭

腱器官分布于肌腱胶原纤维之间，与梭外肌纤维呈串联关系。它感受肌张力的变化，是一种张力感受器。

2. 传入神经　肌梭有两种传入神经分布：一种是直径较粗的Ⅰa 类纤维，具有螺旋状末梢，感受肌肉牵张速率和长度的变化；另一类为直径较细的Ⅱ类纤维，具有花枝状末梢，可能与本体感觉有关，感受肌肉牵张长度的变化。传入冲动兴奋支配同一肌肉的 α 神经元。腱器官的传入神经为Ⅰb 类纤维。传入冲动通过抑制性神经元对支配同一肌肉的 α 神经元起抑制作用。

3. 中枢　牵张反射的中枢位于脊髓。但在整体内受到高位中枢调节。

4. 传出神经　梭外肌纤维接受 α 运动神经元支配，梭内肌纤维接受 γ 运动神经元支配。当 γ 传出纤维的活动增强时，梭内肌两端的收缩成分收缩，中间部位的感受装置受到牵拉而兴奋，传入冲动增多，引起支配同一肌肉的 α 运动神经元的兴奋，使梭外肌收缩，称为 γ 环路。当 γ 神经元兴奋时，通过 γ 环路使肌紧张加强。

5. 效应器　是同一肌肉的肌纤维。当肌肉受到外力牵拉而伸长时，肌梭也被拉长，它的感受装置受到的刺激加强，冲动经肌梭的传入神经传至脊髓，使支配该肌肉的脊髓前角 α 神经元兴奋，引起梭外肌收缩。当梭外肌收缩而张力增大时，腱器官的传入冲动发放频率增加，通过抑制性中间神经元，使牵张反射受到抑制，以避免被牵拉的肌肉受到损伤，起保护作用。

(四) 屈肌反射与对侧伸肌反射

当肢体皮肤受到伤害性刺激时，可反射性引起受刺激一侧肢体的屈肌收缩，伸肌舒张，使肢体屈曲，称为屈肌反射。屈肌反射是多突触反射，使肢体离开伤害性刺激，具有保护性意义。

如果受到的伤害性刺激较强，则在本侧肢体屈曲的同时，对侧肢体出现伸直的反射活动，称为对侧伸肌反射。其意义是，伸直对侧的肢体，支持体重，具有维持姿势的作用。

(五) 脊休克

当脊髓与高位中枢离断后，离断面以下的脊髓暂时丧失一切反射活动，呈无反应状态，称为脊休克。主要表现为:断面以下的脊髓所支配的骨骼肌肌紧张减低甚至消失,外周血管扩张、血压下降(高位离断时方出现)、发汗反射不出现、直肠和膀胱内粪、尿潴留等。脊休克是暂时现象,以后一些以脊髓为基本反射中枢的反射活动可逐渐恢复。最先恢复的是比较简单和原始的反射,如屈肌反射、腱反射等,然后是较复杂的对侧伸肌反射。在上述反射恢复的同时,血压也上升到一定水平,排尿、排便反射等内脏反射也在一定程度上得以恢复。脊髓离断后,将导致离断水平以下永久性失去知觉和随意动作能力。

脊休克的产生,并不是由于切断脊髓的损伤性刺激引起的,而是由于离断面以下的脊髓突然失去了高位中枢的调控所造成。因为反射恢复后如进行第二次脊髓切断,则不会再次引起脊休克。

脊休克后一些反射的恢复,说明脊髓可以完成某些简单的反射活动,但正常情况下脊髓是在高位中枢调节下进行反射活动的。

二、脑干网状结构对肌紧张的调节

脑干对肌紧张的调节,主要是通过脑干网状结构易化区和抑制区的活动而实现的。

(一) 脑干网状结构易化区及其作用

脑干网状结构中存在加强肌紧张和肌运动的区域,称为易化区。它包括延髓网状结构的背外侧部分、脑桥的被盖、中脑的中央灰质及被盖;此外,下丘脑和丘脑中线核群等部位也具有对肌紧张和肌运动的易化作用(图 10-13)。

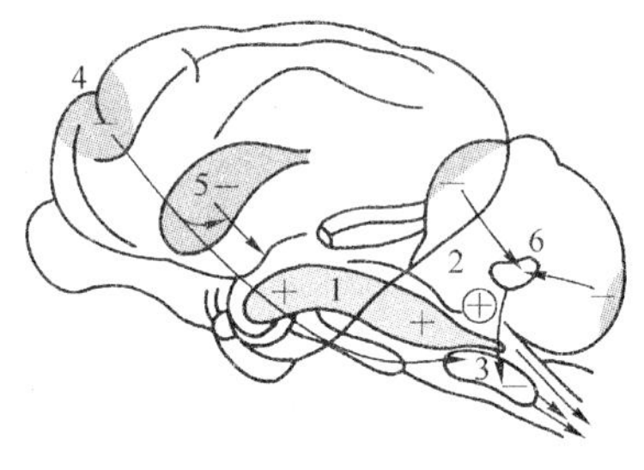

图 10-13　猫脑干网状结构下行抑制和易化系统示意图

(+)表示易化区　1. 网状结构易化区　2. 延髓前庭核　(−)表示抑制区　3. 网状结构抑制区　4. 大脑皮质　5. 尾状核　6. 小脑

脑干网状结构易化区的主要作用是加强肌紧张和肌运动。并与延髓的前庭核、小脑前叶两侧部共同作用,通过网状脊髓束向下与脊髓前角的 γ 运动神经元联系,使 γ 运动神经元传出冲动增加,梭内肌收缩,肌梭敏感性升高,通过 γ 环路的作用以加强肌紧张。另外,易化区对 α 运动神经元也有一定的易化作用。

(二) 脑干网状结构抑制区及其作用

脑干网状结构中抑制肌紧张和肌运动的区域,称为抑制区。它位于延髓网状结构的腹内侧部分(图 10-13)。它通过网状脊髓束经常抑制 γ 运动神经元,使肌梭敏感性降低,从而降低肌紧张。此外,大脑皮质运动区、纹状体、小脑前叶蚓部等处,也有抑制肌紧张的作用,这种作用可能是通过加强脑干网状结构抑制区的活动而实现的。

正常情况下,肌紧张易化区的活动较强,抑制区的活动较弱,两者在一定水平上保持相对平衡,以维持正常的肌紧张。当病变造成这一平衡失调时,将出现肌紧张亢进或减弱。

(三) 去大脑僵直

在动物的中脑四叠体上、下丘之间切断脑干的去大脑动物,立即出现四肢伸直、头尾昂起、脊柱挺硬的角弓反张状态,称为去大脑僵直(图 10-14)。

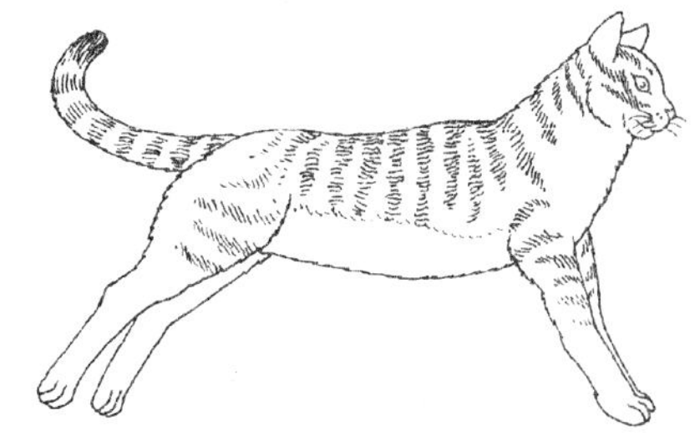

图 10-14　去大脑僵直

去大脑僵直产生的原因是:一方面脑干网状结构抑制区失去了大脑皮质运动区、纹状体抑制区的下行冲动加强作用,其抑制作用相对减弱;另一方面脑干网状结构易化区和前庭核的活动相对增强而占明显优势,两方面作用相结合,使四肢伸直和所有抗重力肌群的牵张反射都处于绝对优势状态。

当人类患某些脑部疾病或脑干损伤时，也可以出现头向后仰、上下肢僵硬伸直等类似动物去大脑僵直的现象。

三、基底核对躯体运动的调节

基底核主要包括尾(状)核、壳核、苍白球、丘脑底核、黑质和红核。尾核、壳核和苍白球统称为纹状体。其中苍白球是较古老的部分，称为旧纹状体，而尾核和壳核进化较新，称为新纹状体。

尾核、壳核、苍白球与丘脑底核、黑质在结构和功能上是紧密联系的。其中苍白球是纤维联系的中心，尾核、壳核、丘脑底核、黑质均发出纤维投射到苍白球，而苍白球也发出纤维与丘脑底核、黑质相联系。此外，苍白球与丘脑、下丘脑、红核以及脑干网状结构之间也有纤维联系(图 10－15)。

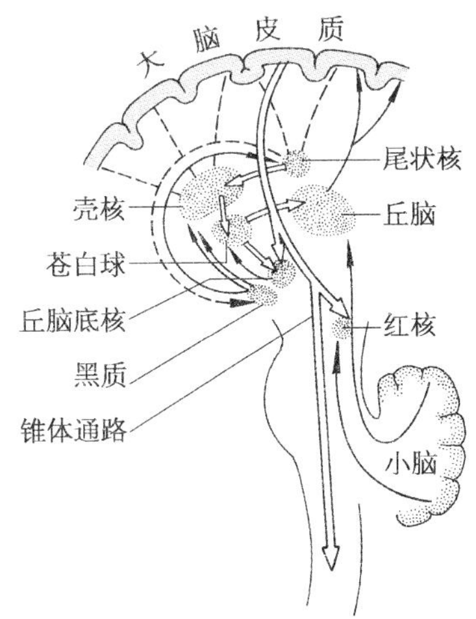

图 10－15 基底核及其纤维联系示意图

基底核有重要的运动调节功能。它对随意运动的产生和稳定、肌紧张的调节、本体感觉传入冲动信息的处理等都有关系。此外，基底核可能还参与运动的设计和程序的编制。

基底核损伤的临床表现可分为两大类：一类是运动过少而肌紧张过强，如帕金森病；另一类是运动过多而肌紧张降低，如舞蹈病和手足徐动症。

(一) 帕金森病

帕金森病的症状是全身肌紧张增强、肌肉强直、随意运动减少、动作缓慢、面部表情呆板，常伴有静止性震颤(多见于上肢、下肢与头部)，震颤节律为每秒钟 4～6 次，静止时出现，情绪激动时增加，入睡后停止。

中脑黑质内含有多巴胺能神经元，纹状体内存在胆碱能神经元和 γ 氨基丁酸能神经元。它们组成黑质纹状体环路(图 10－16)。黑质内多巴胺神经元的轴突上行抵达纹状体，抑制纹状体内胆碱能神经元的活动，从而改变纹状体中 γ 氨基丁酸能神经元的活动，而 γ 氨基丁酸能神经元的轴突下行抵达黑质，反馈抑制多巴胺神经元的活动。

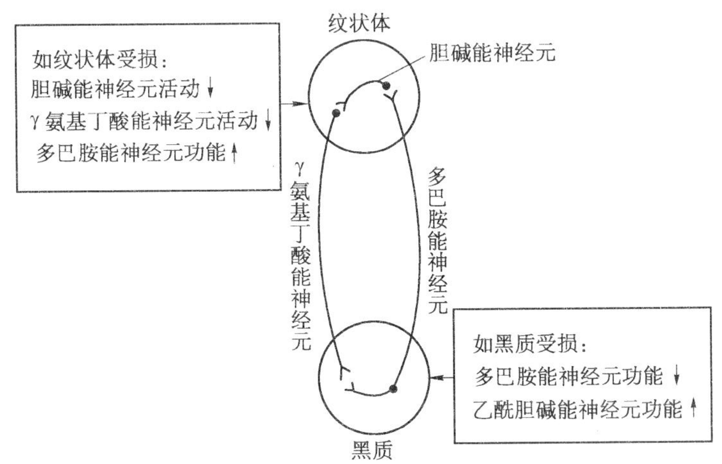

图 10－16 黑质纹状体环路示意图

目前认为，中脑内黑质的多巴胺能神经元受损，多巴胺含量下降，导致纹状体内乙酰胆碱递质系统功能亢进，是帕金森病的主要原因。临床上使用多巴胺的前体——左旋多巴治疗帕金森病，能明显改变肌肉强直和动作缓慢等症状。此外，应用M型受体阻断剂东莨菪碱或阿托品等，阻断胆碱能神经元的作用，对帕金森病也有治疗作用。

（二）舞蹈病

患者的主要表现为头面部和上肢出现不自主、无目的的舞蹈样动作，并伴有肌张力降低等。舞蹈病的主要病变部位在纹状体，其中的胆碱能神经元和γ氨基丁酸能神经元功能减退，而使黑质多巴胺能神经元功能相对亢进所致。临床实践表明，利用利舍平（利血平）消耗掉大量多巴胺类递质，可以缓解舞蹈病患者的症状。

四、小脑对躯体运动的调节

依据小脑传入和传出纤维的联系，将小脑分为前庭小脑、脊髓小脑和皮质小脑三个主要的功能部分（图10－17），它们对躯体运动的调节各有其特点。

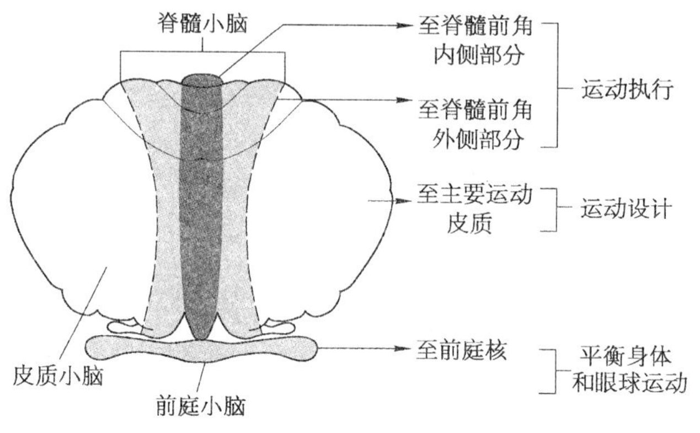

图10－17　小脑的功能分区示意图

（一）前庭小脑

前庭小脑又称古小脑，主要由绒球小结叶构成，与身体姿势平衡功能有密切关系。其反射途径为：前庭器官→前庭感觉核→绒球小结叶→前庭运动核→脊髓运动神经元→骨骼肌。临床上观察到，第四脑室附近患有肿瘤的患者，由于肿瘤压迫损伤绒球小结叶，患者表现站立不稳，但其他随意运动仍能协调的症状。

（二）脊髓小脑

脊髓小脑又称旧小脑，主要由小脑前叶和后叶的中间带区（旁中央小叶）构成，主要接受来自脊髓的本体感觉信息，也接受视觉、听觉等传入信息。小脑前叶对肌紧张的调节既有抑制作用，也有易化作用，在灵长类动物和人类易化作用占优势。后叶中间带也有控制肌紧张的功能，与大脑皮质运动区之间有环路联系，在执行大脑皮质发动的随意运动方面有重要作用。损伤这部分小脑后，随意动作的力量、方向、速度及顺序等将发生紊乱，同时肌张力减退，受损动物或患者不能完成精细动作，肌肉在完成动作时抖动而把握不住动作的方向，称为意向性震颤。行走摇晃呈酩酊蹒跚状，动作越迅速则协调障碍越明显。患者不能进行拮抗肌轮替快复动作，但在静止时则无肌肉异常运动。因此，这部分小脑的功能是在肌肉运动进行过程中起协调作用。小脑损伤后出现的这种动作性协调障碍，称为小脑性共济失调。

（三）皮质小脑

皮质小脑又称新小脑，是指后叶的外侧部。它与大脑皮质的感觉区、运动区、联络区形成环路联系。这种环路联系可以使随意动作的力量、方向等受到适当的控制，使动作稳定和准确。

人们进行的各种精巧运动，是在学习过程中逐步形成并熟练起来的。在开始学习一个新的动作时，大脑皮质通过皮质脊髓束和皮质脑干束所发动的运动是不协调的，这是因为小脑尚未发挥其协调功能。在学习过程中，大脑皮质与小脑之间不断进行联合活动，同时小脑不断接受感觉传入冲动的信息，逐步纠正运动过程中出现的偏差，使运动逐步协调起来。精巧运动熟练完善后，皮质小脑就贮存了一整套程序。当大脑皮质要发动精巧运动时，首先通过环路联系，从皮质小脑中提取贮存的程序，再通过皮质脊髓束和皮质脑干束发动运动。此时所发动的运动表现迅速、协调而精巧。

五、大脑皮质对躯体运动的调节

大脑皮质是调节躯体运动的最高级中枢。大脑皮质与躯体运动有密切关系的区域，称为大脑皮质运动区。它包括主要运动区、辅助运动区等。

（一）大脑皮质运动区

1. 主要运动区　大脑皮质运动区主要位于中央前回。运动区具有下列功能特征。

（1）交叉性支配　一侧皮质运动区支配对侧躯体的骨骼肌及面神经支配的脸下部肌肉及舌下神经支配的舌肌。但咀嚼运动、喉运动及脸上部肌肉的运动受双侧皮质控制。因此，当一侧内囊损伤时，将引起对侧躯体肌肉、面下部肌肉及舌肌瘫痪，而受双侧控制的面上部肌肉并不完全麻痹。

（2）运动区位置与躯体部位呈倒置关系　支配下肢肌肉运动的代表区位于顶部；支配头面部肌肉的代表区位于底部；支配上肢肌肉运动的代表区位于中间部。但头面部代表区的内部安排仍是正立分布（图 10－18）。

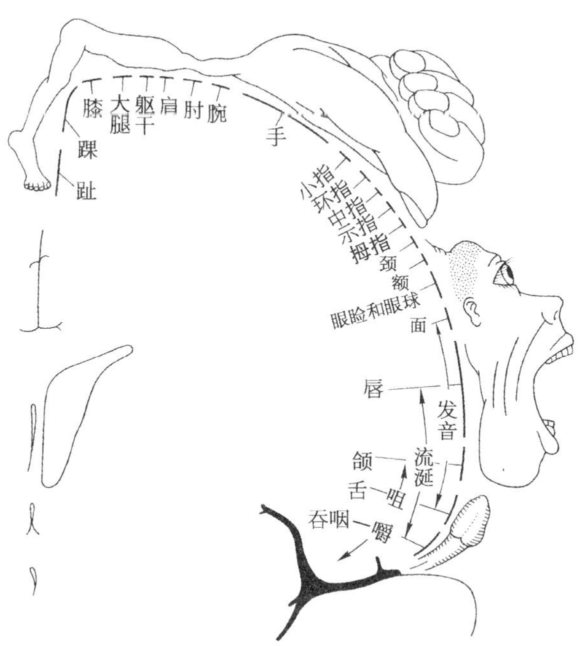

图 10－18　大脑皮质的运动区

(3) 运动代表区的大小与运动的精细复杂程度有关　运动愈精细、愈复杂的部位，其皮质运动代表区的面积愈大。如手及五指所占区域的面积几乎与整个下肢所占区域的面积相等。

2. 运动辅助区　位于两半球纵裂的内侧壁。动物实验中刺激这些区域，可以引起一定的肢体运动和发声，反应一般为双侧性的。

(二) 运动传导通路

大脑皮质对躯体运动的调节是通过锥体系和锥体外系来实现的。

1. 锥体系及其功能　锥体系包括皮质脊髓束和皮质脑干束。

锥体系的主要功能是发动随意运动、完成精细动作。锥体系执行大脑皮质运动区的指令，分别管理头面部、躯干和四肢肌的随意运动，特别是四肢远端肌肉的精细运动。由它下传的冲动，既可引起 α 运动神经元兴奋，以发动肌肉运动；也可以引起 γ 运动神经元兴奋，调整肌梭的敏感性，以协调肌肉的收缩。

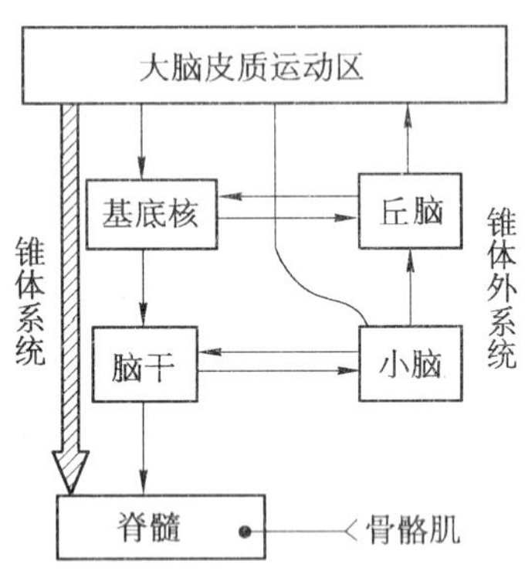

图 10-19　锥体系与锥体外系示意图

2. 锥体外系及其功能　锥体外系是指锥体系以外，所有控制脊髓运动神经元活动的下行通路。锥体外系包括由大脑皮质下行通过尾状核、苍白球、黑质、红核等皮质下核团控制脊髓运动神经元的传导系统和由锥体束侧支进入皮质下核团转而控制脊髓运动神经元的传导系统两部分。前者称为皮质起源的锥体外系统，后者称为旁锥体外系统(图 10-19)。锥体外系的主要功能是调节肌紧张和协调肌群运动。

以往一般认为，上运动神经元损伤或锥体系损伤将引起所谓的“中枢性瘫痪”，表现为硬瘫或痉挛性瘫痪，肌紧张增强，腱反射亢进等锥体束综合征。现已明确，皮质 4 区损伤出现的远端肢体肌肉麻痹，并非痉挛性，而是呈弛软性瘫痪，即伴有肌张力减低的运动麻痹；单纯锥体系的损伤，只能引起不全麻痹，而不是完全麻痹，受累肌肉一般表现为肌紧张降低。然而，由于锥体系和锥体外系在皮质的起源互相重叠，以及两者在脑内下行途中不断发生联系，因此，中枢神经系统损伤常合并有两个系统的损伤。但锥体系损伤累及锥体外系时，可出现硬瘫。在锥体束综合征中，肌紧张增强和腱反射亢进的产生，可能是上运动神经元损伤同时涉及大脑皮质的深层，使锥体外系受损较大，改变了锥体系和锥体外系对脊髓运动神经元相互拮抗作用的相对平衡，使脊髓运动神经元的易化作用增强，导致肌牵张反射的亢进。故临床上锥体束综合征出现的硬瘫，实际上是锥体系和锥体外系合并损伤的结果。

第四节　神经系统对内脏活动的调节

人体的内脏活动，主要受自主神经系统调节。自主神经系统按结构和功能的不同，分为交感神经系统和副交感神经系统两大部分。它们广泛分布于全身各内脏器官(图 10-20)。

一、自主神经的结构、主要功能及其意义

(一) 自主神经系统的结构和功能特征

自主神经的结构和功能具有下列一些重要特征。

1. 节前纤维和节后纤维　自主神经从中枢发出后，在到达效应器之前，需进入外周神经节内

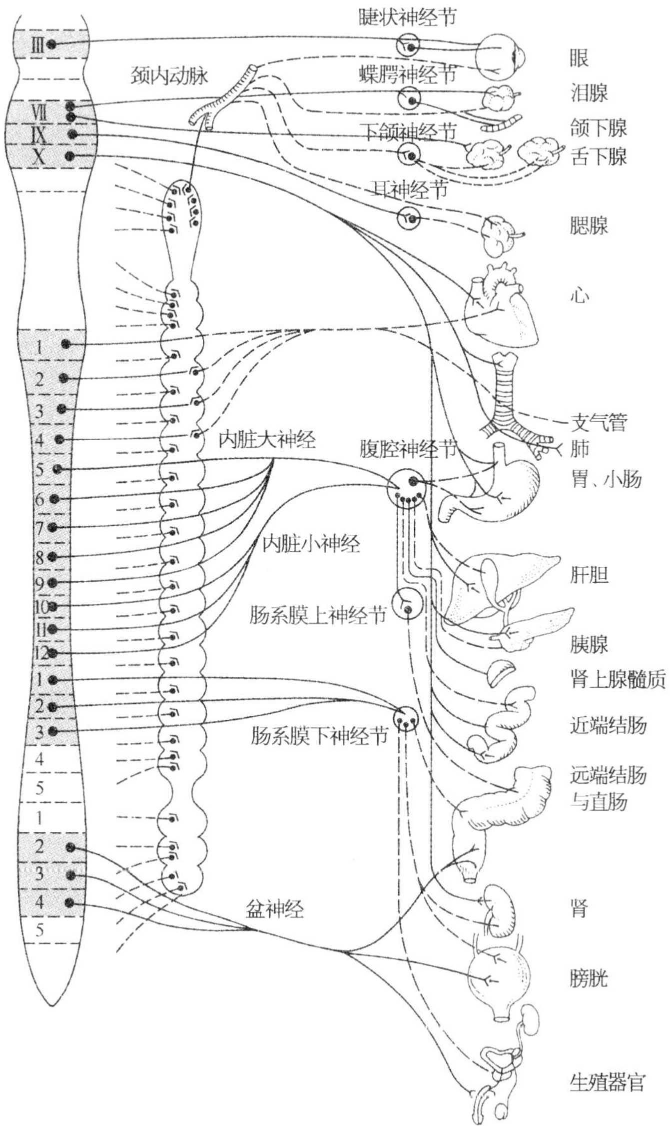

图 10-20 人体自主神经分布示意图

——节前纤维 ------节后纤维

换元，因此自主神经有节前纤维与节后纤维之分。交感神经的节前纤维短，节后纤维长；而副交感神经的节前纤维长，节后纤维短。

2. 双重神经支配 大多数器官接受交感和副交感神经双重支配，但交感神经的分布要比副交感神经广泛得多。有些器官如肾上腺髓质、汗腺、竖毛肌、皮肤和肌肉内的血管等，只接受交感神经支配。

3. 功能互相拮抗 交感神经和副交感神经对同一器官的作用常常互相拮抗，例如，迷走神经抑制心的活动，而交感神经则具有兴奋作用。但是也有例外，例如支配唾液腺的交感神经和副交感神经，它们兴奋时均可引起唾液腺的分泌，不过交感神经兴奋时分泌的唾液较黏稠，副交感神经兴奋时分泌的唾液较稀薄。

4. 具有紧张性作用　自主神经对效应器经常发放低频率神经冲动，使效应器处于微弱的持续活动状态，这就是紧张性作用。各种功能调节都是在紧张性活动的基础上进行的。动物实验中发现，如切断支配心的交感神经，交感紧张性作用消失，兴奋心的传出冲动减少，心率便减慢；反之，如切断支配心的迷走神经，心率便加快。

5. 效应器的功能状态的影响　交感和副交感神经的外周作用与效应器本身的功能状态有关。如刺激交感神经可使无孕动物的子宫活动受抑制，而对有孕子宫却可加强其活动（因作用受体不同）。

（二）自主神经的主要功能及其生理意义

1. 自主神经的主要功能　见表10－4。

表10－4　自主神经的主要功能

器 官	交 感 神 经	副 交 感 神 经
循环系统	心率加快、心肌收缩力增强 腹腔内脏血管、皮肤血管以及分布于唾液腺与外生殖器官的血管均收缩，脾包囊收缩，骨骼肌血管有的收缩（肾上腺素能），有的舒张（胆碱能）	心率减慢，心房收缩减弱 少数血管（如软脑膜动脉与分布于外生殖器的血管等）舒张
呼吸系统	支气管平滑肌舒张	支气管平滑肌收缩　促进呼吸道黏膜腺体分泌
消化系统	抑制胃肠运动，促进括约肌收缩，抑制胆囊活动，促进唾液腺分泌黏稠唾液	促进胃肠运动和使括约肌舒张，促进胆囊收缩，促使胃液、胰液、胆汁的分泌增多，促进唾液腺分泌稀薄唾液
泌尿生殖器官	促进膀胱逼尿肌舒张和尿道括约肌收缩，抑制排尿，对未孕子宫平滑肌引起舒张，对已孕子宫平滑肌引起收缩	促进膀胱逼尿肌收缩和尿道括约肌舒张，促进排尿
眼	使虹膜辐射状肌收缩，瞳孔扩大；使睫状体辐射状肌收缩，睫状体环增大；使上眼睑平滑肌收缩	使虹膜环形肌收缩，瞳孔缩小；使睫状体环形肌收缩，睫状体环缩小；促进泪腺分泌
皮肤	竖毛肌收缩，汗腺分泌	
内分泌腺及新陈代谢	促进肾上腺髓质分泌激素，促进肝糖原分解	促进胰岛素分泌

2. 自主神经活动的生理意义　当人体遭遇紧急情况时，如剧烈肌肉运动、失血、紧张、窒息、寒冷等，将引起交感神经广泛兴奋，表现出一系列交感-肾上腺髓质系统亢进的现象，称为应急反应。这一反应包括支气管扩张，呼吸加快，肺通气量增大；心率加快，心肌收缩力加强，心排血量增多，血压升高；血液贮存库排出血液以增加循环血量；红细胞计数增加；皮肤与腹腔内脏血管收缩，肌肉血流量增多，血液重新分配；肝糖原分解加速及血糖浓度上升，为肌肉收缩提供充分的能量等。另外，肾上腺髓质分泌增多，可使以上的反应更为加强。因此，交感肾上腺髓质系统的意义是在环境急骤变化的情况下，动员许多器官的潜在力量，以适应环境的急剧变化。

当人体处于休息、平静状态下，迷走-胰岛素系统活动增强。如心活动减弱、瞳孔缩小、消化功能增强、胰岛素分泌增多。这个系统的活动主要在于保护机体、休整恢复、促进消化吸收、积蓄能量以及加强排泄和生殖功能等。

可见，交感神经系统活动比较广泛，副交感神经的活动范围较局限。它们之间既密切联系又相互制约，共同调节内脏活动，经常保持动态平衡，以适应整体的需要。

二、自主神经的外周递质和受体

自主神经对内脏器官的作用是通过神经末梢释放神经递质而实现的，其释放的递质属于外周神经递质，主要为乙酰胆碱和去甲肾上腺素。递质要发挥其生理效应，必须与相应的受体结合。受体的名称是按选择性结合的递质或药物而命名的。

（一）胆碱受体

能与乙酰胆碱结合而发挥生理效应的受体，称为胆碱受体。胆碱受体可分为两种类型。

1. *毒蕈碱性受体*　简称 M 受体。这类受体主要分布于副交感神经节后纤维及部分交感神经节后纤维支配的效应器细胞膜上。因它能与毒蕈碱结合，产生与乙酰胆碱结合时相类似的效应，故称其为毒蕈碱样作用。如心活动被抑制，支气管、消化道平滑肌和膀胱逼尿肌收缩，消化腺分泌增加，瞳孔缩小，汗腺分泌增多，骨骼肌血管舒张等反应。

有些药物可与 M 受体结合，使递质不能发挥作用，称为 M 受体阻断剂。阿托品是毒蕈碱性受体的阻断剂。临床上使用阿托品，可解除胃肠道平滑肌痉挛，也可引起心跳加快、唾液和汗液分泌减少等反应。

2. *烟碱性受体*　简称 N 受体。这类受体能与烟碱结合，产生与乙酰胆碱结合时相类似的效应，也称为烟碱样作用。N 受体又分为两个亚型：N_1 受体分布于神经节突触后膜上；N_2 受体分布于骨骼肌运动终板膜上。乙酰胆碱、烟碱等化学物质与 N_1 受体结合后，可引起自主神经节的节后神经元兴奋；如与 N_2 受体结合，则引起运动终板电位，导致骨骼肌的兴奋。六烃季铵是 N_1 受体的阻断剂。十烃季铵可阻断 N_2 受体的功能。

（二）肾上腺素受体

能与儿茶酚胺类物质（包括肾上腺素、去甲肾上腺素等）相结合的受体，称为肾上腺素受体。可分为两种类型。

1. *α 肾上腺素受体*　简称 α 受体。α 受体又分为 α_1 和 α_2 受体两个亚型。α_1 受体主要分布在小血管平滑肌上，尤以皮肤、肾、胃肠的血管平滑肌上最多。儿茶酚胺与 α_1 受体结合后所产生的平滑肌效应主要是兴奋性的，如血管收缩、子宫收缩、虹膜辐射状肌收缩、瞳孔散大等。但对小肠为抑制性效应，使小肠的平滑肌舒张。α_2 受体主要存在于突触前膜上，为一种突触前受体，去甲肾上腺素作用于突触前膜上 α_2 受体可抑制末梢去甲肾上腺素的释放。临床上应用 α_2 受体激动剂可乐定治疗高血压，就是根据这个原理。酚妥拉明为 α 受体阻断剂，它对 α_1 和 α_2 受体均有阻断作用。

2. *β 肾上腺素受体*　简称 β 受体。它又分为 β_1、β_2 和 β_3 受体三个亚型。β_1 受体主要分布于心肌和脂肪组织上，肾上腺素和去甲肾上腺素与 β_1 受体结合后，表现为心率加快，心肌收缩力加强，脂肪分解加速等。β_2 受体主要分布于支气管、胃、肠、子宫及许多血管平滑肌细胞上，作用是抑制性的，使这些平滑肌舒张。β_3 受体主要分布于脂肪组织，与脂肪分解有关。普萘洛尔（心得安）是重要的 β 受体阻断剂，它对 β_1 和 β_2 两种受体都有阻断作用。阿替洛尔和美托洛尔主要阻断 β_1 受体，丁氧胺（心得乐）则主要阻断 β_2 受体。目前，β 受体阻断剂的研究发展很快，有利于临床上根据病情需要选择合适的药物（受体阻断剂）。

现将交感和副交感神经末梢释放的递质、支配器官的受体及作用，综合列表 10－5。

表 10-5 自主神经节后纤维释放的递质、受体及作用

效应器官			交感神经			副交感神经		
			递质	受体	作用	递质	受体	作用
循环器官	心	窦房结	NA	β_1	心率加快	ACh	M	心率减慢
		房室传导系统	NA	β_1	传导加快	ACh	M	传导减慢
		心肌	NA	β_1	收缩加强	ACh	M	收缩减弱
	血管	脑血管	NA	α	轻度收缩			
		冠状血管	NA	α	收缩			
				β_2	舒张(为主)			
		皮肤黏膜血管	NA	α	收缩			
		胃肠血管	NA	α	收缩(为主)			
			NA	β_2	舒张			
		骨骼肌血管	NA	α	收缩			
			NA	β_2	舒张			
			ACh	M	舒张			
		外生殖器血管	NA	α	收缩	ACh	M	舒张
呼吸器官	支气管平滑肌		NA	β_2	舒张	ACh	M	收缩
	支气管腺体					ACh	M	分泌增多
消化器官	胃平滑肌		NA	β_2	舒张	ACh	M	收缩
	小肠平滑肌		NA	α	舒张	ACh	M	收缩
	括约肌		NA	α	收缩	ACh	M	舒张
	唾液腺		NA	α	分泌黏稠唾液	ACh	M	分泌稀薄唾液
	胃腺					ACh	M	分泌增加
泌尿生殖器官	膀胱逼尿肌		NA	β	舒张	ACh	M	收缩
	内括约肌		NA	α	收缩	ACh	M	舒张
	妊娠子宫		NA	α	收缩			
	未孕子宫		NA	β_2	舒张			
眼	瞳孔开大肌		NA	α	收缩(瞳孔开大)			
	瞳孔括约肌					ACh	M	收缩(瞳孔缩小)
皮肤	竖毛肌		NA	α	收缩(竖毛)			
	汗腺		ACh	M	分泌			
代谢	胰岛		NA	α	分泌胰岛素减少	ACh	M	分泌增加
			NA	β	分泌胰高血糖素增加			
	肝		NA	α	肝糖原分解增加			

注:NA:去甲肾上腺素;ACh:乙酰胆碱。

三、各级中枢对内脏活动的调节

(一) 脊髓

交感神经和部分副交感神经起源于脊髓,因此,脊髓是某些内脏反射活动的初级中枢,如血管张力反射、排尿反射、排便反射、发汗反射和勃起反射等。临床上观察到,脊髓高位离断的患者,脊休克期过去以后,上述内脏反射可以逐渐恢复,说明脊髓对内脏活动的确具有一定的调节能力,但

由于失去了高位中枢的控制，这些反射远不能适应正常生理需要。例如，排便、排尿反射的意识控制丧失，出现尿失禁和大便失禁。

（二）脑干

延髓有心血管中枢、呼吸基本中枢以及与消化功能有关的中枢等。如伤及延髓，可迅速引起呼吸、心搏等生命活动停止，造成死亡。因此，延髓有“生命中枢”之称。脑桥有呼吸调整中枢，中脑有瞳孔对光反射中枢。同时，脑干网状结构中存在许多与内脏活动调节有关的神经元，其下行纤维支配脊髓，调节脊髓的自主神经功能。

（三）下丘脑

下丘脑内有许多神经核团，在内脏活动的调节中起着非常重要的作用。下丘脑被认为是较高级的调节内脏活动的中枢。下丘脑的主要功能如下。

1. *调节体温* 下丘脑存在调节体温的基本中枢。它能感受局部温度的变化，又能对传入的信息进行整合，调节机体的产热和散热活动，维持体温的相对恒定。

2. *调节摄食行为* 实验证明下丘脑外侧区存在摄食中枢，下丘脑腹内侧核有饱中枢。这两个中枢之间存在交互抑制作用，血糖水平的高低可能调节摄食中枢和饱中枢的活动。血糖浓度升高可兴奋饱中枢而抑制摄食中枢的活动。但进一步研究证明，饱中枢的活动与该中枢内神经元的糖利用水平有关。糖尿病患者血糖水平升高，但由于缺乏胰岛素，所以，神经元对糖的利用率降低，从而使饱中枢的神经元活动降低，摄食中枢相对兴奋，摄食量增加。另外，如果毁坏动物下丘脑外侧区，动物拒绝摄食；用电流刺激此区时，动物食量大增。刺激下丘脑腹内侧核，使动物停止摄食活动；毁坏腹内侧核，动物饮食量增大，逐渐肥胖。

3. *调节水平衡* 人体对水平衡的调节包括摄水与排水两个方面。实验证明，下丘脑内控制饮水的区域在外侧区，与摄食中枢靠近。下丘脑控制排水的功能是通过改变抗利尿激素的分泌来完成的。下丘脑前部存在渗透压感受器，能按血浆渗透压的变化来调节抗利尿激素的分泌。一般认为，下丘脑控制摄水的区域与控制抗利尿激素分泌的核团在功能上有联系，两者协同调节水平衡。

4. *对垂体激素释放的调节* 下丘脑内有些神经元能合成多种调节性多肽，经垂体门脉系统到达腺垂体，组成下丘脑-腺垂体系统，调控腺垂体激素的分泌；神经垂体释放的抗利尿激素和缩宫素，也是由下丘脑视上核和室旁核合成，由下丘脑-垂体束运来的（详见第十一章）。

5. *对情绪反应的影响* 动物实验证明，下丘脑有和情绪反应密切相关的神经结构。在间脑水平以上切除大脑的猫，出现正常猫在搏斗时的表现，这一现象称为“假怒”。在平时，下丘脑的这种活动受到大脑皮质的抑制而不易表现出来。切除大脑后则抑制被解除。近来还证明，在下丘脑近中线的腹内侧区存在“防御反应区”，刺激该区可表现出防御性行为。临床上，人类的下丘脑疾病也常常伴随着不正常的情绪反应。

（四）大脑皮质

1. *新皮质* 用电流刺激皮质运动区及其周围区域，除产生不同部位的躯体运动以外，还可分别引起内脏活动的变化如血管舒缩、汗腺分泌、呼吸运动、直肠和膀胱活动的改变等。切除大脑新皮质，除有关感觉、躯体运动丧失外，很多内脏功能也发生异常，说明新皮质也是调节内脏活动的高级中枢。

2. *边缘系统* 大脑半球内侧面皮质与脑干连接部和胼胝体的环周结构，称为边缘叶，包括海马、穹窿、海马回、扣带回、胼胝体回等。边缘叶以及与其有密切关系的皮质和皮质下结构，称为边缘系统。边缘系统是内脏活动的重要中枢，有人称之为内脏脑。它可调节呼吸、胃肠、瞳孔、膀胱等活动，此外，还与情绪、食欲、性欲、生殖、防御和记忆等活动有密切关系。

第五节 脑的高级功能

人的大脑除了能产生感觉、支配躯体运动和协调内脏活动外，还有一些更为复杂的高级功能，如完成复杂的条件反射、学习与记忆、思维和语言等。

一、条件反射

反射活动是中枢活动的基本方式。反射可分为非条件反射和条件反射。非条件反射是指先天固有的反射，如婴儿的吸吮反射。条件反射是指机体在后天生活过程中，通过学习训练，在非条件反射的基础上，建立起来的一类反射，具有很大的易变性和适应性。

（一）条件反射的建立

条件反射的研究方法是俄国著名生理学家巴甫洛夫创立的，经典条件反射的建立过程是：给狗喂食会引起狗的唾液分泌，这是非条件反射，食物是非条件刺激。而给狗以铃声刺激，狗则不会分泌唾液，因为铃声与唾液分泌无关，故铃声称为无关刺激。但是，如果每次给狗喂食前先给予铃声刺激，再给狗吃食物，经过反复多次重复后，每当铃声一响，即使不给狗食物，狗也会分泌唾液，这就是建立了条件反射。此时，铃声不再是无关刺激，而成为进食的信号或条件刺激。由此可见，条件反射是无关刺激与非条件刺激在时间上多次的结合而建立起来的，这个结合过程称为强化。任何无关刺激与非条件刺激结合应用，都可以形成条件。

如条件反射形成后，多次仅用条件刺激，而不用非条件刺激强化，条件反射就会逐渐减弱，最后完全消退。

（二）条件反射形成的机制

非条件反射的反射弧是机体生来就已经接通的固定联系，条件反射是以非条件反射为基础形成的。在哺乳动物，条件反射的建立是大脑皮质的条件刺激兴奋灶与非条件刺激兴奋灶多次结合后，建立了暂时的功能联系的结果。这种暂时联系不是简单地发生在两个大脑皮质中枢之间，而与脑内各级中枢的活动都有关系。

（三）条件反射的生理意义

条件反射是可以不断建立、不断消退、数量无限的后天获得性行为。条件反射的形成大大增强了活动的预见性、精确性及灵活性。使人类对环境的适应能力更加广阔和完善，并且还能够改造环境。

（四）人类条件反射的特点

巴甫洛夫根据人与动物条件反射的特点，提出了两个信号系统学说。第一信号是指现实具体的信号，如光、声、味、形状等，它们都是以信号本身的理化性质来发挥刺激作用的。第二信号是抽象信号，即语言和文字，它们是以信号所代表的含义来发挥刺激作用的。能对第一信号发生反应的大脑皮质功能系统，称为第一信号系统，是人类和动物所共有的；而能对第二信号发生反应的大脑皮质功能系统，称为第二信号系统，这是人类所特有的，也是人类区别于动物的主要特征。动物经过训练也可以用词语建立条件反射，但这不属于第二信号系统。因为词语对人脑的刺激作用除其物理性质（指声音或文字图形）外，更重要的是与物理性质相关联的含义。对于动物，词语的刺激像其他具体信号一样，只对其物理性质作出反应，而不能对其内在含义作出反应。

第二信号系统是在第一信号系统活动的基础上建立的。人类有了第二信号系统活动，就能借助于语言和文字来表达思想，并进行抽象的思维和推理，不断扩大认识能力和范围，从而更深刻地认识自然、认识世界，发现并掌握它们的规律。从医学角度来看，由于第二信号系统对人体心理和生理活动能产生重要影响，因此，医护工作者不仅要注意自然环境因素对患者的影响，还应注意语言、文字对患者的作用。

二、学习与记忆

学习与记忆是两个有联系的神经过程。学习是指人和动物通过神经系统接受外界环境信息、获得新的行为习惯(即经验)的神经过程。记忆则是将学习到的信息在脑内贮存和“读出”的神经过程。

(一) 人类学习和记忆的过程

外界通过感觉器官进入大脑的信息量是很大的，但估计只有 1%能被较长期地贮存记忆起来，而大部分被遗忘了。能被长期贮存的信息都是对个体具有重要意义的，而且反复作用的信息。信息的贮存记忆简略地分为短时性记忆和长时性记忆两个阶段。在短时性记忆中，信息的贮存是不牢固的。例如，对于一个电话号码，在人们刚刚看过，还没有通过反复运用而转入长时性记忆的话，很快便会遗忘；但如果通过较长时间的反复运用，则所形成的痕迹将随每一次运用而加强起来，最后可形成一种非常牢固的记忆。这种记忆不易受干扰而发生障碍。人类记忆过程可分为四个连续阶段。

1. *感觉性记忆*　指人体获得信息后，在脑内感觉区贮存的阶段，时间不超过 1 s，如果没有经过注意和处理很快就被遗忘。

2. *第一级记忆*　是将感觉性记忆得来的信息，经过加工处理，整合成新的连续印象，以转入第一级记忆。这个阶段时间也很短，平均约几秒钟。

3. *第二级记忆*　是一个大而持久的贮存系统，持续时间可由数分钟至数年。由第一级记忆转入第二级记忆的重要条件是反复运用学习，使信息在第一级记忆中多次循环，就容易转入第二级记忆中。

4. *第三级记忆*　通过多年的反复运用，几乎是不会被遗忘的，它贮存在第三级记忆中(图 10-21)。

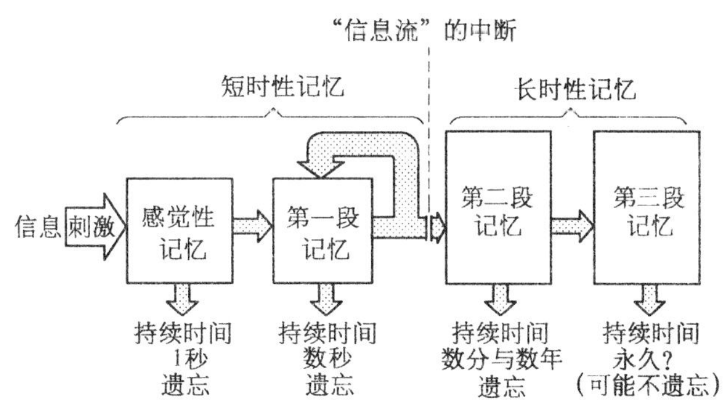

图 10-21　人类记忆过程四个阶段的示意图

(二) 学习和记忆的机制

从神经生理学的角度来看，神经元活动的后作用可能是感觉性记忆的基础。所谓神经元活动的后作用是指在刺激停止后，活动仍将继续一段时间。此外，神经元之间形成许多的环路联系，环路的连续活动可能是第一级记忆的基础，例如海马回的活动可能与第一级记忆转入第二级记忆有关。

从神经生物化学的角度来看，长时性记忆可能与脑内蛋白质合成有关。在金鱼建立条件反射的过程中，如将嘌呤霉素注入脑内，抑制脑内蛋白质的合成，则动物不能完成条件反射的建立，学习记忆能力发生明显障碍。人类的第二级记忆可能与这一类机制关系较大。中枢递质与学习记忆也有关，有的可加强学习记忆活动，有的则使学习记忆减退。

从神经解剖学的角度来看，持久性记忆可能与新的突触联系的建立有关。动物实验观察到，生活在复杂环境中的大鼠，其皮质的厚度大；而生活在简单环境中的大鼠，其皮质的厚度小。说明学习记忆多的大鼠，其大脑皮质发达，突触联系多。人类第三级记忆的机制可能与此有关。

（三）遗忘

遗忘是指部分或完全失去回忆和再认的能力，是一种正常的生理现象。遗忘在学习开始后即开始，在感觉性记忆和第一级记忆阶段，遗忘的速率很快。但是，如果对信息进行分类、整理、运用、甚至与已形成记忆的事件相结合，则会减慢遗忘的速率，使某些记忆进入长时记忆。遗忘并不意味着记忆痕迹的消失，因为复习已经遗忘的内容总比学习新的内容来得容易。产生遗忘的原因与条件刺激久不强化所引起的消退抑制和后来信息的干扰等因素有关。

病理性遗忘是脑疾病的常见症状，称为遗忘症，临床上把遗忘症分为顺行性遗忘症和逆行性遗忘症。凡不能保留新近获得信息的称为顺行性遗忘症，多见于慢性酒精中毒者。在正常脑功能发生障碍之前的一段时间内的记忆丧失，称为逆行性遗忘症，患者不能回忆起疾病或事件发生前一段时间的经历。如脑震荡、电击和麻醉均可引起此类遗忘。

三、大脑皮质的语言中枢和一侧优势

人类大脑皮质一定区域的损伤可引起具有不同特点的语言功能障碍，可见人类大脑皮质的语言功能具有一定的分区。临床研究证明，在大脑皮质存在四个与各种语言功能有关的区域，称为语言中枢。

（一）四种语言中枢

1. 语言运动区（Broca 区） 在中央前回底部前方。该区损伤后，患者能看懂文字和听懂别人谈话，也能写字，但自己却不会讲话，即运动失语症。患者与发音有关的肌肉并不麻痹，就是不能用语词来口头表达自己的思想。

2. 语言书写区 在大脑中央后回后部，接近中央前回手部代表区。该区损伤后，则会出现失写症。这种患者能听懂别人的讲话和看懂文字，也会说话，但却不会书写，手部的其他运动并无异常。

3. 语言感觉区 在颞上回后部。该区损伤后，则会产生感觉失语症。患者表现能说话，会读书，也会写字，能听见别人的谈话，但不懂别人说话的含义。像未学过外语的人，听不懂外国人说话一样。

4. 语言视觉区 在角回。该区损伤后，可引起失读症，患者能说话、能写字、能听懂别人讲话、能看见文字，但看不懂文字的含义（原来认字的人）。

四种语言中枢管理语言功能的内涵不同，但各区的活动又是紧密关联的。正常情况下，它们共同活动，以完成复杂的语言功能。

（二）大脑皮质语言功能的一侧优势

人类两侧大脑半球的功能是不对称的。语言活动的中枢主要集中在一侧大脑半球，此称为语言中枢的优势半球。

临床实践证明，习惯用右手的人（右利者），其优势半球在左侧，这种一侧优势的现象仅为人类特有，它的出现虽与一定的遗传因素有关，但主要是在后天生活实践中逐渐形成的，与人类习惯运用右手进行劳动有密切关系。在左利人群，也有半数左右的人语言中枢建立在左侧，因此，左侧半球为人类语言的优势半球。

第六节 脑的电活动与觉醒、睡眠

临床上使用脑电图机在头皮表面用双极或单极导联记录法，来观察并记录到皮质脑细胞群自发性脑电变化的波形，称为脑电图(EEG)。在动物实验中将颅骨打开或在患者进行脑外科手术时，直接在皮质表面安放电极引导，所记录出的脑电波称为皮质电图。

一、正常脑电图波形

脑电图的波形分类，主要依据其频率、波幅的不同来划分，可分为四种基本波形(图 10－22)。

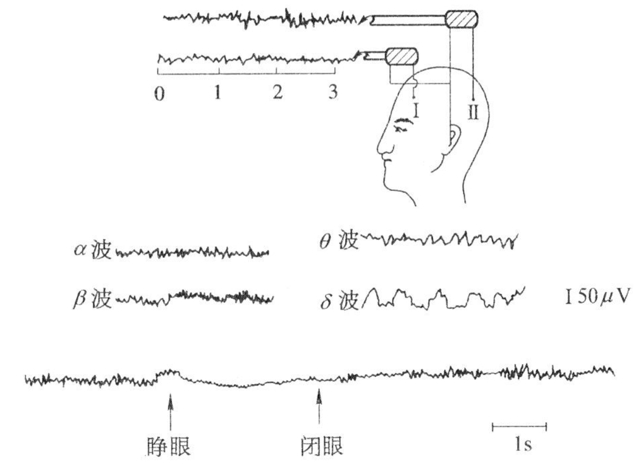

图 10－22 正常脑电图的描记和几种基本波形

上图：脑电图的描记方法：无关电极放置在耳壳，由额叶(Ⅰ)电极导出的脑电波振幅低，由枕叶(Ⅱ)导出的脑电波振幅高、频率较慢 下图：正常脑电图基本波形

1. α波 频率为每秒钟 8～13 次，波幅为 20～100 μV。α波在清醒、安静、闭眼时出现，波幅常呈现由小逐渐变大，再由大变小的规律性变化，形成所谓α波的梭形，每一梭形持续 1～2 s。睁开眼睛或接受其他刺激时，α波立即消失转而出现β波，这一现象称为α波阻断。当再次安静闭眼时，则α波又重出现。α波是成年人处于安静状态时的主要脑电波。α波在枕叶的脑电图记录中最为显著。

2. β波 频率为每秒钟 14～30 次，波幅为 5～20 μV。当受试者睁眼视物或接受其他刺激时即出现β波。一般认为，β波是新皮质处在紧张活动状态下的主要脑电活动表现，代表大脑皮质兴奋，在额叶和顶叶比较显著。

3. θ波 频率为每秒钟 4～7 次，波幅为 100～150 μV。在成年人，一般在困倦时出现，代表大脑皮质处于抑制状态。在幼儿时期，清醒时也常见到θ波。

4. δ波 频率为每秒钟 0.5～3 次，波幅为 20～200 μV。正常成年人清醒时，没有此波，但常在睡眠状态下出现。在极度疲劳、深度麻醉、缺氧或大脑有器质性病变时也可出现。

一般情况下，脑电图的波形是随大脑皮质不同的生理情况而变化。当有许多皮质神经元的电活动趋于一致时，就出现低频率高振幅的波形，这种现象称为同步化；当皮质神经元的电活动不一致时，就出现高频率低振幅的波形，称为去同步化。一般认为，脑电波由高振幅的慢波转化为低振幅的快波时，表示大脑皮质兴奋活动增强；反之，由低振幅的快波转化为高振幅的慢波时，则表示大脑皮质抑制过程的发展。

临床上，脑电图对某些疾病，如癫痫、脑炎、颅内占位性病变（如肿瘤、血肿、脓肿）等，有一定的诊断价值。癫痫患者脑电图可出现特征性的高频高幅脑电波（棘波、尖波）或在高频高幅波后跟随一个慢波（棘慢综合波）等异常波形，即或在发作间歇期，亦有异常脑电活动出现；在肿瘤侵犯的皮质区域，即使患者处于清醒状态时，也可出现 θ 波和 δ 波。此外，脑电图对于诊断脑血液循环障碍、中枢神经系统炎症、精神病等也具有重要价值。

二、脑电波形成的机制

多数研究表明，皮质表面的电位变化是由神经细胞的突触后电位变化形成的。可以设想，单一神经元的突触后电位变化是不足以引起皮质表面电位改变的，必须有大量神经元同时发生突触后电位，才能总和起来引起皮质表面的电位改变。

进一步的研究发现，大量神经元同步电活动与丘脑的功能是分不开的。正常情况下，由丘脑上传的非特异投射的节律性兴奋，到达大脑皮质，可引起皮质细胞自发脑电活动。在中度麻醉的动物，即使没有其他感觉传入的刺激，皮质也会出现每秒钟 8～12 次的自发脑电活动，其节律近似 α 波节律。如果给丘脑非特异投射系统每秒钟 8～12 次的电刺激，从大脑皮质可引导出同样频率的脑电波变化，类似于 α 波。如果切断皮质与丘脑的联系，则这种脑电活动就大大减弱。由此认为，某些自发脑电的形成，就是皮质与丘脑非特异系统之间的交互作用，一定的同步节律的丘脑非特异性投射系统的活动，促进了皮质电活动的同步化。

如果用每秒钟 60 次的节律性电刺激来刺激丘脑非特异性投射系统，则上述皮质类似 α 波的自发脑电活动立即消失而转成快波。这是高频刺激对同步化活动的扰乱，脑电出现了去同步化现象，快波的出现就是去同步化的结果。人类脑电记录中所见到的 α 波阻断现象，也是由同样的机制引起的。

三、觉醒与睡眠

觉醒与睡眠是人和高等动物维持生命活动必不可少的两个生理过程。机体只有在觉醒状态下，才能进行各种活动。通过睡眠又可使机体的精力和体力得以恢复。每天所需要的睡眠时间，随年龄、个体和职业性活动而不同。一般成年人每天需睡眠 7～9 h，儿童 12～14 h，新生儿需 18～20 h，老年人睡眠时间一般较短。

（一）觉醒状态的维持

觉醒状态的维持与脑干网状结构上行激动系统的“唤醒”作用有关。觉醒状态可以包括脑电觉醒状态与行为觉醒状态两种，脑电觉醒状态指脑电图波形由睡眠时的同步化慢波变为觉醒时的去同步化快波，而行为上不一定呈觉醒状态。它的维持可能与蓝斑上部去甲肾上腺素递质系统和脑干网状结构上行激动系统的作用有关。行为觉醒状态指动物出现觉醒时的各种行为表现，它的维持可能与黑质多巴胺递质系统的功能有关。

（二）睡眠的时相

根据睡眠过程中脑电特征，将睡眠分为两种不同的时相，即慢波睡眠和快波睡眠。

1. 慢波睡眠（正相睡眠）　脑电波呈现同步化慢波的时相，又称同步睡眠。慢波睡眠期间，人体表现为嗅、视、听、触等感觉功能暂时减退；骨骼肌反射活动和肌紧张减弱；伴有一系列自主神经功能的改变，如心率减慢、血压下降、呼吸减慢、瞳孔缩小、尿量减少、代谢率降低、体温下降、发汗功能增强、胃液分泌增多等。此外，生长激素分泌明显增多，有利于促进生长和体力的恢复。

2. 快波睡眠(异相睡眠) 脑电波呈现去同步化快波的时相，又称快波睡眠。快波睡眠期间，人体表现为各种感觉功能进一步减退，睡眠更深，以致唤醒阈升高。骨骼肌反射运动及肌紧张进一步减弱，肌肉几乎完全松弛。此外，在异相睡眠期间还可能有间断的阵发性表现，例如，部分肢体抽动、血压升高、心率加快、呼吸快而不规则，这种自主神经系统的活动出现明显而不规则的短时变化，可能与某些疾病在夜间发作有关，如心绞痛、哮喘、阻塞性肺气肿的缺氧发作等。快波睡眠另一个明显特征是可出现眼球快速运动，所以又称为快速眼球运动睡眠。此外，80%左右的人在此期间被唤醒时，会诉说正在做梦。还有些实验表明，异相睡眠期间，脑内蛋白质合成加快。因此认为，异相睡眠与幼儿神经系统的成熟有密切关系，并有利于中枢内建立新的突触联系而增进学习记忆活动，对促进精力恢复是有利的。

在整个睡眠过程中，两个时相互相交替出现。成年人睡眠时，先进入慢波睡眠，持续 80～120 min后转入快波睡眠，快波睡眠维持 20～30 min，又转入慢波睡眠。在整个睡眠过程中，如此反复转化 4～5 次。

神经元之间在突触处以电-化学-电的方式传递信息。突触传递与神经纤维传导相比，其特点有单向性、中枢延搁、兴奋的总和、后发放及对内环境变化敏感和易疲劳性。按作用性质可将突触分为兴奋性突触和抑制性突触两大类。神经递质分为外周神经递质和中枢神经递质两大类。

感受器是神经系统中感觉功能的门户。它发出的传入特异投射系统投射到大脑皮质感觉特定区域，引起特定的感觉。另一方面，感觉冲动还可沿非特异投射系统弥散地投射到大脑皮质的广泛区域，主要功能是维持和改变大脑皮质的兴奋状态。脊髓在感觉中起传导作用。大脑皮质是产生感觉的最高级中枢。各种感觉传入冲动最终到达大脑皮质，通过对传入信息的分析与整合，大脑皮质产生不同的感觉。不同性质的感觉在大脑皮质具有不同的代表区。

疼痛具有防御意义，分为体表痛和内脏痛。内脏痛定位不准确，常由牵拉、痉挛、缺血或炎症所引起，而对于切割、烧灼等刺激不敏感。内脏疾病引起体表部位发生疼痛或痛觉过敏的现象，称为牵涉痛。

躯体运动的神经调节基本中枢在脊髓。脊髓前角运动神经元通过神经-肌肉接头控制骨骼肌的活动，骨骼肌受牵拉时，肌梭感受器兴奋，其冲动传入脊髓后可加强 α 运动神经元活动，进而引起受牵拉的肌肉收缩，这一过程称为牵张反射，表现为腱反射和肌紧张两种类型，对于保持姿势和维持平衡十分重要，也是产生各种随意运动的前提。高位中枢可直接控制 α 运动神经元或间接控制 γ 神经元来控制肌紧张和肌肉收缩。网状结构下行易化和抑制系统是通过改变 α 或 γ 神经元生理状态间接控制肌紧张。小脑除对肌紧张有易化和抑制作用外，还有维持身体平衡和协调随意运动的功能。基底核有重要的运动调节功能，它对随意运动的产生和稳定、肌紧张的调节、本体感觉传入冲动信息的处理等都有关系。此外，基底核可能还参与运动的设计和程序的控制。大脑皮质发出的锥体系可控制 α 运动神经元而发动随意运动，也可控制 γ 神经元以调整肌梭敏感性。锥体外系主要调节肌紧张，配合锥体系协调许多肌群的随意运动。

内脏活动直接由自主神经控制，大多数接

受交感和副交感神经的双重支配。交感神经的作用在于动员机体能量，使机体适应环境的急剧变化，表现为心跳加快、血库排出血液、皮肤和内脏血管收缩、支气管扩张、糖原分解等功能变化。副交感神经作用在于保护机体、积蓄能量、加强排泄生殖等，表现为心活动减弱、消化活动加强、瞳孔缩小等功能活动变化。自主神经的递质有 ACh 和 NE，在其效应器上存在着相应受体，如 α、β、M 及 N 等。

条件反射建立之后，如果受到足够强化，它就巩固下来，否则就会消退。人具有以语言为信号的第二信号系统，可进行抽象思维，因而能主动改造世界。此外，人还具有优势半球现象，这与语言、书写等有关。

学习是人和动物通过神经系统接受外界信息、获得新行为的过程。记忆则是将学习到的信息在脑内贮存和“读出”的过程。

睡眠按其脑电和行为特点分为慢波睡眠和快波睡眠两种时相。睡眠是一种恢复精力和体力的生理过程。

实验一　人体腱反射

【实验理论依据和目的要求】

脊髓是躯体运动的基本中枢，它受大脑皮质的控制和调节。腱反射是典型的单突触躯体运动反射，具有明显的节段性分布。因此可以通过某些腱反射的检查，了解脊髓反射弧的完整性和高位中枢对脊髓的控制状态。腱反射减弱或消失，提示反射弧中某一环节，如传入神经、传出神经或脊髓反射中枢受损；腱反射亢进，提示高位中枢有病变。

通过下列几种临床常用的腱反射的学习，要求学生掌握其检查方法和生理意义。

【实验对象】

人。

【实验器材】

检查床、叩诊锤。

【实验步骤和观察项目】

1. 肱二头肌反射　受检者取坐位或仰卧位，前臂屈曲 90°，检查者以左手托住受检者肘部，并以左手拇指接于受检者肘部肱二头肌腱上，右手持叩诊锤，叩击检查者自己的左拇指(图 10－23)。正常反应为肱二头肌收缩，肘关节屈曲。

2. 肱三头肌反射　受检者坐位或仰卧位，上臂稍外展，肘关节半屈曲。检查者用左手托住其上臂，右手用叩诊锤直接叩击鹰嘴上方的 2 cm 处肱三头肌腱(图 10－24)。正常反应为肱三头肌收缩，肘关节伸直。

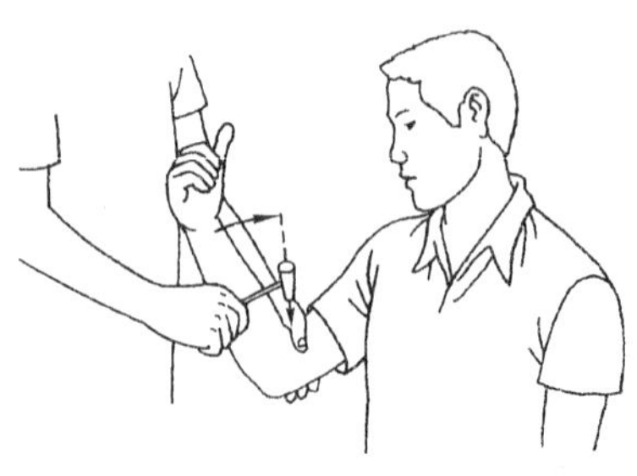

图 10－23　肱二头肌腱反射示意图

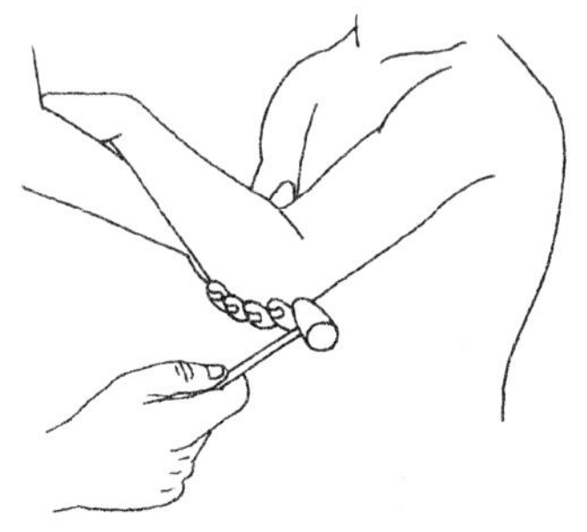

图 10－24　肱三头肌腱反射示意图

3. 膝跳反射 受检者坐位或仰卧位，双下肢屈曲，检查者左手托住受检者腘窝部，让其下肢肌肉放松，用右手持叩诊锤叩击膝盖膑骨下方股四头肌腱(图 10-25)。正常反应为股四头肌收缩，小腿伸展。

4. 跟腱反射 受检者仰卧位，髋及膝关节稍屈曲，下肢取外展位。检查者左手将受检者足部背屈成直角，以叩诊锤叩击跟腱(图 10-26)。正常反应为腓肠肌收缩，足向跖面屈曲。

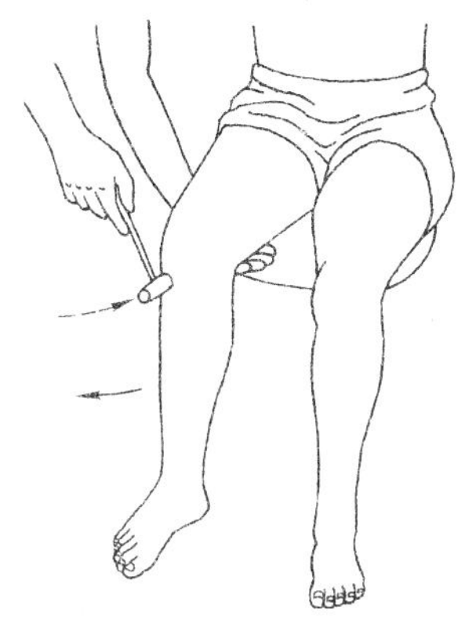

图 10-25 膝跳反射示意图

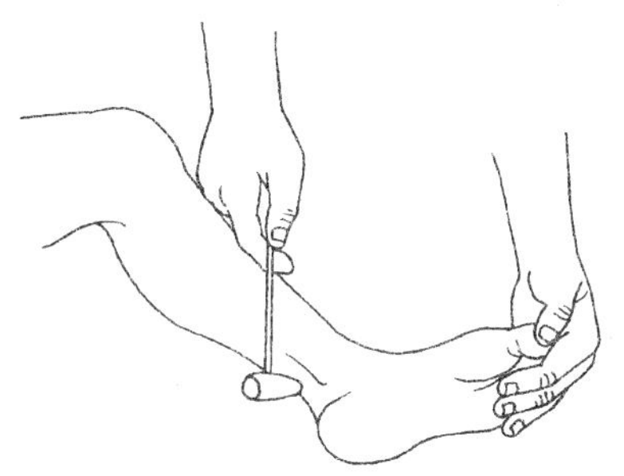

图 10-26 跟腱反射示意图

实验二 破坏一侧小脑观察

【实验理论依据和目的要求】

小脑是躯体运动最重要的调节中枢，与大脑、丘脑、脑干网状结构、脊髓等处有广泛而复杂的纤维联系，是锥体外系的重要组成部分。小脑绒球小结叶与身体平衡功能有关；小脑前叶主要参与肌紧张的调节(既有易化作用，也有抑制作用)；而小脑后叶则与机体随意运动的协调有密切关系。因此，当破坏小白鼠一侧小脑后，可以引起肌紧张失调和平衡功能障碍。

通过观察破坏小白鼠一侧小脑后肌紧张失调和平衡功能障碍，讨论小脑对肌紧张、身体平衡和运动姿势的影响。

【实验对象】

小白鼠。

【实验器材和药品】

手术刀、大头针、烧杯(容量 200 ml)、棉球、乙醚。

【实验步骤和观察项目】

1. 麻醉 取小白鼠一只，先观察其正常活动情况，然后将小白鼠用烧杯罩住，投入一块浸过乙醚的脱脂棉球，待动物麻醉后(停止活动，呼吸变得深慢)随即取出置于桌上。

2. 手术 剪去小白鼠颅顶上的毛后，用示指和拇指固定动物头部，沿正中线切开两耳间的皮肤暴露顶骨与顶间骨，用脱脂棉球轻轻向后分离顶间骨的肌肉，在半透明的颅骨下，小脑隐约可见，用大头针按图 10-27 所示的穿刺点垂直刺入一侧顶间骨(大头针约 3 mm)搅动，破坏一侧小脑后出针，用棉球压迫止血。

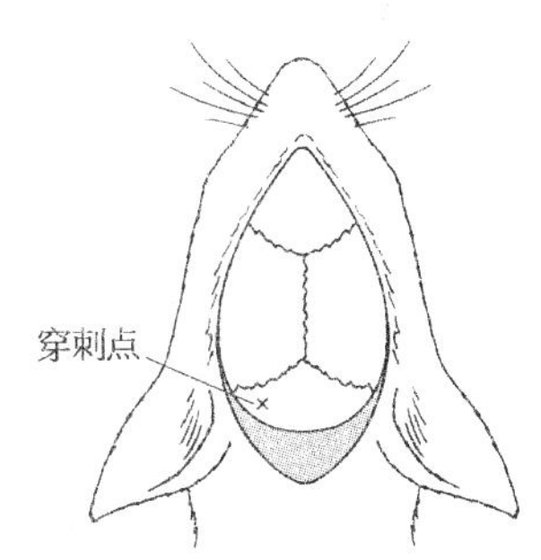

图 10-27 小白鼠小脑穿刺点示意图

3. 观察　待动物清醒后，观察其活动状况，注意其姿势是否平衡，比较两侧肢体的肌紧张有何变化。

【注意事项】

(1) 麻醉小白鼠时，烧杯不要完全密闭，与桌面间留有一小缝隙，以免动物缺氧窒息而死。

(2) 麻醉不宜过深，麻醉时应密切注意小白鼠的呼吸。

(3) 针刺破坏小脑时，要垂直进针，深度适宜，刺入太深损伤中脑；刺入太浅，无破坏作用。

(4) 实验完毕，应将小白鼠处死。

【思考题】

小脑分哪些区域，其功能有何不同？

实验三　大脑皮质的功能定位

【实验理论依据和目的要求】

大脑皮质的一定区域管理一定部位的躯体运动，刺激大脑皮质某些部位，能引起特定的肌肉和肌群收缩。

观察电刺激大脑皮质运动区的效应，讨论大脑皮质运动区的特点。

【实验对象】

家兔。

【实验器材和药品】

哺乳动物手术器械、兔手术台、颅骨钻、小咬骨钳、电刺激器、骨蜡(或止血海绵)、乙醚或 20% 氨基甲酸乙酯溶液、液体石蜡、生理盐水。

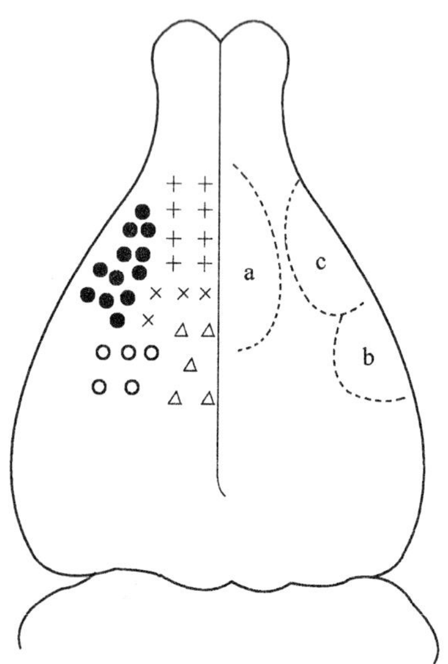

图 10－28　兔皮质的刺激效应区域

a. 中央后区　b. 脑岛区划　c. 下颌运动区
○ 动头　● 动下颌　△ 前肢动
＋颜面肌和下颌动　×动前肢和后肢

【实验步骤和观察项目】

(一) 开颅法

1. 麻醉和气管插管　取家兔一只，自耳缘静脉注入 20%氨基甲酸乙酯溶液(1 g/kg)，或用乙醚轻度麻醉后，俯卧固定于兔台，颈部剪毛，切开皮肤，行气管插管术。

2. 固定动物　将家兔翻转俯卧，并固定其头于固定架上。

3. 手术　在头顶部沿正中线切开皮肤，剥离肌肉，暴露出颅骨。然后用颅骨钻在一侧顶骨开洞，再用小咬骨钳逐渐扩大创口。术中随时用骨蜡止血。用小镊子夹起脑膜并细心剪开，暴露脑组织，用温热生理盐水浸湿的棉花盖在裸露的大脑皮质上，或滴加几滴石蜡油，以防干燥。

4. 刺激与观察　放松动物头部和四肢。将一电极固定在头皮下做无关电极，用另一单线刺激电极以适宜强度(6～16 V，10 Hz)的电刺激，以间隔均匀，相等时间(5～15 s)，按图 10－28 所示，逐一刺激兔大脑皮质运动区，观察记录躯体运动的反应。

(二) 不开颅法

1. 麻醉与手术　实验动物家兔不麻醉或轻度麻醉，俯卧固定并将兔头固定于兔头固定架上，沿正中线切开皮肤，剥离骨膜，暴露出颅骨。

2. 做骨性标志线　参照图 10－29 做骨性标志线。

3. 置入无关电极　采用单极连法，无关电极置腹部正中皮下。

4. 置入刺激电极　参照图 10－30 按骨性标志线定位，将大头针去帽制成针形电极，以小锤自颅顶垂直钉入最佳点，2～3 mm 深。

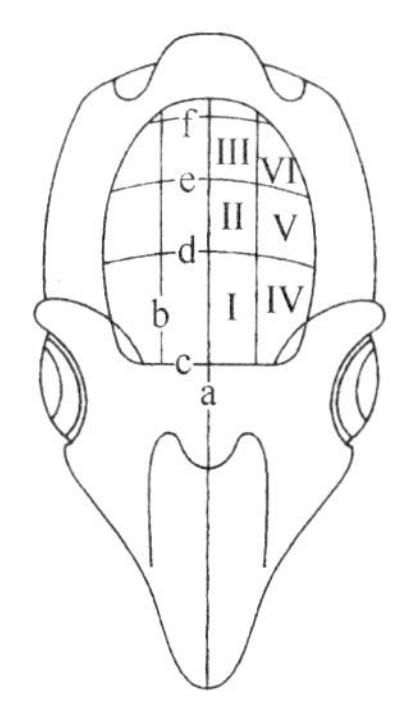

图 10－29　兔大脑半球运动区颅顶骨性标志线

a. 矢状线　b. 旁矢状线　c. 切迹连线　d. 冠状线　c. 顶冠间线　f. 顶间前线

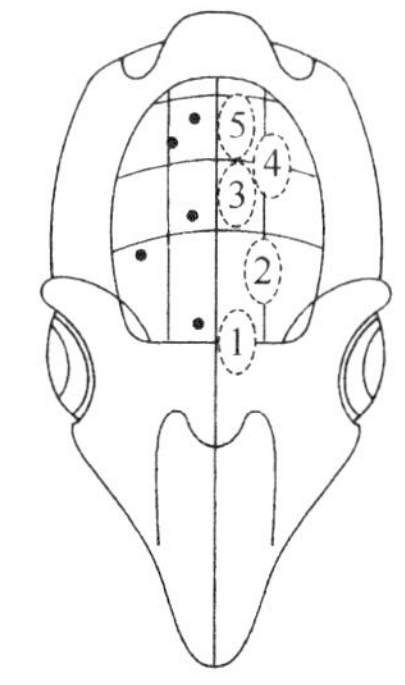

图 10－30　兔大脑半球运动区最佳刺激点和刺激区

1. 动头　2. 咀嚼　3. 前肢　4. 竖耳　5. 举尾

5. 刺激与观察　刺激参数：一般强度 6～16 V，波宽 20 ms，频率 10 Hz 为适宜。将生理多用仪的输出刺激与各部位的针形电极相连，逐一刺激，观察记录躯体运动的反应(图 10－30)。

【注意事项】

(1) 刺激皮质引起的骨骼肌收缩，往往有较长的潜伏期，所以，每次刺激需要持续 5～6 s，才能确定有无反应。

(2) 开颅时，先用颅骨钻在左侧(或右侧)顶骨中央钻开一个小孔，在打开颅骨时，注意勿伤及硬脑膜，再用咬骨钳将骨孔慢慢扩大，当扩大到颅顶矢状缝处要特别小心操作，以免损伤矢状窦引起大出血。

【思考题】

为什么刺激大脑皮质运动区位，能观察到特定的肌肉和肌群运动?

实验四　去大脑僵直

【实验理论依据和目的要求】

脑干网状结构是调节肌紧张的重要部位，通过该部位的易化区和抑制区分别发放下行冲动，对肌紧张起加强或减弱的作用，两者共同维持正常的肌紧张。如果将动物脑在上下丘之间切断，此时动物出现伸肌过度紧张，四肢伸直，头尾昂起，脊柱硬挺，称为去大脑僵直。去大脑僵直发生原因是因为抑制区失去高位脑中枢的始动作用，使易化作用相对增强，出现全身僵直现象。

观察去大脑僵直现象；分析高位中枢对肌紧张的调节。

【实验对象】

家兔。

【实验器材和药品】

哺乳动物手术器械、兔手术台、颅骨钻、小咬骨钳、电刺激器、骨蜡(或止血海绵)、乙醚或20%氨基甲酸乙酯溶液、液体石蜡、生理盐水。

【实验步骤和观察项目】

(一)开颅法

1. 麻醉与手术　开颅过程与大脑皮质运动区功能定位相同,但应向后扩展颅骨到枕骨结节,暴露两侧大脑半球后缘,注意勿损伤矢状窦与横窦,随时用骨蜡或止血海绵止血。

图10-31　兔去大脑僵直表现

2. 切断脑干　松开动物四肢缚绳,再由助手抓紧动物四肢,术者左手将动物头部托起,右手用手术刀柄从大脑后缘与小脑之间,轻轻翻开大脑半球,暴露四叠体(上丘较粗大,下丘较小)用手术刀背在上下丘之间略向前倾斜切向颅底,同时向两边拨,将脑干完全切断。

3. 观察　将动物仰卧,几分钟后可出现实验动物的去大脑僵直现象(动物四肢伸直,头向后仰,尾向上翘,呈角弓反张状态),然后再检查动物的肌张力(图10-31)。

(二)不开颅法

1. 确定穿刺点　将兔用乙醚轻度麻醉,剪除头顶部毛,在其头顶沿正中线切开皮肤,暴露颅骨。在矢状缝与冠状缝交点至人字缝顶点之间用笔画一直线,将此线二等分,后一线段的中点向左或右旁开约5 mm处即穿刺点。亦可按矢状缝与人字缝交点处向上、向左或右各旁开1～2 mm处作为穿刺点。

2. 横断脑干　一手握住兔头,另一手用探针先在一侧穿刺点钻一小孔,然后将注射针头自小孔向着口裂与下颌之间刺至颅底,并使针尖端向左右拨动,离断脑干。取出针头,将动物侧卧即可进行观察。

【注意事项】

(1) 麻醉宜浅,若麻醉过深,动物不易出现去大脑僵直。

(2) 横断脑干的部位不能太低,以免损伤延髓呼吸中枢,引起呼吸停止。

(3) 有时因横切部位过高,不出现去大脑僵直,15～20 min后可再将刀背稍向尾侧端斜切一刀,观察反应。

【思考题】

何谓去大脑僵直?其产生机制如何?

第十一章
内分泌系统

导学

了解：激素作用的一般特征；激素的分类及其作用机制；前列腺素和松果体激素的生理作用。

熟悉：腺垂体激素及其生理作用；神经垂体激素及其生理作用。

应用：甲状腺激素的合成、贮存及释放、甲状腺素的生理作用；甲状腺功能的调节；肾上腺皮质激素的种类、生理作用及其分泌调节。肾上腺髓质激素的生理作用及其分泌调节；甲状旁腺素、维生素 D_3 和降钙素对钙代谢的作用；胰岛素的生理作用；前列腺素和松果体激素的生理作用。学会做胰岛素低血糖休克实验。

内分泌系统是由机体各内分泌腺和散在于某些组织器官中的内分泌细胞组成。它与神经系统密切联系，相互配合，共同调节机体的各种功能活动，尤其是在新陈代谢、生长发育和生殖的调节及维持内环境稳态等方面起着重要作用。

人体主要的内分泌腺有垂体、甲状腺、甲状旁腺、肾上腺、胰岛和性腺等；散在于组织器官中的内分泌细胞比较广泛，如消化管黏膜、心、肾、肺、胎盘、下丘脑等。

第一节 激　　素

由内分泌腺或内分泌细胞分泌的能传递信息的生物活性物质，称为激素。一般说来，激素产生以后，需经血液或组织液运输到各器官、组织、细胞发挥作用。激素作用的器官、组织、细胞分别称为靶器官、靶组织和靶细胞。某些激素专一作用于某一内分泌腺，则称为该激素的靶腺。激素传递信息的方式有多种，大多数激素经血液循环的运输到达远距离的靶器官或靶细胞而发挥作用，称为远距分泌；某些激素通过组织液扩散到邻近的细胞而发挥作用，称为旁分泌；有些内分泌细胞分泌的激素在局部扩散又返回作用于该内分泌细胞而发挥反馈作用，称为自分泌；下丘脑的某些神经细胞能合成神经激素，并通过轴浆运输至末梢释放，称为神经分泌。

一、激素作用的一般特征

激素种类虽然较多，作用复杂，但在对靶组织发挥调节作用的过程中，具有某些共同特点。

（一）激素的信息传递作用

激素是在细胞之间进行信息传递的生物活性物质。它虽然作用于靶细胞，但既不能给细胞添加成分、引起新反应，也不能提供能量，仅仅起着“化学信使”的作用，将生物信息传递给靶细胞，增强或减弱细胞原有的生理生化反应。

(二) 激素作用的相对特异性

激素释放进入血液，被运送到全身各个部位，仅选择性地作用于靶细胞，产生特定的生物学效应，称为激素作用的特异性。激素作用的特异性与靶细胞上存在与该激素发生特异性结合的受体有关。体内各类激素作用的特异性差异很大，有些激素只作用于某一靶腺，如促甲状腺激素只作用于甲状腺；有些激素广泛作用于全身所有的组织细胞，调节它们的代谢过程，如生长激素、甲状腺激素等。这主要取决于各种激素特异性受体在体内的分布范围。

(三) 激素的高效能生物放大作用

激素在血液中浓度很低，一般在纳摩尔每升(nmol/L)，甚至在皮摩尔每升(pmol/L)水平，但其作用非常显著。这是由于激素与受体结合后，在细胞内发生一系列酶促作用，逐级放大，形成一个效能极高的生物放大系统。某内分泌腺分泌的激素稍有过多或不足，便会引起机体功能明显改变。因此，维持机体内激素水平的相对稳定，对保持各组织器官的正常功能极为重要。

(四) 激素间的相互作用

不同的激素作用虽然不同，但激素之间却是互相联系、互相影响的。主要表现为：①协同作用。指不同的激素共同调节某项生理活动时，引起的效应相互增强，如生长素与肾上腺素均能升高血糖；②拮抗作用。不同激素间的调节效应相互对抗，如胰岛素能使血糖降低，而胰高血糖素能使血糖升高；③允许作用。某些激素本身不能对某器官或细胞直接发生作用，但它的存在却使另一种激素产生的效应明显增强，如糖皮质激素本身不能引起血管平滑肌收缩，但由于它的存在，去甲肾上腺素才能充分发挥其缩血管的作用。通过激素间的相互作用扩大了激素作用的范围，提高了激素调节的效应。

二、激素的分类

激素按其化学性质可分为两大类。

(一) 含氮激素

1. 蛋白质激素　如胰岛素、甲状旁腺激素和垂体分泌的多种激素等。

2. 肽类激素　如下丘脑调节多肽、神经垂体激素、胃肠激素和降钙素等。

3. 胺类激素　如甲状腺激素、肾上腺素和去甲肾上腺素等。

除甲状腺激素外，这类激素均易被消化液中的消化酶破坏，故临床应用时不宜口服。

(二) 类固醇(甾体)激素

包括肾上腺皮质激素和性激素。如糖皮质激素、醛固酮、雄激素、雌激素和孕激素等。它们不易被消化酶破坏，一般临床应用可口服。

三、激素的作用机制

激素与靶细胞上的受体结合，可使细胞内产生一系列生物效应，由于激素的化学性质不同，其作用机制也不相同。

(一) 含氮激素作用机制——第二信使学说

含氮激素传递到靶细胞后，作为第一信使先与细胞膜上的特异性受体结合，可激活细胞膜上的鸟苷酸结合蛋白(G蛋白)，继而激活细胞膜上的腺苷酸环化酶(AC)，在 Mg^{2+} 的参与下，促使细胞内三磷酸腺苷(ATP)转变为环磷酸腺苷(cAMP)。cAMP 作为第二信使，激活细胞内无活性的蛋白激酶 A(PKA)，再由 PKA 催化细胞内多种蛋白质发生磷酸化反应，从而引起靶细胞内各种生理生化反应。cAMP 发挥作用后，可被细胞内磷酸二酯酶水解为 5′-AMP 而失活(图 11-1)。

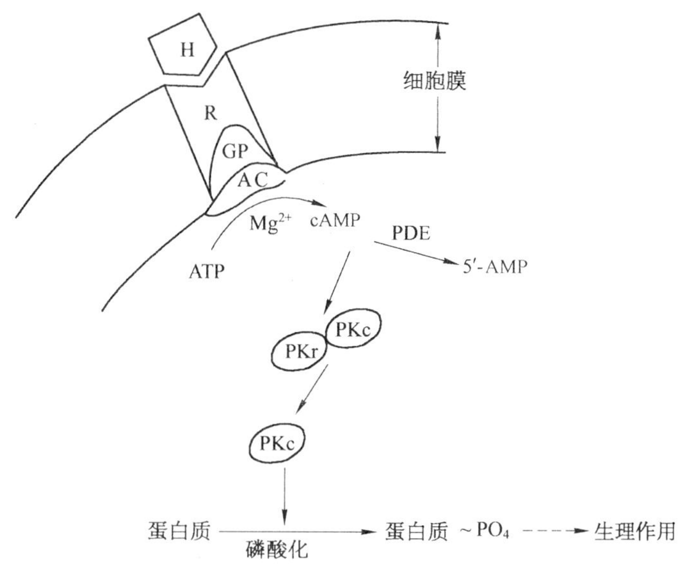

图 11-1　含氮激素作用机制示意图

H. 激素　R. 受体　GP. G 蛋白　AC. 腺苷酸环化酶　PDE. 磷酸二酯酶
PKr. 蛋白激酶调节亚单位　PKc. 蛋白激酶催化亚单位

近年医学研究表明，cAMP 不是唯一的第二信使。能起第二信使作用的物质还有环磷酸鸟苷(cGMP)、二酰甘油(DG)、三磷酸肌醇(IP_3)、前列腺素及 Ca^{2+} 等。

(二) 类固醇激素作用机制——基因调节学说

类固醇激素分子量较小，属脂溶性，易透过细胞膜进入到靶细胞内，在细胞内通过影响基因表达而发挥作用。

类固醇激素与胞质内特异性受体结合，形成激素-胞质受体复合物，受体蛋白质发生构型改变，使激素-胞质受体复合物获得进入细胞核的能力，由胞质转移至细胞核内。进入核内的激素-胞质受体复合物与染色体"受体位点"结合形成有活性激素-核受体复合物，进而启动基因 DNA 生成新的信使核糖核酸(mRNA)。mRNA 转移至胞质内，在核糖体上翻译合成新的蛋白质(主要是酶蛋白)。通过这种蛋白质，引起相应的生理效应(图 11-2)。

显然，以上两类激素的作用机制是不同的。但研究发现它们之间在某些环节上存在相互交叉现象。如甲状腺激素虽为含氮激素，却能进入细胞通过调节基因表达发挥作用；同样，类固醇激素也可作用于细胞膜引起非基因效应。

第二节　下丘脑和垂体

下丘脑与垂体在结构和功能上有着密切联系，是一个彼此相依的内分泌功能单位。垂体是人体重要的内分泌腺，按其结构和功能可分为腺垂体和神经垂体两部分。因此，下丘脑和垂体可分为下丘脑-腺垂体和下丘脑-神经垂体两个功能系统(图 11-3)。

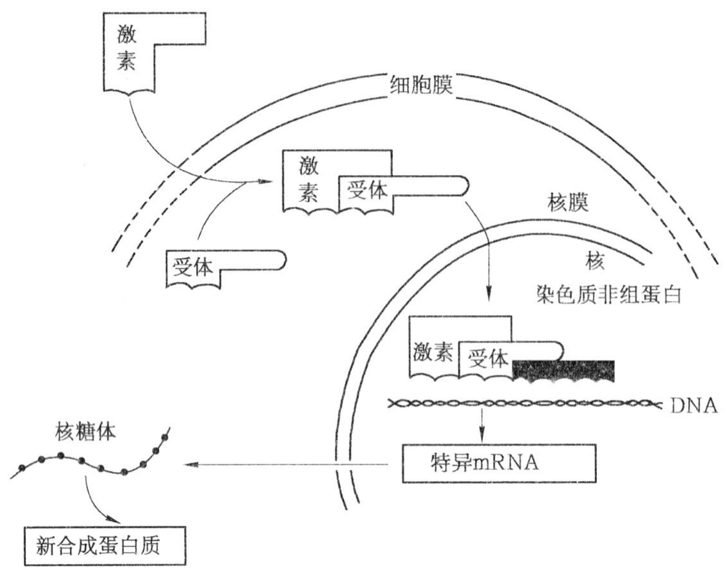

图 11－2 类固醇激素作用机制示意图

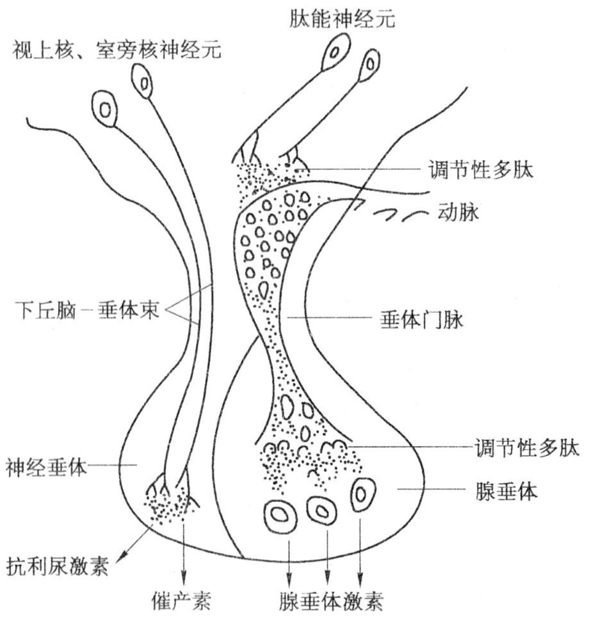

图 11－3 下丘脑与垂体功能联系示意图

一、下丘脑-腺垂体系统

(一) 下丘脑调节多肽对腺垂体的作用

下丘脑调节多肽是指由下丘脑促垂体区分泌的主要调节腺垂体活动的肽类激素。目前已知的下丘脑调节多肽有九种,其中化学结构已阐明的称为激素,未阐明的称为因子。它们能促进或抑制腺垂体激素的分泌,促进分泌的称为释放激素(或因子),抑制分泌的称为释放抑制激素(或因子)。现将下丘脑调节多肽的化学本质与主要作用列表 11-1。

表 11-1　下丘脑的调节多肽及其作用

下丘脑调节多肽(HRP)	英文缩写	化学本质	对垂体作用
促甲状腺激素释放激素	TRH	三肽	促甲状腺激素↑
促性腺激素释放激素	GnRH	十肽	黄体生成素↑,卵泡刺激素↑
生长激素释放激素	GHRH	四十四肽	生长激素↑
生长抑素	GIH	十四肽	生长激素↓
促肾上腺皮质激素释放激素	CRH	四十一肽	促肾上腺皮质激素↑
催乳素释放因子	PRF	肽	催乳素↑
催乳素释放抑制因子	PRIF	多巴胺?	催乳素↓
促黑素细胞激素释放因子	MRF	肽	促黑激素↑
促黑素细胞激素释放抑制因子	MIF	肽	促黑激素↓

注:↑表示促进分泌;↓表示抑制分泌。

(二) 腺垂体激素及生理作用

腺垂体是体内最重要的内分泌腺,可分泌七种激素,对机体的新陈代谢、生长发育和生殖都有重要作用(图 11-5)。

1. 生长激素(GH)　GH 属于蛋白质类激素,人生长激素(hGH)含有 191 个氨基酸,其作用具有显著的种属特异性,除猴以外,从其他哺乳动物体内提取的 GH 对人均无效。它的生理作用主要是促进物质代谢和机体的生长发育。

(1) 促进生长的作用　GH 对各组织、器官的生长均有促进作用,尤其对骨骼、肌肉及内脏器官的作用更为显著。

人在幼年期 GH 分泌不足,将出现生长发育迟缓,甚至停滞,身材矮小,但智力发育正常,称为侏儒症;相反,如果 GH 分泌过多,则可使生长发育过度,身材过于高大,称为巨人症;成年后 GH 分泌过多,因长骨骨骺已钙化闭合,不再生长,只刺激手脚肢端短骨、面骨及软组织异常生长,出现手足粗大,鼻大唇厚、下颌突出等症状,内脏器官如肝、肾也增大,称为肢端肥大症。

患侏儒症的儿童,在 2 岁后其生长速度低于每年 4 cm。若及时地给以补充 GH,可使这些儿童恢复正常的生长速度,并在治疗的早期能有一个超过正常速度的追赶过程。近年来,利用 DNA 重组技术可以产生大量的 hGH,供临床应用。

GH 对促进生长并无直接作用。其作用机制是 GH 能诱导肝产生生长素介质。生长素介质最主要的作用是促进钙、磷、钠、钾、硫等元素进入软骨组织,促进氨基酸进入软骨细胞,加速 DNA、RNA 的转录和翻译,使蛋白质的合成增加,促进软骨细胞增殖与骨化,使长骨加长。另外,GH 还可刺激多种组织细胞的有丝分裂,加速细胞增殖。

(2) 对物质代谢的作用

1) 蛋白质代谢:GH 可促进氨基酸进入细胞,加速 DNA 和 RNA 的合成,使蛋白质合成增加。

2) 脂肪代谢:GH 能促进脂肪分解,增强脂肪酸氧化,为机体提供能量。

3) 糖类代谢:生理水平的 GH 可刺激胰岛素的分泌,加强糖的利用,但过量的 GH 反而抑制外周组织摄取与利用葡萄糖,使血糖升高。生长素分泌过多,可引起"垂体性糖尿病"。

生长素的分泌受下丘脑生长激素释放激素(GHRH)和生长抑素(GIH)的双重调节,前者促进 GH 分泌,后者抑制 GH 分泌。通常情况下,GHRH 的促进作用占优势。此外,人生长素的分泌呈现明显的昼夜节律波动。在觉醒状态下,GH 分泌较少;在睡眠过程的慢波睡眠期分泌达高峰,以后逐渐降低,这有利于促进机体生长发育。

2. 催乳素(PRL) PRL 是一种含 199 个氨基酸的蛋白质,其作用非常广泛,但主要表现为对乳腺和性腺的作用。

(1) 对乳腺的作用 PRL 可促进乳腺生长发育,并引起和维持泌乳。女性乳腺的发育分为青春期、妊娠期和哺乳期。①青春期乳腺发育主要受雌激素的刺激,孕激素、生长素、甲状腺激素、皮质醇及 PRL 等激素起一定协同作用;②妊娠期雌激素、孕激素及 PRL 分泌增多,促进乳腺进一步发育,具备了泌乳的能力,但并不分泌,这是因为此时血中的雌激素和孕激素浓度过高,与 PRL 竞争受体,使 PRL 不能发挥作用;③分娩后血液中的雌激素和孕激素明显降低,PRL 与乳腺细胞受体结合,发挥和维持泌乳作用。

(2) 对性腺的作用 在女性,小剂量的 PRL 能促进卵巢排卵和黄体生长,并刺激雌激素和孕激素的分泌。在男性,可促进前列腺和精囊的生长,使睾酮合成增加。

PRL 的分泌受下丘脑分泌的催乳素释放因子(PRF)和催乳素释放抑制因子(PIF)的双重调节。前者促进 PRL 分泌,后者抑制 PRL 分泌。婴儿吸吮母亲乳头的刺激可使神经冲动上传至下丘脑,使催乳素神经元兴奋,使 PRL 大量释放,引起乳汁的分泌,以利于哺乳。

3. 促黑激素(MSH) MSH 属多肽类激素,主要作用于黑色素细胞,促进黑色素合成。人体中的黑色素细胞主要集中在皮肤、毛发、眼球虹膜及视网膜色素层等部位。MSH 的作用机制是促进黑色素细胞中的酪氨酸酶的合成和激活,催化酪氨酸转变为黑色素,使皮肤、毛发、虹膜等部位的颜色加深。

下丘脑促黑激素释放因子(MRF)和促黑激素释放抑制因子(MIF)分别促进和抑制 MSH 的分泌。

4. 腺垂体促激素 腺垂体分泌促甲状腺激素(TSH)、促肾上腺皮质激素(ACTH)、黄体生成素(LH)和促卵泡激素(FSH)四种激素,均作用于具有分泌功能的靶腺,即甲状腺、肾上腺皮质和性腺,故将它们统称为促激素。其主要作用见表 11-2。

表 11-2 各种促激素对靶腺的主要作用

促激素名称	主 要 作 用
促甲状腺激素(TSH)	促进甲状腺合成和释放甲状腺激素 刺激甲状腺细胞增生,使腺体增大
促肾上腺皮质激素(ACTH)	促进肾上腺皮质合成和分泌糖皮质激素 刺激肾上腺皮质增生

（续表）

促激素名称	主 要 作 用
促卵泡激素（FSH）（精子生成素）	促进卵巢中的卵泡生长、发育和成熟，并分泌雌激素 促进睾丸曲细精管上皮发育和精子的生成
黄体生成素（LH）（间质细胞刺激素）	促进卵泡的最后成熟和排卵 促进黄体的生成，并分泌大量的雌激素和孕激素 刺激睾丸间质细胞分泌雄激素

（三）腺垂体促激素分泌的调节

腺垂体促激素的分泌受下丘脑调节多肽的调控，同时也受靶腺激素的反馈性调节（图11－4）。

1. 下丘脑调节多肽对腺垂体的调节　下丘脑、腺垂体和相应靶腺之间的调节关系形成三个功能轴，分别称为下丘脑-腺垂体-甲状腺轴、下丘脑-腺垂体-肾上腺皮质轴和下丘脑-腺垂体-性腺轴。

下丘脑"促垂体区"产生的下丘脑调节多肽，通过垂体门脉系统作用于腺垂体，促进或抑制腺垂体促激素的分泌，各种促激素再分别作用于各自的靶腺，影响靶腺激素的分泌。

2. 靶腺激素对下丘脑、腺垂体系统的反馈性调节　腺垂体分泌的促激素作用于相应的靶腺，分别引起甲状腺激素、肾上腺皮质激素和性腺激素的分泌。这些靶腺激素对下丘脑和（或）腺垂体均有反馈作用，多数为负反馈。通过反馈作用适时调整相应释放激素和促激素的分泌量，从而使靶腺激素在血中浓度保持相对稳定。

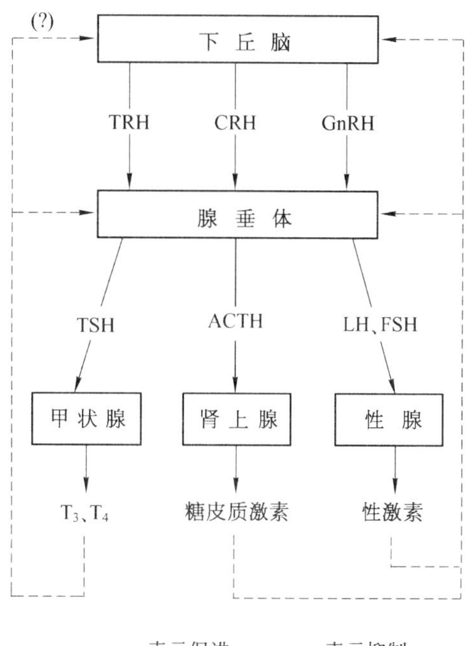

图 11－4　促激素分泌调控示意图

此外，下丘脑是中枢神经系统的一部分，与中脑、边缘系统、大脑皮质等都有密切联系。当中枢神经系统受到内、外环境刺激时，可通过下丘脑调节多肽，直接影响三个功能轴的活动。

二、下丘脑-神经垂体系统

神经垂体由神经胶质细胞和神经纤维组成，不含腺细胞，不能合成激素，只能贮存和释放激素。其释放的激素由下丘脑视上核和室旁核的神经内分泌细胞合成。合成的激素沿下丘脑-垂体束通过轴浆运输至神经垂体贮存，当神经冲动传来时再释放入血。神经垂体释放的激素有抗利尿素与缩宫素，它们均为9肽，只是第三位与第八位氨基酸残基不同。由于分子结构的相似，因而在功能方面也有交叉现象。

（一）抗利尿激素（ADH）

抗利尿激素（ADH）又称血管升压素，主要由下丘脑视上核的神经细胞合成。其生理作用已在第八章中述及。由于ADH的生理浓度很低，其收缩血管作用极弱。但在失血时，ADH分泌增多，对维持血压有一定的作用。故ADH也称为血管升压素。

(二) 催产素(OXT)

催产素主要由下丘脑室旁核的神经细胞合成。OXT 具有促进乳腺排乳和刺激子宫收缩的双重作用。

1. 对乳腺的作用　哺乳期乳腺在 OXT 的作用下,不断分泌乳汁,并贮存于乳腺腺泡中。OTX 可促进乳腺腺泡和导管周围肌上皮细胞收缩,使乳汁排出,并维持乳腺泌乳,防止其萎缩。哺乳时,婴儿吸吮乳头产生的感觉信息经传入神经传至下丘脑,反射性引起神经垂体释放 OXT,引起乳腺排乳,称为排乳反射。

2. 对子宫的作用　不同时期的子宫平滑肌对 OXT 的敏感性不同。OTX 对非孕子宫不敏感,但可使妊娠子宫强烈收缩,有助于分娩。

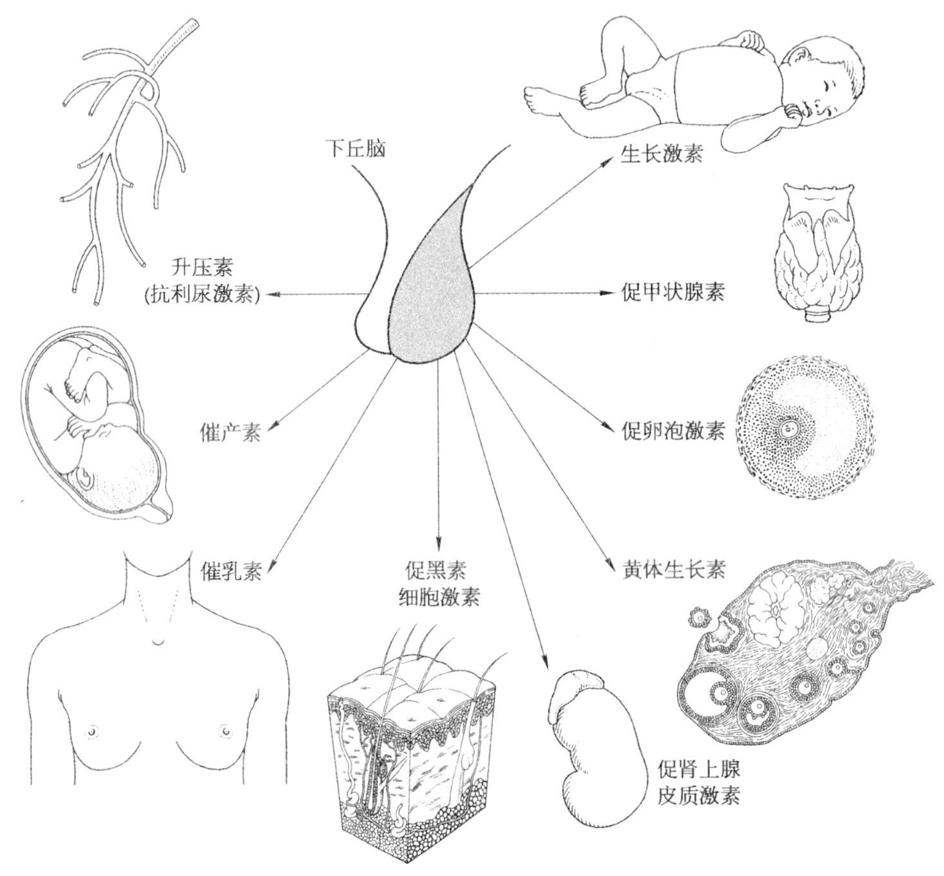

图 11-5　垂体激素及其靶组织

第三节　甲 状 腺

甲状腺是人体最大的内分泌腺,腺泡腔内充满胶质,其主要成分为甲状腺球蛋白和甲状腺激素。

一、甲状腺激素的合成、贮存与释放

甲状腺由许多甲状腺腺泡组成,腺泡壁的上皮细胞能合成和释放甲状腺激素。

甲状腺激素主要有两种，一种是甲状腺素，又称四碘甲腺原氨酸(T_4)，另一种为三碘甲腺原氨酸(T_3)。T_4 分泌量远比 T_3 多，约占总量的 90%；但 T_3 的生物活性约比 T_4 大 5 倍。甲状腺激素的合成过程如下。

（一）甲状腺腺泡聚碘

碘来源于食物，正常成人每天从食物中摄取碘 100～200 μg，其中约有 1/3 进入甲状腺。从肠管吸收的碘，以 I^- 形式存在于血液中，甲状腺对碘的摄取是依靠腺泡上皮细胞膜上“碘泵”的主动转运而完成的。甲状腺强大的聚碘能力已成为临床应用放射性碘来测定甲状腺功能状况和治疗甲状腺功能亢进的理论依据。

（二）碘的活化

摄入腺泡上皮细胞内的 I^-，在过氧化酶的作用下于腺泡上皮细胞顶端与腺泡腔交界处被活化。只有活化的碘才能与酪氨酸结合，形成碘化酪氨酸。

（三）酪氨酸碘化与甲状腺激素的合成

甲状腺球蛋白分子的某些酪氨酸残基上的氢原子被活化的碘所取代，形成碘化酪氨酸的过程称为碘化。碘化后的酪氨酸首先形成一碘酪氨酸(MIT)和二碘酪氨酸(DIT)，然后再两两相互耦联生成 T_3 和 T_4(图 11－6)。

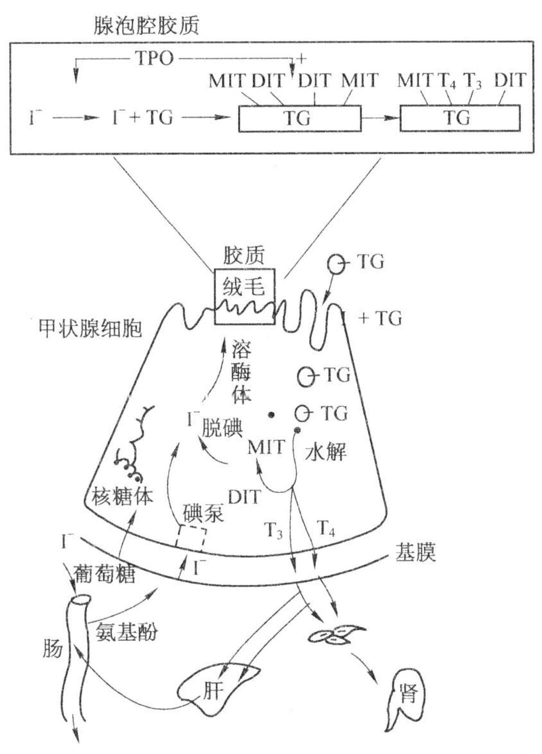

图 11－6　甲状腺激素合成、贮存和释放示意图

TPO. 甲状腺过氧化酶　TG. 甲状腺球蛋白

（四）甲状腺激素的贮存和释放

甲状腺激素合成后，连接在甲状腺球蛋白上以胶质形式贮存于腺泡腔内。甲状腺激素贮存量很大，可供机体利用 2～3 个月之久。因此，临床上对甲状腺功能亢进患者使用抗甲状腺药物治疗

后，疗效出现也较慢。

甲状腺激素释放时，在 TSH 的作用下，甲状腺腺泡上皮细胞向腺泡腔内伸出伪足，通过胞饮作用将甲状腺球蛋白吞入细胞内，并与溶酶体融合形成吞噬体。在蛋白水解酶的作用下 T_3 和 T_4 从甲状腺球蛋白上分离出来，经细胞基膜扩散入血(图 11－6)。

甲状腺激素被释放入血后，绝大部分与血浆蛋白结合进行运输，游离型的甲状腺激素量极微。但只有游离型的甲状腺激素才能进入组织细胞内，发挥其生理作用。

二、甲状腺激素的生理作用

甲状腺激素的主要生理作用是促进物质和能量代谢及机体的生长发育。

(一) 对代谢的影响

1. 对能量代谢的影响　甲状腺激素能增加组织的耗氧量和产热量，使基础代谢率(BMR)升高。据估计，1 mg 甲状腺素可使机体增加产热量 4 200 kJ，提高基础代谢率达 28%。故临床上常通过测量 BMR，以判断甲状腺功能。甲状腺功能亢进者，机体产热量增加，BMR 升高，患者喜冷怕热、多汗；甲状腺功能减退者，机体产热量减少，则 BMR 降低，患者喜热畏寒。

2. 对物质代谢的影响

(1) 对蛋白质代谢的影响　生理剂量的甲状腺激素促进蛋白质的合成，有利于机体的生长发育，但大剂量的甲状腺激素则加速组织蛋白质分解，特别是骨骼肌蛋白质的分解。所以，甲状腺功能亢进时，蛋白质分解增强，患者表现为消瘦无力；甲状腺功能减退的成年人，蛋白质合成减少，组织间黏蛋白增多，可结合大量正离子与水分子，形成黏液性水肿。

(2) 对糖代谢的影响　甲状腺激素可促进小肠黏膜对糖的吸收，增强糖原的分解，并加强肾上腺素、胰高血糖素、皮质醇和生长激素的升血糖作用，使血糖升高；同时，也能加强外周组织对糖的利用，促进糖的氧化分解，使血糖降低。但总的来说，升血糖作用大于降血糖作用。故甲状腺功能亢进患者，血糖常常偏高，有时出现糖尿。

(3) 对脂肪代谢的影响　甲状腺激素既可加速胆固醇的合成，又可通过肝加速胆固醇降解，但降解速度大于合成。因此，甲状腺功能亢进患者，血中胆固醇含量低于正常；甲状腺功能减退者，血中胆固醇含量明显升高，易引起动脉硬化。

(二) 对机体生长发育的影响

甲状腺激素具有促进组织分化、生长与发育的作用，尤其是对婴儿脑和长骨的生长发育。婴儿甲状腺功能低下时，生长发育缓慢，身材矮小，智力低下，称为呆小症。甲状腺激素对中枢神经系统发育的影响在出生后的 3～4 个月内最为重要。一个先天性甲状腺发育不全的胎儿，出生时身高尚可正常，但脑的发育已受到不同程度的影响。

(三) 对神经系统的影响

甲状腺激素对已分化成熟的神经系统的作用是可提高其兴奋性。甲状腺功能亢进的患者表现为烦躁、失眠、肌肉震颤等中枢神经系统过度兴奋的表现。甲状腺功能低下的患者，常有表情淡漠、记忆力减退、说话与行动迟缓、终日思睡等中枢神经系统兴奋性降低的表现。

(四) 对心血管系统的影响

甲状腺激素可使心率加快，心肌收缩力增强，心排血量增多；但由于组织耗氧量增加而相对缺氧，使小血管扩张，外周阻力降低，表现为动脉收缩压升高，而舒张压正常或稍低，脉压增大。甲状腺功能亢进的患者表现为心动过速，心肌肥大，甚至出现充血性心力衰竭。

三、甲状腺功能的调节

甲状腺功能主要受下丘脑、腺垂体的调节。此外，甲状腺还能进行一定程度的自身调节(图 11－7)。

(一) 下丘脑-腺垂体对甲状腺的调节

下丘脑神经内分泌细胞产生的 TRH，经垂体门脉系统作用于腺垂体，促进腺垂体合成和释放 TSH 作用于甲状腺，促进甲状腺细胞增生并合成和分泌甲状腺激素。

下丘脑神经元还可接受神经系统其他部位传来的信息影响。例如，当机体处于寒冷环境中，该信息传到中枢神经系统，可刺激下丘脑分泌 TRH 增多，进而使腺垂体分泌 TSH 增多，最终通过甲状腺激素的分泌，使机体产热量增加，有利于机体抵御寒冷。

(二) 甲状腺激素的反馈调节

当血液中甲状腺激素浓度增高时，可反馈作用于腺垂体，抑制 TSH 的分泌，结果使甲状腺激素释放减少；反之，血中甲状腺激素浓度降低时，则甲状腺激素释放增多。这种负反馈作用对维持血中甲状腺激素的相对稳定具有重要生理意义。食物中长期缺碘造成甲状腺激素合成不足，对腺垂体分泌 TSH 的负反馈作用减弱，TSH 分泌增多，刺激甲状腺细胞代偿性增生，甲状腺肿大，称为地方性甲状腺肿或单纯性甲状腺肿。

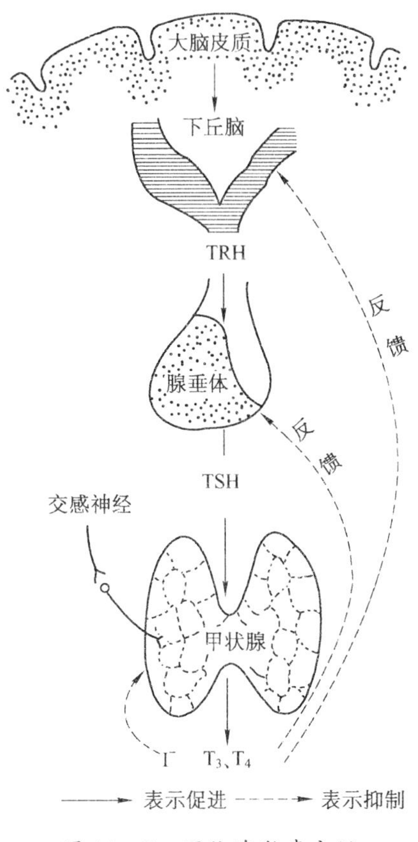

图 11－7 甲状腺激素分泌调节示意图

(三) 甲状腺的自身调节

甲状腺能根据碘的供应变化而调节自身摄取碘与合成甲状腺激素的能力。在 TSH 浓度不变或完全缺乏时这种调节仍存在，称为甲状腺的自身调节。它是一个有限度的缓慢调节过程。当血碘不足时，甲状腺摄取碘能力增强，对 TSH 敏感性增高，使甲状腺激素合成与释放不致减少；当血碘含量过多时，甲状腺对碘摄取减少，对 TSH 的敏感性降低，甲状腺激素的合成不致过多。维持甲状腺激素在血中的稳定水平。利用过量碘对甲状腺功能产生的抑制效应，临床上常用大剂量碘来处理甲状腺危象和作为甲状腺手术的术前准备。

(四) 自主神经对甲状腺活动的调节

甲状腺接受交感神经肾上腺素能纤维和副交感神经胆碱能纤维双重支配。实验表明，电刺激交感神经可使甲状腺激素合成和分泌增加；电刺激副交感神经则使甲状腺激素分泌减少。

(五) 常见甲状腺疾病

1. 甲状腺功能亢进症　甲状腺功能亢进是多种原因引起甲状腺激素分泌过多所致的一组临床综合征。最常见的病因是毒性弥漫性甲状腺肿(Graves 病)。主要表现为高代谢综合征、甲状腺肿大及突眼症。

由于甲状腺激素能促进物质代谢和能量代谢，患者可出现高代谢综合征，如怕热、多汗、低热，多食易饥、体重下降、疲乏无力，血糖偏高、总胆固醇降低、尿肌酸增多等。由于甲状腺激素可提高神经系统的兴奋性，所以患者可出现思想不集中、焦虑、失眠、幻觉等，腱反射活跃，舌、手出现肌肉细震颤等。甲状腺激素还可作用于心肌，引起心率加快、第一心音亢进、脉压增大、房性早搏等，病程长者可出现心脏扩大、心律失常,甚至心力衰竭。

2. 甲状腺功能减退症　甲状腺功能减退是由于甲状腺激素合成及分泌不足或周围组织对甲状腺激素缺乏反应所引起的临床综合征。因起病年龄不同表现为以下两种形式。

(1) 呆小症(又称克汀病)　婴幼儿时期甲状腺功能减退,患者骨骼生长发育延迟或停滞,身材矮小,神经系统生长发育停滞,以致智力低下,称为呆小症。如胎儿或新生儿期起病,神经系统及脑的发育障碍突出,一般不可逆转;如儿童期起病,智力发育障碍如及早治疗尚可能逆转。因此,在缺碘地区预防呆小症的发生,应在妊娠期注意补碘,治疗呆小症必须在出生后3个月内补充甲状腺激素,治疗时间过迟,难以生效。

(2) 黏液性水肿　成年时期甲状腺功能减退,主要以全身代谢缓慢、器官功能降低为特征,严重时均可伴有黏液性水肿。患者表现为面容呆滞、淡漠、乏力、体重增加、畏寒、低体温、记忆力减退、嗜睡及心动过缓等临床症状。此病一旦确诊,应立即给予甲状腺素制剂替代治疗。甲状腺素制剂首选左甲状腺素($L-T_4$)。

3. 单纯性甲状腺肿　单纯性甲状腺肿是由于多种原因所致甲状腺功能正常的非炎症性、非肿瘤性甲状腺肿大。分地方性和散发性两大类,前者是由于缺碘所致,呈区域性分布;后者由于甲状腺激素合成障碍或摄入致甲状腺肿物质引起。

在某些地区,由于饮水和食物中缺碘,使甲状腺激素合成和分泌减少,血中甲状腺激素长期降低,以致对腺垂体的负反馈作用减弱,TSH分泌增多,过度刺激甲状腺,使甲状腺组织代偿性增生肥大。其临床特点是甲状腺多呈轻度或中度弥漫性肿大,逐渐进展可呈多结节性肿大;甲状腺光滑,质地柔软、无触痛;甲状腺功能检查多数正常。

第四节　肾 上 腺

肾上腺分为皮质和髓质两部分,两者在胚胎发生、组织结构和生理功能上均不相同,实际上是两个独立的内分泌腺。

一、肾上腺皮质

(一) 肾上腺皮质激素的种类

肾上腺皮质根据细胞排列形式由外向内可分为球状带、束状带和网状带。球状带细胞分泌盐皮质激素,主要是醛固酮,参与机体水盐代谢的调节,已在第八章中介绍过;束状带细胞分泌糖皮质激素,主要是皮质醇(氢化可的松),对物质代谢的调节及在应激反应中起重要作用;网状带细胞分泌性激素,如脱氢异雄酮和雌二醇,将在第十二章中介绍。

肾上腺皮质激素合成的原料均为胆固醇,在结构上有相似之处,因此在功能方面也有交叉现象。

(二) 糖皮质激素的生理作用

人体血浆中的糖皮质激素以皮质醇分泌量最大,作用最强。

1. 对物质代谢的影响

(1) 对糖代谢的影响　糖皮质激素是调节糖代谢的重要激素之一。它通过促进肝的糖异生,抑制外周组织对糖的摄取与利用,使血糖增高。肾上腺皮质功能亢进患者如库欣综合征,糖皮质激素分泌过多,可使血糖升高,甚至出现糖尿;相反,肾上腺皮质功能低下者如阿狄森病,糖皮质激素分泌过少,则可出现低血糖。

(2) 对蛋白质代谢的影响　糖皮质激素可加速肝外组织尤其是肌肉组织的蛋白质分解，分解产生的氨基酸进入肝生成肝糖原。因此，糖皮质激素分泌过多时，出现肌肉消瘦、骨质疏松、皮肤变薄、伤口愈合延迟等现象。

(3) 对脂肪代谢的影响　糖皮质激素促进脂肪分解，增强脂肪酸在肝内的氧化过程，有利于糖异生。肾上腺皮质功能亢进或长期大量应用糖皮质激素时，可使体内脂肪发生重新分布。四肢脂肪组织分解增强，而面、肩、背及腹部的脂肪合成有所增加，以至呈现出"圆月脸""水牛背"，而四肢消瘦的特殊体型，称为"向心性肥胖"。

(4) 对水盐代谢的影响　糖皮质激素有较弱的保钠排钾作用，这种作用仅为醛固酮的 1/400。但糖皮质激素能降低肾小球入球小动脉阻力，增加肾小球血浆流量，从而使肾小球滤过率增加，促进水的排出。肾上腺皮质功能低下者，排水功能明显降低，严重者可出现"水中毒"，补充适量的糖皮质激素即可缓解。

2. 在应激反应中的作用　糖皮质激素能增强机体对有害刺激的抵抗力。当机体受到各种有害刺激，如创伤、失血、感染、中毒、缺氧、饥饿、寒冷、精神紧张等时，血中 ACTH 和糖皮质激素含量增多，从而提高机体的耐受力，这一现象称为应激反应。动物实验表明，切除肾上腺皮质的动物，给予维持量的糖皮质激素，在安静情况下动物可正常生存，若遭受上述有害刺激，则易于死亡。

3. 对其他组织器官的作用

(1) 对血细胞的作用　糖皮质激素能增强骨髓的造血功能，使血中的红细胞、血小板、中性粒细胞数量增加；抑制淋巴细胞 DNA 合成过程，促进淋巴细胞和嗜酸性粒细胞的破坏，使血中的淋巴细胞和嗜酸性粒细胞数量减少。因此，临床上常用于治疗再生障碍性贫血、血小板减少性紫癜、中性粒细胞减少症、淋巴细胞性白血病等疾病。

(2) 对心血管系统的作用　糖皮质激素可提高血管平滑肌对去甲肾上腺素的反应性(允许作用)，有利于维持血管正常的紧张性和血压。此外，糖皮质激素还能降低毛细血管通透性，减少血浆渗出以维持血容量。肾上腺皮质功能减退时，小血管舒张，毛细血管通透性增大，严重时可导致血液循环障碍。补充糖皮质激素可使血管反应性恢复。

(3) 对神经系统的作用　糖皮质激素有维持神经系统正常兴奋性的作用。肾上腺皮质功能亢进的患者，常出现失眠、烦躁、注意力不集中等症状。

(4) 对消化系统的作用　糖皮质激素可促进胃酸及胃蛋白酶的分泌，因而，大剂量糖皮质激素有诱发和加剧胃溃疡的可能，溃疡病患者应慎用糖皮质激素。

(三) 糖皮质激素分泌的调节

糖皮质激素分泌受下丘脑-腺垂体系统的调节及糖皮质激素的反馈作用。

1. 下丘脑-腺垂体系统的调节　下丘脑释放的促肾上腺皮质激素释放激素(CRH)经垂体-门脉系统至腺垂体，刺激腺垂体分泌促肾上腺皮质激素(ACTH)。ACTH 可促进肾上腺皮质束状带和网状带细胞生长，并促进糖皮质激素的合成和分泌。

正常人腺垂体每天分泌一定量的 ACTH，这是维持糖皮质激素基础性分泌的必要条件。当腺垂体功能低下时，ACTH 分泌减少，肾上腺皮质束状带及网状带趋于萎缩，糖皮质激素分泌量显著减少。如能及时补充 ACTH，则可使萎缩的组织基本恢复，糖皮质激素分泌量回升。当机体处于应激状态时，各种应激刺激通过外周神经传至下丘脑，引起 CRH 分泌，从而使血中 ACTH 和糖皮质激素分泌量明显增多，增强机体对有害刺激的耐受力。

ACTH 的分泌呈明显的节律波动，白天维持较低水平，入睡后逐渐降低，午夜最低，随后又逐

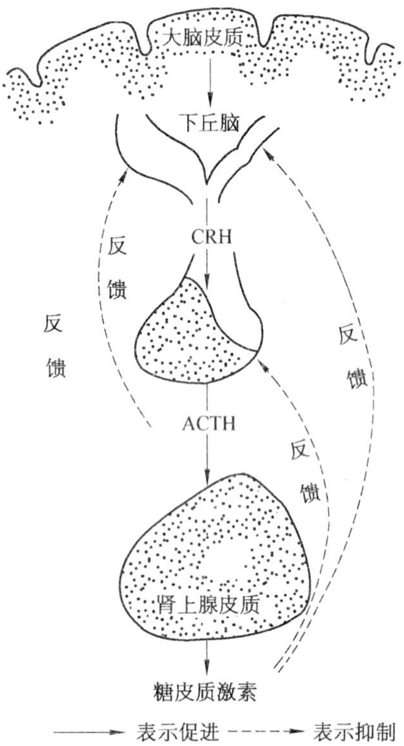

图 11－8　糖皮质激素分泌调节示意图

渐增多，至觉醒前达分泌高峰。受 ACTH 分泌节律性的影响，糖皮质激素的分泌也呈现相应类似的节律性变化。

2. *血中糖皮质激素的负反馈作用*　当血中糖皮质激素升高到一定水平时，可反馈性抑制下丘脑释放 CRH 和腺垂体释放 ACTH，此反馈称为长反馈。血中 ACTH 浓度的升高对下丘脑释放 CRH 也有负反馈作用，称为短反馈。由此，可维持血中糖皮质激素含量的相对稳定（图 11－8）。

糖皮质激素对 CRH 和 ACTH 均有负反馈作用，故临床上长期大量使用糖皮质激素的患者，由于血中外源性糖皮质激素浓度增高，可抑制下丘脑 CRH 和腺垂体 ACTH 的分泌，使肾上腺皮质逐渐萎缩，分泌功能降低。若突然停用，会出现肾上腺皮质功能不足的表现；若停止使用，应逐渐减量，不宜骤停。在治疗过程中最好是糖皮质激素和 ACTH 交替使用，以促进肾上腺皮质功能的恢复，防止其萎缩。

二、肾上腺髓质

肾上腺髓质嗜铬细胞能合成与分泌肾上腺素（E）和去甲肾上腺素（NE），两者均是以酪氨酸为原料合成的儿茶酚胺类化合物。

（一）肾上腺髓质激素的生理作用

肾上腺素与去甲肾上腺素的部分生理功能在前面有关章节中已经介绍，故不赘述。现介绍在代谢和应急反应方面的作用。

1. *糖代谢*　肾上腺素和去甲肾上腺素均能作用于胰岛 B 细胞上的 α 受体，抑制胰岛素的分泌；另外，两者还可促进糖原分解和糖原异生，因而使血糖升高。

2. *脂肪代谢*　肾上腺素与去甲肾上腺素都通过 β 受体促进脂肪分解，使血液中游离的脂肪酸增多。葡萄糖和脂肪酸氧化过程增强，使机体的产热量、耗氧量增加，提高基础代谢率。

3. *在应急反应方面的作用*　肾上腺髓质受交感神经节前纤维支配，两者称为交感-肾上腺髓质系统。当机体遭遇特殊紧张情况时，如畏惧、焦虑、剧痛、失血、缺氧、暴冷和创伤等，这一系统立即动员起来，不仅肾上腺皮质激素大量分泌，而且交感-肾上腺髓质系统活动也显著增强。这种交感-肾上腺髓质系统在紧急情况下活动的增强，称为应急反应。在应急反应时，肾上腺髓质激素分泌急剧增加，可提高中枢神经系统的兴奋性，使反应灵敏；同时心率加快，心肌收缩力加强，心排血量增多；呼吸频率加快，每分肺通气量增加；代谢增强，血糖升高，脂肪分解加速，以适应在紧急情况下对能量的需要。

需要提出的是，“应急”和“应激”是两个不同但又相关的概念。引起“应急”反应的刺激，往往也可以引起“应激”反应，两者相辅相成，共同维持机体的适应能力。

（二）肾上腺髓质激素分泌的调节

1. *交感神经*　肾上腺髓质受交感神经节前纤维的支配。其末梢释放乙酰胆碱，与髓质嗜铬细胞上的 N_1 受体结合，引起肾上腺素与去甲肾上腺素的分泌。当应急反应时，上述两种激素大量分泌。

2. ACTH 的调节 ACTH 能直接作用于肾上腺髓质，促进髓质激素的合成。

3. 自身反馈性调节 当肾上腺髓质细胞内合成的去甲肾上腺素达一定量时，可抑制酪氨酸羟化酶的活性，使去甲肾上腺素合成减少；当肾上腺素合成增多时，可抑制苯乙醇胺氮位甲基移位酶，使去甲肾上腺素不能转化为肾上腺素；反之，当胞质内儿茶酚胺含量减少时，髓质激素合成增加。

第五节 调节钙、磷代谢的激素

钙(Ca^{2+})是机体内重要的生理性调节因子，血浆中 Ca^{2+} 的水平与机体许多生理活动密切相关。甲状旁腺素、降钙素及 1,25 -二羟维生素 D_3 三种激素，可通过对骨、肾和肠的作用，维持血钙浓度的相对稳定。

一、甲状旁腺素及其生理作用

甲状旁腺素(PTH)是由甲状旁腺合成分泌的含 84 个氨基酸的直链多肽。

(一) 甲状旁腺素的生理作用

甲状旁腺素的主要作用是调节钙、磷代谢，使血钙升高、血磷降低。这种作用主要通过以下三个途径来实现。

1. 作用于骨 骨是机体内最大的钙储存库。正常情况下，溶骨过程与成骨过程处于动态平衡。PTH 能加强溶骨过程，动员骨钙入血，使血钙升高。这一作用是通过两个时相来实现的。①快速效应：在 PTH 作用后几分钟即可发生，主要是增强骨细胞膜上钙泵的活动，将钙转运到细胞外液中，使血钙升高；②迟发效应：在 PTH 作用后 12～14 h 才表现出来，经几天或几周后达高峰，这是通过增强破骨细胞的溶骨活动而实现的。破骨细胞使骨组织溶解，钙大量入血，使血钙长时间升高。

2. 作用于肾 PTH 既能抑制近端肾小管对磷酸盐的重吸收，使尿磷增多，血磷减少，又可通过促进远曲小管和集合管对钙的重吸收，使血钙升高。同时具有保钙排磷的双重作用。

3. 作用于小肠 PTH 也可间接促进肠管对钙的吸收，使血钙升高。甲状旁腺素能提高肾内 1α 羟化酶的活性，使 25 -羟维生素 D_3 转变为具有活性的 1,25 -二羟维生素 D_3，后者可促进小肠对钙的吸收，使血钙升高。

如果在临床甲状腺手术时，不慎误将甲状旁腺切除，可造成血钙浓度降低，使神经、肌肉的兴奋性异常增高，可出现手足搐搦，甚至可因呼吸肌痉挛而窒息死亡。可见，PTH 是生命所必需的激素。

(二) 甲状旁腺素分泌的调节

甲状旁腺素的分泌主要受血钙浓度的调节。当血钙浓度升高时，可抑制 PTH 分泌；相反，当血钙浓度降低时，可促进 PTH 分泌。此外，血磷升高会使血钙降低，血磷降低也会使血钙升高，因而血磷也能间接调节 PTH 的分泌。

二、1,25 -二羟维生素 D_3 的生理作用

维生素 D_3 又名胆钙化醇，可由动物性食物获取，尤以肝、乳、鱼肝油等食物中含量丰富。但体内的维生素 D_3 主要是由皮肤中 7 -脱氢胆固醇经日光中紫外线照射转化而来。维生素 D_3 没有生物活性，需在肝内 25 -羟化酶的作用下形成 25 -羟维生素 D_3，然后经肾内 1α 羟化酶的作用进一步

形成 1,25－二羟维生素 D_3 才具有活性。它的主要作用是调节钙、磷代谢。

1. 作用于肠管　1,25－二羟维生素 D_3 可促进小肠上皮细胞内有活性的钙结合蛋白的生成，并加强细胞刷状缘上钙泵的活性，增强钙的吸收，使血钙浓度升高。同时也可促进小肠对磷的吸收，使血磷浓度升高。

2. 作用于骨　1,25－二羟维生素 D_3 既能增强破骨细胞活动，促进骨盐溶解，动员骨质中的钙与磷进入血液，使血钙血磷升高，又能刺激成骨细胞的活动，促进骨盐沉积和骨的钙化。但总的效应是使血钙升高。

3. 作用于肾　1,25－二羟维生素 D_3 可促进肾小管对钙、磷的重吸收，减少其排泄，使血钙、血磷升高。

临床上 1,25－二羟维生素 D_3 缺乏时，儿童可引起佝偻病，成年人可引起软骨病和骨质疏松症。

1,25－二羟维生素 D_3 的生成主要受甲状旁腺素的调节。甲状旁腺素通过增强 1α 羟化酶的活性使 1,25－二羟维生素 D_3 的生成增多。由于 1,25－二羟维生素 D_3 在体内的生成具有一整套的调节机制，并经血液运输作用于靶器官，所以，近年来也将其看作一种激素。

三、降钙素

降钙素(CT)是甲状腺 C 细胞合成和分泌的含有 32 个氨基酸的肽类激素。

(一) 降钙素的生理作用

降钙素主要通过对骨和肾的作用使血钙和血磷浓度降低。

1. 作用于骨　CT 抑制破骨细胞的活动，使溶骨过程减弱；同时增强成骨细胞的活动，使钙磷沉积，导致血钙、血磷浓度降低。和成年人相比，CT 对儿童血钙、血磷的调节作用更为明显，有利于儿童骨骼的生长。

2. 作用于肾　CT 可直接抑制肾小管对钙、磷的重吸收，使尿中排出增多，导致血钙、血磷浓度降低。

(二) 降钙素分泌的调节

降钙素的分泌主要受血钙浓度的调节。当血钙浓度升高时，CT 分泌增多；血钙浓度降低时，则 CT 分泌减少。CT 与甲状旁腺素相互配合，共同调节、维持血钙浓度的相对稳定。

第六节　胰　　岛

胰岛是存在于胰腺外分泌部之间的内分泌细胞团。胰岛内存在 4 种内分泌细胞。①A 细胞：约占胰岛细胞的 20%，主要分泌胰高血糖素；②B 细胞：占胰岛细胞的 60%～70%，主要分泌胰岛素；③D 细胞：占胰岛细胞的 5%，分泌生长抑素；④PP 细胞：数量很少，分泌胰多肽。本节只介绍胰岛素和胰高血糖素。

一、胰岛素

胰岛素为含 51 个氨基酸的蛋白质激素。1965 年我国首先成功合成了高生物活性的结晶胰岛素，成为人类历史上人工合成生命物质的新创举。

(一) 胰岛素的生理作用

胰岛素是促进合成代谢的激素。主要作用是促进糖、脂肪的合成与贮存，促进蛋白质、核酸的合成。

1. *对糖代谢的作用* 胰岛素可加速组织细胞对糖的摄取和利用，促进肝糖原和肌糖原的合成及贮存，促进葡萄糖转变为脂肪酸，使血糖的去路增加；同时抑制糖原分解和糖异生，使血糖的来源减少，从而导致血糖降低。

当胰岛素分泌不足时，血糖浓度明显升高，如超过肾糖阈，尿中将出现葡萄糖，形成糖尿，引起糖尿病。

2. *对脂肪代谢的作用* 胰岛素可促进肝内脂肪的合成，并促进葡萄糖进入脂肪组织合成三酰甘油（甘油三酯）而增加贮酯；同时抑制脂肪酶的活性，减少脂肪分解，从而降低血中游离脂肪酸的浓度。

当胰岛素缺乏时，可造成脂类代谢紊乱，脂肪分解增强，脂肪酸生成增多，在肝内氧化生成大量酮体，可引起酮血症和酸中毒。

3. *对蛋白质代谢的作用* 胰岛素促进氨基酸进入细胞，促进 DNA、RNA 的合成，加强核糖体的翻译过程，加速蛋白质的合成，同时可抑制蛋白质分解。胰岛素增强蛋白质合成的过程与生长素的作用相协同，共同促进机体的生长发育。

此外，胰岛素可促进钾进入细胞，使血钾降低。

（二）胰岛素分泌的调节

1. *血糖浓度* 胰岛素分泌主要受血糖浓度的影响。血糖浓度升高，胰岛素分泌明显增多；血糖浓度降低，胰岛素分泌减少，从而使血糖浓度维持相对稳定。

2. *氨基酸和脂肪酸的作用* 精氨酸和赖氨酸促进胰岛素分泌，脂肪酸和酮体增加，也促进胰岛素的分泌。

3. *激素的影响* 胃肠激素如促胰液素、促胃液素、缩胆囊素及抑胃肽等均可促进胰岛素的分泌；胰高血糖素、糖皮质激素、生长激素、甲状腺激素可通过升血糖作用间接刺激胰岛素的分泌。而肾上腺素和去甲肾上腺素则抑制胰岛素的分泌。

4. *神经调节* 胰岛素受迷走神经和交感神经双重支配。迷走神经兴奋，胰岛素分泌增多；交感神经兴奋，胰岛素分泌减少。

二、胰高血糖素

胰高血糖素是由 29 个氨基酸构成的多肽类激素。

（一）胰高血糖素的生理作用

胰高血糖素与胰岛素的作用相反，是促进物质分解代谢的激素。它的主要作用为：①促进肝糖原分解和糖原的异生，使血糖明显升高，故得名胰高血糖素；②促进脂肪分解及脂肪酸的氧化，使血中酮体生成增多；③加速肝外组织蛋白质的分解，促进氨基酸异生为糖。

此外，大剂量的胰高血糖素，能使心肌细胞内的 cAMP 含量增加，加速糖原分解和利用，使心肌的收缩力增强。

（二）胰高血糖素分泌的调节

1. *血糖浓度* 胰高血糖素的分泌主要受血糖浓度的影响。血糖浓度升高，胰高血糖素分泌减少；血糖浓度降低，胰高血糖素分泌增多。

2. *激素的作用* 胰岛素可直接作用于 A 细胞抑制胰高血糖素的分泌，也可通过降低血糖浓度间接刺激胰高血糖素的分泌。

3. *神经调节* 交感神经兴奋，促进胰高血糖素的分泌；迷走神经兴奋，抑制胰高血糖素的分泌。

第七节 其他激素

人体内除了前面所述经典的内分泌器官外，还存在其他具有内分泌功能的器官。这些器官有的在成年后逐渐萎缩，如胸腺和松果体。另外，体内还广泛存在着一些具有旁分泌或自分泌作用的化学物质，如前列腺素等。

一、前列腺素

前列腺素(PG)是广泛存在于人和动物体内的一组重要激素。最早在人的精液和绵羊的精囊中发现，又从前列腺中提取，故命名为前列腺素。PG是由一个环五烷和两条侧链构成的20碳不饱和脂肪酸。根据分子结构不同可分为A、B、C、D、E、F、G、H、I等多种类型。多数PG只能在组织局部产生和释放，对局部组织、细胞的功能进行调节。

PG具有广泛而复杂的生理作用，几乎对人体各个系统的功能活动均有影响。各种PG对不同的组织作用不同。PG对机体不同组织的主要作用见表11-3。

表11-3 前列腺素对机体不同组织的主要作用

组织、细胞	PG类型	主要作用
血小板	PGI_2	抑制血小板聚集，减少血栓形成
血管	PGE、PGF	使血管平滑肌舒张，降低血压
	PGF_{2a}	使血管平滑肌收缩，升高血压
支气管	PGE	使支气管平滑肌扩张，减小气道阻力
	PGF	使支气管平滑肌收缩，增加气道阻力
胃肠	PGE_2、PGI_2	使胃肠平滑肌收缩，抑制胃酸分泌，保护胃黏膜
肾	PGE_2	增加肾血流量，促进排钠利尿
子宫	PGE	抑制未孕子宫平滑肌的收缩，但可兴奋妊娠子宫
	PGF	加强子宫平滑肌的收缩

二、松果体激素

松果体是神经内分泌器官。它主要分泌褪黑素(MLT)和肽类激素。MLT的分泌呈明显的昼夜节律波动，白天分泌量少，夜间分泌量增多。这可能与日照明暗交替及交感神经的活动有关。

MLT的主要作用是通过抑制下丘脑-腺垂体-性腺轴的活动，从而影响性腺的发育。实验表明，切除幼年动物的松果体，会出现性早熟现象，且性腺活动增强。近年研究发现，MLT对机体具有广泛的作用。如能加强中枢抑制作用，促进睡眠；调节机体免疫功能，延缓衰老；另外还有抗肿瘤、抗惊厥、抗抑郁等作用。MLT的广泛作用正受到临床应用的极大关注。

三、胸腺激素

胸腺是淋巴器官，同时具有内分泌功能，能合成分泌胸腺素。胸腺素的主要作用是促进胸腺依赖性淋巴细胞(T淋巴细胞)分化成熟，参与机体的细胞免疫。

小结

内分泌系统由内分泌腺和内分泌细胞组成。它们的作用是通过其分泌的激素实现的。激素按其化学性质分为含氮类激素和类固醇激素两大类。激素作用的一般性质有:①信息传递作用;②相对特异性;③高效能生物放大作用;④激素间的协同作用、拮抗作用和允许作用。

腺垂体分泌的7种激素和促激素,其作用分别是:①促甲状腺激素可促进甲状腺合成和释放甲状腺激素及刺激甲状腺增生。②促肾上腺皮质激素可促进肾上腺皮质合成和分泌糖皮质激素及刺激肾上腺皮质增生。③促卵泡激素可促进卵巢中的卵泡生长、发育和成熟及分泌雌激素并刺激睾丸生精。④黄体生成素可促进排卵和黄体生成以及睾丸间质细胞分泌雄激素。⑤生长激素可促进生长发育及蛋白质合成、脂肪分解、升血糖。⑥催乳素可促进乳腺生长发育及维持泌乳。⑦促黑激素可促进皮肤黑色素细胞合成黑色素。

神经垂体分泌的两种激素作用分别是:①抗利尿激素除促进肾小管对水的重吸收外,ADH分泌量大时还可收缩血管,升高血压。②催产素可促进乳腺排乳和刺激子宫收缩。

甲状腺分泌的激素 T_3、T_4 的生理作用是促进物质代谢和能量代谢,增加机体耗氧量,促进细胞生长发育,提高神经系统和心血管系统的兴奋性。碘是合成甲状腺素的主要原料,缺碘会造成呆小症或甲状腺肿。

糖皮质激素的主要作用是升高血糖;促进肝外组织蛋白质分解;促进脂肪分解使脂肪重新分布;对水盐代谢是保钠排钾、排水;增强机体对有害刺激的抵抗力;提高血管平滑肌对去甲肾上腺素的敏感性;维持神经系统的兴奋性等。

肾上腺素和去甲肾上腺素在代谢方面可升高血糖,促进脂肪分解,提高基础代谢率。在应急反应方面增强交感-肾上腺髓质系统,以应对并适应环境突变而确保生存。

甲状旁腺素与降钙素的作用相反,前者是升血钙、降血磷,而后者则是降血钙。

胰岛素的生理作用主要有降血糖,促进脂肪及蛋白质合成,促进机体生长发育。

实验 胰岛素低血糖休克

【实验理论依据和目的要求】

胰岛素是调节血糖水平的重要激素之一。它可促进全身组织细胞对糖的摄取和利用,促进糖原的合成及贮存,抑制糖原分解和糖异生,从而使血糖降低。过量胰岛素能引起低血糖休克。

通过观察胰岛素引起的低血糖休克现象,了解胰岛素对血糖的影响,并分析其作用机制。

【实验对象】

家兔或小白鼠。

【实验器材及药品】

注射器、胰岛素(4 u/ml)、20%葡萄糖溶液。

【实验步骤和观察项目】

1. 给动物注射胰岛素 取禁食一天的家兔或小白鼠2只,分别从家兔耳缘静脉注射胰岛素2～4 u/kg或小白鼠皮下注射胰岛素2～5 u/只。

2. 观察低血糖休克的表现 一般在注射胰岛素2 h内,观察动物有无精神不安、搐搦、休克等低血糖反应。如果注射胰岛素后 1 h 不出现搐搦，可敲打动物，诱导其发生。

3. 使低血糖休克恢复正常　症状出现后，立即通过家兔耳缘静脉注射 20%葡萄糖溶液 5～15 ml，或小白鼠腹腔注入 20%葡萄糖溶液 2～3 ml，观察症状是否消失。另一家兔或小白鼠不予注射葡萄糖，观察低血糖休克时的表现。

【思考题】

临床上应用降糖药物或胰岛素为糖尿病患者治疗时，为什么应选择适当的剂量？

第十二章
生　殖

了解：睾丸功能的调节。

熟悉：睾丸的生精功能；月经周期。

应用：睾丸的内分泌功能；卵巢的生卵功能，卵巢的内分泌功能；妊娠与避孕；学会妊娠试验操作。

生殖是指生物体生长发育成熟后，能够产生与自己相似的子代个体的生理过程，是生物体绵延和繁殖种系的重要生命活动。人的生殖是通过两性生殖器官的活动实现的。生殖过程包括生殖细胞（卵子和精子）的形成过程、交配和受精过程、胚胎发育和分娩等环节。掌握好这部分知识，对于临床工作和科学地指导计划生育具有重要意义。

第一节　男性生殖

男性生殖系统的主要器官为睾丸；附属器官有附睾、输精管、精囊腺、前列腺、尿道球腺和阴茎。

睾丸既是产生生殖细胞的器官，又是分泌雄性激素的内分泌腺，这两种功能都是完成生殖功能所必须的。

一、睾丸的生精功能

睾丸的曲细精管是生成精子的部位。曲细精管上皮由生殖细胞和支持细胞构成。男子从青春期开始，睾丸开始产生精子。最原始的生殖细胞称为精原细胞，其位置贴近曲细精管基膜。精原细胞经若干次有丝分裂后，而成为初级精母细胞，其位置向管腔移动。初级精母细胞的核中含有46条染色体，其中有2条是性染色体（X和Y染色体）。一个初级精母细胞再分裂为两个次级精母细胞，而后再分裂成为精子细胞。由初级精母细胞至精子细胞，经两次成熟分裂，共同完成减数分裂，这时染色体数目减为一半，即23条，性染色体只有1条（即X或Y染色体）。精子细胞不再分裂，最后发育成为精子。从精原细胞到精子形成，历时60～70天。精子在生成过程中，始终与支持细胞保持联系，直至精子形成后，才脱离支持细胞而进入曲细精管管腔。

精子的形态颇似蝌蚪，分为头尾两部。头部有细胞核，核内具有染色体，是精子的主要部分。精子在曲细精管形成后，尚无运动能力。精子从曲细精管能够移到附睾，有赖于曲细精管平滑肌的收缩推动，而支持细胞分泌的液体也有助于精子的运送。精子在附睾停留18～24 h后，才能获得运动能力。精子的生成还需要适宜的温度。阴囊内温度比腹腔温度低1～8℃，适合精子生长。

但隐睾症者由于腹腔温度较高，会影响精子生成。

在正常健康的人体，精子的生成可一直延续到老年，但精子的数量在60岁以后逐渐减少。在男性性活动过程中，精子连同附睾和输精管内的液体一起，被移送到阴茎的根部尿道内，在此处与精囊腺、前列腺和尿道球腺所分泌的液体混合，形成精液，在性高潮时射出体外。正常男子每次射出的精液3～6 ml，每毫升精液含0.2亿～4亿个精子，少于0.2亿个精子则不易使卵子受精。

二、睾丸的内分泌功能

在睾丸的曲细精管之间有间质细胞和支持细胞，两者均具有内分泌功能。间质细胞分泌三种雄激素，即睾酮、雄烯二酮和双氢睾酮，雄激素是这三种类固醇化合物的总称，其中以双氢睾酮的活性最强。正常男子在20～50岁，睾酮每日分泌量4～9 mg，50岁以后则随年龄增长分泌量逐渐减少。绝大部分的睾酮与血浆蛋白结合，另有约30%与性激素结合球蛋白结合，只有1%～2%是游离的。只有游离的睾酮才具有活性。结合的睾酮与游离的睾酮之间处于动态平衡状态。睾酮的灭活部位主要是肝，代谢产物主要随尿排出。

(一) 睾酮的主要生理作用

1. 促进男性附性器官的生长发育　睾酮可促进男性附睾、输精管、精囊腺、前列腺、尿道球腺、阴茎和阴囊的生长，以及上述各种腺体的分泌功能。

2. 促进副性征出现并维持正常状态　男子青春期到来后，在睾酮的作用下，出现喉结和声带变厚、嗓音低沉、骨骼粗壮、肌肉发达、体毛胡须生长等第二性征(副性征)。

3. 维持生精作用和正常性欲　睾酮自间质细胞分泌后，通过血-睾屏障进入曲细精管，直接或间接转变成活性更强的双氢睾酮，与生精细胞的雄激素受体结合，促进精子生长。睾酮还能作用于大脑和下丘脑，引起促性腺激素分泌和性行为的改变，从而提高性感和维持正常性欲。

4. 对代谢的作用　睾酮可促进蛋白质合成，特别是骨骼肌以及生殖器官的蛋白质合成，从而使尿氮减少，出现正氮平衡。同时还能促进骨骼生长与钙磷沉积增加以及红细胞生成增多等。

(二) 抑制素的生理作用

抑制素是由支持细胞分泌的糖蛋白激素。它可选择性地作用于腺垂体，抑制促卵泡激素FSH)的分泌。而生理剂量的抑制素对黄体生成素LH的分泌却无明显影响。

三、睾丸功能的调节

睾丸的生精作用和内分泌功能均受下丘脑和腺垂体的调控，下丘脑、腺垂体、睾丸在功能上联系密切，构成下丘脑-腺垂体-睾丸轴。而睾丸分泌的激素又对下丘脑和腺垂体进行反馈调节，从而维持生精过程和各种激素水平的稳定。

1. 下丘脑和腺垂体对生精作用的调节　男性从青春期开始，下丘脑分泌促性腺激素释放激素(GnRH)，经垂体门脉系统直接作用于腺垂体，促进腺垂体促性腺细胞合成和分泌FSH及LH。FSH可促进曲细精管产生精子。LH可促进间质细胞分泌睾酮，睾酮也可以刺激曲细精管，促进精子生成。即FSH对生精具有启动作用，而睾酮对生精过程具有维持效应。此外，FSH还能刺激支持细胞分泌抑制素，通过对腺垂体FSH分泌的负反馈作用，抑制睾丸的生精作用。

FSH和睾酮能促进精子生成，而抑制素则抑制FSH的分泌，抑制精子的生成，两者作用相反，相辅相成，以保证睾丸正常的生精作用。

2. 下丘脑、腺垂体对睾丸内分泌功能的调节　下丘脑分泌的GnRH可同时刺激腺垂体分泌FSH和LH。LH经血液循环到达睾丸，刺激睾丸间质细胞分泌睾酮。此外，FSH也有增强LH刺激睾丸间质细胞分泌睾酮的作用。当血液中睾酮浓度达到一定水平后,也可以作用于下丘脑和腺垂体,反馈性抑制 GnRH 和 LH 的分泌,从而使血中睾酮浓度保持相对稳定水平(图12-1)。

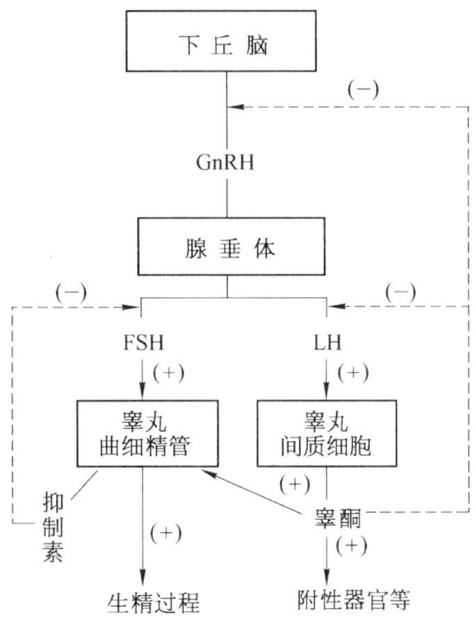

图 12-1 睾丸功能调节示意图

(+)促进 (-)抑制

第二节 女性生殖

女性生殖系统的主要器官为卵巢,附属器官有子宫、输卵管、阴道和外阴。此外,乳腺也可以被认为是一种女性附属生殖器官。

卵巢既是产生和排放卵子的生殖器官,又是合成和分泌两类女性激素的内分泌腺。女性附属生殖器官的功能较男性的复杂,包括运输卵子和接受精子、受精卵固定于子宫并在此孕育成胎儿(妊娠)、分娩、乳腺分泌乳汁并给婴儿授乳等。

一、卵巢的生卵功能和卵巢周期

女性从青春期开始,卵巢在腺垂体促性腺激素的作用下,生卵功能出现月周期性变化,即卵泡期、排卵期和黄体期三个阶段。

(一) 卵泡期

女性从青春期开始,卵巢每月有 15～20 个卵泡生长发育,但通常只有一个卵泡成熟。在卵泡生长发育过程中,要经过一系列的变化:先是卵母细胞生长成为初级卵母细胞,然后初级卵母细胞的细胞层次继续增加,发育成次级卵母细胞。此时出现卵泡腔,腔内有卵泡液。卵泡腔的内层细胞称为颗粒层。次级卵母细胞长大时,卵泡腔也随之扩大,此时改称为囊泡。次级卵母细胞最后发育成为成熟卵母细胞,而突出于卵巢表面。

卵泡的发育,从原始卵泡到成熟卵泡,平均约需 14 天。在排卵之前,初级卵母细胞完成了第一次成熟分裂,形成一个较大的次级卵母细胞和一个很小的第一极体。接着进行第二次成熟分裂,此时次级卵母细胞分裂形成一个成熟的卵子和一个第二极体。

卵母细胞经过两次成熟分裂，卵细胞的染色体由原来的46条(包括2条X性染色体)减半为23条，这时性染色体只有1条。这样，当卵子受精后所形成的合子，其中染色体仍为46条。这时性染色体来自精子和卵子的若都是X染色体，则发育成女性胎儿；若来自精子的性染色体为Y，则发育成男性胎儿。

(二) 排卵期

发育成熟的卵泡，其中的卵细胞在LH等多种激素的作用下，向卵巢表面移动，卵泡壁随后破裂，出现排卵孔，卵细胞与透明带、放射冠及卵泡液被排出卵泡，此过程称为排卵。排出的卵细胞随即被输卵管伞捕捉，送入输卵管中。

(三) 黄体期

排卵后残余卵泡壁内陷，血液进入卵泡腔并发生凝固，形成血体。血体内的血液随后被吸收，残留的颗粒细胞与卵泡膜细胞形成黄体。若排出的卵子受精，黄体将继续发育成为妊娠黄体；若卵子未受精时，黄体则在排卵后9～10天开始变性，成为白体而萎缩、溶解。

二、卵巢的内分泌功能

卵巢主要合成和分泌雌激素、孕激素。雌激素以雌二醇为主，孕激素以孕酮为主。此外，卵巢也分泌少量雄激素。

(一) 雌激素的生理作用

雌激素主要由卵泡的内膜细胞和颗粒细胞共同分泌的，黄体细胞也有分泌。在妊娠期，胎盘也可分泌雌激素 。雌激素有3种，即雌二醇、雌酮和雌三醇。它们均属于类固醇激素，其中以雌二醇的活性最强，分泌量也最多。

雌激素的生理作用如下。

1. *促进女性生殖器官的发育*　雌激素能使青春期女子卵巢、输卵管、子宫及阴道的生长发育，并维持其正常功能。若青春期前雌激素分泌过少，则生殖器不能正常发育；若雌激素分泌过多，则会出现性早熟现象。在月经周期中，雌激素能促进卵泡的生长，并通过腺垂体对LH分泌的正反馈作用，导致卵泡排卵。雌激素也能促进子宫内膜发生增殖期变化，增加宫颈黏液的分泌量，促进输卵管上皮增生及运动，有利于精子与卵子的运行。另外，雌激素也可以使阴道上皮细胞增生、角化及糖原含量增加，阴道分泌物呈酸性，有利于阴道乳酸菌的生长，而排斥其他微生物的繁殖，增强阴道抵抗细菌的能力。

2. *对副性征的影响*　雌激素能刺激乳腺导管和结缔组织的增生，使脂肪在乳房和臀部堆积，影响骨盆增宽、音调变高等女性特征。此外，还能维持女性的正常性欲。

3. *对代谢的影响*　雌激素能促进蛋白质合成，加强成骨细胞活动和钙磷沉积，从而促进青春期女性的生长；降低血液胆固醇；高浓度雌激素可使醛固酮分泌增多而导致水钠潴留。

(二) 孕激素的生理作用

孕激素在卵巢内主要由黄体产生，故也称为黄体酮。此外，肾上腺皮质和胎盘也可产生孕激素(孕酮)。孕酮的主要生理作用是为胚泡着床做准备和维持正常的妊娠过程。它通常要在雌激素作用的基础上才能发挥作用。

1. *对子宫的作用*　使子宫内膜出现分泌期变化，即内膜进一步增生变厚，且使腺体分泌营养物质，为受精卵着床做好准备。与此同时，孕激素还能使子宫平滑肌的兴奋性降低，从而减少子宫平滑肌的活动，保证胚胎有较“安静”的环境，并降低母体对胎儿的免疫排斥反应，故有“安胎”作用。另外，孕激素还可以减少宫颈黏液的分泌量，并使黏液变稠，不利于精子穿透宫颈管。

2. *对乳腺的作用*　在雌激素作用基础上，促进乳腺导管和腺泡的发育，为分娩后泌乳准备条件。

3. *产热作用*　女性的基础体温在排卵日最低，排卵后可升高约0.5℃。排卵后基础体温升高的机制可能与孕酮分泌有关。这一基础体温的双相变化常作为判断排卵的标志之一。妇女在绝经期或卵巢摘除后，这种双相体温的变化消失。如果注射孕酮，则又可引起基础体温的升高。提示月经周期中基础体温的升高与孕酮有关。孕酮的产热作用部位是下丘脑的体温调节中枢。

三、月经周期

(一) 月经周期的概念

女性从青春期开始，在整个生育期内(妊娠期除外)，其生殖器官呈现周期性变化，称为生殖周期。在每一个生殖周期中，卵巢呈现周期性变化，并排出卵子，同时附性器官也出现周期性变化，其中最显著的变化是每月一次子宫内膜脱落出血，经阴道流出的现象，称为月经。因此，女性的月经周期也就是生殖周期。

月经周期的长短因人而异，平均为 28 天，范围在 20～40 天，均属正常。但每个女性自身的月经周期相当稳定。通常，中国女性成长到 12～14 岁时，出现第一次月经，称为初潮，到 50 岁左右，月经周期停止，称为绝经期。

(二) 月经周期中子宫内膜的变化

月经周期中根据子宫内膜的变化，可分为 3 期，即月经期、增殖期和分泌期。

1. *月经期* 从月经开始到出血停止，即从月经来潮第一天算起，一般持续 3～5 天，出血量为 50～100 ml，脱落的子宫内膜混于血中。由于子宫内膜组织中含有较多的纤溶酶原激活物和纤溶酶，故月经血不凝固。月经期内，子宫内膜脱落形成的创伤面容易感染，故应注意保持外阴清洁以及避免剧烈运动和劳动。

2. *增殖期* 从月经停止到排卵为止，即月经周期的第 5～14 天。此期内，子宫内膜基层细胞分裂增殖，使破损的子宫内膜迅速修复，继而在雌激素作用下增殖变厚，其中的血管、腺体增生，但腺体尚不分泌。

3. *分泌期* 从排卵后到下次月经前，即月经周期的第 15～28 天。此期内，子宫内膜在雌激素和大量孕激素的作用下，进一步增殖变厚，其中的血管扩张充血，腺体迂曲，并分泌含糖原的黏液，为胚泡着床和发育准备了条件。

(三) 月经周期形成的机制

月经周期是女性青春期后在下丘脑-腺垂体-卵巢轴的调控下引起并逐渐规律起来的(图12-2)。

由于月经周期中子宫内膜的周期性变化直接受卵巢激素调节，所以，从卵巢变化的角度可将月经周期分为卵泡期和黄体期。

1. *卵泡期* 相当于子宫内膜变化的月经期和增殖期，即从月经来潮第一天算起至排卵为止，故又称为排卵前期。月经的出现是血液中雌激素和孕激素浓度明显降低引起的。血液中雌激素和孕激素浓度降低，对下丘脑和腺垂体的负反馈抑制解除，下丘脑分泌 GnRH 和腺垂体分泌 FSH 和 LH 增多。在 FSH 和 LH 的作用下，卵巢中有 15～20 个原始卵泡同时生长发育并分泌雌激素。子宫内膜在雌激素作用下，开始出现增殖期变化。在卵泡期的中期(排卵前约一周)，雌激素浓度升高使腺垂体分泌的 FSH 减少，但 LH 分泌仍稳步上升。由于血液中 FSH 浓度降低，原来同时发育的卵泡绝大部分退化、萎缩，只有一个优势卵泡继续生长发育，并分泌大量雌激素，引起子宫内膜进一步增生变厚。在卵泡期末，排卵前一天左右，血中雌激素浓度达最高峰。由于雌激素的正反馈作用，使下丘脑分泌 GnRH 增多。在 GnRH 的作用下，腺垂体分泌 FSH，特别是 LH 明显增多，形成排卵前的 LH 高峰。在高浓度 LH 和某些物质的作用下，已发育成熟的卵泡破裂，排出卵子。

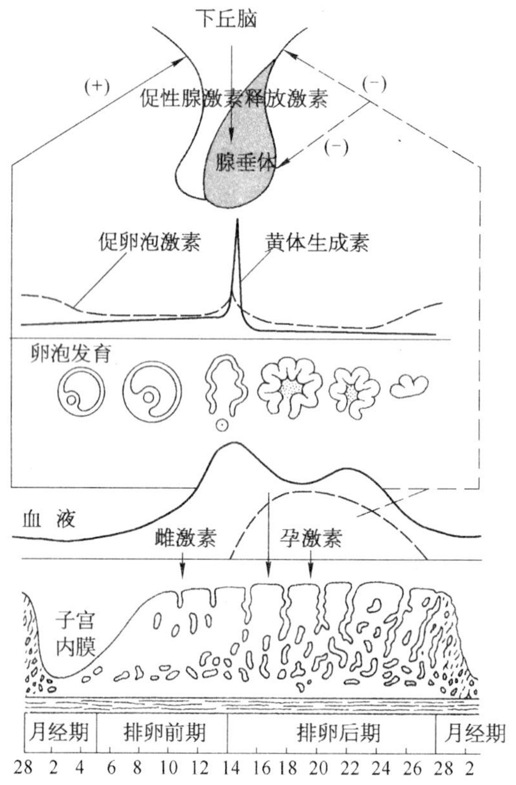

图 12-2 月经周期形成机制示意图

2. 黄体期 相当于子宫内膜变化的分泌期，也称为排卵后期。排卵后卵泡内残存的颗粒细胞和内膜细胞在 LH 的作用下变为黄体细胞，形成黄体，继续分泌雌激素，并开始分泌大量孕激素。在这两种激素作用下，子宫内膜呈现分泌期变化。随着黄体逐渐增大，分泌激素越来越多，至排卵后 8～10 天，血中雌激素、孕激素浓度达很高水平，通过两者的负反馈作用，使下丘脑分泌 GnRH 减少，腺垂体分泌的 FSH 和 LH 也随之减少。如果此前排出的卵子没有受精，黄体因失去 LH 的支持作用而萎缩，分泌功能消失。至黄体期末，血中雌激素、孕激素浓度降到最低水平，子宫内膜因失去雌激素、孕激素的支持作用，便剥落、出血，成为月经。

随着血中雌激素、孕激素浓度的降低，对下丘脑-腺垂体的抑制作用解除，卵泡又在 FSH 和 LH 的作用下生长发育，又进入下一个月经周期，如此重复。在 50 岁以后，卵巢功能退化，卵泡停止发育，雌激素、孕激素分泌减少，子宫内膜不再呈现周期性变化，月经周期终止，进入绝经期。

由于内、外环境对中枢神经系统的影响，可通过下丘脑-腺垂体-卵巢轴进而影响月经周期。所以，强烈的情绪波动、生活环境的改变以及体内其他系统的疾病，常可引起月经周期的紊乱。因此，在防治月经疾病时，应做全面而周密的分析和诊断。

月经周期形成的过程充分显示，每个月经周期皆由卵巢提供成熟的卵子，子宫内膜恰到好处地创造适宜于胚泡着床的环境。因此，可以认为，月经周期是为受精、着床和妊娠做周期性准备的生理过程，而这种周期性的生理过程受下丘脑、腺垂体、卵巢、子宫和阴道等多种器官的生理功能的影响。

第三节 妊娠、分娩和避孕

妊娠是指子代个体的产生与孕育的过程。它包括受精、着床、妊娠的维持和胎儿的生长。分娩是指成熟胎儿及其附属物从母体子宫产出体外的过程。

一、妊娠

(一) 受精

受精是指精子穿入卵子并与卵子相互融合的过程。受精的部位一般在输卵管壶腹部。

1. 精子的运行　射入阴道的精子要到达受精的场所，需要经过一系列物理屏障和化学反应才能使卵子受精。精液射入阴道后，很快变成胶冻状，因而不易流出体外，并可避免阴道内酸性液体的破坏。然后过一段时间精液才发生液化。虽然一次射入阴道的精子可达 0.2 亿至 4 亿个，但经过女性生殖道的几个屏障后，只有极少数活动力强的精子(少于 200 个)才能到达受精部位，而其中只有一个精子可使卵子受精。精子的运行一方面靠自身的鞭毛摆动，另外也借助于女性生殖道平滑肌的运动和输卵管纤毛的摆动。精子从阴道运行到受精部位需要 30～90 min。

2. 精子获能　精子在女性生殖道内停留一段时间后，才能获得使卵子受精的能力，称为精子获能。精子在男性附睾移行的过程中，已具备了使卵子受精的能力，但由于附睾和精液中存在一种能抑制精子活动的糖蛋白，可与精子的顶体帽结合，从而抑制精子使卵子受精的能力。而女性生殖道内存在有获能因子(β淀粉酶、胰蛋白酶及唾液淀粉酶)等可以消除糖蛋白，故可使精子获得使卵子受精的能力。

3. 顶体反应　精子获能后还不能立即与卵子结合。精子与卵子相遇后还必须引发顶体反应才能使卵子受精。所谓顶体反应，即精子与卵子相遇时，精子的顶体膜破裂，顶体内的蛋白水解酶等溢散出来，溶解卵子的透明带、放射冠和卵丘，使精子得以与卵细胞结合。精子穿入卵细胞内，诱发卵细胞完成第二次减数分裂，单倍体的精子与单倍体的卵子结合，形成含有 23 对染色体的受精卵。卵细胞受精后，又立即产生一些物质，封锁透明带，使其他精子难以再进入。受精卵继续分裂，形成胚泡。

4. 着床　胚泡植入子宫内膜的过程，称为着床。胚泡在排卵后 8 天左右，便被吸附在子宫内膜上，并通过与子宫内膜的相互作用，逐渐进入子宫内膜，于排卵后 10～13 天，胎泡完全被埋入子宫内膜中。卵子受精全过程如图 12-3 所示。

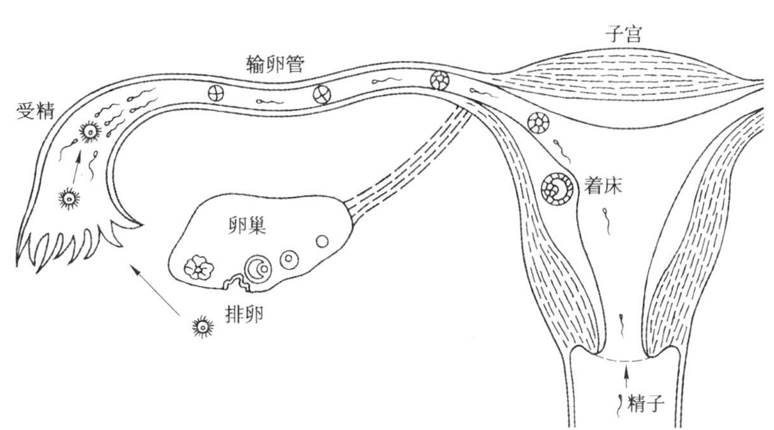

图 12-3　排卵、受精与着床示意图

(二) 妊娠的维持与激素调节

胎泡着床后，其最外层的一部分细胞发育成为滋养层，其他部分细胞则发育成为胎儿。滋养层细胞发育很快，不久就形成绒毛膜，其绒毛突起可吸收母体血液中的营养物质，供给胎儿。与此同时，子宫内膜也增生成为蜕膜。这样，属于母体的蜕膜和属于子体的绒毛膜相结合而形成胎盘。胎盘可产生多种激素，主要有人绒毛膜促性腺激素（HCG）、雌激素和孕激素以及人绒毛膜生长素（HCS）。因此，胎盘是妊娠期间一个重要的内分泌器官，对维持妊娠起重要作用。

1. *人绒毛膜促性腺激素*　HCG是一种糖蛋白，其生理作用主要是在妊娠早期刺激母体的月经黄体转变成为妊娠黄体，使其大量分泌雌激素和孕激素，以维持妊娠过程的顺利进行。此外，还可以抑制淋巴细胞的活力，防止母体对胎儿的排斥反应，具有“安胎”效应。

HCG在受精后8～10天就出现在母体血液中，随后其浓度迅速升高，至妊娠8～10周达到高峰，然后又迅速下降，在妊娠20周左右降至较低水平，并一直维持至分娩。由于HCG在妊娠早期即可出现在母体血液中，并由尿排出，因此，检测母体血液或尿液中的HCG浓度，可作为诊断早期妊娠的指标。

2. *雌激素和孕激素*　在妊娠8～10周，HCG的分泌达到顶峰，此后开始减少，妊娠黄体便逐渐萎缩，由妊娠黄体分泌的雌激素和孕激素也随之减少。而与此同时，胎盘所分泌的雌激素和孕激素却逐渐增加，接替妊娠黄体的作用以维持妊娠，直至分娩。

在整个妊娠期内，孕妇血液中雌激素和孕激素都保持在高水平，对下丘脑-腺垂体起负反馈作用。因此，卵巢内没有卵泡发育成熟和排卵，故妊娠后不会再孕，也无月经。妊娠期内，胎盘分泌的雌激素主要为雌三醇，其前体主要来自胎儿，如果在妊娠期间胎儿死于宫内，则孕妇血液和尿液中的雌三醇会突然减少。因此，检测孕妇血液和尿液中雌三醇水平，有助于判断胎儿是否存活。

3. *人绒毛膜生长素*　该激素是一种糖蛋白，其化学结构、生物活性、生理作用以及免疫特性与生长素基本相似。主要作用是调节母体与胎儿的糖、蛋白质和脂肪的代谢，促进胎儿的生长。

(三) 分娩

人类的妊娠期约为280天（从末次月经周期的第一天算起）。在妊娠末期，子宫平滑肌兴奋性逐渐增高，最后引起强烈而有节律的收缩，驱使胎儿离开母体。分娩过程是一个正反馈调节。分娩时子宫肌收缩，胎儿压向子宫颈，子宫颈受刺激后可反射性地引起催产素释放，催产素进一步增强子宫肌的收缩，使子宫颈受到更强烈的刺激，宫颈口开大，这一正反馈调节逐渐加强，直至胎儿娩出。

(四) 社会和心理因素对妊娠的影响

社会、心理因素对妊娠的影响有着密切的关系，而且其作用具有双向性，即妊娠期妇女可表现出特殊的心理状态；同时一定的社会因素和心理状态也可影响妊娠的过程和质量。

社会、心理因素对妊娠的影响是多方面的，包括对妊娠的发生、发展、母体的健康和胎儿的发育等。如长期忧虑、抑郁或恐惧，可造成不孕；恶劣的社会环境如战争、动乱和自然灾害以及紧张、恐惧的心理状态，均可影响胚胎的发育，甚至造成流产。社会、心理因素还可影响到胎儿的生长发育。有人曾进行过调查比较，在妊娠期，情绪良好的妇女所生的孩子与情绪不佳的妇女所生的孩子相比较，无论在躯体上还是在精神上都是前者优于后者。

总之，良好的社会、家庭环境和愉快的心理状态，有利于妊娠过程的顺利进行，也有利于胎儿的发育；不良的社会和心理因素会引起相反的结果。

二、避孕

避孕是指采取一定方法使妇女暂不受孕。目前使用的方法大致有以下几种。

1. 抑制精子和卵子的生成　男性使用抗雄性激素药物，使精子不能在附睾成熟；女性使用高效能性激素，如炔雌醇、炔雌醚（雌激素）、炔诺酮、甲地孕酮（孕激素），使体内雌激素和孕激素浓度增高，通过负反馈作用抑制下丘脑-腺垂体-卵巢轴的功能，从而抑制排卵。

2. 阻止受精　阻止精子和卵子相遇受精的方法有以下几种。

（1）安全期避孕法　排出的精子和卵子在女性生殖道内维持受精的能力，时间很短，卵子仅6～24 h，精子仅1～2天。故射入女性生殖道内的精子，只有在排卵后2～3天内，才有受精机会。避免在这段时间内过性生活，即为“安全期”避孕。但排卵受多种因素影响，可提前或错后，甚至额外排卵。故“安全期”避孕并不十分可靠，只有月经周期十分规律的情况下可以试用。

（2）使用安全套、子宫帽　男性使用安全套，或女性使用子宫帽，使精子与卵子不能相遇。

（3）手术结扎输精管和输卵管　男性进行输精管结扎和女性进行输卵管结扎。此法适用于已有子女的计划生育者。目的是阻断精子和卵子输出管道，使精子或卵子不能排出。

3. 影响胚泡着床　子宫内放置避孕环，使子宫内的环境不利于胚泡着床和生长；另外，女性口服避孕药，使子宫内膜的发育不利于胚泡着床。

4. 使胚胎排出子宫（人工流产）　在上述几种方法失败后不得已而采取的避孕方法，如吸宫术、钳刮术和药物流产等。

理想的避孕方法应该是安全、有效、简便易行而又经济，又不严重影响人体的身心健康和正常功能。因此，要在医生的指导下，根据不同情况选择合适的避孕方法。

人类的生殖是通过两性生殖器官实现的种系繁衍活动。睾丸具有产生精子和分泌雄激素的功能。雄激素可促进男性附性器官发育、男性副性征的出现和维持、蛋白质合成和正常性欲的维持。

卵巢具有产生卵子和分泌雌激素和孕激素的功能。雌激素可促进女性附性器官发育和女性副性征的出现和维持。孕激素可在雌激素作用基础上发挥其保证着床和维持妊娠的作用。不论是睾丸或卵巢，其功能都受下丘脑-腺垂体活动的调节，三者之间存在复杂的反馈联系。

女性生殖器官具有周期性变化，最显著的特征是月经。月经周期平均为28天，可分为增殖期、分泌期和月经期。排卵发生于增殖期末。月经周期的变化直接取决于血液中雌激素和孕激素含量的周期性变化。月经周期变化的生理意义有两点：一是提供成熟卵子，二是提供子宫为受精卵着床的环境。

妊娠是新个体产生的过程，包括受精、着床和胎儿生长发育等过程。正常受精部位一般在输卵管壶腹部，着床发生在子宫内膜，着床成功的条件是孕卵发育与子宫内膜发育的同步。妊娠后形成的胎盘可分泌几种激素。其中的HCG可促进月经黄体进一步发育成妊娠黄体，并可抑制淋巴细胞的活力，具有“安胎”作用。HCS可促进胎儿生长。雌激素和孕激素可接替妊娠黄体的功能。

实验　妊娠实验

一、青蛙妊娠实验法

【实验理论依据和目的要求】

胎盘可分泌多种激素，其中绒毛膜促性腺激素在因妊娠而停经35天左右即能在尿中出现，至60天左右达高峰，其后逐渐下降。绒毛膜促性腺激素有刺激雄蛙（或雄蟾蜍）排出精子的作用。将孕妇尿注入雄蛙（或雄蟾蜍）皮下淋巴囊，1～2 h后检查其泄殖腔中有无精子排出，可作为诊断妊娠的辅助方法。

【实验对象】

雄蛙（或雄蟾蜍）。

【实验器材】

显微镜一台、注射器（5 ml）2只、滴管2支、载物玻片2块。

【实验步骤和观察项目】

选择雄蛙（或雄蟾蜍）2只，用滴管分别从其泄殖腔中抽取少量液体，放在载物玻片上。在显微镜下观察，确认无精子存在后，向甲蛙背淋巴囊内注入孕妇尿5 ml，向乙蛙背淋巴囊内注入生理盐水5 ml。注入1～2 h后，抽取泄殖腔液体并将其置于镜下检查。如甲蛙抽取液中有精子，乙蛙无，则为阳性反应；如甲乙两蛙抽取液中均无精子，则为阴性反应。可追踪到24 h为止。

【注意事项】

(1) 孕妇晨起第一次尿液绒毛膜促性腺激素含量较多。

(2) 雄蛙（或雄蟾蜍）的辨认：①用拇指及示指按压腹侧时，通常发出鸣声，并在其两侧下颌外有鼓起的鸣囊；②前肢拇指内侧有黑色上皮突起（称指瘤）。

(3) 甲乙两动物须注有标记（或分开放置）。

(4) 滴管口应光滑，插入泄殖腔时动作要轻柔，以免损伤组织。

二、免疫妊娠实验法

【实验理论依据和目的要求】

根据免疫学机制，某些蛋白质（抗原）注入动物体内可使其血清内产生抗体，当这类抗体与原来的抗原相遇时，即可发生凝集反应。这种反应肉眼观察不到，如将抗原吸附于乳胶颗粒或羊血的红细胞上，即可见到抗原抗体凝集反应。由于HCG是一种蛋白类物质，故可用免疫实验法测定。

免疫试验法须制备下列试剂：①用HCG免疫学兔，制成抗血清；②用乳胶颗粒（或羊红细胞）吸附于HCG作抗原。如孕妇尿中有HCG（抗原），能与抗血清（抗体）充分结合，再加上乳胶颗粒或致敏羊红细胞后，即不再产生凝集作用。而非妊娠尿与兔血清混合时，因尿中无抗原，与抗血清不起作用，再加乳胶颗粒或致敏羊血细胞时，即发生抗原抗体结合反应，出现凝集。现介绍乳胶凝集抑制试验。

【实验对象】

妊娠妇女。

【实验用品】

妊娠诊断试验盒，反应板（或玻璃板），吸管 3 只。

【实验步骤】

(1) 用清洁吸管取试验尿 1 滴，滴于反应板的试验池内，加入抗血清 1 滴，用玻璃棒轻搅摇混匀。

(2) 加入乳胶颗粒 1 滴，再轻摇匀 2～3 min，使三者充分混合。

(3) 5 min 后观察结果，出现均匀一致的凝集小颗粒为阴性，无凝集为阳性。

【注意事项】

(1) 乳胶凝集抑制试验的敏感度为 5 000 u/L。不受季节影响，结果迅速，平均准确率为 94.4%。

(2) 晨尿为佳，尿液清可直接用，如混浊需先过滤或离心后使用。

(3) 试剂要保存在冰箱内，使用时，其温度要与室温平衡（20℃左右），温度过高、过低均可影响反应速度。

(4) 抗原应与一定效价的抗血清配合使用，不同批号不能混用。使用前摇匀乳胶抗原。